KB170014

음식
원리

음식 원리

HOW FOOD WORKS

HOW FOOD WORKS

For the curious

www.dk.com

일러두기

이 책은 음식 과학과 영양에 관한 다양하고 정확한 정보 제공을 위해 최선의 노력을 다했으나 전문적인 영양 조언을 대체할 수 없으므로 개인의 영양 문제에 관해서는 반드시 의사 혹은 건강 전문가와 상의해야 합니다. 작가, 참여 필자, 자문 위원, 출판사는 이 책에 실린 정보의 오용에 따른 개인적 손실에 법적인 책임을 지지 않습니다.

변용란 | 서울에서 나고 자라 건국 대학교와 연세 대학교에서 영어영문학을 공부했고 영어로 된 다양한 책을 번역한다. 옮긴 책으로 『시간여행자의 아내』, 『트와일라잇』, 『대실 해밋』, 『자오선 여행』, 『마음의 시계』, 『나의 사촌 레이첼』, 『오드리 앳 홈』 등이 있다.

한국어판 책 디자인 | 한나은

음식 원리

1판 1쇄 펴냄 2018년 3월 15일
1판 2쇄 펴냄 2020년 7월 15일

지은이 DK 『음식 원리』 편집 위원회
옮긴이 변용란
펴낸이 박상준
펴낸곳 (주)사이언스북스

출판등록 1997. 3. 24.(제16-1444호)
(06027) 서울특별시 강남구 도산대로1길 62
대표전화 515-2000 팩시밀리 515-2007
편집부 517-4263 팩시밀리 514-2329

www.sciencebooks.co.kr

Printed in China.

ISBN 978-89-8371-878-5 04400
ISBN 978-89-8371-824-2 (세트)

음식의 원리, 핵심을 찾아서

저장의 비결과 요리의 과학

우리가 먹는 것, 음식의 종류

무엇을 마실까?

식습관의 과학

지속 가능한 음식의 미래

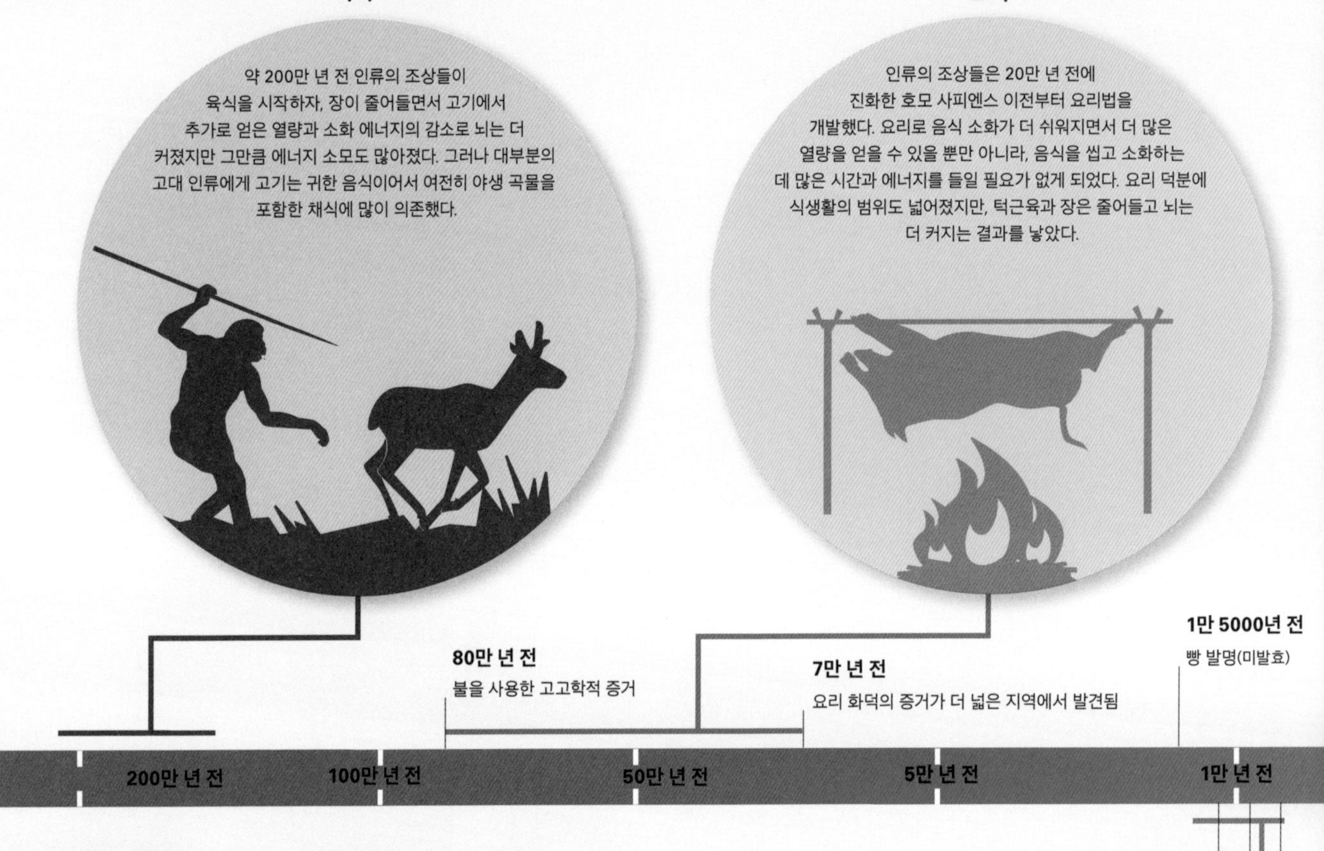

1만 2000년 전
염소 사육

9,500년 전
쌀 재배

9,000~8,500년 전
양 사육

인류 식생활의 역사

인류가 진화하는 동안 식생활은 극적인 변화를 겪었고, 종종 그에 대한 반응으로 인체가 변하기도 했다. 그 변화의 시기를 확인하기란 어렵다. 전문가들이 고고학 및 유전자 증거를 해석하는 방법에 따라 요리 발생 시점은 30만 년 전부터 180만 년 전까지 차이가 난다. 그럼에도 과학자들은 인류의 식생활 역사가 우리 몸에 어떤 영향을 미쳤는지 계속 연구하고 있다.

식생활 이정표

수만 년에 걸쳐 인류의 식생활이 변하면서 인체의 구조와 생리도 진화했다. 육식이나 요리 같은 중대 사건들은 워낙 오래전에 발생했으므로 인체도 이미 그에 맞춰 진화했다. 좀 더 최근의 변화가 우리에게 적합한지의 여부는 아직 두고 볼 일이다. 에너지 밀도가 높은 음식이 풍족한 현대 식생활이 한편으로 건강에 매우 해로울 수 있다는 점은 확실하다. 과거를 돌아봄으로써 오늘날 더 건강한 식생활을 유지하는 데 도움을 받을 수도 있을 것이다.

왜 우유를 소화하지 못하는 동양인이 많을까?

우유에 든 젖당(lactose)을 분해하지 못하는 사람들 가운데는 동양인이 더 많다. 소 사육 도입 시점이 전 세계 다른 지역보다 훨씬 더 최근이기 때문이다.

콜럼버스의 위대한 교역

15~16세기 유럽 인들이 처음 아메리카 원주민들을 만나면서 양 대륙 주민들은 접한 적 없던 음식을 서로 교환하는 전례 없는 변화를 겪기 시작했다. 감자와 옥수수는 빠르게 유럽의 주요 산물이 되었고 아메리카에 전해진 사탕수수도 잘 자랐다.

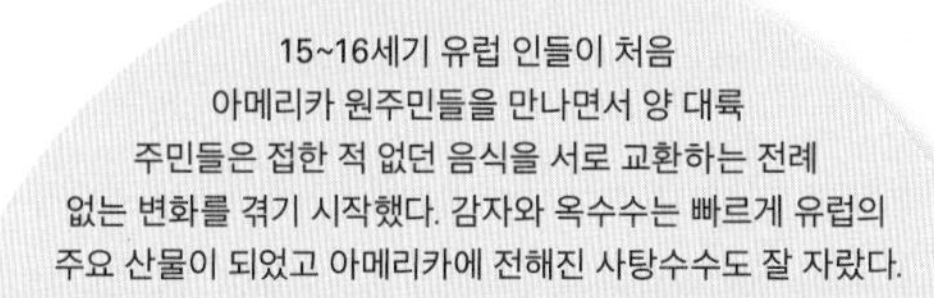

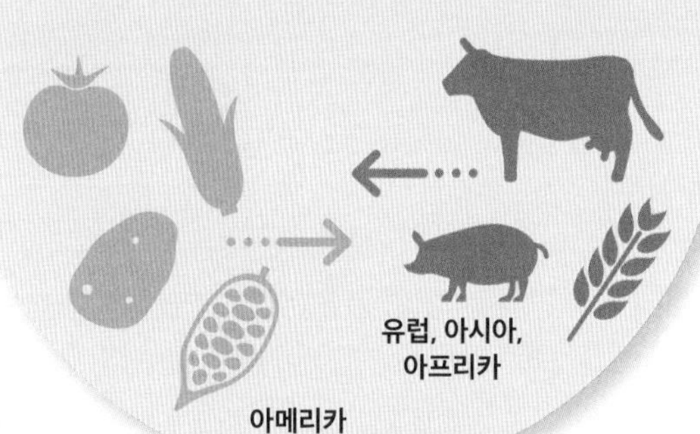

단것 애호

인류의 선조들에게 달콤한 음식은 진귀한 별미였다. 꿀과 잘 익은 과일은 훌륭한 에너지원이었지만 구하기 어렵고 계절을 탔다. 오늘날에는 늘 쉽게 달콤한 음식을 손에 넣을 수 있으며, 단것을 즐기는 태도는 당뇨병과 관련 질환의 확산을 낳았다.

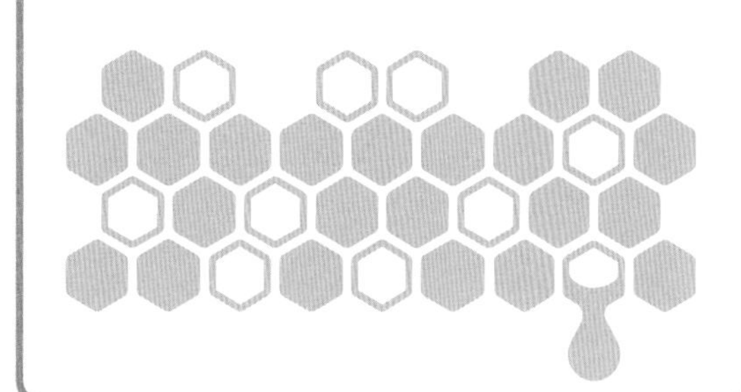

8,000년 전 소 사육

7,000년 전 사탕수수 재배

6,000년 전 치즈와 알코올 음료 발명

기원전 1800년 중앙아메리카에서 초콜릿 음용

997년 이탈리아에서 처음 '피자' 용어 사용

1911년 미국에서 가정용 냉장고 출현

5,000년 전 | 기원후 1년 | 1000년 | 2000년

6,000년 전 닭 사육

4,000년 전 옥수수 재배, 이집트에서 발효 빵 발명

1585년 유럽에 초콜릿 전파

8,000년 전 감자 재배

농사

인류는 곡물을 재배하며 정착 생활을 시작했다. 이로써 아이들을 더 쉽게 낳게 된 정착 인류는 주변 대부분의 수렵 채집 인류와의 경쟁에서 빠르게 앞섰다. 하지만 제한된 식생활과 조밀한 인구 탓에 그들은 수렵 채집 인류보다 건강이 나빴다.

전 세계를 잇는 냉장 공급망

인류는 수천 년 동안 먹거리를 교역했지만 비교적 최근까지도 수명이 긴 농작물만 장거리 운반이 가능했다. 이제 냉장과 냉동 기술의 개발과 함께 빠른 운송 덕분에 경제적 능력만 있다면 전 세계의 먹거리를 식탁에 올릴 수 있게 되었다.

음식의 원리, 핵심을 찾아서

영양의 기본

인체가 정상적으로 기능하려면 성장과 유지에 필요한 재료 구성뿐만 아니라 여러 신진 대사가 원활히 진행되도록 돕는, 작지만 필수적인 화학 물질을 합성하는 에너지 연료가 필요하다. 균형 잡힌 식생활로 인체는 필요한 거의 모든 영양분을 만들어 낼 수 있다.

인체에 필요한 것은 무엇인가?

식품에 들어 있는 물, 탄수화물, 단백질, 지방, 비타민, 무기질 같은 필수 영양소의 적절한 조합은 인체가 효율적으로 작동하도록 돕고 건강을 유지한다. 기본 영양소 이외에도 과일과 채소에 들어 있는 피토케미컬(phytochemical)이나 일부 생선에 들어 있는 지방산 등 몸에 꼭 필요하지는 않지만 이로운 여러 영양소들이 있다. 프로바이오틱스(probiotics, 87쪽 참조)를 함유한 '약효 식품' 또는 '기능 식품'은 영양가 이외에도 질병 예방 같은 건강상의 이득이 있다고 생각된다.

탄수화물

탄수화물은 인체의 제1에너지원이다. 단순당과 함께 좀 더 복잡한 당분인 녹말은 몸에서 포도당(글루코스, glucose)으로 변해 인체 세포의 연료로 쓰인다. 섬유소가 많은 통곡물과 과일, 채소는 가장 건강한 탄수화물 식품이다.

당분

물

인체의 약 65퍼센트는 물로 이루어져 있다. 물은 소화, 호흡, 땀, 소변으로 계속 손실되므로 주기적으로 보충해 주어야 한다.

큰창자(대장)

무기질

다양한 음식에 들어 있는 무기질은 뼈와 머리칼, 피부, 혈액 세포 생성에 필수적이다. 또한 신경 기능을 강화하고 음식이 에너지로 변하는 것을 돕는다. 부족하면 건강에 치명적이다.

영양 실조

영양 실조는 식생활에서 적정량의 영양소를 얻지 못할 때 생긴다. 탄수화물과 단백질이 부족하면 주요 성장과 발달에 문제가 생기며, 특정 비타민과 무기질이 결핍되면 관련 질병의 원인이 된다. 예를 들어 철분이 부족하면 빈혈이 생긴다. 고열량 식생활로 생기는 당뇨병처럼, 영양이 과도하게 공급되어 생기는 영양 과다증도 건강 이상을 낳는다.

필요한 영양분 얻기

음식을 먹으면 소화기관을 지나면서 분해되어 흡수된다(20~21쪽 참조). 영양소는 대부분 작은창자에서 흡수된다.

세포 형성과 유지

세포는 다양한 조직과 장기를 이루는 인체의 기본적인 기능 단위이다. 1조 개에 달하는 인체의 모든 세포는 식사에서 얻는 영양소로 만들어지고 유지된다. 영양 부족으로 세포가 제 기능을 못 하면 인체 조직과 장기는 손상을 입어 건강 문제와 질병을 일으킨다.

단백질

단백질은 아미노산으로 분해된다. 에너지원으로 사용될 수도 있지만, 단백질의 주요 역할은 인체 조직의 성장과 재생이다. 건강한 단백질 식품은 콩, 살코기, 유제품, 달걀 등이다.

세포막

세포질

세포핵

세포의 구조

세포 지원

영양소는 광범위하게 세포의 형성과 성장을 지원한다. 세포의 주요 형태는 아미노산과 일부 지방산으로 이루어지며 모든 세포는 탄수화물과 다른 지방산을 연료로 사용한다.

위

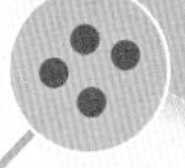

아미노산

작은창자(소장)

지방산

지방

지방은 풍부한 에너지원이며 지용성 비타민의 흡수를 돕는다. 필수 지방산은 인체에서 만들 수 없으므로 반드시 음식으로 섭취해야 한다. 가장 건강한 지방 식품은 유제품, 견과류, 생선, 식물성 기름이다.

3분의 1

전 세계 인구 중 영양 실조로 고통 받는 비율

비타민

비타민은 인체의 신진 대사 과정에 필수적이며 특히 조직의 성장과 유지에 깊이 관여한다. 대부분의 비타민은 몸에 저장될 수 없으므로 균형 잡힌 식생활로 고르게 섭취해야 한다. 무기질과 마찬가지로 특정 비타민이 부족하면 결핍성 질환으로 이어진다.

'건강한 식생활'이란 무엇인가?

건강한 식생활은 다양한 종류의 음식으로 모든 필수 영양소를 적당량 몸에 공급하는 식단을 의미한다. 이것은 건강한 체중을 되찾고 유지하는 데 도움이 된다.

배고픔과 식욕

배고픔은 생존에 필수적이며, 인체가 제 기능을 할 만큼 충분한 음식을 먹도록 이끈다. 그러나 많은 경우 우리는 배고픔 때문이 아니라 음식을 즐기기 때문에 먹는다. 이것은 식욕 탓이다.

1 배고픔 유발
배가 고프든 말든 음식을 보면 식욕이 유발될 수 있다. (식사 시간에 대한 기대도 같은 반응을 낳는다.) 음식은 식도를 거쳐 위로 이동한다.

배고픔과 포만감

배고픔은 뇌와 소화기관, 지방 저장 등 서로 연관된 복잡한 시스템의 제어를 받는다. 식욕은 저혈당과 공복감 같은 내적인 요인이나 음식을 보고 냄새를 맡는 것 같은 외적인 요인으로 촉발될 수 있다. 먹고 난 뒤에는 충분히 배를 채웠다고 알려 주는 포만감, 혹은 '충만함' 신호가 나타난다.

배고픔 대 식욕

식욕은 배고픔과 다르지만 둘은 연결되어 있다. 배고픔은 음식에 대한 생리적 욕구로, 저혈당이나 공복감 같은 내적인 신호로 생겨난다. 식욕은 음식을 보거나 냄새를 맡았을 때 연상 작용으로 생기는 먹으려는 욕망이다. 얼마나 먹었는지에 대한 기억도 식욕에 중요한 영향을 미치며, 단기 기억 상실에 걸린 사람들은 식사 후 곧 다시 먹으려 할 수도 있다. 스트레스도 식욕을 높일 수 있다. 일부 물질은 인체에 특정한 영향을 미쳐 식욕을 억제하는 데 도움이 된다.

2 공복
위가 2시간가량 비어 있으면 장근육이 수축하여 남은 찌꺼기를 모두 배출한다. 저혈당 상태는 허기를 악화시킨다. 배고픔호르몬인 그렐린(ghrelin)의 수치 또한 올라간다.

물
물은 위를 늘여 포만감을 준다. 물은 빠르게 흡수되고 몸은 영양소 부족을 알아채기 때문에 포만감은 잠시 동안만 유지된다.

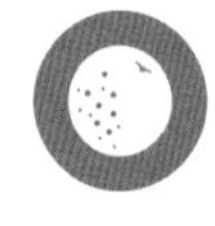

자몽
자몽 향기는 미주신경(vagus nerve)의 활동을 줄여 식욕을 억제하는 것으로 보인다.

섬유소
섬유소가 많은 음식은 위를 천천히 비우고 영양소 흡수를 지연시켜 더 오래 배부르게 한다.

니코틴
니코틴은 시상하부(hypothalamus)의 수용체를 활성화해 배고픔 신호를 줄인다.

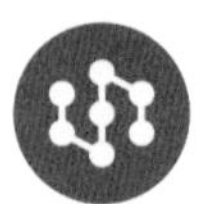

단백질
단백질은 포만감을 증가시키는 렙틴(leptin) 같은 다양한 식욕 조절호르몬에 영향을 미친다.

운동
고강도 유산소 운동은 배고픔호르몬에 영향을 미쳐 일시적으로 배고픔을 억제한다.

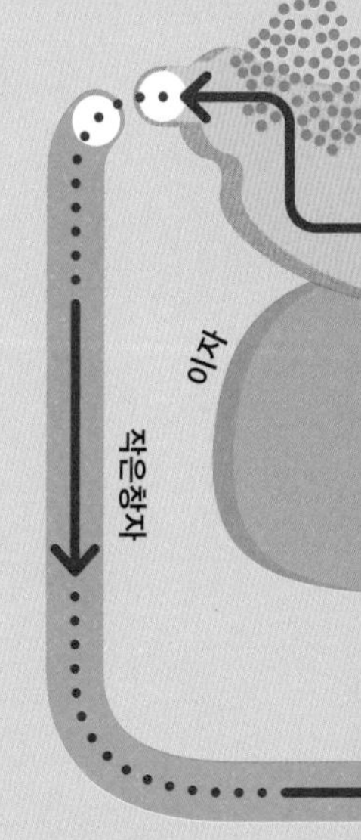

시상하부는 미주신경으로부터
'배부름' 신호를 받는다

6 '배부름' 신호를 받는 뇌

미주신경은 뇌의 시상하부에 직접 신호를 보내 음식을 먹어 허기가 줄어들었음을 전달한다.

포만감

렙틴

5 뇌로 전달되는 렙틴

지방세포에서 배고픔억제호르몬 렙틴이 분비된다. 식사 후에는 더 많은 렙틴이 분비되어 배부름을 느낀다. (반대로 단식으로 렙틴 수치가 줄어들면 허기를 느끼게 된다.)

미주 신경

인슐린

위

4 이자에서 인슐린 분비

위가 팽창되고 혈류에 포도당이 많아지면 인슐린이 분비된다. 그러면 (간에서) 글리코겐(glycogen)으로 변한 뒤 다시 지방으로 탈바꿈한다. 또한 인슐린은 뇌가 배부름 신호에 좀 더 민감하도록 이끈다.

팽창 수용체

지방조직

3 위의 팽창

위가 채워져 팽창 수용체가 확장을 감지하면 허기를 줄이는 화학 물질이 분비된다. (물을 포함한 액체는 일시적으로 위를 늘이지만 빠르게 흡수되므로 허기가 되살아난다.)

소화된 음식의 포도당이
혈류로 스며든다

식욕과 비만

비만 경향이 있는 사람들은 외적인 공복 신호에 다르게 반응한다. 또한 그들은 배부름호르몬인 렙틴에 덜 민감하다. 불행히 렙틴은 약으로 먹어도 비만에 도움을 주지 못한다. 다량을 섭취해도 몸은 빠르게 적응해 렙틴에 더욱 둔감해진다.

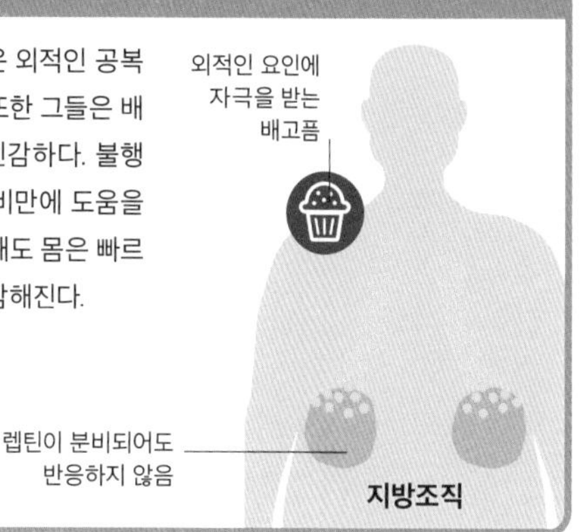

식탐

식탐은 특정 유형의 음식에 대한 극적이고도 구체적인 욕망으로, 누구나 대부분 그런 경험을 한다. 가끔은 특정 영양소의 결핍이 원인인 경우도 있으며, 몸이 우리에게 문제를 전달하는 방식이기도 하다. 하지만 식탐은 대부분 순전히 스트레스나 지루함 같은 심리적 현상이다. 보통 식탐을 느끼는 음식은 지방이나 당분이 많아(둘 다 높기도 함), 먹고 나면 뇌에서 행복감을 주는 화학 물질이 다량 분비되는 음식이다. 어쩌면 실제 음식보다 이런 기분을 더 갈망하는 것일 수도 있다.

쇠

분필

비누

배고플 때 왜 위에서 소리가 나나?

식사 후에는 위근육이 수축되어 음식을 장으로 밀어낸다. 위가 비어도 이 운동은 여전히 일어나며 소리를 흡수할 음식이 없으니 꼬르륵 소리가 들리는 것!

부자연스러운 욕망

어떤 사람들, 특히 임신부나 아주 어린아이들은 흙, 분필, 쇠, 비누 같은 물질에 대한 갈망을 경험한다. 심리학자들은 이것을 '이식증(異食症)'이라고 부른다.

풍미

우리가 음식을 먹는 것은 단지 필요 때문이 아니라 즐기기 때문이며, 이것은 음식의 풍미와도 일정 부분 관련이 있다. 풍미는 음식의 맛과 냄새의 결합으로 행복한 경험을 낳는 다른 감각과도 연결된다.

음식의 풍미는 어떻게 생기나?

음식을 먹거나 입에 넣기 전에도 휘발성 물질이 코로 유입되면 우리는 냄새를 감지한다. 혀와 입이 다섯 가지 기본 맛을 감지함과 동시에 냄새가 결합되며 풍미가 생겨난다. 음식의 질감을 느끼는 촉감과 소리 같은 다른 감각도 풍미를 더한다. 음식의 색 역시 우리가 풍미를 감지하는 방식에 영향을 미친다. 오렌지 과즙의 색깔을 바꾸면 사람들이 풍미를 정확히 맞히는 정도가 달라진다는 연구 결과가 있었다.

신맛

베트남식 디핑 소스는 새콤한 라임 즙과 짭짤한 생선 소스, 달콤한 야자 설탕, 마늘과 고추를 섞어 사용해 한꺼번에 혀의 수용체를 거의 모두 자극한다. 신맛은 맛봉오리가 수소 이온을 감지할 때 느껴진다. 과일과 식초 같은 산성 식품에서 나온다.

단맛

또 다른 기본적인 맛은 단맛이다. 단맛 수용체는 과일의 과당(프럭토스, fructose)과 일반 설탕의 자당(수크로스, sucrose) 같은 당분에 반응한다. 아스파탐 같은 일부 인공 감미료는 설탕보다 훨씬 더 달아서 음식에 덜 넣어도 된다.

밝혀지지 않은 맛이 있을까?

충분히 가능성이 있다. 금속의 맛은 범주가 다르다는 주장도 있고, 생쥐가 감지할 수 있는 칼슘의 백악질 맛(chalky taste)은 인간도 느낄 가능성이 있다.

'새로운' 맛

최근 '지방질(fattiness)'의 맛을 내는 지방산과 관련된 수용체가 혀에서 발견되었다. 이것이 진짜 여섯 번째 맛인지에 대한 논란은 여전히 진행 중이다. 또 다른 최근 연구는 인간이 녹말의 맛을 느낄 수 있지만 아직 수용체가 발견되지 않았다고 주장한다. 기름에 튀긴 바삭한 감자튀김은 이 새로운 두 가지 종류의 맛을 느끼게 할 수도 있을 것이다.

감자튀김

감칠맛

기본적인 맛 가운데 감칠맛은 가장 최근에 발견되었다. '우마미(umami)'라는 용어는 일본어로 대략적으로 번역하면 '맛있다'는 뜻이다. 음식에 든 글루탐산은 감칠맛으로 감지되며, 말린 새우, 간장, 파르메산 치즈 같은 발효 식품과 숙성 식품에서 다량으로 발견된다.

토마토의 풍미는 222종의 휘발성 물질로 이루어진다

쓴맛

아이들은 종종 쓴맛을 싫어하지만 많은 어른들은 홍차(녹차 포함), 커피, 다크초콜릿 등의 쓴맛을 즐긴다. 가장 민감한 미각인데, 그것은 아마도 인류가 쓴맛을 지닌 독성 식물 섭취를 막도록 진화했기 때문일 것이다.

스프링 롤

베트남 차

베트남 차

소금간을 한 땅콩

짠맛

식염의 구성 성분은 염화나트륨이며, 우리 입안에는 나트륨 이온을 감지하는 센서가 있다. 칼륨 같은 밀접한 원자에도 (그리 강하지는 않지만) 반응을 보인다.

미각 이외의 느낌

다섯 가지 기본 맛과 함께, 우리의 혀와 입은 맛으로 분류할 수 없는 다른 느낌을 감지한다. 혀의 신경은 온도, 촉감, 통증을 감지하며, 이러한 신경을 자극하는 음식은 특정한 느낌을 일으킨다. 가령, 탄산음료의 이산화탄소는 신맛 수용체만 자극하는 것이 아니다. 탄산 거품은 촉감 수용체에도 불을 지른다. 이러한 느낌이 합해져 탄산음료의 느낌을 전한다.

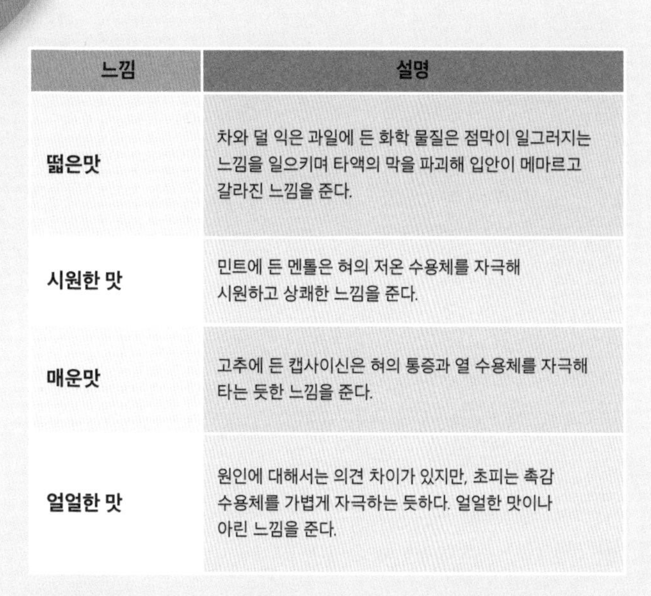

느낌	설명
떫은맛	차와 덜 익은 과일에 든 화학 물질은 점막이 일그러지는 느낌을 일으키며 타액의 막을 파괴해 입안이 메마르고 갈라진 느낌을 준다.
시원한 맛	민트에 든 멘톨은 혀의 저온 수용체를 자극해 시원하고 상쾌한 느낌을 준다.
매운맛	고추에 든 캡사이신은 혀의 통증과 열 수용체를 자극해 타는 듯한 느낌을 준다.
얼얼한 맛	원인에 대해서는 의견 차이가 있지만, 초피는 촉감 수용체를 가볍게 자극하는 듯하다. 얼얼한 맛이나 아린 느낌을 준다.

냄새와 풍미

음식의 풍미는 대부분 냄새에서 비롯되지만 음식 냄새는 맛과 구분된다. 이것은 음식이 입안에 있을 때 냄새 분자가 코 대신 목구멍 뒤쪽으로 올라가기 때문이다(19쪽 참조). 따라서 우리가 감지하는 분자도 달라지며 어떤 순서인가에 따라 인식하는 향도 달라진다. 이런 현상은 특히 커피와 초콜릿에서 두드러진다.

커피

초콜릿

냄새와 맛

음식의 분자는 침에 용해되어 혀와 접촉할 때 맛으로 느껴진다.
음식에서 나와 공기 중으로 휘발된 분자는 코에서 냄새로 감지된다.

식사 인지

음식에서 공기 중으로 떠오르거나 씹어서 생긴 분자는 코의 점액이나 입안의 침 같은 수분과 만나 용해된다. 그러고 나면 특별한 신경세포가 그것을 감지한다. 이 신경세포는 뇌에 전기 신호를 보내고, 그것으로 각 냄새와 맛이 확인되고 분류된다. 인간의 코는 수백 가지 다른 냄새를 맡을 수 있지만 혀는 주로 다섯 가지 혹은 그 이상의 맛(16~17쪽 참조)을 감지한다.

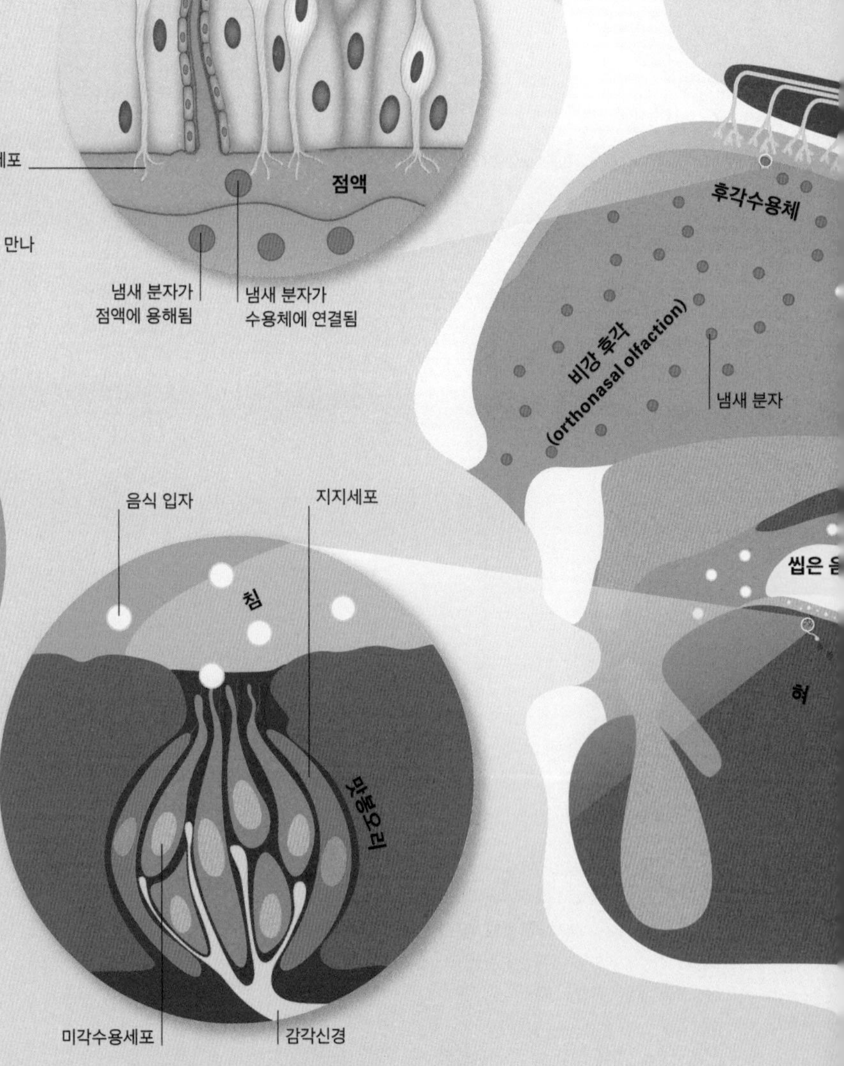

냄새의 원리

코 안에는 얇은 점액층이 있다. 냄새 분자가 점액을 만나 용해되면 후각수용세포 끝에 연결된다.

음식 냄새를 맡으면 왜 군침이 돌까?

음식 냄새를 맡으면 감각 정보가 뇌로 전달되어 신경이 침샘에 신호를 보낸다. 이에 따라 소화의 첫 단계를 준비하기 위해 침이 분비된다.

맛의 원리

혀 표면은 미각수용세포로 뒤덮여 있다. 음식과 음료의 화학 물질은 침에 용해되어 이들 세포와 접촉한다.

혀 돌기 하나에는 수백 개의 맛봉오리가 있다

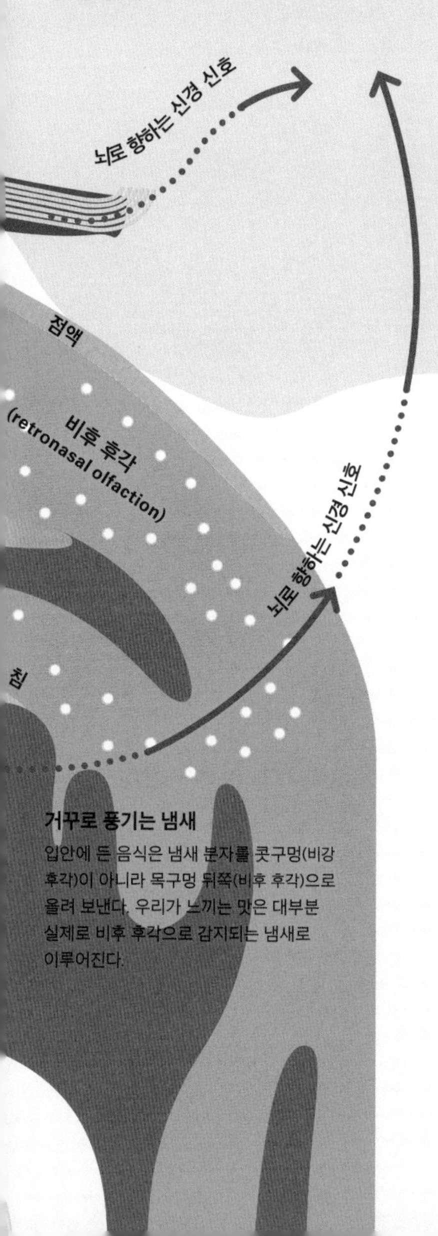

뇌를 향해

코의 후각수용세포와 혀의 미각수용세포는 냄새와 맛을 기록하기 위하여 뇌에 신경 신호를 보낸다.

거꾸로 풍기는 냄새

입안에 든 음식은 냄새 분자를 콧구멍(비강 후각)이 아니라 목구멍 뒤쪽(비후 후각)으로 올려 보낸다. 우리가 느끼는 맛은 대부분 실제로 비후 후각으로 감지되는 냄새로 이루어진다.

왜 음식에는 맛과 냄새가 있을까?

처음 진화했을 때 인류는 매일 폭넓은 음식을 선택했다. 이것은 한 종류의 음식만 고수하는 동물들보다 인류가 더 많은 맛 수용체를 갖도록 진화했다는 의미이다. 아기 때 우리는 단맛을 좋아하고 쓴맛을 거부한다. 이러한 생각의 뿌리는 단맛이 고에너지 음식을 뜻하고 쓴맛이 독에 대한 경고일 수 있다는 진화상의 과거 경험 때문이다. 짠맛과 (맛있는) 감칠맛에 대한 우리의 욕망은 염분과 기타 무기질, 단백질 필요가 낳은 생각이다.

신선한지 썩었는지?

신선하거나(영양가 있는) 썩은(잠재적으로 위험한) 과일을 구분하는 능력은 우리 조상들에게 도움이 되었을 것이다.

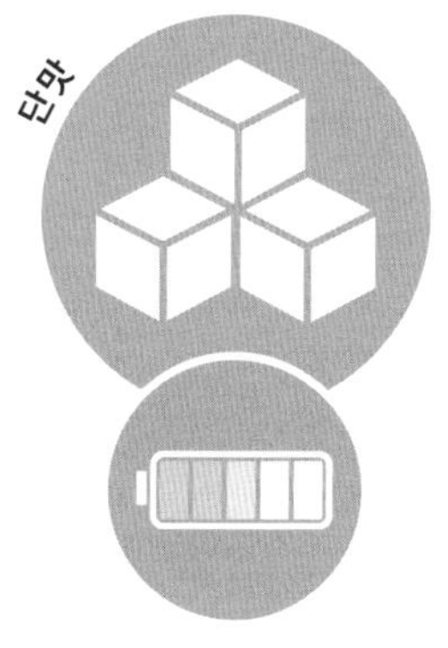

고열량

꿀과 같은 단 음식은 고열량을 제공한다.

필수 무기질

짠맛의 존재 이유는 나트륨이 인류 생존에 필요한 주요 무기질 중 하나이기 때문이다.

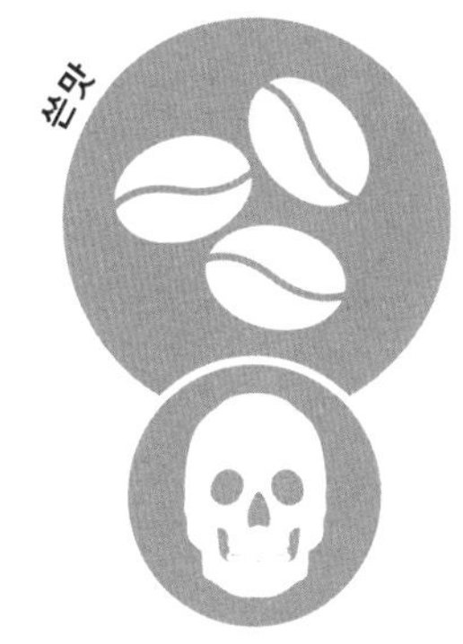

독의 신호

일반적으로 쓴맛은 독이 든 음식을 가리키지만, 경험을 통하여 일부 쓴맛을 좋아하도록 배울 수 있다.

비행기에서는 왜 음식 맛이 안 날까?

비행기의 건조한 공기는 입과 코를 메마르게 하여, 음식과 음료의 분자가 용해되어야 하는 수분 매개체를 방해한다. 이것은 맛과 냄새 수용체가 분자를 제대로 감지하지 못한다는 의미이다. 비행기에서는 단맛과 짠맛을 느끼는 감각이 30퍼센트 떨어지므로, 기내식은 특별한 자극을 위해 짠맛을 강하게 하는 경우가 많다. 묘하게도 감칠맛은 영향을 받지 않는 것으로 보인다.

영양분의 소화

영양소가 인체에 흡수되기 위해서는 일단 음식이 분해되어야 하며 이것이 소화 과정이다. 우리가 먹는 대부분의 음식은 몇 시간 내로 장기에 도달하지만 머무는 시간은 사람마다 다르다. 탄수화물, 단백질, 지방은 모두 다른 단계에서 분해되며, 섬유소는 비교적 온전히 형태를 유지한다.

먹은 음식은 어떻게 될까?

씹기(chewing), 으깨기(crushing), 휘젓기(churning)와 함께 소화 효소(enzyme)의 작용으로, 큰 음식 입자는 혈류에 흡수될 수 있는 크기로 분해된다. 각 효소는 특정 형태가 있어서 특정 분자만 분해할 수 있기 때문에, 입부터 창자에 이르기까지 줄곧 인체에서는 다양한 종류의 소화 작용이 이루어진다.

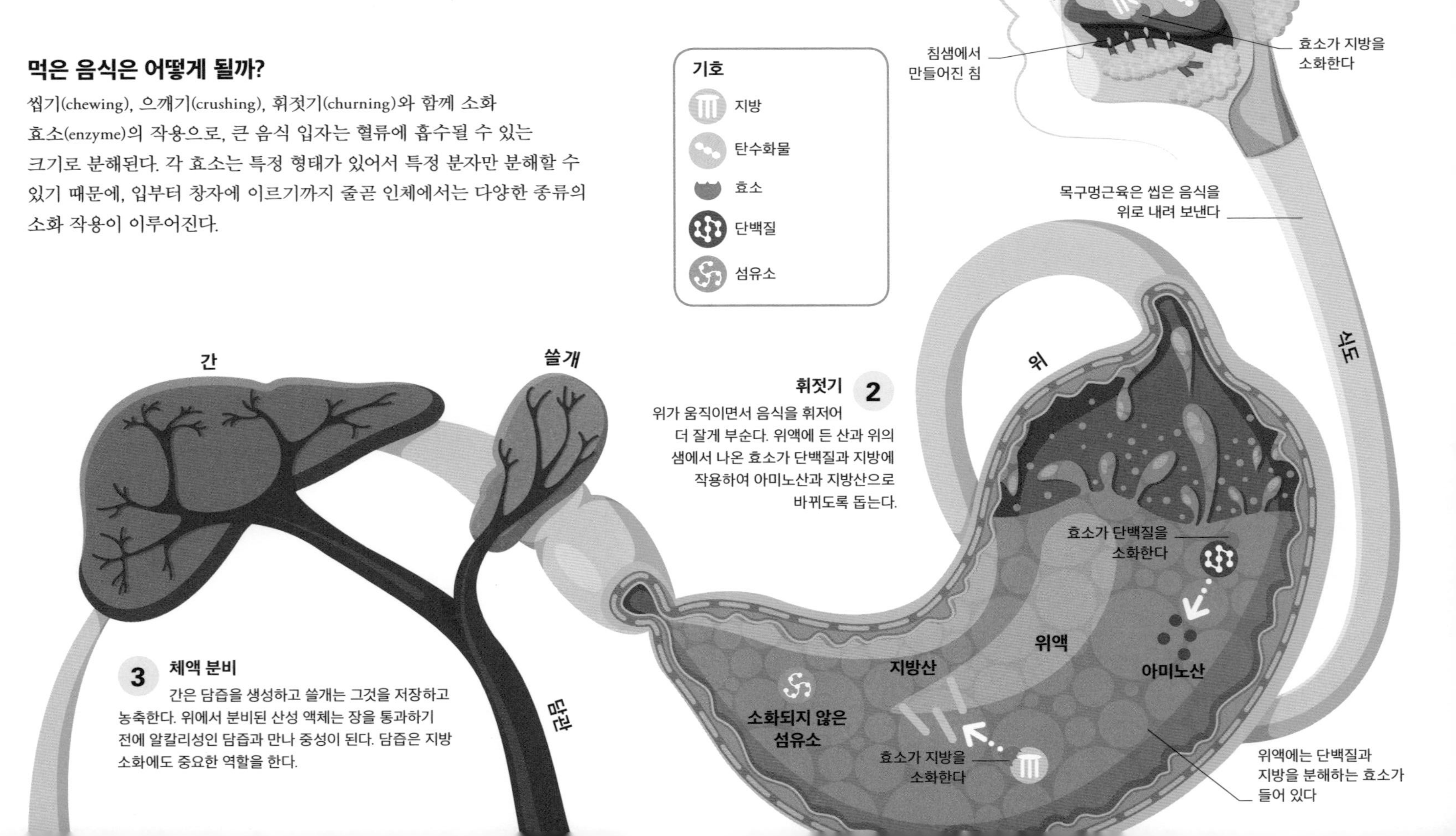

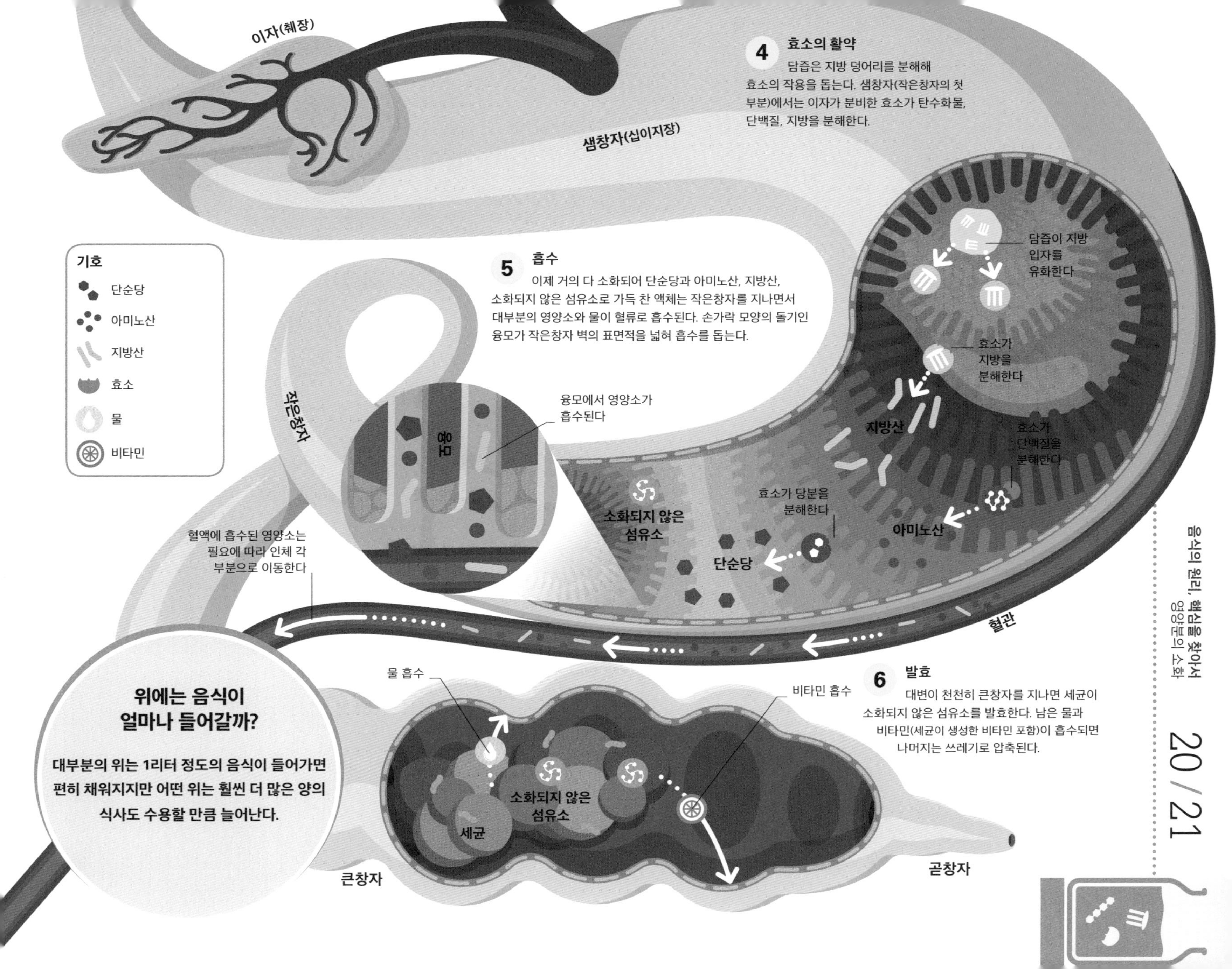

4 효소의 활약

담즙은 지방 덩어리를 분해해 효소의 작용을 돕는다. 샘창자(작은창자의 첫 부분)에서는 이자가 분비한 효소가 탄수화물, 단백질, 지방을 분해한다.

5 흡수

이제 거의 다 소화되어 단순당과 아미노산, 지방산, 소화되지 않은 섬유소로 가득 찬 액체는 작은창자를 지나면서 대부분의 영양소와 물이 혈류로 흡수된다. 손가락 모양의 돌기인 융모가 작은창자 벽의 표면적을 넓혀 흡수를 돕는다.

6 발효

대변이 천천히 큰창자를 지나면 세균이 소화되지 않은 섬유소를 발효한다. 남은 물과 비타민(세균이 생성한 비타민 포함)이 흡수되면 나머지는 쓰레기로 압축된다.

위에는 음식이 얼마나 들어갈까?

대부분의 위는 1리터 정도의 음식이 들어가면 편히 채워지지만 어떤 위는 훨씬 더 많은 양의 식사도 수용할 만큼 늘어난다.

탄수화물

우리가 먹는 대부분의 음식에는 탄수화물이 들어 있다. 탄수화물의 당분과 녹말은 우리 몸에 에너지를 제공하며, 섬유소는 건강한 소화에 꼭 필요하다.

탄수화물이 비만의 주범?

탄수화물을 너무 많이 먹으면 체중이 늘어날 수 있지만, 복합 당질과 고섬유 탄수화물은 건강한 식생활에 중요하다.

탄수화물이란?

탄수화물 분자는 탄소, 수소, 산소 원자로 이루어지며 종종 6각형 또는 5각형의 고리 모양이다. 고리가 한두 개면 당분이고, 고리가 연결되어 가지가 있거나 없는 사슬로 연결되면 녹말과 복합 당질이 된다. 아주 길고 소화 불가능한 사슬은 식이 섬유를 형성한다(24~25쪽 참조). 몸 안에서 당분과 녹말은 인체의 제1에너지원인 포도당으로 변한다.

녹말

비정제 녹말

통곡물 빵, 시리얼, 콩에 들어 있다. 천천히 분해되어 장시간에 걸쳐 에너지를 발산한다. 또한 섬유소와 비타민, 무기질의 좋은 공급원이다.

정제 녹말

하얀 밀가루, 흰쌀 같은 정제 탄수화물에는 쉽게 소화되는 단순 녹말만 들어 있다. 몸에서 쉽게 분해되어 빠르게 에너지로 전환되지만 포만감을 오래 유지하지 못한다.

당분

우유와 천연 당분

천연 당분은 유제품, 과일, 일부 채소에 들어 있다. 이런 일부 음식에 든 섬유소는 당분이 느리게 흡수되도록 거든다.

유리당

유리당(free sugar, 녹말이나 펙틴 같은 고분자화합물이 아닌 '유리' 상태로 존재하는 당 — 옮긴이)은 정제된 식용 설탕으로 음식에 첨가하기도 하지만 천연 꿀과 시럽, 과일 주스에도 들어 있다. '공허한 열량'을 많이 제공해 너무 많이 먹기 쉽다.

섬유소

탄수화물이 부족하면?

탄수화물을 충분히 먹지 않으면 간에서 지방을 케톤(ketone)으로, 단백질을 포도당으로 바꾸어 에너지원으로 사용한다. 케톤 식이 요법은 체중 감소에 도움이 되지만, 장기적으로 건강에 미치는 영향은 잘 알려져 있지 않다. 입 냄새가 악화될 수도 있다!

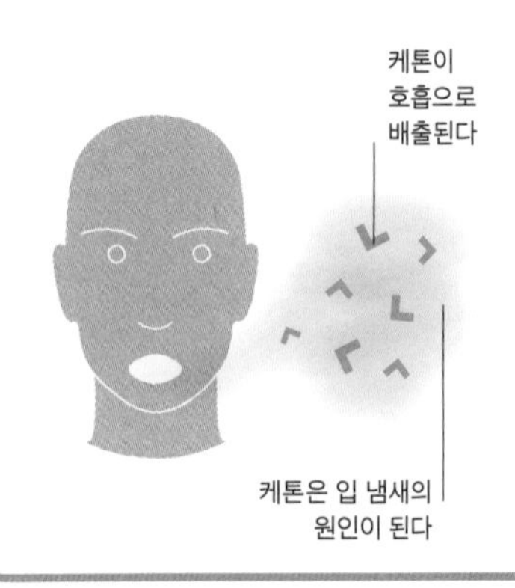

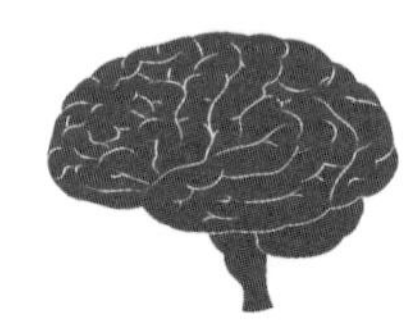

탄수화물은 뇌에서 기분을 안정시키는 물질 생성을 돕기 때문에 저탄수화물 식사를 하면 기분이 요동칠 수 있다

인체의 탄수화물 활용법

탄수화물을 먹으면 소화기관에서 당분으로 분해하여 혈액에서 흡수된다. 포도당은 에너지원으로 다양한 장기와 근육에서 직접 사용된다. 포도당과 결합해 식용 설탕이 되는 과일의 단순 당분인 과당은 간에서만 처리된다. 고과당식을 하는 사람들은 과당이 지방으로 변할 가능성이 높기 때문에 제2형 당뇨병에 걸릴 위험이 더 높아진다.

1 흡수와 분배

사슬이 긴 녹말질(starchy) 탄수화물은 흡수되려면 당분으로 분해되어야 한다. 소화는 입에서 시작되어 당분이 혈류로 스며드는 작은창자까지 이어진다.

2 간의 역할

즉각 사용하는 데 필요한 양 이상으로 탄수화물을 먹으면 간은 여분의 탄수화물을 글리코겐 형태로 만들어 저장한다. 혈당 수치가 떨어지면 저장된 글리코겐은 다시 포도당으로 변해 몸에서 사용된다.

3 에너지 사용

포도당은 가장 간편하고 효율적인 연료이다. 인체 세포의 화학 반응은 포도당(포도당이 없을 때는 다른 분자)을 에너지 발산 분자로 바꾼다.

4 지방 저장

간의 글리코겐 저장소가 꽉 차면 여분의 포도당은 지방으로 변한다. 그리고 나중에 음식이 부족할 때 연료로 사용하기 위해 온몸에 저장된다.

섬유소

섬유소는 몸에서 분해되지 않는 음식의 일부로 소화기관의 적절한 기능 유지를 돕는다. 식물 식품에 다량 들어 있다.

채소의 껍질

많은 식물에서 가장 섬유소가 풍부한 부분은 껍질이다. 예를 들어 사과 껍질에는 불용성 섬유소인 셀룰로오스(cellulose)가 다량 들어 있다. 이런 유형의 섬유소는 사과 세포벽의 주성분이다.

섬유소의 종류

섬유소는 전통적으로 두 종류로 나뉜다. 물에 녹는 수용성 섬유소는 걸쭉한 젤리 형태이다. 과일, 뿌리채소, 렌틸 콩 등에 들어 있으며 대변을 무르게 해서 변비를 방지한다. 불용성 섬유소는 곡류, 견과류, 씨앗 등에 들어 있다. 대변의 중량을 늘여 장기를 건강하게 유지한다. 그러나 연구 결과 두 종류 이외의 섬유소도 존재하므로, 용해성만으로 몸에서 작용하는 섬유소의 종류를 정확히 예측할 수는 없다.

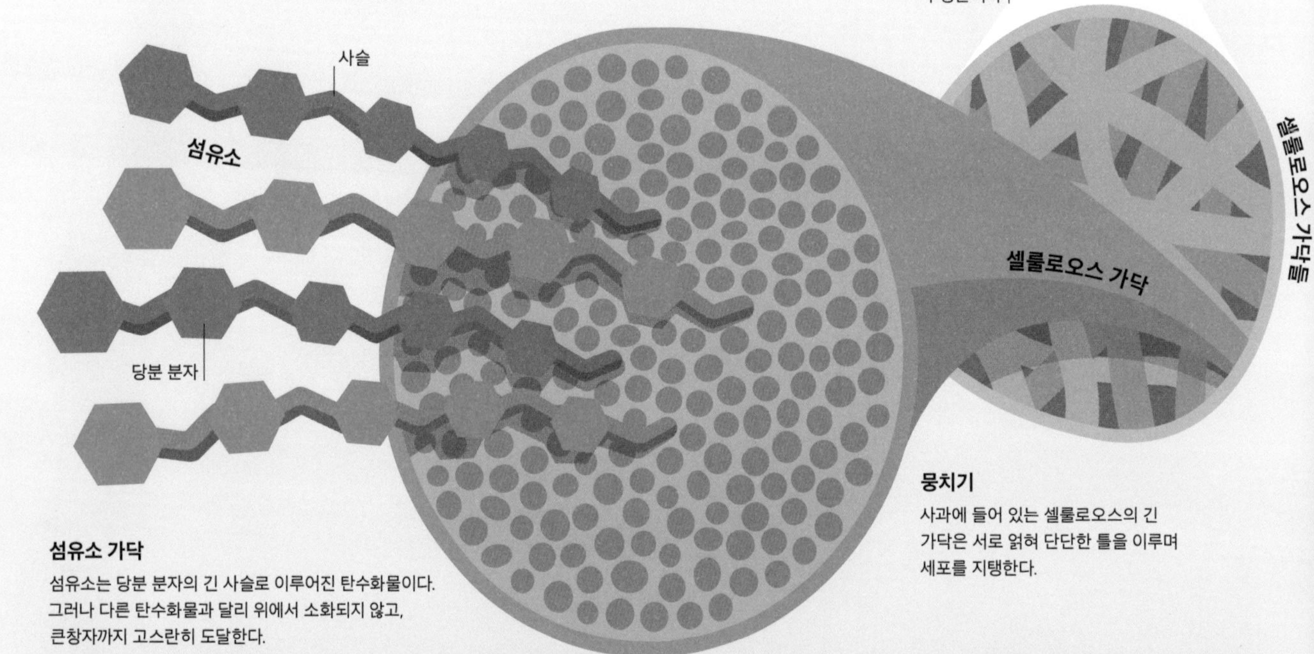

뭉치기

사과에 들어 있는 셀룰로오스의 긴 가닥은 서로 얽혀 단단한 틀을 이루며 세포를 지탱한다.

섬유소 가닥

섬유소는 당분 분자의 긴 사슬로 이루어진 탄수화물이다. 그러나 다른 탄수화물과 달리 위에서 소화되지 않고, 큰창자까지 고스란히 도달한다.

충분한 섬유소 섭취

많은 사람들은 식생활에서 섬유소를 충분히 섭취하지 않는다. 통곡물은 가장 흔한 섬유소 식품이지만 정제 곡물은 섬유소가 풍부한 껍질이 제거되어 섬유소가 많지 않다. 영국의 하루 권장량은 18그램이고, 권장량은 나라별로 다르다.

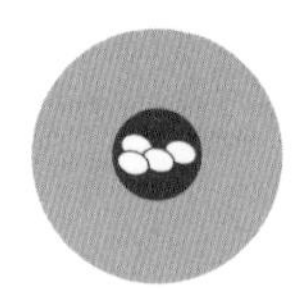

통밀 낱알	말린 무화과	병아리콩	갈색 빵
186g	260g	419g	514g

기호  섬유소 18g  필요한 섭취량

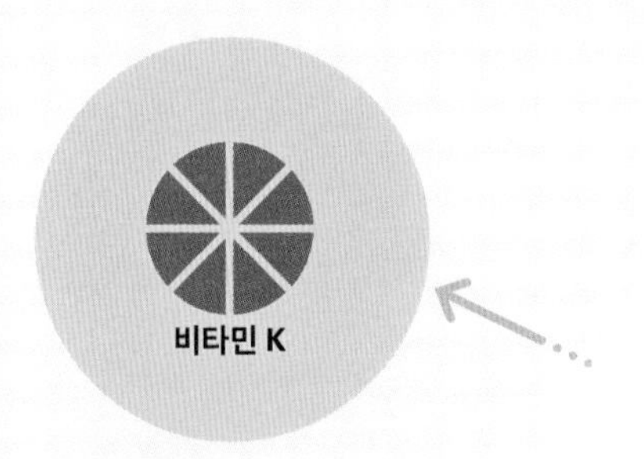

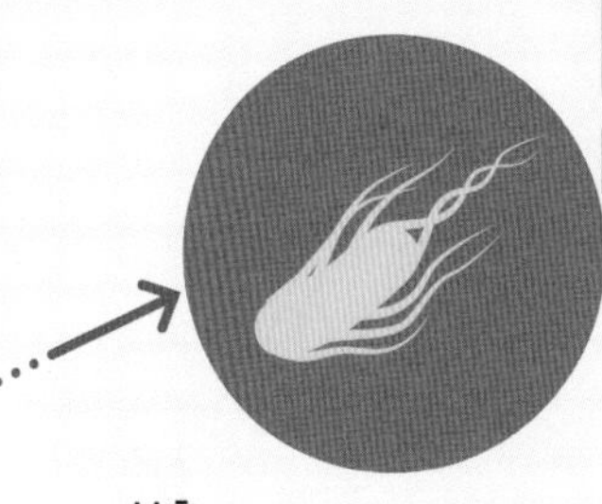

비타민 합성

특정 종류의 세균은 비타민을 합성하고 우리는 그것을 흡수해 이용할 수 있다. 비타민 K의 일부는 이런 방식으로 얻는다.

보호

발효로 생기는 약한 산은 잘록창자에 나쁜 세균이 살기 힘든 환경을 만들어 위장병의 위험을 낮춘다.

장에 세균 제공

섬유소는 장내 세균(장에서 사는 세균과 균류를 포함한 미생물)을 위한 중요한 먹이로, 지방산으로 발효되어 세균에게 먹힌다. 이들 세균을 건강하게 유지하는 것은 우리 몸에 꼭 필요한 일이다. 이 밖에도 장내 세균은 다른 음식의 소화를 돕는 효소를 생성하고, 아직 잘 알려지지 않은 다양한 방식으로 인체의 건강에 영향을 미친다.

지방산

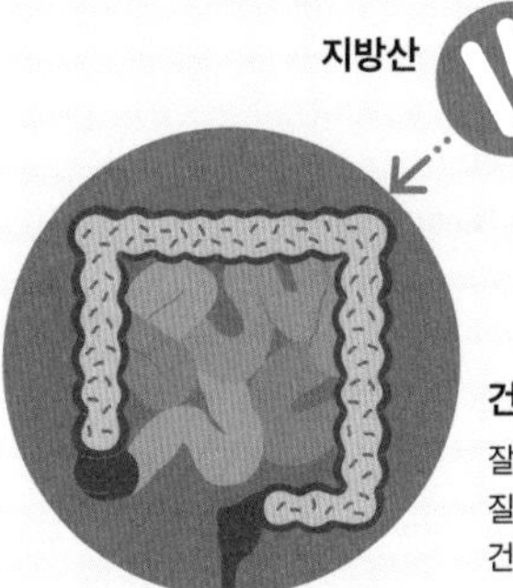

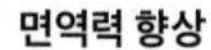

지방산

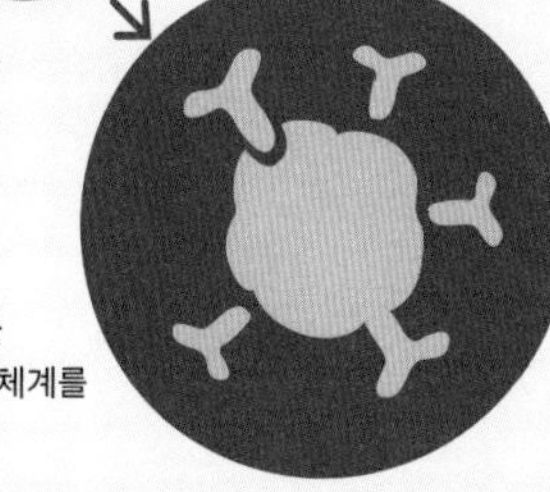

건강한 잘록창자

잘록창자에 있는 좋은 세균은 대변의 질량을 늘여 독소를 희석하고 장을 건강하게 유지한다.

면역력 향상

장에 있는 일부 세균은 염증을 줄이는 화합물을 만들어 면역체계를 향상시킨다.

섬유소와 건강

섬유소를 많이 먹으면(198~199쪽 참조) 심장병과 특정 암, 비만, 제2형 당뇨병의 위험이 줄어든다. 고섬유식은 가공육 섭취로 높아지는 결장암의 위험을 낮춘다(219쪽 참조).

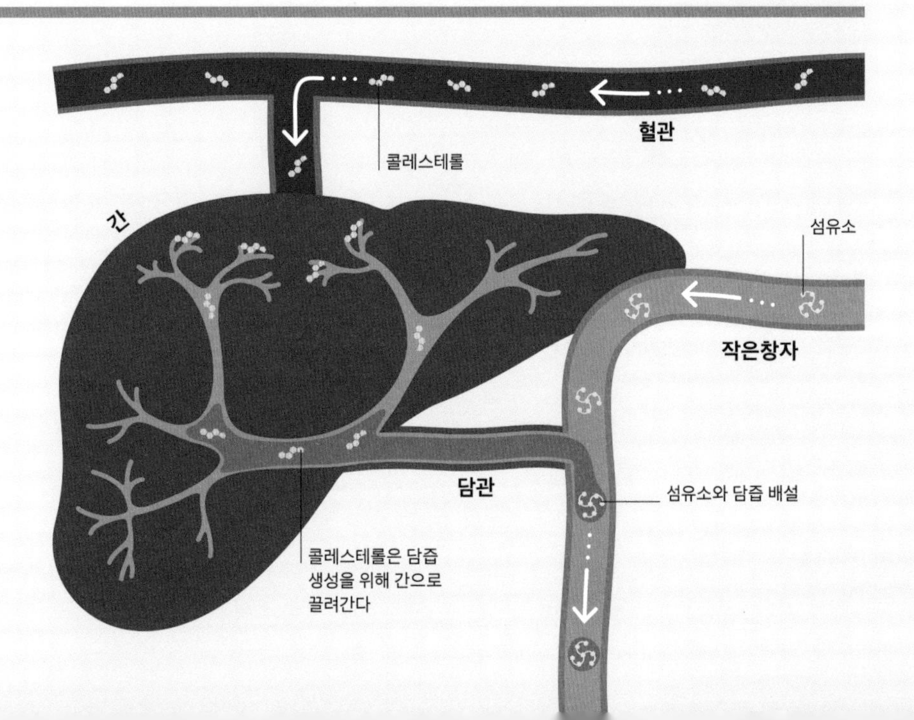

뜻밖의 이득

섬유소 중에서도 특히 수용성은 담즙(지방을 작은 입자로 분해하는 쓴 액체)과 결합하여 배출된다. 간이 다시 담즙을 만들려면 혈액에서 콜레스테롤을 끌어당겨야 한다. 섬유소가 심장병 위험을 낮추는 원리를 이것으로 설명할 수 있다.

단백질

단백질은 필수 영양소이다. 우리가 먹는 단백질은 구성 요소로 분해되어 몸에 필요한 새로운 단백질과 다른 복합 분자를 만드는 데 이용된다. 단백질은 에너지원으로 이용될 수도 있지만 주요 기능은 인체 조직의 생성, 성장, 회복이다.

하루에 필요한 단백질 양은?

사람은 체중 1킬로그램당 약 1그램의 단백질이 필요하다. 평균 남성은 55그램, 평균 여성은 45그램이다.

단백질이란?

단백질은 아미노산이라는 작은 분자들의 사슬이다. 인체에서 자연적으로 생겨나는 아미노산은 표준 아미노산 21종뿐이지만, 이들은 어떤 형태로든 결합할 수 있으므로 수백만 종류의 단백질을 만들 수 있다. 단백질이 든 음식을 먹으면 몸은 단백질을 아미노산으로 분해한 뒤 다른 배열로 재결합해 필요한 종류의 단백질을 만든다. 단백질의 주요 특성은 스스로 형태를 접고 비틀어 각 단백질이 특정한 모양을 갖도록 하는 능력이다. 이 덕분에 단백질은 몸에서 수많은 용도에 따라 활용된다.

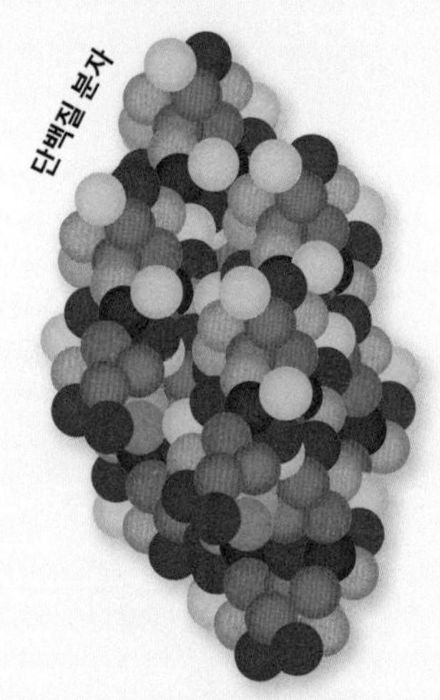

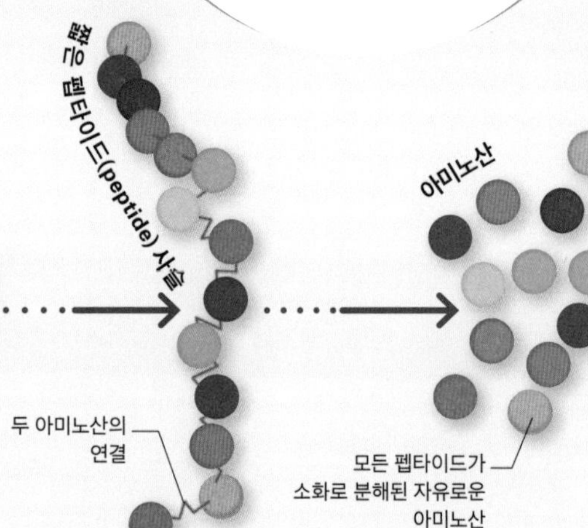

단백질

단백질은 사슬로 연결된 수많은 아미노산으로 구성된 거대하고 복잡한 분자로, 종종 촘촘한 형태로 접혀 있다.

단백질 조각

아미노산의 짧은 사슬은 펩타이드라고 부른다. 단백질이 분해될 때 만들어지지만 인체가 여타 목적을 위해 만들어 내기도 한다.

단백질 입자

아미노산은 주로 탄소, 산소, 수소, 질소로 이루어진 작은 분자이다. 인체에는 21종이 존재한다.

왜 특정 아미노산은 '필수'인가?

인류 진화의 역사 어느 시점에서 우리는 인체에 필요한 9종의 아미노산을 만들어 내는 능력을 잃었다. 따라서 그 9종의 '필수' 아미노산은 음식으로 섭취해야 한다. 9종의 단백질이 모두 풍부하게 들어 있는 단백질을 '완전' 단백질이라 부른다. 동물성 식품은 대부분 완전 단백질이지만, 퀴노아, 두부, 일부 견과류, 씨앗도 포함된다.

단백질 보조 식품

쇠고기 같은 일부 식품에는 인체에 필요한 필수 아미노산이 모두 들어 있지만 다른 식품은 그렇지 않다. 밀에는 리신(lysine)이 적지만 메티오닌(methionine)이 많이 들어 있고, 콩류에는 리신이 충분한 반면 메티오닌 성분이 적은 경향이 있다. 이 두 식품을 함께 섭취하면 몸에 필요한 필수 아미노산을 전부 얻을 수 있다.

단백질 활용법

음식에 함유된 단백질이 일단 아미노산으로 분해되면 DNA부터 호르몬, 신경 전달 물질에 이르기까지 엄청난 종류의 필수적인 분자 생성에 관여한다. 그러나 대부분의 아미노산은 새로운 단백질로 조립된다. 이런 단백질의 일부는 근육 같은 인체를 구성한다. 수많은 다른 단백질은 인체의 주요 화학 과정을 유발하고 통제하는 분자 촉매인 효소처럼 활용된다.

단백질은 수십 조에 달하는 인체의 모든 세포에 존재한다

DNA

인체는 일부 아미노산을 화학적인 '염기'로 바꾸며, 일단 순서대로 배열된 염기는 유전자 암호를 담는 DNA의 구성 요소이다.

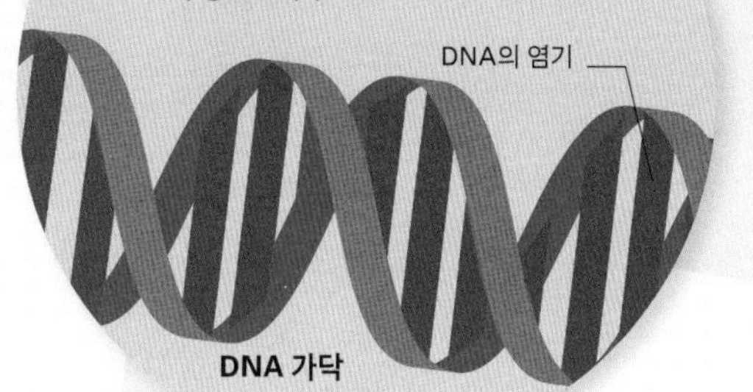

세포막 단백질

세포막은 세포의 바깥층이다. 단백질은 세포막 사이에 끼어 세포의 주변 환경과 소통을 가능하게 한다. 가령, 분자가 건너다니도록 한다.

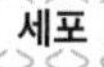

아미노산

호르몬

우리 몸은 호르몬을 이용해 다른 영역에 메시지를 보낸다. 아드레날린(adrenaline)을 포함한 많은 호르몬은 아미노산이나 펩타이드로 구성된다. 이들은 분비샘이나 장기에서 만들어진다.

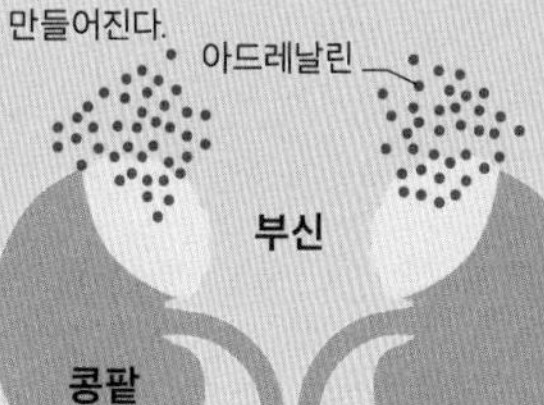

근육 단백질

근육은 주로 근육 섬유소를 형성하는 직선의 긴 사슬 단백질로 만들어진다. 근육 형성을 위해서도 단백질 섭취가 필요하지만, 손상된 근육 회복을 위해서도 필요하다.

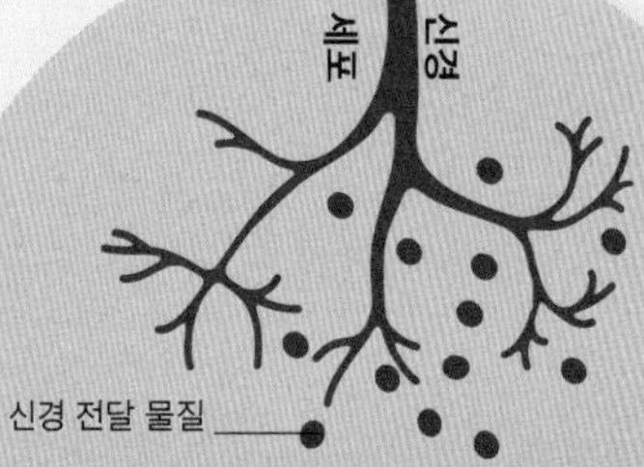

신경 전달 물질

일부 아미노산은 뇌와 신경계 전반의 신경세포 사이에 메시지를 전달하는 신경 전달 물질 분자를 만드는 데 사용된다.

지방

지방은 몸 건강에 필수적이다. 에너지를 제공하고 나중에 사용하기 위해 여분의 열량을 저장하며, 세포막 형성부터 호르몬 생성에 이르기까지 인체에서 다양한 역할을 한다.

지방이란?

지방은 탄수화물, 단백질과 더불어 3대 필수 영양소를 이룬다. 음식 속의 지방은 트리글리세리드(triglyceride) 분자 형태이다. 탄소, 수소, 산소 원자의 배열로 이루어지며, 탄소의 형태에 따라 지방산으로 불리는 세 가닥의 긴 사슬과 글리세롤(glycerol)이라는 짧은 사슬이 연결되어 만들어진다. 각각의 탄소는 다른 탄소와 한 줄, 또는 두 줄로 연결되어 있다. 이중으로 연결된 지방산의 수와 위치에 따라 지방산의 종류와 몸에 미치는 영향이 달라진다. 지방 분자를 만드는 지방산은 서로 같을 수도 있고 다를 수도 있어, 지방의 종류는 무궁무진해진다.

지방 분자

트리글리세리드, 혹은 지방 분자는 각각 한 종류의 지방산을 갖는다. 단일 결합으로 이루어진 직선 형태는 포화지방산이다. 사슬이 하나의 이중 결합을 갖고 있으면서 굽은 모양이면 단일 불포화지방산이 된다. 그 이상의 이중 결합은 복잡한 형태의 다중 불포화지방산 사슬을 만든다.

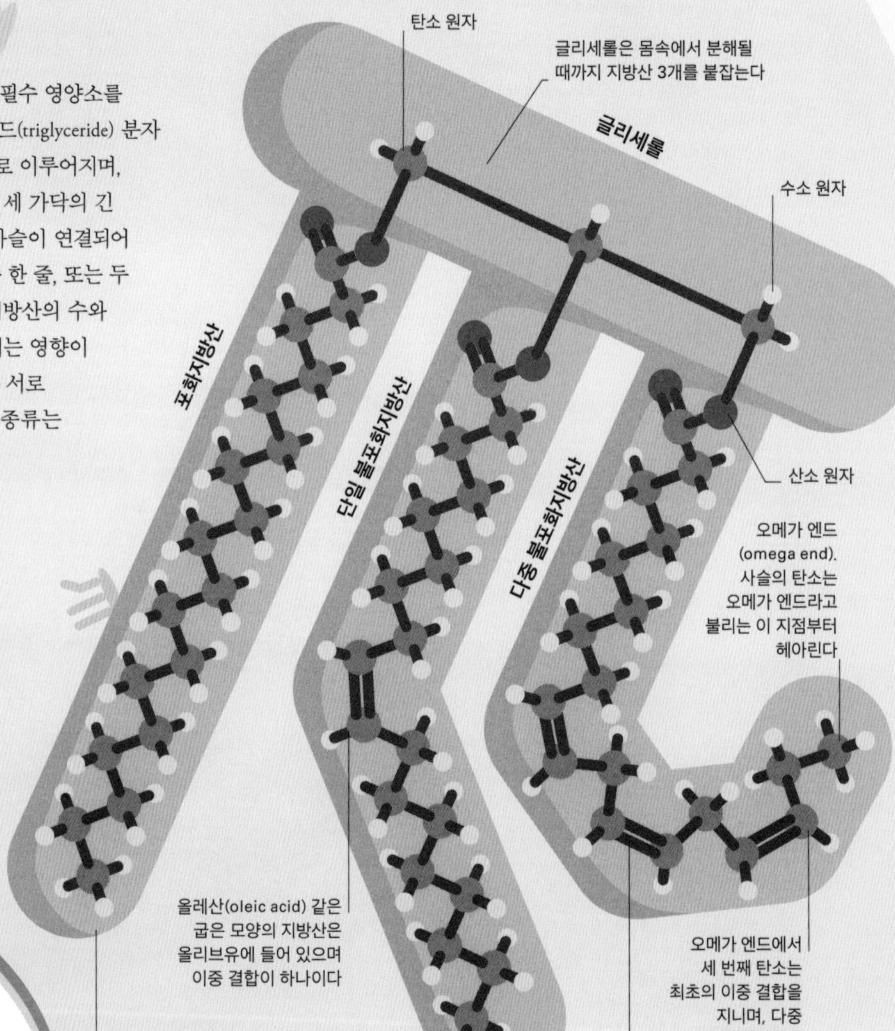

지방이 비만의 원인인가?

지방은 열량이 높아 체중 증가를 부를 수 있지만 단 음식에 비해 식사 후 포만감을 더 오래 느끼게 하므로, 약간의 지방은 나중에 간식 먹는 것을 막는 데 도움이 될 수 있다!

인체의 지방

지방은 에너지 저장에 이용되는 것 이외에도 다른 주요 역할을 많이 담당한다. 지방은 일부 비타민을 흡수하고 이용하는 데 도움을 주며(32~33쪽 참조) 신경조직 형성과 회복에 관여한다. 건강한 피부와 손발톱을 유지하고 혈압, 면역체계, 성장, 혈액 응고를 제어하는 호르몬을 만드는 데 사용된다. 또한 지방은 인체의 모든 세포와 내부 구조를 둘러싼 모든 세포막의 기본을 이룬다(30쪽 참조).

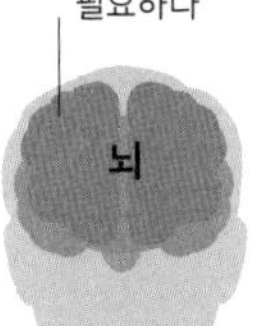

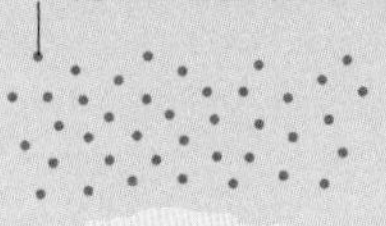

필수 지방산

인체는 다른 지방이나 원료에서 필요한 대부분의 지방을 만들 수 있다. 우리가 만들 수 없기 때문에 정말로 필수적인 지방산은 2가지뿐이다. 알파 리놀렌산(alpha-linolenic acid)인 오메가 3 지방산과 리놀렌산(linoleic acid)인 오메가 6 지방산이 그것이다. 둘 다 견과류와 씨앗, 특히 아마 씨에 들어 있다. 일부 다른 오메가 3 오일도 몸에서 잘 만들어 내지 못하므로 거의 필수적이다(78~79쪽 참조).

아마 씨를 얻을 수 있는 아마

지방인가 기름인가?

지방이라는 단어는 종종 버터나 라드처럼 실온에서 고체인 상태의 지방을 가리키는 데 쓰이는 반면 액체 상태로 있으면 기름이라고 부르는 경우가 있다. 대체로 기름에는 불포화지방산이 더 많다. 오랜 세월 식물성 기름의 지방산에 수소를 첨가해 고체로 만든 마가린을 버터의 건강한 대체품으로 여겨 왔다. 그러나 그런 방식으로 만든 지방이 건강에 매우 해롭다는 사실이 밝혀진 이후, 이제 마가린은 천연 고체 야자유를 첨가해 고체로 만든다.

20종 이상의 지방산이 음식에 들어 있다

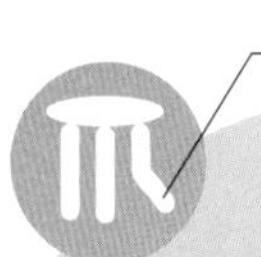

기름

불포화지방에는 이중 결합이 최소 하나인 지방산이 몇 개라도 들어 있다. 식물성 기름과 견과류, 씨앗에 많다. 이중 결합 때문에 구부러져 분자가 어색한 모양으로 배열되므로 서로 뭉칠 수가 없어 실온에서 액체 상태를 유지한다.

올리브유

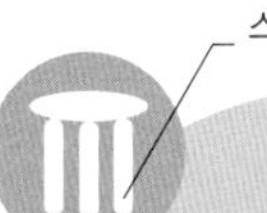

지방

포화지방에는 이중 결합이 없으며 사슬 모양이 직선이다. 분자가 촘촘히 뭉쳐 쉽게 단단해져 실온에서 고체를 유지한다. 버터와 고기 같은 동물성 식품과 야자유, 코코넛 오일에 들어 있다.

버터

경화 지방

트랜스지방은 식물성 기름을 수소로 경화하여 만든다. 이중 결합된 불포화지방에 수소를 첨가해 포화시켜 사슬을 직선으로 바꾸는 과정을 거친다. 그러면 마가린처럼 고체 지방이 만들어진다. 트랜스지방은 광범위한 건강 문제와 직결되어 많은 제품에서 퇴출되고 있다.

마가린

콜레스테롤

인체의 모든 세포에서 발견되는, 밀랍이나 지방 같은 물질인 콜레스테롤은 간에서 만들어지며 몸이 정상적으로 기능하는 데 필수적이다. 그러나 혈액에 너무 많이 쌓이면 심장병 같은 문제가 발생할 수 있다. 하지만 식생활과 콜레스테롤, 심혈관 건강 사이의 관계는 우리가 생각하는 것보다 훨씬 복잡하다.

식생활의 콜레스테롤

인간은 필요한 모든 콜레스테롤을 주로 간에서 만들지만, 식생활에서 추가로 보충한다. 달걀이나 고기 같은 음식으로 직접 섭취하거나, 사람에 따라 포화지방과 트랜스지방으로 유입되며, 일부 탄수화물은 간에서 생성되는 콜레스테롤을 부추긴다.

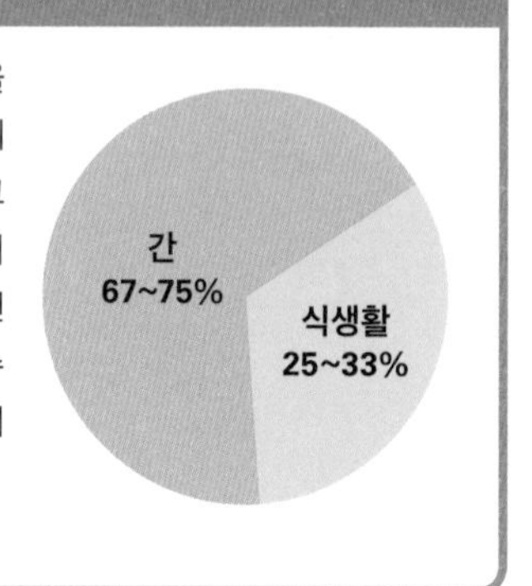

주요 화학 물질

콜레스테롤은 일부 호르몬과 비타민 D, 소화액의 구성 요소인 담즙산(20~21쪽 참조)을 만드는 데 필요하다. 또한 모든 세포를 둘러싸고 있는 얇은 막인 세포막을 유연하고도 견고하게 유지한다. 식생활에서 얻는 콜레스테롤과 상관없이 간에서 콜레스테롤 수치를 조절하지만, 사람에 따라서는 특정 음식에 너무 치중한 식생활 탓에 너무 많은 양이 생성될 수도 있다(214쪽 참조).

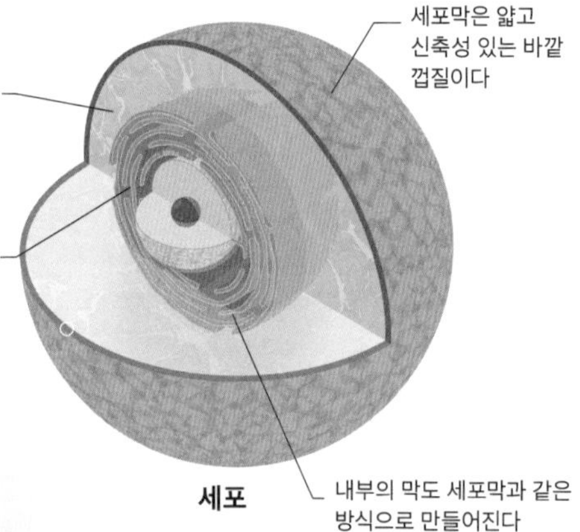

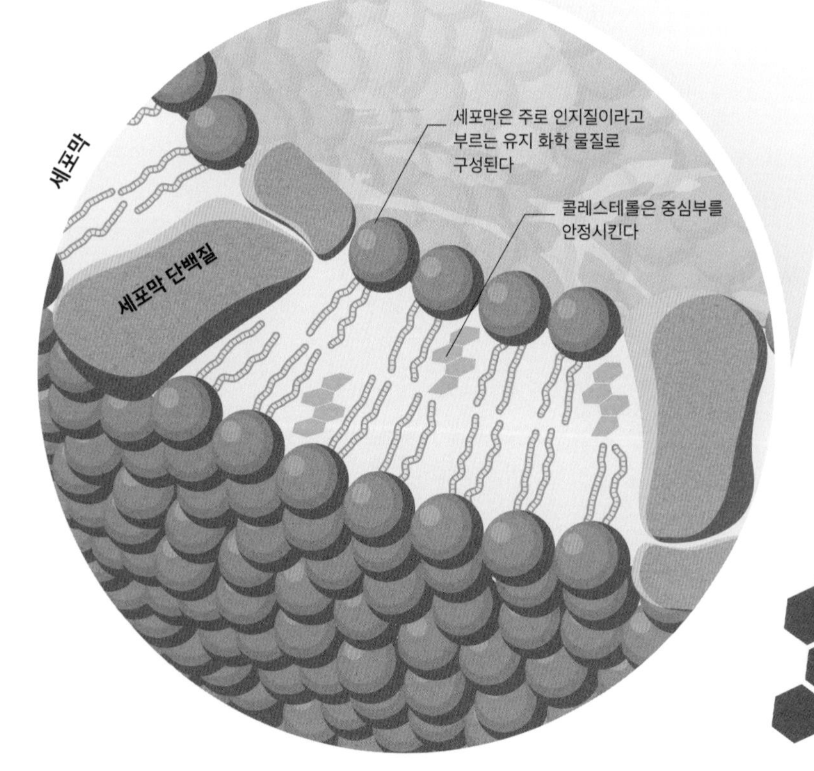

세포막

각 세포에는 두 층의 분자로 이루어진 막이 있다. 두 층 사이에 자리 잡은 콜레스테롤은 세포막이 너무 유연해지거나 뻣뻣해지지 않도록 막아 주며, 올바른 종류의 무기질과 다른 물질이 적당량만 통과할 수 있도록 적정 투과성을 유지한다. 또한 특정 단백질이 세포에 붙어 있도록 돕는데, 이것은 인체의 나머지 부분과 소통하는 데 필수적이다.

인체의 콜레스테롤 양
약 100그램

지방의 이동

콜레스테롤을 포함한 지질은 물을 기본으로 하는 인체의 유동액과 섞일 수 없으므로, 몸 전체로 이동하기 위해서는 친수성 캡슐에 담겨야 한다. 콜레스테롤은 지질단백질(lipoprotein)이라는 작은 캡슐로 포장되며, 크게 2종류로 나뉜다. 크기가 더 큰 LDL은 콜레스테롤을 혈액으로 전달하는 기능을 하지만 여분이 쌓일 수 있기 때문에 '나쁜 콜레스테롤'로 여겨진다. '좋은 콜레스테롤'인 HDL은 혈액에서 콜레스테롤을 앗아간다.

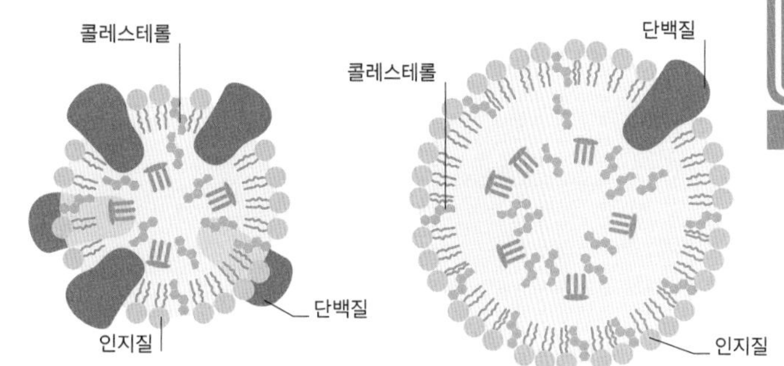

고밀도 지질단백질(high-density lipoprotein, HDL)
HDL은 단백질이 더 많고 콜레스테롤과 다른 지질이 적어 입자가 촘촘하다.

저밀도 지질단백질(low-density lipoprotein, LDL)
입자가 더 큰 LDL에는 콜레스테롤이 더 많고 단백질의 비중이 작다.

콜레스테롤의 순환

간과 혈액 사이에서 순환되는 콜레스테롤은 중요한 기능을 한다. 순환 과정은 HDL과 LDL, 두 지질단백질 사이의 균형에 좌우된다. 순환되는 HDL보다 LDL이 더 많으면 동맥에 침전물이 쌓여 혈압을 높이고 심장병의 원인이 된다(212~215쪽 참조). 높은 LDL 수치는 식생활과 비만, 유전인자 때문이다.

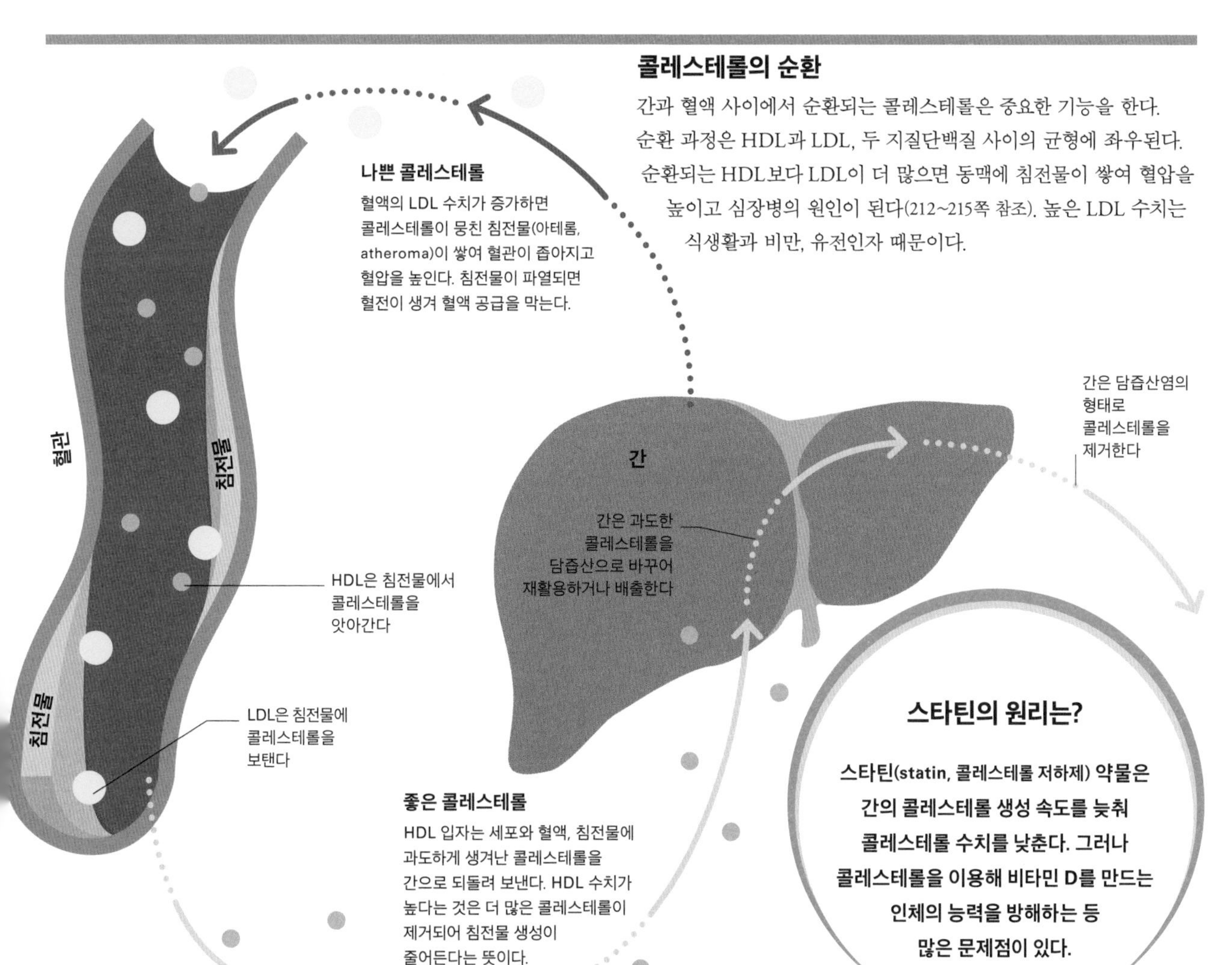

나쁜 콜레스테롤
혈액의 LDL 수치가 증가하면 콜레스테롤이 뭉친 침전물(아테롬, atheroma)이 쌓여 혈관이 좁아지고 혈압을 높인다. 침전물이 파열되면 혈전이 생겨 혈액 공급을 막는다.

좋은 콜레스테롤
HDL 입자는 세포와 혈액, 침전물에 과도하게 생겨난 콜레스테롤을 간으로 되돌려 보낸다. HDL 수치가 높다는 것은 더 많은 콜레스테롤이 제거되어 침전물 생성이 줄어든다는 뜻이다.

스타틴의 원리는?

스타틴(statin, 콜레스테롤 저하제) 약물은 간의 콜레스테롤 생성 속도를 늦춰 콜레스테롤 수치를 낮춘다. 그러나 콜레스테롤을 이용해 비타민 D를 만드는 인체의 능력을 방해하는 등 많은 문제점이 있다.

비타민

다양한 종류의 식품에 들어 있는 미량 영양소인 비타민은 우리 몸의 성장과 활력, 전반적인 건강에 필수적이다. 건강하고 균형 잡힌 식생활을 통해 필요한 비타민을 대부분 얻을 수 있지만, 어떤 경우에는 영양제가 유용할 수도 있다.

비타민이란?

비타민은 인체의 신진 대사 과정에서 중요한 역할을 담당하는 유기물이다. 비타민 C와 비타민 E처럼 일부는 항산화제로 활용되며 과도한 활성 산소를 중화하여 몸에 이로운 작용을 하는 것으로 생각된다(111쪽 참조). 우리 몸에는 소량만 필요하지만 부족하면 신체 기능에 해를 입혀 결핍성 질병을 유발한다. 비타민은 지방이나 물에 용해되는지의 여부에 따라 분류된다.

비타민의 발견

1800년대 의사들은 일부 질병이 세균이 아니라 영양 결핍으로 생겨남을 깨달았다. 다양한 식이 요법과 영양제를 이용한 동물 실험 결과 미량 영양소인 비타민이 발견되었다.

지용성

일부 비타민은 인체에서 지방에 녹아들어야 한다. 이런 비타민은 과일과 채소보다는 기름진 생선, 달걀, 유제품 같은 지방 식품에 주로 들어 있다는 뜻이다. 지용성 비타민은 지방 없이 섭취하면 몸에 제대로 흡수되지 않으므로, 지용성 비타민 보충제는 적절한 음식과 함께 먹지 않으면 효과가 잘 나타나지 않는다.

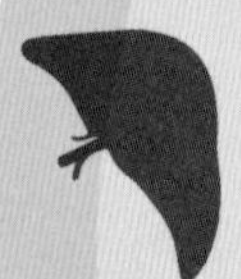

간은 2년간 인체 유지에 충분한 비타민 A를 저장할 수 있다

비타민 저장

지용성 비타민은 간에 저장되므로 매일 먹을 필요가 없다. 따라서 지용성 비타민을 너무 많이 섭취하면 몸에 쌓여 독이 된다. 반면 수용성 비타민은 저장되지 않고 과도한 양은 소변으로 배출된다. 더 자주 섭취할 필요가 있다는 뜻이다.

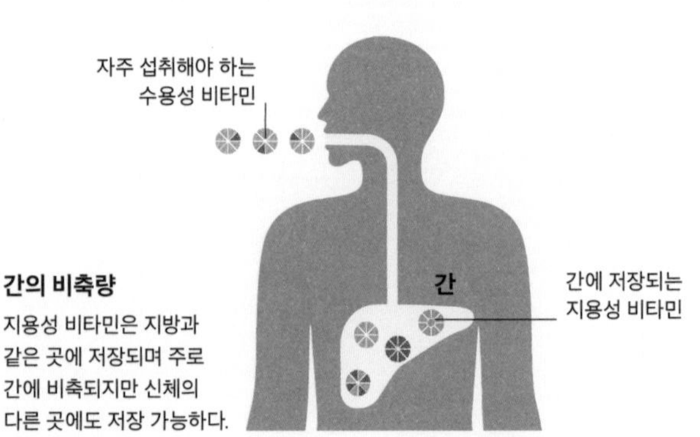

간의 비축량

지용성 비타민은 지방과 같은 곳에 저장되며 주로 간에 비축되지만 신체의 다른 곳에도 저장 가능하다.

비타민 A

시력, 성장, 발달에 필요하다. 특히 어린이에게 비타민 A가 부족하면 시력 저하, 시력 상실로 이어질 수 있다.

비타민 D

일부 무기질의 흡수를 돕는다. 부족하면 칼슘이 결핍되고 어린이의 구루병과 같은 뼈 건강 이상이 생긴다.

비타민 E

항산화제. 세포막을 보호하고 건강한 피부와 눈을 유지하며, 면역체계를 강화한다.

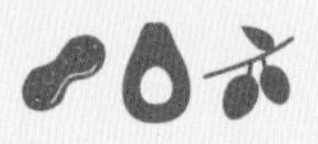

비타민 K

혈액 응고제를 만드는 데 필요하다. 부족하면 혈액 응고 장애, 출혈, 멍의 원인이 된다.

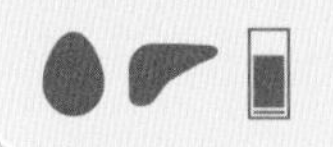

비타민 F는 어디에?

비타민 알파벳 중 빠진 것은 한때 비타민으로 여겨졌던 물질이 훗날 다시 분류되었기 때문이다. 필수적이지 않은 것으로 확인된 것들도 있다. 비타민 F는 한 쌍의 지방산이어서 비타민이라기보다는 지방으로 분류되는 것이 더 낫다고 판단되어, 비타민에서 제외되었다.

기호

 고기

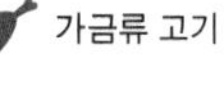 가금류 고기

 간

 생선

 기름진 생선

 참치

 달걀

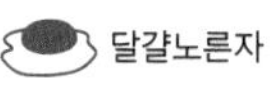 달걀노른자

 우유

 쌀

 통밀 빵

 병아리콩

잎채소

 브로콜리

아보카도

 토마토

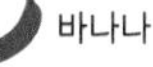 바나나

오렌지

딸기

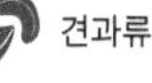 견과류

땅콩

올리브유

수용성

수용성 비타민은 과일, 채소, 단백질이 풍부한 식품 등 다양한 음식에 들어 있다. 물에 녹기 때문에 채소를 익히는 등의 요리 준비 과정에서 쉽게 손실된다. 비타민 B군으로 통칭되는 B형 비타민들은 하나의 보충제로 만들어지며, 한 가지 음식에 모두 들어 있기도 하다.

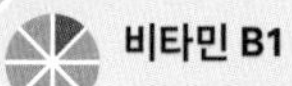

비타민 B1

에너지 발생을 돕고 근육과 신경의 원활한 기능을 보장한다. 부족하면 두통과 짜증을 유발한다.

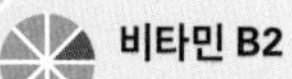

비타민 B2

신진 대사와 건강한 피부, 눈, 신경계에 중요하다. 부족하면 허약 증세와 빈혈을 유발한다.

비타민 B3

신경계와 뇌, 심혈관계, 혈액, 피부, 신진 대사를 유지한다

비타민 B5

신진 대사와 신경전달물질, 호르몬, 헤모글로빈 생성에 중요하다.

비타민 B6

신경 기능, 신진 대사, 항체 및 헤모글로빈 생성에 관여한다.

비타민 B7

바이오틴(biotin). 건강한 뼈와 머리칼, 지방 대사에 필요하다. 부족하면 피부염, 근육통, 혀 부종이 생긴다.

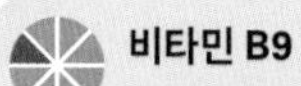

비타민 B9

엽산(folic acid, 폴산). 건강한 아기 성장 발달을 위해 필수적이다. 임신부에게 부족하면 태아의 척추 기형 위험이 높아진다.

비타민 B12

신진 대사와 적혈구세포에 관여한다. 부족하면 악성 빈혈로 이어진다.

비타민 C

항산화제. 다양한 인체 조직의 성장과 회복을 돕는다. 부족하면 상처가 잘 낫지 않는다.

무기질

인체가 제대로 기능하기 위해서는 비타민 같은 무기질이 필요하다. 우리 몸은 7가지 '주요 무기질'을 비교적 다량으로 필요로 하며, 다른 '미량 무기질'은 소량만으로 충분하다. 무기질은 특정 음식에 천연으로 함유되어 있으므로 균형 잡힌 식생활로 충분한 무기질을 섭취할 수 있다. 결핍인 경우에는 보충제가 필요하다.

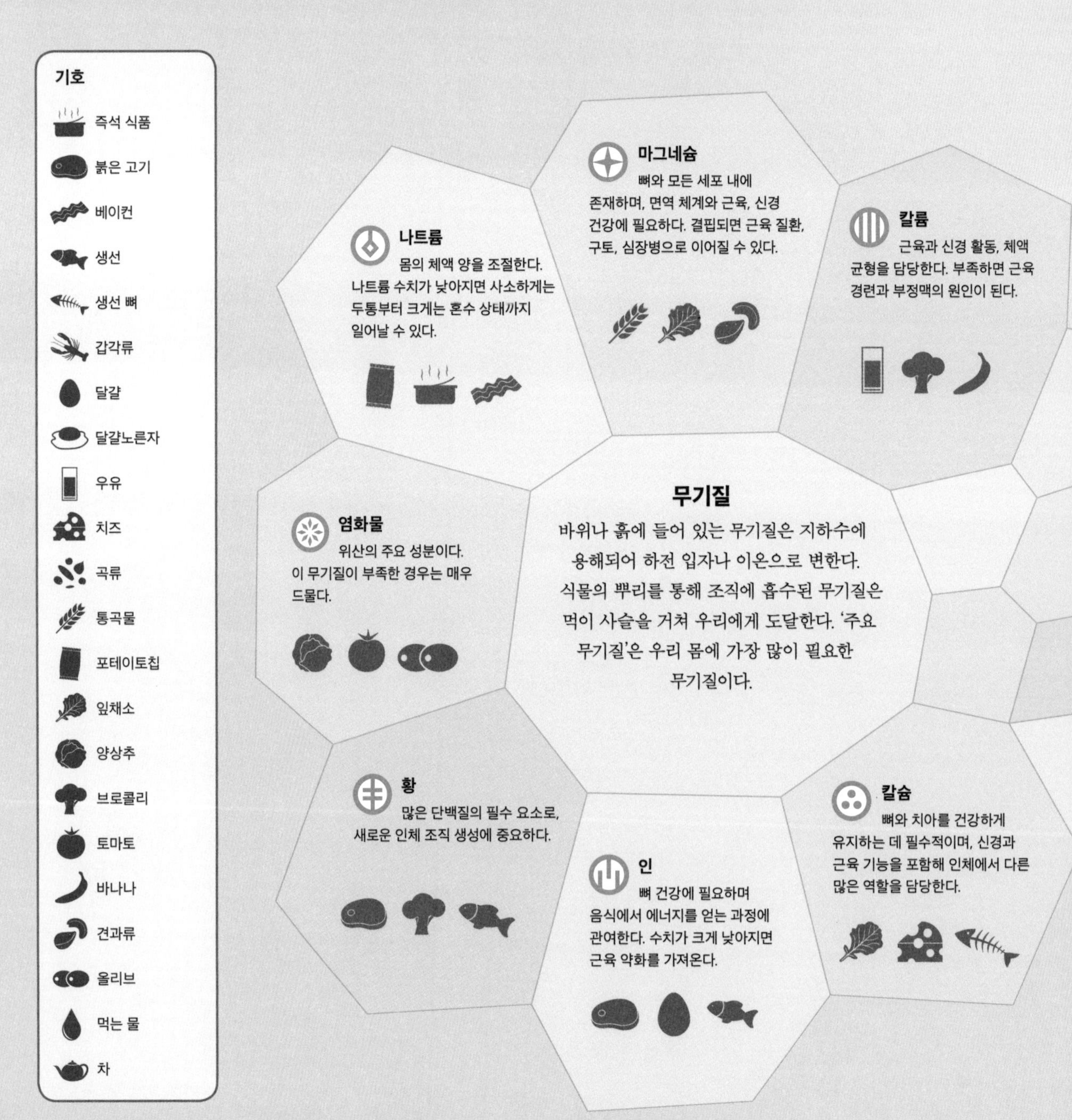

무기질 결핍

무기질이 결핍되면 다양한 건강 이상이 생긴다. 예를 들어 장기적 칼슘 결핍은 골밀도 감소와 골다공증을 낳는다. 철분 부족은 빈혈과 심신 허약, 피로의 원인이 된다. 마그네슘 결핍의 초기 증상은 메스꺼움이다. 각각의 경우 식생활 변화나 보충제가 권장된다.

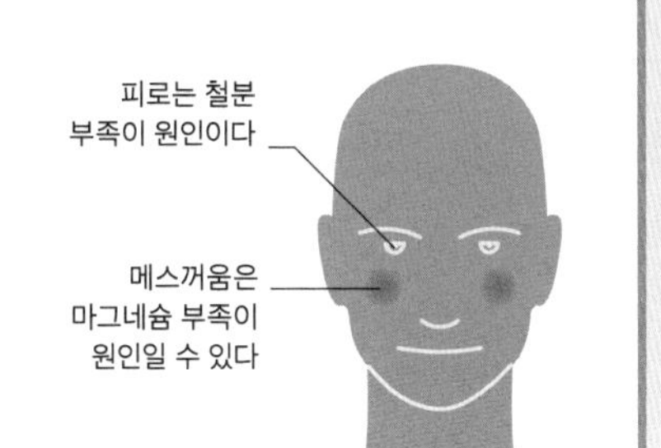

브라질너트 1~2개만으로 셀레늄 하루 필요량을 모두 섭취할 수 있다

미량 무기질

인체에 극소량만 필요한 무기질을 미량 무기질이라고 부른다. 워낙 적은 양이 필요하지만, 미량 무기질도 주요 무기질 못지않게 중요하다. 우리 식생활에서 흔히 부족하기 쉬운 철분도 이에 속한다.

구리

많은 효소와 철분 대사에 필요하다. 매우 드문 경우이지만 부족하면 빈혈의 원인이 된다.

불소

건강한 뼈와 치아 유지를 돕는다. 부족하면 충치가 증가한다.

망가니즈, 크롬, 몰리브데넘, 니켈, 규소, 바나듐, 코발트

모두 극소량 필요하다.

아이오딘

정상적인 갑상선 기능에 중요하다. 부족하면 성장 발달에 문제가 생겨 지체 장애와 학습 장애를 유발한다.

셀레늄

인체 세포가 스트레스 받는 것을 막아 주는 항산화제. 셀레늄(selenium)이 부족한 토양에서 자란 농산물을 섭취하는 사람들에게 결핍될 위험이 있다.

철분

적혈구의 산소 운반을 가능하게 하고 에너지 생성을 돕는다. 철분 부족으로 생긴 빈혈은 상당히 흔하다.

아연

다양한 효소를 구성하므로 부족하면 인체가 정상적으로 기능하지 못한다. 결핍되면 설사와 폐렴으로 이어진다.

물

체중의 약 60퍼센트를 이루고 있는 물은 장기의 기능 유지에 꼭 필요하다. 음식은 먹지 않아도 몇 주간 살 수 있지만 물이 없으면 며칠 내로 사망에 이르는 것만 보아도 물이 얼마나 중요한지 알 수 있다.

물을 너무 마시면?

물을 너무 많이 너무 빨리 마시면 수분이 빠르게 유입되어 세포가 부푼다. 부풀어 오른 뇌세포는 두통, 현기증, 착란을 유발한다. 심한 경우 물 중독으로 사망에 이를 수 있다.

수분 공급

충분한 수분 섭취는 피부 탄력 유지, 체온 조절, 콩팥의 여과 기능을 가능하게 한다. 혈중 수분 농도가 너무 높거나 낮으면 인체는 세포에서 물을 빼내거나 주입하여 보완하는데, 두 가지 모두 몸에 해롭다.

뇌의 수화(水化)

물은 뇌기능에 필수적이다. 물과 그 안에 용해된 물질의 균형은 신경 세포가 원활하게 신호를 전달하는 데 중요하다.

촉촉한 눈

눈을 깨끗하고 편하게 유지하기 위해 끊임없이 눈물이 분비되어 눈을 적시는데, 물은 눈물의 주요 성분이다.

원활한 혈류

혈액(혈장)은 92퍼센트가 물이다. 혈액은 산소를 운반하는 적혈구세포, 감염원과 싸우는 백혈구세포, 기타 필수 성분들을 인체 곳곳으로 실어 나른다.

탈수

마신 물보다 손실된 수분이 많으면 몇 시간 안에 약한 현기증과 피로가 생기기 시작한다. 갈증은 증상이 심해지기 전에 문제를 해결하려는 인체의 노력이다. 극심한 경우 탈수는 발작, 뇌 손상, 사망의 원인이 된다.

주의 결핍과 기억 장애

탈수가 되면 뇌조직이 쪼그라들어 단순한 일을 수행하는 데도 더 큰 노력이 필요하다. 주의력, 기분, 기억, 반응 시간에 영향을 미치며, 통증에도 더 민감해진다.

안구 건조

탈수 현상은 눈물 생성을 늦춰 눈에 건조함, 빡빡함, 이물감을 느끼게 한다.

저혈압

탈수가 심하면 혈중 수분 농도가 떨어진다. 그러면 혈액이 끈적거리고 진해져 심장이 전신으로 피를 보내기가 어려워진다. 그 결과 혈압이 낮아지고 현기증, 기절로 이어진다.

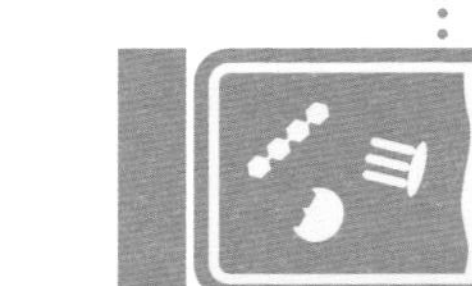

수분 조절

수분은 주로 소변으로 손실되지만, 일부는 피부나 호흡으로 발산된다. 콩팥은 인체의 수분 농도를 조절하여 혈액이 너무 진해지거나 희석되는 것을 막는다. 인체 조직이나 세포의 수분 농도가 떨어지면 갈증이 느껴진다.

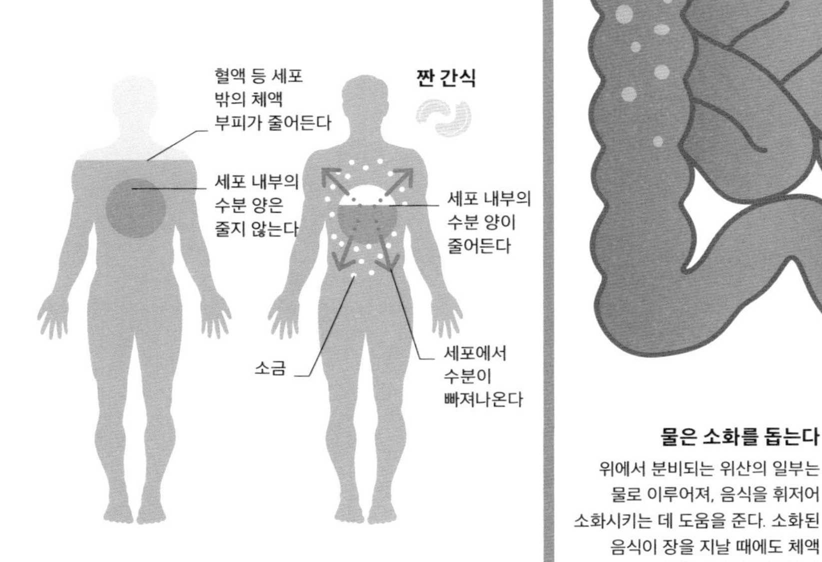

수분 부족으로 인한 갈증

혈액의 부피가 10퍼센트 이상 줄면 심장과 동맥의 감지 기작이 갈증 신호를 보낸다. 물을 마시면 혈액의 액체량이 보충되어 혈액의 부피가 증가한다.

염분 과잉 섭취로 인한 갈증

염분을 과도하게 섭취하면 세포에서 수분이 빠져나가 혈액의 염분 농도가 높아진다. 염분 농도가 1~2퍼센트 높아지면 갈증이 느껴진다.

장

물은 소화를 돕는다

위에서 분비되는 위산의 일부는 물로 이루어져, 음식을 휘저어 소화시키는 데 도움을 준다. 소화된 음식이 장을 지날 때에도 체액 덕분에 쉽게 이동한다.

변비

체내 수분 부족 상태에서 음식이 큰창자를 지나게 되면 인체는 음식의 물을 흡수한다. 그러면 대변이 건조하고 딱딱해져 변비를 낳는다.

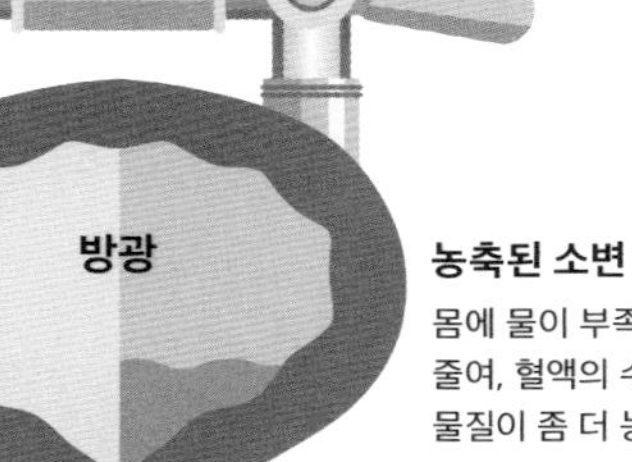

옅은 색 소변

수분이 충분하면 소변은 옅은 담황색이다. 물을 많이 마시면 더 희석된 소변이 생성된다.

농축된 소변

몸에 물이 부족한 상태일 때는 콩팥이 배출되는 물의 양을 줄여, 혈액의 수분을 유지한다. 그러면 소변에 용해된 물질이 좀 더 농축되기 때문에 소변 색도 더 진해진다.

얼마나 마셔야 할까?

필요한 물의 양은 기후와 어떤 활동을 하는가에 따라 달라진다. 온화한 기후에서 적당히 활동적인 사람들에게는 종종 하루 8잔의 물(2~3리터)이 권장되는데, 여기에는 다른 음료와 음식에 들어 있는 수분도 포함된다. 젊고 건강한 사람이라면 최선의 방법은 몸에 귀를 기울여 갈증을 느낄 때 물을 마시는 것이다! 그러나 나이든 사람들은 갈증을 느끼지 않고도 탈수 상태가 될 수 있으므로 마시는 물의 양에 관심을 가져야 한다.

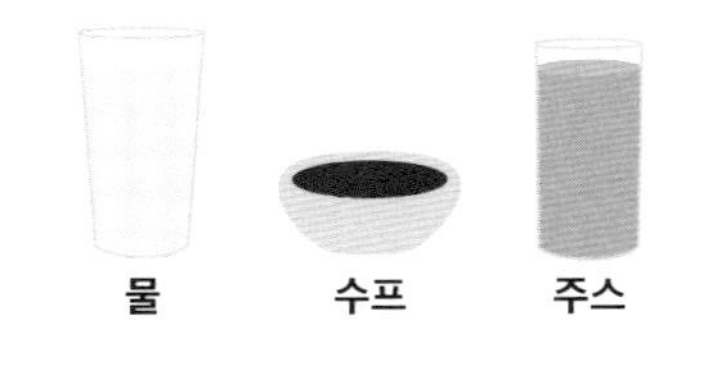

인체는 물을 마시고 5분 만에 수분 흡수를 시작한다

인스턴트 식품

바쁜 삶에서 많은 사람들은 미리 준비된 간편식에 눈을 돌린다. 빠르고 쉽고 맛도 있지만, 보통 가장 건강한 선택은 아니다. 인스턴트 식품은 왜 우리 몸에 나쁠까? 좀 더 건강한 종류를 선택할 방법은 있을까?

정크 푸드는 왜 더 먹고 싶을까?

대부분의 정크 푸드는 단맛과 염분, 지방의 균형을 신중하게 결정해 뇌에서 최대의 쾌락을 느끼도록 기획되어 소비자가 계속 더 찾게 만든다.

인스턴트 식품이란?

인스턴트 식품이란 미리 조리된 가공 식품을 의미하며, 즉석 식품, 케이크 가루, 과자류, 사전 준비된 과일과 채소, 냉동 재료, 통조림 식품을 포함한다. 인스턴트 식품을 만들고 판매하는 기업들은 대개 영양가보다는 맛과 유통 기간에 초점을 맞춘다. 단맛을 즐기도록 진화된 인간의 성향과 맛있는 고열량식을 빠르고 쉽게 먹으려는 욕망을 이용해 대량 판매를 노린다.

5000만
매일 패스트푸드 음식점을 찾는 미국인의 수

다량의 정제 탄수화물

정제 및 가공 과정에서 섬유소와 미량 영양소를 대부분 제거해 고열량 성분만 남은 밀가루를 사용한다.

다량의 지방

국수 자체에 들어가는 기름 이외에도 건조를 위해 기름에 튀기기 때문에 지방 함량이 높아진다.

다량의 염분과 당분

밍밍한 국수를 맛있게 만들려고 다량의 염분과 당분이 첨가된다. 일일 권장량을 초과하는 경우가 흔하다.

인스턴트 국수

인스턴트 국수는 물만 부으면 맛있는 간식으로 탄생한다. 그러나 몸에 좋은 영양분은 거의 없고, 비만, 당뇨병, 심장병, 뇌졸중의 위험을 높이는 것으로 알려져 있다.

섬유소와 단백질 부족

인스턴트 국수에는 섬유소나 단백질이 거의 없어, 열량은 높지만 포만감을 오래 주지 못한다.

현대인의 식습관

샌드위치 가게부터 테이크아웃 음식점, 고급 레스토랑에 이르기까지 즉석 식품은 우리 주변에 널려 있고, 이것은 우리 식생활에 영향을 미친다. 업무 노동 시간이 길고 식사 준비와 요리에 할애하는 시간이 짧으면, 인스턴트 식품과 패스트푸드에 대한 욕구가 높아진다. 그러나 인스턴트 식품과 건강 사이에는 상충관계가 존재한다.

테이크아웃 음식점의 영향

연구 결과 집과 직장 근처, 혹은 둘을 오가는 길에서 더 많은 테이크아웃 음식점에 노출된 사람일수록 테이크아웃 음식을 더 많이 먹고, 체질량 지수가 높을 가능성도 더 높았다.

퇴근길

집으로 향하는 길에 테이크아웃 음식점을 하나, 또는 소수 지나치는 경우

테이크아웃 음식을 덜 소비

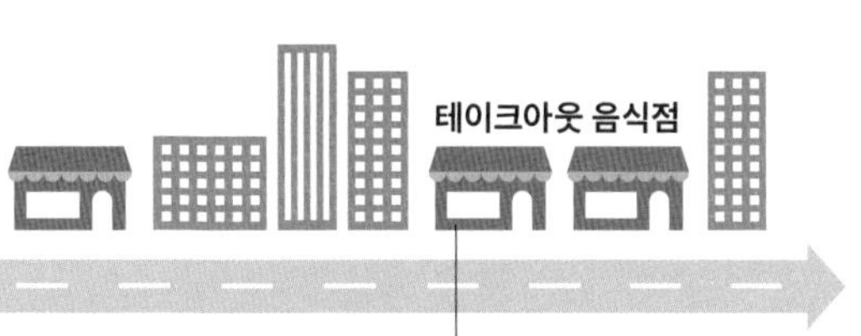

퇴근길

집으로 향하는 길에 테이크아웃 음식점이 많은 경우

테이크아웃 음식을 더 많이 소비

인스턴트 식품의 역사

인스턴트 식품은 새롭지 않다. 냉동, 통조림, 건조, 방부제 첨가 등, 음식을 보존하는 방법은 다양하다. 어떤 사람들은 이 덕분에 영양을 보충할 수 있었지만, 다른 사람들은 이로 인해 영양 상태가 악화되었다.

좋은 인스턴트 식품

모든 인스턴트 식품이 건강에 나쁜 것은 아니다. 통조림, 냉동 과일과 채소, 즉석 수프는 영양소와 섬유소의 좋은 원천이며, 때로는 신선한 재료보다 더 많은 비타민과 피토케미컬을 함유하고 있다(토마토는 익혀야 리코펜(lycopene) 성분이 나온다). 그러나 맛을 좋게 하고 수프를 더 오래 보존하기 위해 종종 당분과 염분이 추가된다.

고수를 넣은 당근 수프

1810년 긴 항해를 떠난 선원들을 위해 음식 보존용으로 통조림이 사용됨

1930년대 급속 냉동이 발명되어 식품을 대량으로 냉동하여 대중에게 판매할 수 있게 됨

1960년대 후반 냉장고와 냉동 즉석 식품이 유행

1970년대 일하는 여성의 수가 증가하여 즉석 식품의 인기도 높아짐

1800년 — 2000년

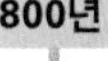

1894년 존 하비 켈로그(John Harvey Kellogg) 박사가 콘플레이크 발명. 대량 생산된 최초의 간편식 시리얼 중 하나

1953~1954년 오븐에 데울 수 있도록 금속 쟁반에 담긴 즉석 식품 최초 판매

1967년 전자 레인지가 도입되었지만 일반 가정에 보급된 것은 20년 뒤

1979년 최초의 냉장 즉석 식품이 영국 슈퍼마켓에 등장

자연 식품

1940년대에 처음 소개된 자연 식품(whole foods) 운동은 여전히 인기가 높다. 가공되지 않은 식품에 초점을 두는 이 운동은 섬유소와 미량 영양소 섭취가 높아져 건강에 이롭지만 극단적으로 추구하는 데에는 한계가 있다.

자연 식품은 유기농 식품과 같은가?

유기농 식품은 천연 비료나 천연 살충제로 키운 작물, 유기농 사료로 기른 가축을 의미하며, 자연 식품의 한 종류이다. 하지만 자연 식품이 반드시 유기농인 것은 아니다.

모두 천연

라즈베리에는 모든 생과일 중 가장 많은 오메가 3 지방산이 들어 있다. 라즈베리 100그램에는 비타민 C 일일 권장량의 4분의 1 이상이 들어 있다.

자연 식품이란?

자연 식품은 가공 식품의 반대 개념으로, 천연 상태 그대로이거나 가능한 한 최소로 가공한 식품이다. 생과일, 채소, 고기, 생선, 통곡물, 견과류, 씨앗이 포함된다. 일부 지지자들은 반드시 유기농이어야 한다고 주장하지만 유기농 식품이 건강에 더 이롭다는 증거는 거의 없다.

영양소와 무기질

자연 식품을 먹으면 다양한 비타민과 무기질이 들어 있을 가능성이 높다. 라즈베리에는 특히 비타민 C, 비타민 K, 망가니즈가 많다.

항산화제

라즈베리 같은 자연 식품에는 잠재적으로 이로운 항산화제가 풍부하다(108~109쪽 참조). 그러나 때로 항산화제는 식품에 인공적으로 첨가할 수 있다.

섬유소

채식은 덜 가공되고 섬유소가 더 많은 경향이 있다. 섬유소를 많이 먹으면 체중 감소에 도움이 되고 특정 질병을 예방한다(198~199쪽 참조).

좋은 지방

자연 식품에는 가공 식품에 흔한 나쁜 트랜스지방이 없고 몸에 좋은 불포화지방이 다량 들어 있는 경우가 많다.

더 적은 첨가물

자연 식품은 감미료나 방부제를 추가하지 않은 '자연이 의도한 그대로'의 상태이다. 그러나 이 때문에 가공 식품만큼 유통 기간이 길지 못하다.

필요한 가공

모든 음식이 전혀 가공하지 않고 그대로 먹어도 되는 것은 아니다. 일부는 독소를 없애거나 세균을 죽이기 위해 준비나 요리가 필요하며, 특히 고기는 더욱 그렇다. 토마토 같은 다른 식품들도 요리를 하면 영양소가 더 많아진다(55쪽 참조). 자연 식품 지지자들은 이러한 과정을 본인이 직접, 최소로 할 것을 권한다. 그러나 약간 자르기만 해도 식품의 영양소에 영향을 미칠 수 있다.

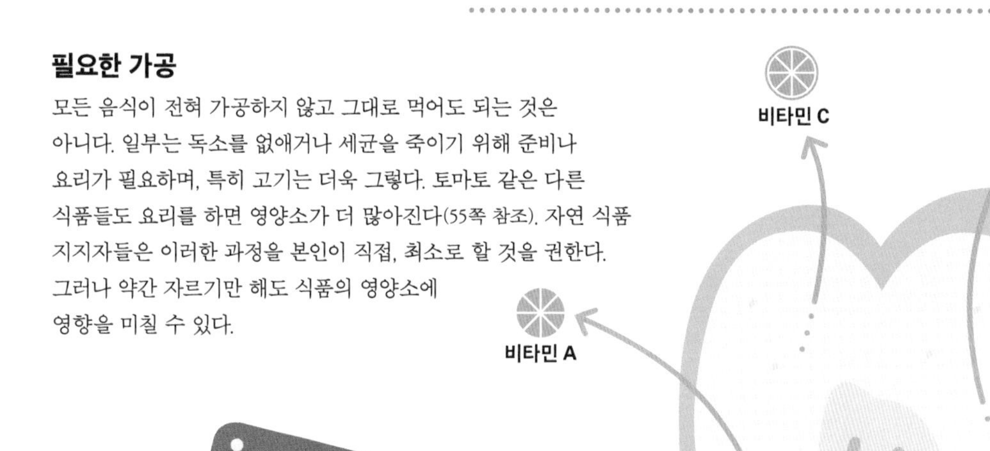

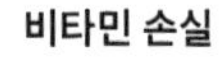

비타민 손실

사과 껍질 같은 식품의 외피는 과일의 비타민을 보호한다. 일단 공기에 노출되면 소량의 비타민(특히 비타민 C)은 산소와 반응해 손실된다.

자연 식품 운동

1920년대 유럽의 농부와 소비자들은 살충제 없이 기른 작물을 찾기 시작했다. 1946년 영국의 유기농 농부 프랭크 뉴먼 터너(Frank Newman Turner)는 그러한 천연 작물과 천연 식품을 '자연 식품'으로 소개했다. 그 후 선진국의 '유기농 식단'에 대한 관심으로 자연 식품이 점차 인기를 누리게 되었다.

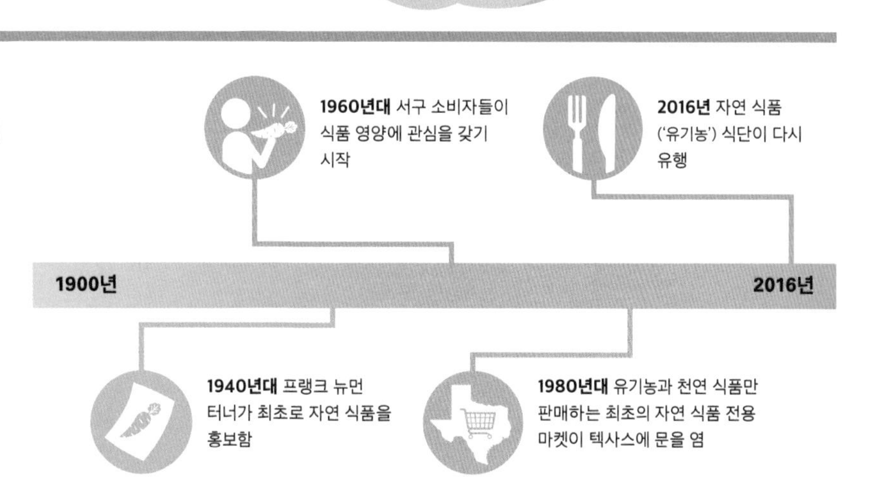

자연 식품의 문제점

자연 식품만 고집하는 식생활은 준비하는 데 비용과 시간이 많이 든다. 게다가 사교 생활에서나 음식점에서는 원칙을 고수하기 어렵다. 또한 가공 식품에 익숙한 사람은 당분과 염분이 덜 들어간 신선한 음식의 맛에 익숙해지기까지 시간이 걸린다.

딸기 150그램에는 하루 필요한 비타민 C가 모두 들어 있다

너무 많이? 너무 적게?

비타민과 무기질 같은 영양소는 우리 몸에 좋지만 그렇다고 많을수록 좋다는 뜻은 아니다. 비타민 A 같은 일부 비타민을 주기적으로 너무 많이 먹으면 부족한 것만큼이나 위험할 수 있다.

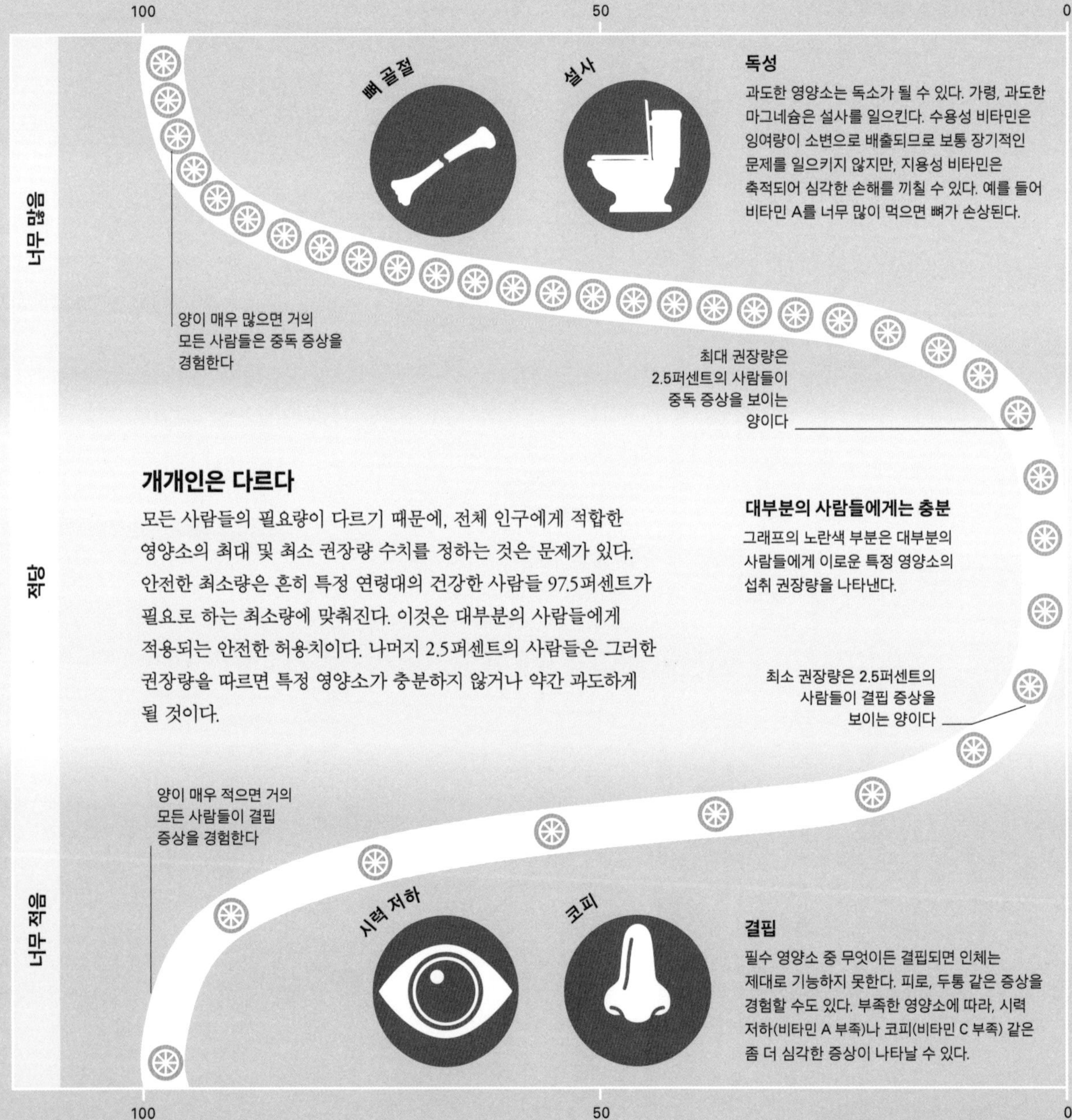

식품의 상표

단순 이해를 위해 대부분의 정부는 제품 포장에 일일 권장량을 간단한 지침으로 표기한다. 무기질의 경우에는 필수 영양소의 최소 권장량이 표기된다. 잠재적으로 건강에 해가 되는 염분 같은 영양소는 건강한 식생활을 독려하기 위하여, 목표량이 아니라 상한선을 안내한다. 일부 국가에서는 과잉 섭취할 경우 일일 필요량을 초과할 가능성이 있는 항목을 강조한다.

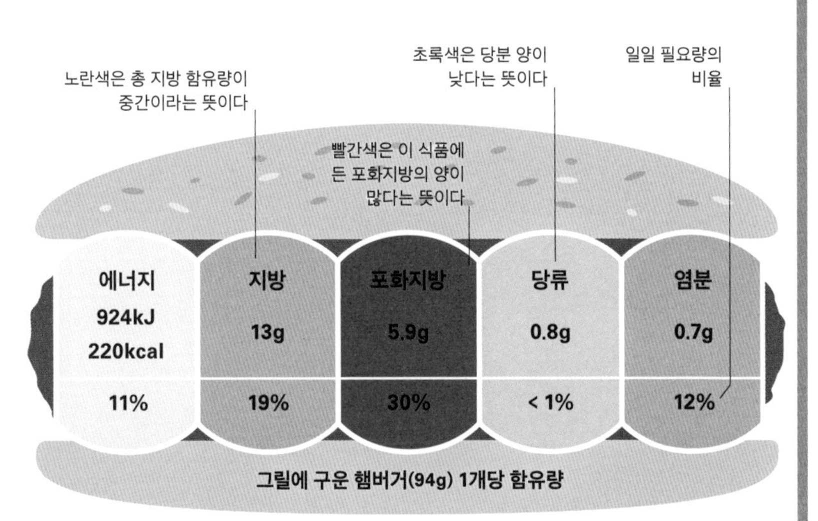

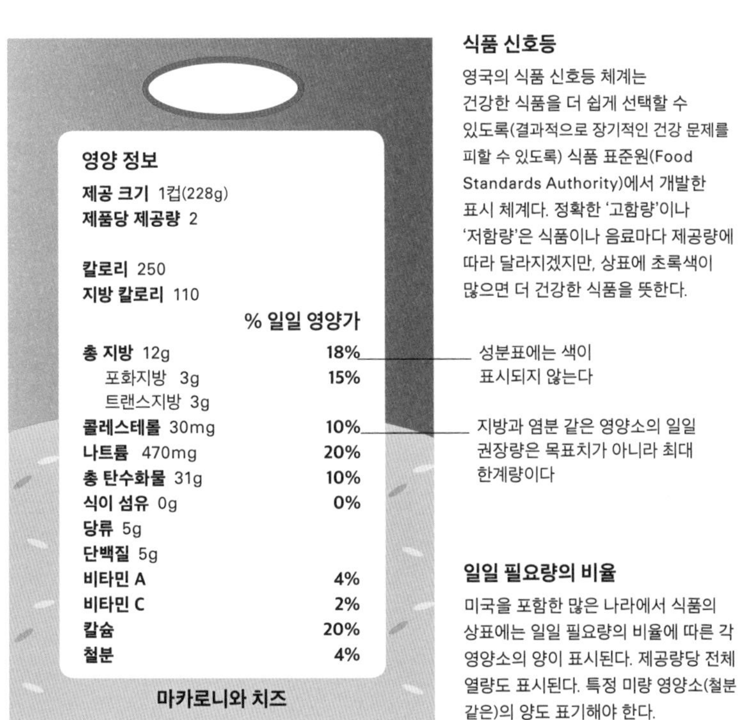

식품 신호등

영국의 식품 신호등 체계는 건강한 식품을 더 쉽게 선택할 수 있도록(결과적으로 장기적인 건강 문제를 피할 수 있도록) 식품 표준원(Food Standards Authority)에서 개발한 표시 체계다. 정확한 '고함량'이나 '저함량'은 식품이나 음료마다 제공량에 따라 달라지겠지만, 상표에 초록색이 많으면 더 건강한 식품을 뜻한다.

일일 필요량의 비율

미국을 포함한 많은 나라에서 식품의 상표에는 일일 필요량의 비율에 따른 각 영양소의 양이 표시된다. 제공량당 전체 열량도 표시된다. 특정 미량 영양소(철분 같은)의 양도 표기해야 한다.

아동과 노인의 일일 필요량은 성인과 다르다

영양분 주장

일부 식품은 포장지에 내용물에 관한 특정 장점을 내세우며 건강상의 이득을 거론한다. 그러나 이러한 주장은 엄격히 규제되며, 특정 내용을 주장하려면 정해진 지침을 따라야 한다. 국가별로 규정은 약간 다르지만 유럽 연합(EU) 몇몇 나라에서는 다음과 같은 내용을 제시한다.

주장	법규
무설탕	식품 상표에 무설탕이라고 표기되어 있으면 설탕은 반드시 중량의 1퍼센트 미만이어야 한다.
저지방	저지방 식품은 지방 비율이 중량의 3퍼센트 미만이어야 한다.
고섬유소	섬유소 비율이 높다고 주장하려면 식품 중량 기준 최소 6퍼센트가 함유되어 있어야 한다.
비타민 D의 공급원	100그램당 일일 필요량의 15퍼센트를 제공하는 경우 그 식품을 비타민 D의 공급원이라고 부를 수 있다.
지방 함량을 줄임	지방 함량을 줄인 식품은 유사 제품보다 지방이 30퍼센트 적어야 한다. 다른 식품과 비교하여 반드시 지방 함량이 적다는 의미는 아니다!

저장의 비결과 요리의 과학

얼마나 신선해야 신선한가?

신선함은 식품의 품질과 바람직함을 평가할 때 중요한 개념이 되었다. 그러나 '신선하다'는 것은 실제로 어떤 의미일까? 신선함에 영향을 미치는 요인은 무엇이며 식품의 상표는 신선함을 평가하는 데 얼마나 도움이 될까?

햇빛

주름

수확 이후 수분과 햇빛 공급이 끊기고 바람을 맞으면 표피에 주름이 생길 수 있다

신선도 저하

일부 과일과 채소는 수확 이후에야 비로소 완숙의 정점이나 바람직한 상태에 이르지만, 대부분의 식품은 수확하거나 도살된 순간부터 풍미와 영양가를 잃기 시작한다. 이때가 바로 가공 과정의 횟수에 따라 식품이 상하기 시작하는 시점이다. 자체적으로 파괴 효소가 나오기도 하고, 산화 같은 천연 분해 과정으로 영양소가 줄어들며, 식품 세포의 방어 기제인 미생물 증식이 지연되기 시작한다. 일부 과일과 채소는 수확 이후에 실제로 천연 대사와 생리학적 변화 과정이 가속된다.

완숙에서 부패까지

과일 조각에서 벌어지는 물리적, 유기적 변화 과정의 복잡한 결합은 신선도에 영향을 미치고 시들어가는 비율을 결정한다.

식품을 사자마자 냉동해야 할까?

흔한 미신 중 하나는 구입한 날 꼭 식품을 냉동해야 한다는 것이다. 사실 상표에 적힌 유통 기한 내라면 식품은 언제든 냉동해도 된다.

멍들기

신선도의 시간 제한?

일부 채소 식품은 제대로 보관하면 놀랍도록 장기간 신선도를 유지한다. 감자는 서늘하고 어두운 곳에서 3개월간 신선도를 유지할 수 있다. 배와 사과는 특별 공기 제어 장치 설비 안에서는 1년간 보관할 수 있다.

식품의 여정

남반구에서 자라는 과일과 채소는 여러 단계를 거쳐 미국 슈퍼마켓에 도달한다.

수확

손상을 피하고 유통 기한을 늘이기 위해 대부분의 과일과 채소는 사람 손으로 수확한다.

항공 화물

딸기류처럼 쉽게 상하는 식품은 소비국까지 항공 화물로 운송될 가능성이 더 높다.

0 일

1~3 일

1~4 주

화물 시간표

냉장선

냉장선은 상품을 가능한 한 신선하게 유지하기 위하여 철저한 온도 조절이 가능하다.

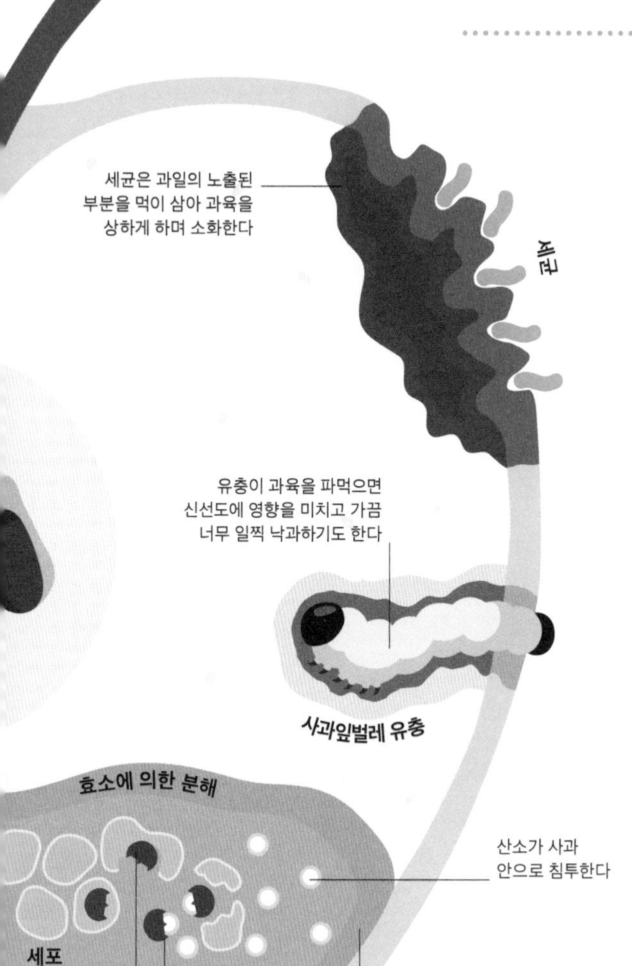

영양 손실

영양소는 식품의 신선도가 떨어지면서 급격한 비율로 손실된다. 특히 산화, 열, 햇빛, 탈수, 효소의 영향을 받는다. 영양 손실은 식품에 따라 다르지만, 비타민 C는 시간 경과에 따라 파괴율이 높다. 냉장 및 냉동은 영양 손실을 지연시키거나 방지에 특히 도움을 준다.

냉장의 효과

0도에서 7일간 보관된 브로콜리의 비타민 C는 20도에서 보관되었을 때 44퍼센트에 불과했던 것에 비해 대부분 보존된다.

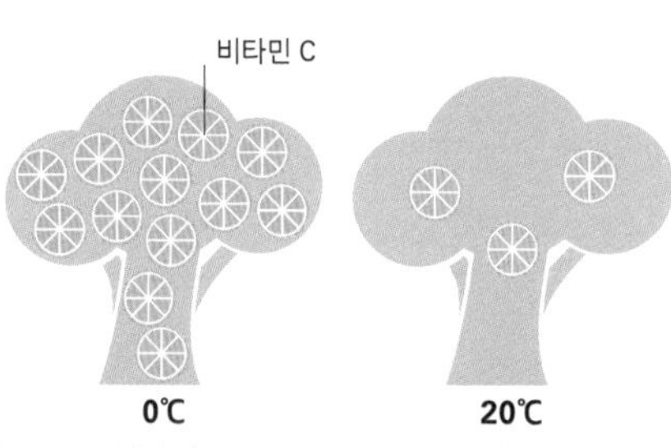

상표 유형	의미
판매 기한	이 날짜 표기는 법적인 규제가 없으며 소매상들의 재고 관리에 더 많이 이용된다.
진열 기한	'판매 기한'과 유사하게, 이 표기는 소매상들이 재고 수준을 관리하는 데 활용한다.
유통 기한	'유통 기한' 날짜는 식품의 안전성보다는 질을 가리킨다.
사용 기한	영국 같은 일부 국가에서는 이 상표가 법적 효력을 지닌다. 식품은 이 날짜 이후에는 안전하지 못하다.

상표 날짜 표시 유형

식품의 날짜 표시는 소비자에게 정보를 주는 것이 주요 목적이지만, 혼돈을 줄 수도 있다.

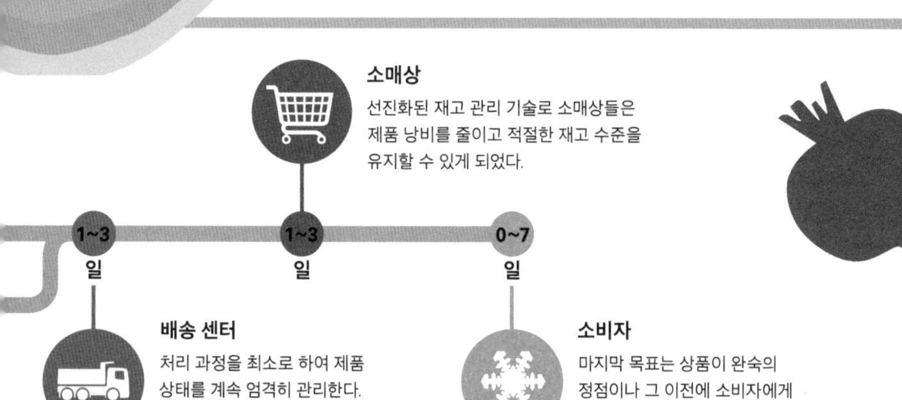

소매상
선진화된 재고 관리 기술로 소매상들은 제품 낭비를 줄이고 적절한 재고 수준을 유지할 수 있게 되었다.

배송 센터
처리 과정을 최소로 하여 제품 상태를 계속 엄격히 관리한다.

소비자
마지막 목표는 상품이 완숙의 정점이나 그 이전에 소비자에게 도달하는 것이다.

45%
생산된 것 중 버려지는 과일과 채소의 양

보존의 과학

식품의 영양소는 오염과 손상에 취약한 원인이 되기도 하므로, 식품 보존은 고대로부터 늘 식품학과 식문화의 주요 관심사였다.

향신료와 허브는 고대 문명에서 방부제로 사용되었다

보존의 종류

미생물 증식, 산화, 열, 빛, 효소의 작용 등 자연 변화 과정은 주요 성분을 분해하여 식품을 오염 및 손상시킨다. 이런 과정을 일으키는 생화학 반응 비율은 적절한 환경에 좌우되므로, 다른 방식으로 환경을 바꾸면 식품 보존에 도움이 된다. 건조 같은 일부 보존 방법은 수만 년 동안 이용되었다. 요즘은 인공적인 화학 방부제가 흔하지만, 방부제가 우리 건강에 미치는 영향은 여전히 불확실하다.

냉장 및 냉동

온도를 낮추면 생화학 반응 비율이 줄어든다. 냉동하면 아예 멈춘다.

건조

물은 대부분의 화학 작용에 필수적이므로 수분을 제거하면 미생물 증식을 막을 수 있다.

염장

식품의 염분을 늘리면 탈수가 일어나 대부분의 미생물이 죽는다.

초절임

식품의 산성을 높이면 많은 미생물이 죽지만 식품의 맛과 특성에도 영향을 미친다.

화학 물질

질산염 같은 인공적인 화학 방부제는 고기 등의 식품에 흔히 사용된다(74~75쪽 참조).

통조림

식품을 밀봉하여 통조림으로 만드는 경우 고온의 열처리로 모든 미생물을 죽인다.

훈제

훈제는 미생물을 억제하고 산화를 방지하며 산도를 높이는 물질이 식품에 연기로 스며들게 한다.

저장

서늘하고 어두운 환경에 식품을 저장하면 산소와 주변 미생물에 덜 노출되어 유통 기한이 길어진다.

영양소의 파괴 원리

비타민과 항산화제 같은 일부 종류의 영양소는 취약한 분자로 구성되어 화학 반응을 일으킨다. 그런 약한 분자들은 시간이 지나면 자연히 손상되며, 열, 물리적 손상, 햇빛, 산소에 노출되면 그 과정이 더욱 빨라져 결국 영양소를 파괴하는 활성 산소가 생성된다(111쪽 참조). 영양소에 따라서는 다른 종류보다 특정 위험에 좀 더 민감한 경우도 있다.

영양소	안정성 수준	영양소	안전성 수준
단백질, 탄수화물	비교적 안정적이다.	**비타민 B1 (티아민)**	매우 불안정하며, 공기, 빛 열에 민감하다.
지방	변질 가능(74쪽 참조), 특히 고온에 약하다.	**비타민 B2 (리보플래빈)**	공기와 열에 민감하다.
비타민 A	공기, 빛, 열에 민감하다.	**비타민 B3, 비타민 B7**	비교적 안정적이다.
비타민 C	매우 불안정하며, 공기, 빛 열에 민감하다.	**비타민 B9 (엽산)**	매우 불안정하며, 공기, 빛 열에 민감하다.
비타민 D	공기, 빛, 열에 다소 민감하다.	**카로틴**	공기, 빛, 열에 민감하다.

보존의 역할

각기 다른 보존법은 다른 방식으로 작용하지만 종종 서로 보완된다. 위험 요인을 일부 혹은 대부분 막는 전략을 각각 취해도 모든 위협을 막아 내는 보존법은 거의 없다. 저온 살균(열을 가해 해로운 미생물 파괴)은 식품 보존을 위해서도 안전한 방법이다.

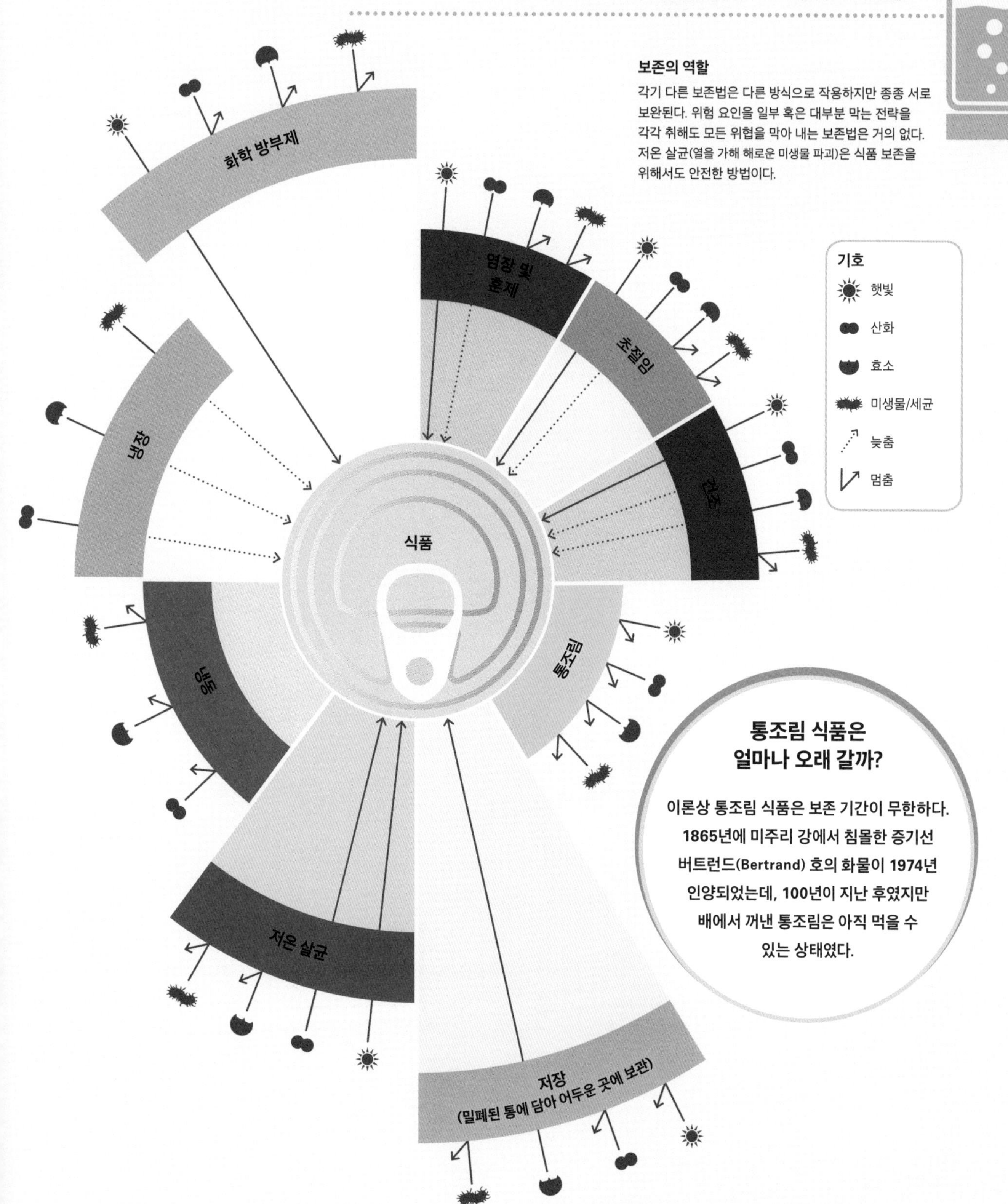

통조림 식품은 얼마나 오래 갈까?

이론상 통조림 식품은 보존 기간이 무한하다. 1865년에 미주리 강에서 침몰한 증기선 버트런드(Bertrand) 호의 화물이 1974년 인양되었는데, 100년이 지난 후였지만 배에서 꺼낸 통조림은 아직 먹을 수 있는 상태였다.

냉장고 들여다보기

상하기 쉬운 식품의 수명을 연장해 식품의 장기간 보관과 장거리 운송을 가능하게 함으로써, 냉장과 냉동은 식품 경제를 변화시키고 식생활을 확대했다.

냉동 식품은 얼마나 오래 가나?

냉동 상태의 식품에서는 세균 증식이 무기한 중단되지만, 냉동이 음식 재료의 세포를 망가뜨리거나 약화시켜 식품의 질이 떨어지고 질감과 풍미가 달라진다.

왜 음식을 냉장하나?

음식과 음료의 변질 및 부패는 활성 산소, 내부 효소, 미생물이 일으키는 화학, 생화학 반응 과정의 결과이다. 온도는 이 과정의 속도에 영향을 미치므로, 냉장하면 속도가 느려진다.

왜 음식을 냉동하나?

충분히 낮은 온도에서는 부패의 원인이 되는 화학 및 생화학 반응이 효과적으로 중단된다. 또한 수분이 얼면서 많은 생화학 반응에 필수적인 액체가 제거된다.

냉동 적합성

상추, 양배추처럼 수분이 많은 채소는 얼렸다 녹이면 흐물흐물해진다. 세포에 든 수분이 얼면, 얼음 결정이 세포벽을 뚫어 식품의 형태를 무너뜨린다. 고기와 생선의 세포는 탄력이 있어 냉동 가능하다.

식물 세포

식물 세포를 둘러싼 벽은 단단하고 신축성이 없다.

수분 냉동

세포 내 수분이 얼음으로 변하면, 부피가 팽창해 세포벽이 파열된다.

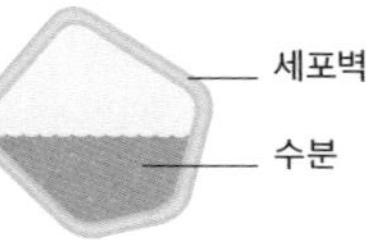

동물세포

동물세포를 둘러싼 세포벽은 유연하고 신축성이 있다.

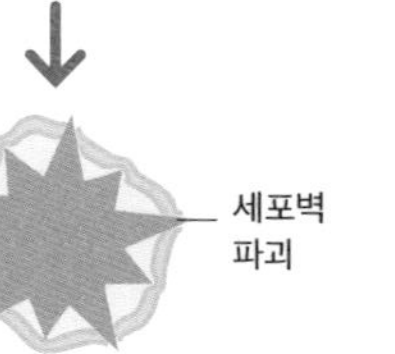

수분 냉동

내포 내 수분이 얼음으로 변하면, 세포벽이 늘어나 크기를 맞춘다.

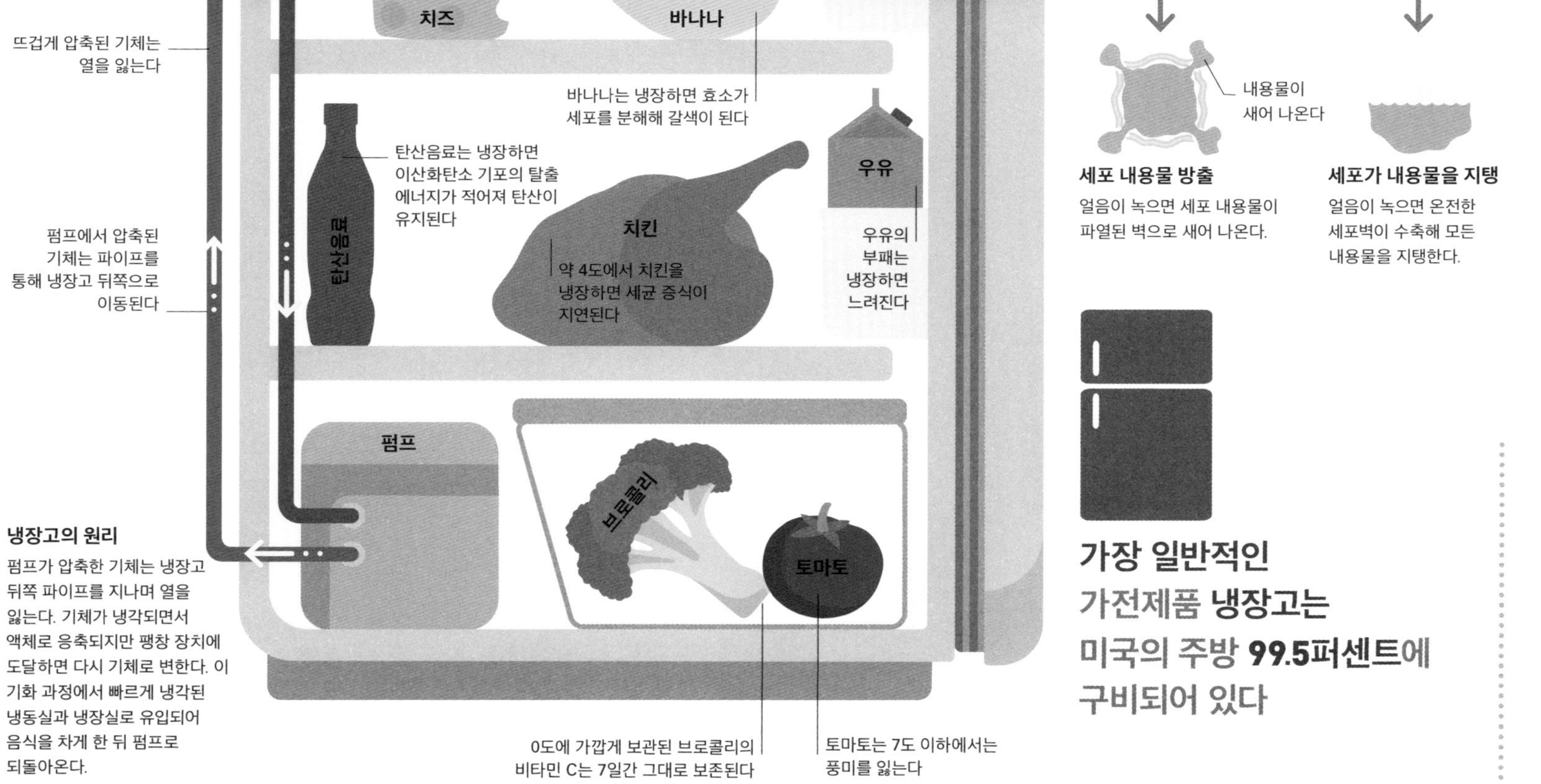

세포 내용물 방출
얼음이 녹으면 세포 내용물이 파열된 벽으로 새어 나온다.

세포가 내용물을 지탱
얼음이 녹으면 온전한 세포벽이 수축해 모든 내용물을 지탱한다.

가장 일반적인 가전제품 냉장고는 미국의 주방 **99.5퍼센트**에 구비되어 있다

냉장고의 원리

펌프가 압축한 기체는 냉장고 뒤쪽 파이프를 지나며 열을 잃는다. 기체가 냉각되면서 액체로 응축되지만 팽창 장치에 도달하면 다시 기체로 변한다. 이 기화 과정에서 빠르게 냉각된 냉동실과 냉장실로 유입되어 음식을 차게 한 뒤 펌프로 되돌아온다.

해동의 중요성

냉동 식품은 냉장실이나 차가운 물에서 녹이거나, 전자 레인지의 '해동' 기능을 이용해 녹이는 것이 최선이고 가장 안전하다. 요리 전에 식품을 완전히 해동하는 것이 중요하다. 그렇지 않으면 특히 튀김과 그릴에 굽는 경우, 밖은 너무 익고 속은 덜 익을 가능성이 높다.

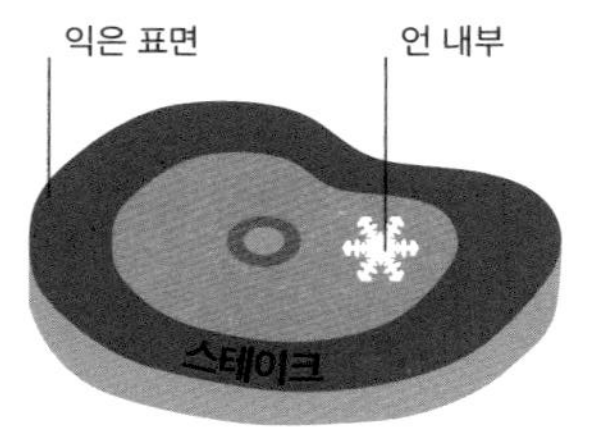

냉동 고기 요리

요리할 고기는 얼리지 않는 것이 최선이다. 고기 속이 익지 않으면 요리로 죽어야 할 세균이 남아 있을 위험이 있다.

냉장의 역사

일찍이 기원전 1000년에 중국인들은 얼음 덩어리를 잘라 음식을 차게 하는 데 이용하였고, 이 방법은 이후 2,800년간 가장 중요한 냉각 기술이었다. 냉장선은 1800년대 후반에 나타났고, 최초의 가정용 냉장고는 1911년에 선을 보였다.

빅토리아 시대의 아이스 박스

발효의 역사

전 세계 역사를 통틀어 발효는 열이나 인공적인 에너지원 없이 음식을 보존하는 단순한 형태로 이용되었다. 산소가 없으면 미생물은 당분을 산과 알코올, 기체로 바꿀 수 있다.

왜 음식을 발효시키나?

유산균(lactobacillus) 같은 미생물은 산소가 없는 환경에서 번성하며, 그들이 증식에 성공하면 나쁜 미생물의 증식을 막고 부산물로 방부제를 생성하며 흥미로운 풍미를 낸다. 발효 미생물은 종종 인체의 장에 사는 종류와 같기 때문에 발효 식품을 먹으면 장내 세균을 보충하는 좋은 방법이 될 수 있다.

발효시킨 양배추

독일식 요리인 사우어크라우트(Sauerkraut)는 가장 인기 있는 양배추 발효 식품이다.

1 염장과 절이기

소금물로 첨가되는 염분은 경쟁 미생물들에게 산소 공급을 차단한다. 양배추는 반드시 수면 아래 잠겨 있어야 한다.

소금물

소금

채 썬 양배추

2 당분 배출

염분은 식물 세포에서 수분과 내용물(당분 포함)이 배출되는 것을 도와 미생물이 활동할 수 있게 한다.

수분과 당분이 염분에 의해 세포에서 빠져 나온다

수분

당분

1700년대 선원들은 비타민 C 결핍이 원인인 괴혈병과 싸우려 발효된 양배추를 이용했다

다른 발효 식품

음식 보존을 돕는 것뿐만 아니라, 발효는 기체를 배출시켜 밀가루 반죽을 부풀리고 착색 반응을 일으켜 색깔과 풍미를 더한다. 빵 만들기, 알코올 음료, 식초, 요구르트와 치즈, 과일과 채소 초절임, 고기 절임, 간장과 젓갈, 올리브를 부드럽게 만들고 쓴맛 없애기, 코코아 콩에서 초콜릿 만들기에도 다양한 발효 방법이 활용된다.

발효된 우유

우유는 유통 기한이 매우 짧지만 발효된 유제품은 여러 달 보관 가능하다. 불과 몇 시간 발효한 요구르트와 생크림부터 몇 달에 걸쳐 준비되는 대형 치즈에 이르기까지 다양하다.

우유

3 발효

미생물 발효가 이어져 당분을 소모하면 알코올과 산, 풍미를 내는 물질의 복잡한 혼합액이 생성된다. 발효는 양배추의 영양가를 유지하는 데도 도움이 된다. 이산화탄소 기체층은 비타민 C가 산화되는 것을 막고 비타민 B가 생성된다.

아이슬란드의 별미

생선의 부패를 막기 위해 산업 사회 이전 사회에서 이용했던 발효법은 강렬한 냄새와 풍미를 지닌 별미를 만들어 냈다. 아이슬란드의 하칼(hákarl)은 그린란드의 상어에서 내장과 머리를 제거한 후 모래 구덩이에 파묻어 6~12주간 발효시킨 뒤 바람에 말려 얇게 저민 음식이다.

풍미를 내는
화합물이 나온다

이산화탄소 기포

미생물이 당분을
소모한다

풍미 화합물

당분

미생물

4 발효 결과

맛있고 영양 많은 사우어크라우트는 새콤하고 아삭아삭하다. 발효 과정에 따라 효모균의 증식은 제한되지만, 약간 증가할 수 있고 그것이 독특한 꽃 향기를 자아낸다.

사우어크라우트

발효시킨 흰콩

흰콩은 단백질과 기름 함량이 높아 두유로도 추출할 수 있다. 우유와 유사한 방식으로 발효 가능하며, 국에 사용되는 진한 된장부터 양념류, 발효시킨 흰콩 케이크인 템페(tempeh, 발효한 콩을 틀에 넣어 굳힌 인도네시아 전통 음식 — 옮긴이)에 이르기까지 종류도 다양하다.

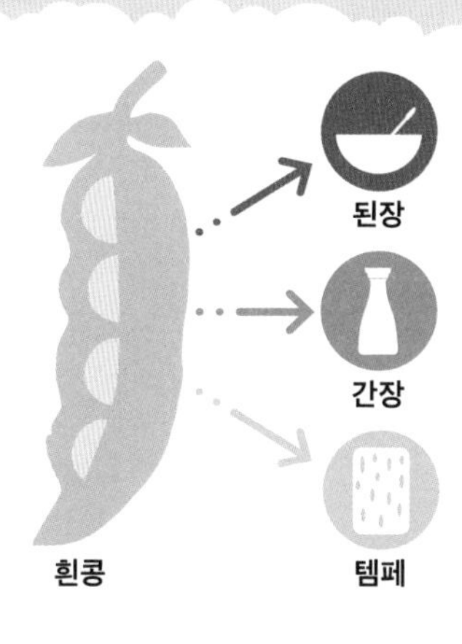

발효시킨 오이

오이는 유산균과 5~8퍼센트 농도의 소금물을 이용하면 피클로 변한다.

발효시킨 타로 토란

녹말은 많지만 날것일 때 독성이 있는 타로 토란을 하와이에서는 휘발성 산이 풍부해 향긋한 발효 음식인 포이(poi, 하와이 원주민들의 주식으로 토란을 으깨고 갈아 뭉쳐 찌거나 죽으로 만들어 먹음 — 옮긴이)로 만들어 먹는다.

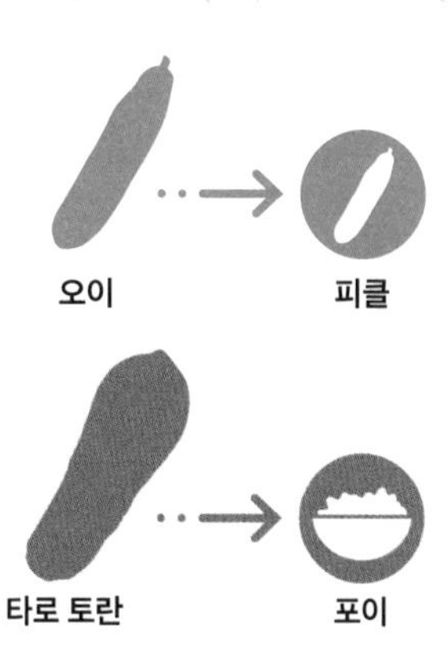

날것의 매력

요리하는 과정에서 비타민과 무기질이 파괴되거나 적어지기 때문에 많은 사람들이 요리하지 않은 날음식에 흥미를 갖는다. 생식도 차츰 늘어나는 추세이지만 날음식을 먹는다고 해서 늘 영양소를 최대로 섭취하는 것은 아니다.

비타민 C

23% 날것

6% 익힌 것

당근 100g

최고의 날음식

비타민 C와 플라보노이드(flavonoind, 110쪽 참조)는 특히 열에 취약하므로 날로 먹을 때 이로운 영양소의 본보기이다. 최고의 날음식은 이렇듯 열에 약한 영양소를 많이 함유했을 확률이 높다. 예를 들어 초록 잎채소(112~113쪽 참조)에는 비타민 C와 함께 햇빛에 손상되는 것을 막아 주는 다른 항산화제가 풍부하다. 날음식에는 단순당이 더 적어 혈당 수치를 올리지 않는 경향이 있다(141쪽 참조).

케일 100g

당근

당근을 익히면 비타민 C 수치가 현저히 줄어드는데, 이런 종류의 비타민(수용성)은 끓는 물에서 용해되기 때문이다.

비타민 C

200% 날것

89% 익힌 것

기호

매일 필요한 특정 비타민과 무기질의 비율을 날음식과 익힌 음식의 비율로 표시할 수 있다.

날것

익힌 것

케일

이 잎채소에는 비타민 C가 풍부하다. 케일과 다른 잎채소는 부피에 비해 표면적 비율이 높아 끓는 물속에서 특히 영양 손실이 많다.

생식주의

생식주의(raw foodism)는 익히지 않은 음식을 식단 중 70~100퍼센트 정도 먹는 엄격한 채식주의자인 비건의 전형적인 식생활이다. 체중 감소부터 당뇨병과 암 치료에 효과가 있다고 주장한다. '살아 있는 먹거리'에 자연 에너지가 담겨 있다는 믿음과 소화 과정에서 식물 효소의 역할에 대한 오해를 바탕으로 한 주장이다. 가령 일부 식물 효소는 특정 단백질의 소화를 돕지만, 대부분의 식물 효소는 위산에 분해되므로 생식에 따른 식물 효소의 작용은 그리 크지 않다. 더욱이 순수하게 생식만 하면 특정 영양소가 결핍된다.

비타민 B12

비타민 D

셀레늄

아연

철분

오메가 3 지방산

생식으로 결핍되는 영양소

요리는 먹거리를 '죽이는' 행위인가?

식물의 몇몇 효소는 위에서도 활동을 하지만, 소화를 거치며 형태가 변해 비활성이 된다. 엄밀히 말해 그들은 '살아' 있지 않다.

특별한 경우

리코펜은 토마토에 들어 있는 몸에 이로운 카로티노이드(carotenoid) 색소이다. 열을 가하면 식물의 세포벽이 약해져 세포 내용물이 소화에 더 용이해진다. 토마토 세포에 든 리코펜은 통조림 처리 과정 중 열처리 단계에서 배출된다. 토마토 통조림에는 같은 양의 생토마토보다 4배가 넘는 리코펜이 들어 있다.

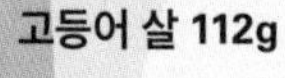

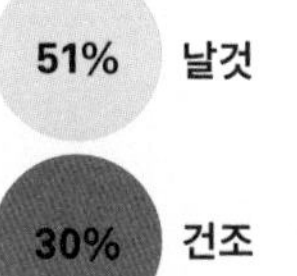

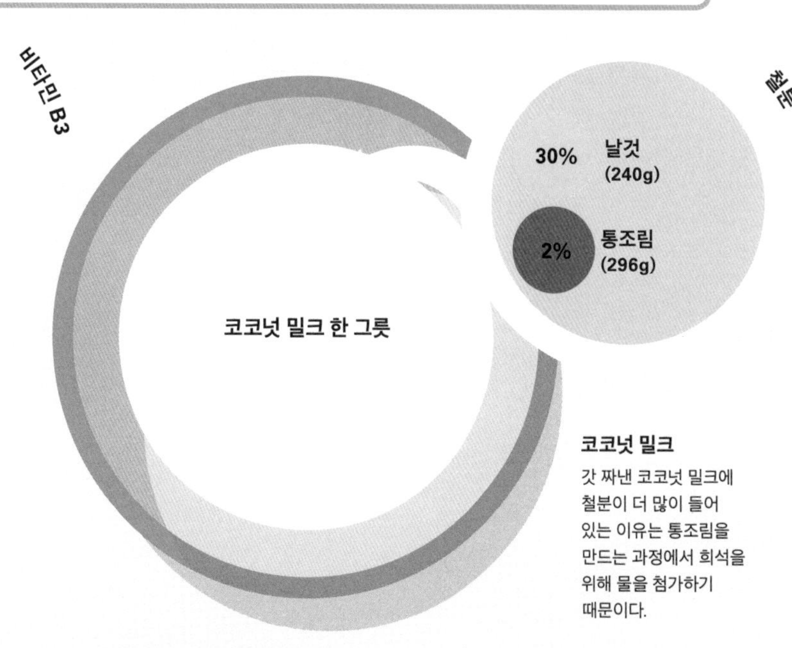

고등어

말린 고등어에 비해 날 고등어의 비타민 B3 함량이 더 높다. 이것은 고등어를 말리면 산소가 비타민 B3와 반응해 생선에 들어 있는 함량을 줄이기 때문이다.

코코넛 밀크

갓 짜낸 코코넛 밀크에 철분이 더 많이 들어 있는 이유는 통조림을 만드는 과정에서 희석을 위해 물을 첨가하기 때문이다.

날음식의 한계

생식을 하는 사람들은 영양 결핍을 경험하며 심지어 식중독에 걸리기도 한다. 사실 많은 요리 과정은 음식의 영양가를 높일 수 있다. 우리는 안전을 위해, 또는 단지 풍미를 높이기 위해(60~61, 64~65쪽 참조) 음식을 요리한다. 날음식은 분해되지 못한 독소와 살균되지 않은 병원균을 통해 건강에 위험을 안길 수 있다.

날음식	어떻게 될까
양배추속 식물	고이트로겐(goitrogen)이 많은 브로콜리와 케일 같은 양배추속 식물을 과도하게 먹으면 갑상선에서 호르몬을 생성하는 데 방해를 받을 수 있다.
초록 감자	감자의 초록색 부분과 싹에는 솔라닌(solanine)이라는 독성 염기 유기물이 들어 있어, 먹으면 심한 구토나 설사를 유발한다.
잠두	누에콩으로도 알려져 있는 잠두(fava bean)에는 적혈구세포를 파괴하는 염기 유기물이 들어 있어 잠두용혈빈혈(favism)로 불리는 증상의 원인이 된다.
샐러드 바	대장균, 살모넬라균, 포도상구균으로 인한 수많은 집단 발병은 샐러드 바의 제대로 씻지 않은 생채소 때문이었다.

가공 식품의 모든 것

'가공'은 오늘날 음식 문화에서 금기어가 되었지만, 가공 식품의 정의는 넓고 다양한 식품을 포함한다. 꼭 필요한 가공 절차를 조금도 거치지 않은 식품은 거의 없다. 하지만 때로 가공이 너무 심해지는 것은 문제다.

생우유를 마셔도 안전할까?

생우유에 든 세균은 식중독의 원인이 될 수 있다. 저온 살균은 해로운 세균을 죽여 마시기 안전한 우유로 만드는 매우 중요한 과정이다.

식품 가공이란?

가공이란 일반적으로 식품의 질이나 유통 기한을 바꾸기 위해 음식이나 음료에 가하는 변화를 의미한다. 농작물 수확과 가축 도살 이후에는 먹거리를 좀 더 오래 이용할 수 있도록 보존 방법이 흔히 동원되었다. 보존 목적 이외에도 우리가 먹거리를 자연 상태에서 변화시키는 이유는 크게 세 가지이다. 먹기 좋게 만들고, 음식의 영양가를 높이며, 먹기에 안전하게 만들기 위함이다.

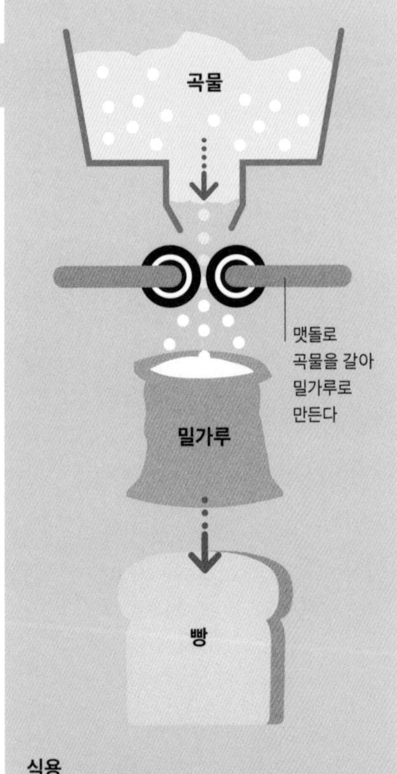

식용

어떤 먹거리는 식용 가능하게 하려면 가공이 필수적이다. 곡물의 먹을 수 있는 부분을 추출한 다음 밀가루로 갈아, 반죽을 만들어 빵을 굽는 가공 과정이 이어진다.

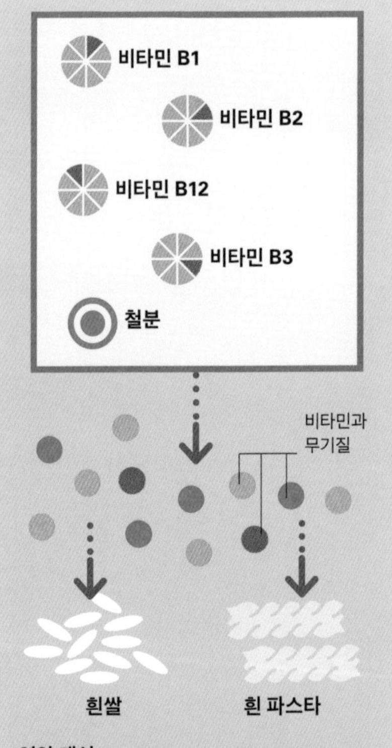

영양 개선

공장에서 식품에 별도의 영양소를 추가할 수 있다. 곡물 생산에서 시행되는 방식인데, 현미를 흰쌀로 도정하는 과정에서 많은 영양소가 제거되므로 나중에 재보강해야 한다. 때로는 법으로 규정하기도 한다.

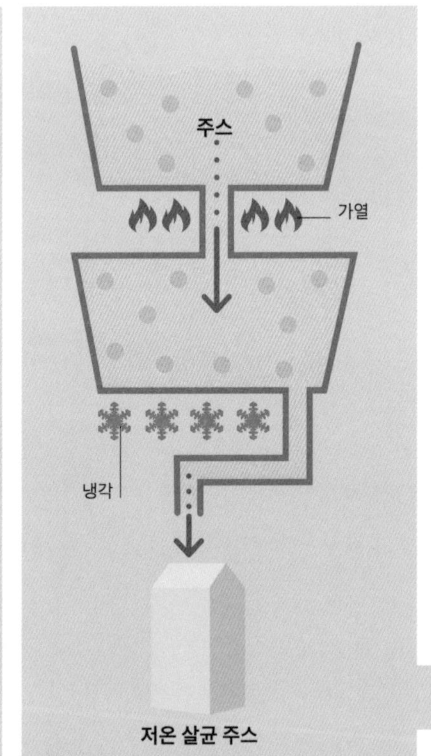

안전

주스와 우유 같은 음료는 안전하게 마실 수 있도록 가공을 거쳐야 할 때가 있다. 저온 살균(84쪽 참조)은 해로운 세균을 죽이는 가열 및 냉각 가공이다.

감추어진 성분

맛과 선호도를 높이고 유통 기한을 늘일 목적으로 심하게 가공된 식품은 첨가된 당분, 염분, 지방 함량이 높고 식이 섬유는 적다. 이러한 성분 비율이 높으면 당국은 제조업자에게 식품 포장에 강조 표시를 하도록 요구한다(43쪽 참조). 그러나 일부 국가에서는 토마토 페이스트나 옥수수 시럽(corn syrup)처럼 복잡한 성분을 일일이 분석하지 않고 단일 표기하여 건강에 이롭지 못하거나 인기 없는 성분에 대한 관심을 피하는 것이 가능하다.

감자 과자 만드는 법

감자가 과자로 재탄생되는 여정은 길고도 복잡하다. 단순한 감자는 광범위한 가공 과정을 겪으며 거의 몰라볼 정도로 모양도 변하고 맛도 완전히 달라진다.

1 재구성
감자를 익혀 으깬 뒤 탈수하여 가루로 만든다. 옥수수와 밀의 녹말을 첨가하여 가루를 섞는다.

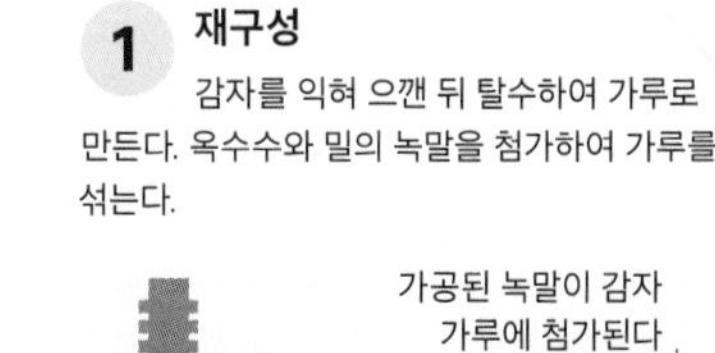

2 추출
가루로 만든 반죽을 고압으로 노즐 틀에 통과시켜, 부분적으로 익어 형태가 잡힌 과자를 만든다.

노즐 모양대로 형태가 잡힌 설익은 과자

3 튀기기
설익은 감자 과자를 건조한 뒤, 신속하고 고르게 익도록 계속해서 기름이 끓는 기계에 통과시켜 튀긴다.

기름에 흠뻑 튀긴 감자 과자

4 향미증진제
익힌 감자 과자에서 여분의 기름을 털어낸 뒤, 향미증진제와 소금, 다른 첨가물을 뿌리고 털어내어 마지막으로 유통을 위해 포장한다.

향미증진제, 소금, 첨가물을 과자에 뿌린다

심하게 가공된 식품

가공 식품을 떠올리면 아마도 감자칩, 과자, 초콜릿 등 수 차례를 걸쳐 가공한 식품을 생각하게 될 것이다. 이 과정은 주요 성분을 분쇄하고 정제해 조리하거나, 일반 주방에서는 불가능한 방식으로 완전히 형태를 변형한다. 심하게 가공된 식품은 거의 언제나 열량과 당분, 지방이 많고, 영양소와 섬유소는 적다.

가공하지 않으면 신선 식품의 50~60퍼센트가 수확 후 손실될 수 있다

주요 화학 첨가물

첨가물은 역할에 따라, 감미료, 향미 증진제, 방부제 등 몇 가지 주요 갈래로 분류된다. 대부분의 국가에서 이러한 모든 첨가물은 식품에 사용하기 전 엄격한 규정을 통과해야 하지만, 하나의 첨가물이 어떤 나라에서 승인되었다고 해서 다른 나라에서도 반드시 승인되는 것은 아니다.

방부제

미생물 증식을 억제하고, 식품의 변질과 불쾌한 맛이 나게 하는 천연 화학 반응을 지연시켜 부패를 막고 유통 기한을 늘린다.

감미료

아스파탐과 사카린을 포함한 설탕 대용품이다. 설탕보다 열량이 훨씬 낮으므로 열량을 줄이기 위해 사용된다. 극소량으로만 사용할 수 있다.

전 세계 인구의 5퍼센트는 하나 이상의 식품 첨가물에 민감 반응을 보인다

영양소

가공 과정에서 파괴된 비타민과 무기질을 대체하거나 천연으로 들어 있지 않은 영양소를 첨가해 보충한다.

안정제

(마요네즈 같은 식품의) 유화액이 혼합된 이후 기름과 물 성분으로 분리되는 것을 막고, 질감과 지속성 유지를 돕는다.

항산화제

산화를 방지하는 화학 물질이다. 갈변과 산화로 인한 부패를 지연시키고, 유통 기한을 늘리기 위하여 사용한다. 비타민 C는 흔히 사용되는 사례이다.

첨가물의 마법

첨가물은 다양한 가공 식품에 폭넓게 사용된다. 식품의 유통 기한을 연장하고, 손실된 영양소를 대체하며, 매력적인 질감을 보존하고 맛과 색상을 더하는 데 중요하다.

모두 나쁜 건 아니다

구분이 모호하기는 하지만 첨가물에는 천연 물질과 인공 물질이 모두 포함된다. 일부 첨가물, 가령 염화나트륨(일반 소금)은 고대 이후에 먹거리를 강화하거나 보존하기 위해 사용된 천연 물질이다. 새로운 첨가물은 사용 승인 이전에 광범위한 테스트를 거친다.

전투 식량은 무엇인가?

미군은 최소 2년간 상하지 않는 샌드위치를 개발했다. 각 샌드위치 포장에 미생물 증식에 필요한 산소를 흡수하는 쇳가루 주머니를 넣은 덕분이다.

유화제

유화액이란 기름과 물처럼 보통 잘 섞이지 않는 액체의 혼합이다. 마요네즈처럼, 유화제는 식품 안에서 그런 혼합을 촉진한다.

향미 증진제

가공 과정에서 손실된 천연 풍미를 대체하거나 강화하기 위하여 인공, 혹은 천연 향미증진제가 첨가된다. 맛과 냄새는 서로 밀접하게 연관되므로, 많은 향미증진제에는 향 성분이 포함된다.

색소

가공 과정에서 손실된 색을 향상시키거나, 흰색 또는 단조로운 색상의 식품을 좀 더 신선하고 매력적으로 보이기 위해 사용한다.

산도 조절제

식품의 맛을 위해(산성 음식은 '예리하고' 신맛이 나며, 알칼리성 음식은 쓰다.) 산성-알칼리성의 균형(pH)을 조절하고, 미생물 증식을 억제하여 유통 기한이 긴 음식을 안전하게 먹기 위해 사용한다.

고화 방지제

가루나 과립형 식품(밀가루나 소금)이 수분을 흡수해 서로 뭉치지 않도록 돕는다.

팽창제

기체(대개 이산화탄소) 생성을 촉진해 반죽이 부풀어 오르는 것을 돕기 위해 첨가한다. 흔한 사례는 베이킹소다이다.

햄버거에는 무엇이 들었나?

생각하는 것 이상이 들었을 수 있다. 100퍼센트 고기 패티에도 요리 도중 고기 형태를 유지하도록 안정제가 들어가고, 소금, 후추, 양파 가루 같은 향미 증진제가 들어갔을 것이다. 빵과 토핑에도 미생물 증식을 막고 신선한 외형을 유지하는 첨가물이 들어 있을지 모른다.

맛봉오리 자극제

기분 좋은 감칠맛 풍미는 주로 아미노산의 일종인 글루탐산에서 비롯된다. 글루탐산을 인공적으로 만든 글루탐산모노나트륨(monosodium glutamate, MSG)은 풍미 강화제로 특히 아시아 요리에 널리 사용된다. 1960년대에는 MSG가 편두통과 두근거림 같은 증상과 연결되었으나, 이후 연구에서 특별히 민감한 소수의 사람들을 제외하면 건강에 문제를 일으키지 않는 것으로 밝혀졌다.

요리란 무엇인가?

열은 음식에 화학적, 물리적 변화를 일으켜 더 부드럽고 소화하기 쉽게 만들어 음식에서 영양소가 쉽게 분해되도록 한다. 그러나 요리 중 음식의 영양소가 저하되는 경우가 가끔 있다.

그릴에 굽기

그릴에 굽기(건조한 열(건열)을 위나 아래에서 쪼임)는 모닥불에서도 가능하므로 아마도 요리의 가장 초기 방식일 것이다. 일부 지역에서는 음식 위쪽에서 가열하는 그릴 굽기 방식을 브로일(broiling)이라고 부른다. 그릴에 구우면 매우 높은 온도가 음식에 전해져 갈변 반응을 일으키므로 타 버릴 위험이 있다.

열원에 가장 가까운 음식 표면이 먼저 익는다

그릴

적외선이 음식까지 열을 전달한다

왜 음식을 요리하는가?

어떤 과학자들은 요리의 발견(8~9쪽 참조)이 인류 진화의 주요 단서라고 생각한다. 요리는 음식에 새로운 풍미와 향, 질감을 주거나 더 높인다. 한 가지 좋은 예는 음식에 함유된 당분이 가열되면 수분을 잃고 풍미를 내는 갈변 반응이다. 날음식은 종종 섬유소가 많아 질기고 씹기 어려우며 소화 과정에서도 공략이 힘들다. 익히지 않고서는 인간의 소화기관에서 분해될 수 없는 음식 성분도 많다. 또한 요리는 병원균을 죽이거나 억제하고 많은 독소의 활성을 막는다.

오븐에 굽기/로스팅

가스 레인지 불이나 전열판이 주로 대류 현상을 이용하여 음식까지 열을 전달해, 뜨거운 공기가 오븐을 순환한다. 오븐의 뜨거운 벽에서 직접 전해지는 적외선도 음식을 가열한다.

뜨거운 공기의 순환

오븐

적외선

찜

찜은 (베이킹처럼) 공기의 대류 현상으로 음식을 가열하지만 수증기 응축도 함께 작용한다. 물을 수증기로 바꾸는 데 많은 에너지가 소모되는데, 수증기는 음식에 닿으면 다시 물로 변해 음식을 촉촉하게 하며 열에너지를 잃는다.

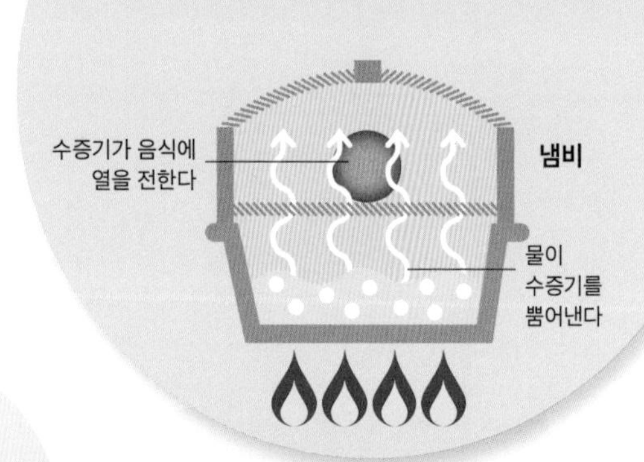

삶기

삶기는 음식 전체가 열매체(물)와 직접 접촉하기 때문에 가장 효율적인 요리 방법이다. 지속적인 수분의 존재 덕분에 갈변 현상도 일어나지 않는다.

물의 대류 현상이 열원을 음식에 전달한다

냄비

타오르는 석탄 1개는 동일 면적의 오븐 벽보다

열에너지를 40배나 더 발산한다

볶기

기름은 물보다 발열점이 높고, 얇은 팬에서는 열원(프라이팬 바닥)에서 직접 음식으로 열이 전해진다. 이것은 갈변 현상이 더 빨리 일어난다는 뜻이다. 이 방법을 이용하면 그릇에 담긴 모든 음식의 표면이 열매체(기름)와 접촉한다.

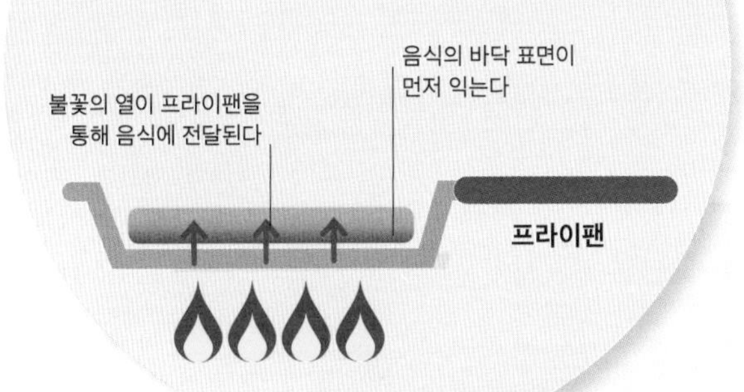

전자 레인지의 원리

전자 레인지에는 전자파를 내보내는 마그네트론이라는 발신기가 들어 있다. 무전 주파수보다 파장이 짧지만 그릴이나 오븐의 적외선 파장보다는 길어서, 파장 길이가 약 12센티미터, 진동수는 약 2,450메가헤르츠이다. 회전 접시가 돌아가며 음식의 모든 부분이 익도록 돕는다.

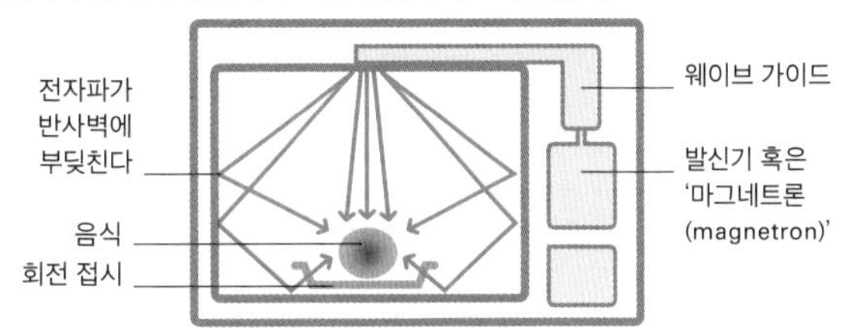

튀김

튀김은 대류열 전달을 이용하지만 열매체(기름)가 물보다 훨씬 발열점이 높아 음식을 볶을 때보다 훨씬 더 빨리 요리되며 갈변 현상도 더 빨리 일어난다.

기름의 대류 현상이 열원을 음식에 전달한다

기름 온도는 100도 이상 올라간다

튀김냄비

전자 레인지 사용

전자 레인지는 음식에 든 수분을 진동시켜 열을 발산하도록 함으로써 음식을 익히는 원리이다. 전자 레인지의 열은 음식을 속부터 바깥 방향으로 익히는 것처럼 보이지만 모든 분자를 동시에 가열하는 경향을 보인다. 그러나 겉이 건조하고 속이 촉촉한 음식(파이 같은)을 전자 레인지로 익히면 더 빨리 요리된다.

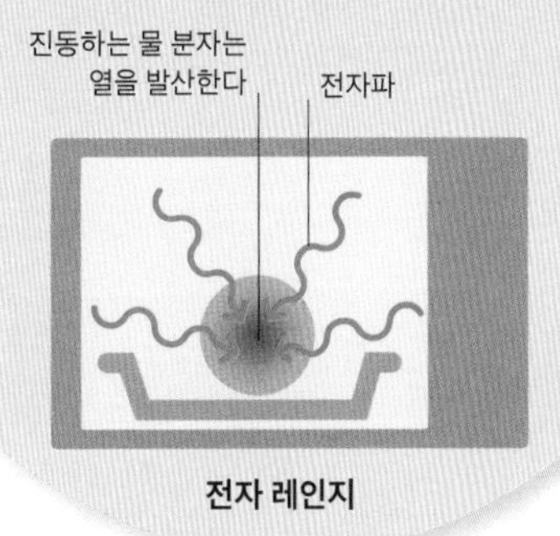

빠른 요리와 느린 요리

빠르게 요리하면 파괴되는 영양소의 손실을 줄이고 고기나 생선의 표면에서 수분이 빠져나가지 못하게 할 수 있지만, 음식을 고르게 가열하기 어렵고 속이 덜 익을 가능성이 높다. 느리게 요리하면 열이 골고루 전달되지만 영양소가 파괴되고 음식이 메마를 우려가 있다.

온도 높이기

직화 그릴과 바비큐는 부피에 비해 표면적 비율이 높은 얇은 음식에 더 적합하며, 그래야 음식이 속까지 잘 익을 가능성이 높다.

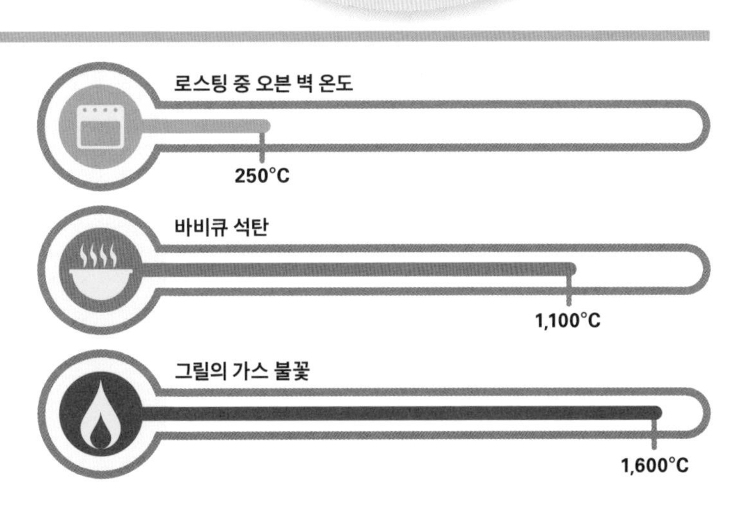

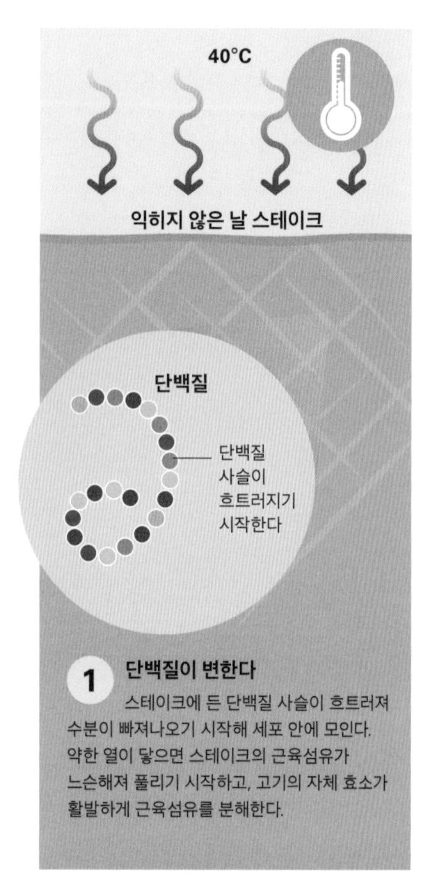

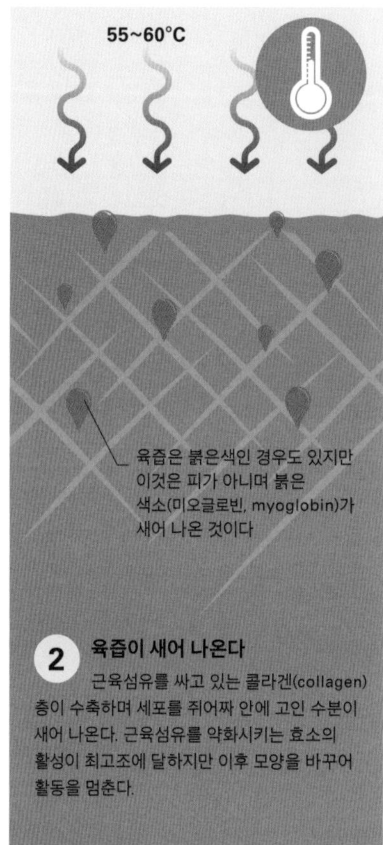

단계별 요리의 원리

분자의 측면에서 보면 요리는 열과 수분이 각 음식의 성분에 일으키는, 또한 자체 성분 사이에서 벌어지는 일련의 복잡한 상호 작용이다. 요리할 때는 온도와 시간, 원하는 화학 변화 사이에 완벽한 균형이 이루어져야 한다.

요리 중 음식에는 어떤 일이 일어나는가?

음식은, 특히 고기는 인체와 유사하게 단백질과 지방 분자로 구성된다. 식물은 주로 탄수화물로 이루어진다. 가열하면 이러한 분자들의 특성이 바뀌어 일부는 새로운 분자로 결합하기도 하고, 일부는 더 작은 분자로 분해되며, 파괴되는 분자도 있다. 열에 닿으면 음식에 든 효소 같은 큰 분자들은 모양을 바꿔 활동을 멈춘다. 수분은 중요한 요소이다. 건식 조리는 수분을 증발시키고, 습식 조리는 반대 효과를 나타내 쌀이나 파스타처럼 음식이 수분을 흡수한다.

요리하면 음식의 영양소가 손실될까?

어떤 음식은 요리하면 약간의 비타민이 손실된다. 다른 음식들은 요리로 화학 반응과 영양소 방출이 가능해져 영양가가 높아진다.

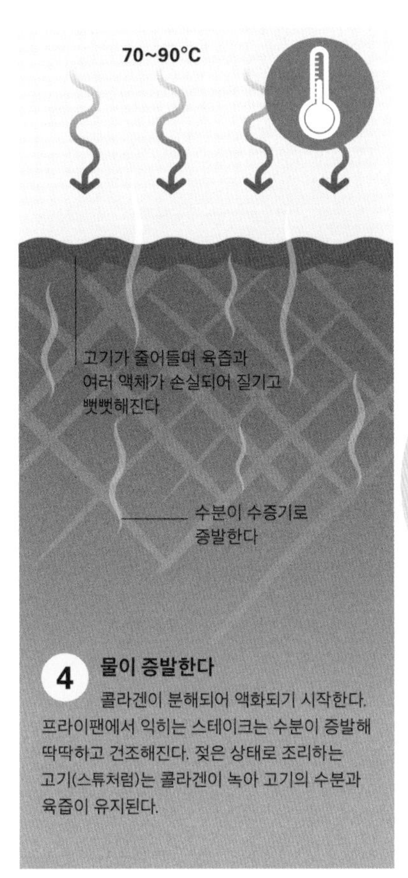

4 물이 증발한다

콜라겐이 분해되어 액화되기 시작한다. 프라이팬에서 익히는 스테이크는 수분이 증발해 딱딱하고 건조해진다. 젖은 상태로 조리하는 고기(스튜처럼)는 콜라겐이 녹아 고기의 수분과 육즙이 유지된다.

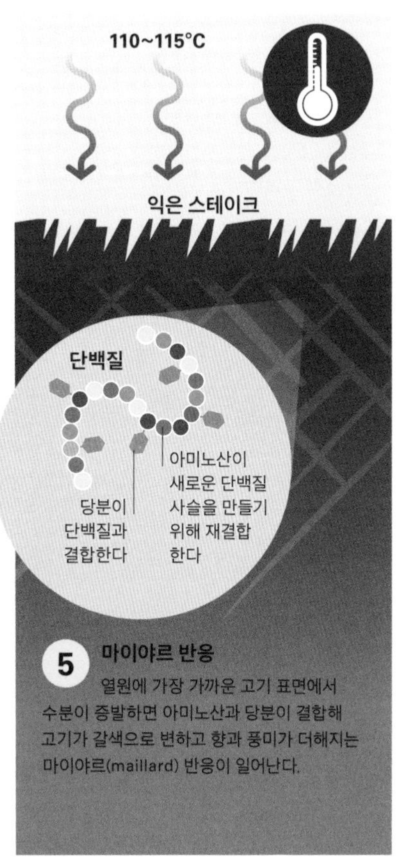

5 마이야르 반응

열원에 가장 가까운 고기 표면에서 수분이 증발하면 아미노산과 당분이 결합해 고기가 갈색으로 변하고 향과 풍미가 더해지는 마이야르(maillard) 반응이 일어난다.

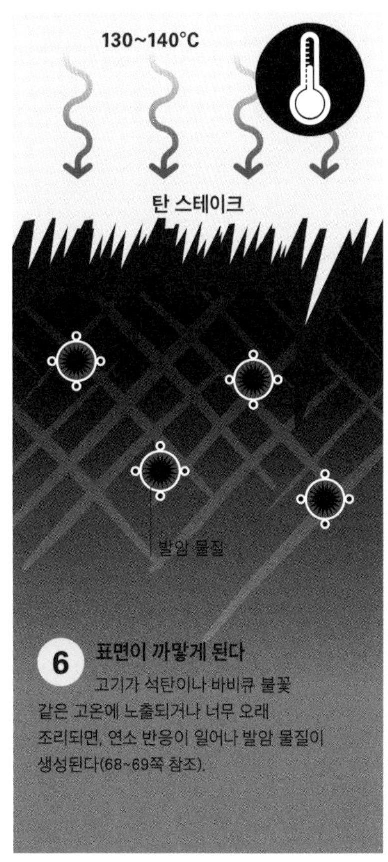

6 표면이 까맣게 된다

고기가 석탄이나 바비큐 불꽃 같은 고온에 노출되거나 너무 오래 조리되면, 연소 반응이 일어나 발암 물질이 생성된다(68~69쪽 참조).

스테이크의 비밀

온도가 올라가고 요리가 시작과 끝을 오가는 동안 스테이크 고기의 분자에는 많은 변화가 일어난다.

압력솥 요리는 해저 5.8킬로미터에서 뚜껑 없는 팬에 요리하는 것과 같다

채소 요리

채소는 주로 탄수화물로 구성되어, 보통 단백질보다 질기고 훨씬 더 열에 잘 견딘다. 특히 식물의 세포벽은 열을 가하면 약해져 수분이 세포 밖으로 새어 나오기는 하지만 분해하기 어렵다. 삶았을 때 채소가 부드러워지는 것은 벽돌을 잇는 회반죽처럼 세포를 달라붙게 하는 펙틴(pectin, 탄수화물의 일종)이 끓는점에서 분해되기 때문이다. 익힌 채소를 갈면 결국 세포벽이 모두 무너진다. 이것이 채소 퓌레를 만드는 방법이다.

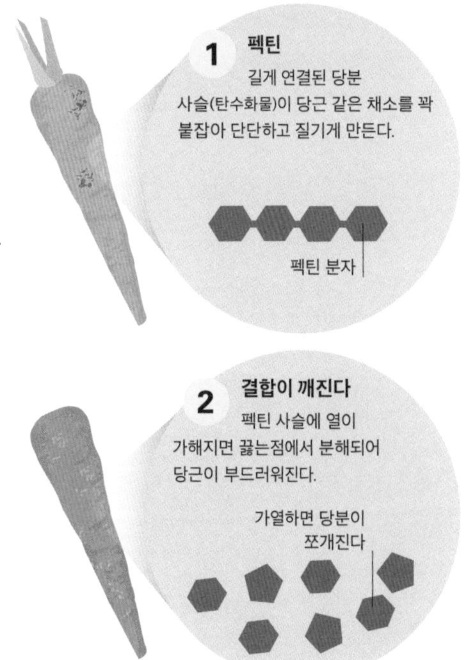

위생적 요리법

요리는 음식의 풍미와 질감을 변화시킬 뿐만 아니라, 독소를 없애고 미생물을 죽여 먹기 안전하게 만든다. 하지만 제대로 하지 않으면 음식의 안전이 위험해진다.

오염

인간의 피부와 면역체계는 유해 미생물로부터 우리를 보호하지만 음식을 통해 그들이 몸으로 유입되면 식중독의 원인이 된다. 불행히도 현대 식품 생산의 규모와 복잡성 탓에 오염의 위험은 크게 높아졌다. 농사 단계부터 가공, 유통에 이르기까지, 식량 생산 고리의 어느 시점이든 오염은 발생할 수 있다. 가장 흔한 위협은 살모넬라균(*Salmonella*), 대장균(*E. coli*), 캄필로박터(*Campylobaceter*), 리스테리아(*Listeria*), 선모충(*parasite trichinosis*), E형 간염 및 A형 간염 바이러스, 노로바이러스(norovirus)이다.

세균 박멸

세균은 강하고 끈질기지만, 고온으로 가열하면 생존하는 경우가 거의 없다. 열은 화학적 결합을 깨뜨리고 수분을 방출시켜 세균의 세포 성분을 분해하며, 효소의 형태가 달라져 기능을 잃고 세포벽이 파열되도록 이끈다. 세균은 각 종류별로 성분이 달라, 열에 대한 내성도 다양하다.

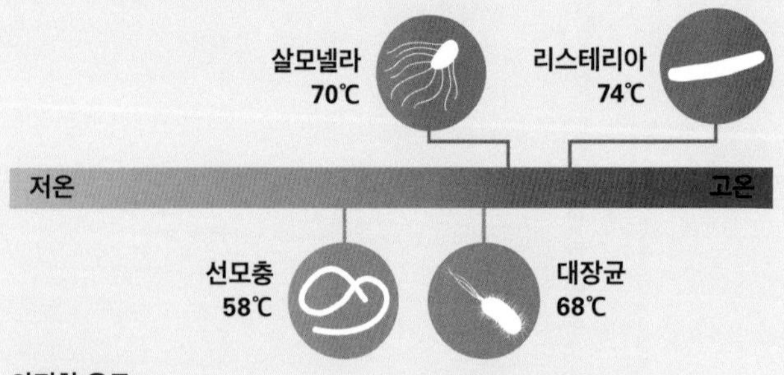

안전한 온도

특정 온도까지 음식을 가열하면 세균을 없앨 수 있다. 예를 들어 대장균을 없애려면 음식의 중심 온도가 최소 68도까지 올라야 하며, 리스테리아는 74도 이상이다.

오염 방지

가정에서는 물에 씻고 헹궈 유해 미생물을 씻어 버리거나 높은 온도까지 조리하고 가열해 오염 위험을 줄일 수 있다.

과일과 채소 씻기

헹구기의 중요성

과일, 채소, 샐러드는 특정 유형의 비료로 재배했거나 위생 상태가 나쁜 사람이 조리한 경우 특히 리스테리아와 노로바이러스에 오염될 가능성이 있다. 채소류의 표면에만 있는 오염은 씻어서 제거한다. 흔히 가장 바깥층에 영양소가 가장 많으므로 껍질을 벗기기보다는 씻기를 권한다.

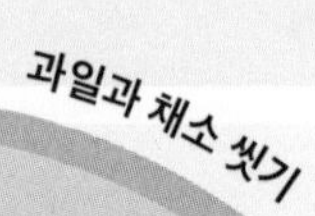

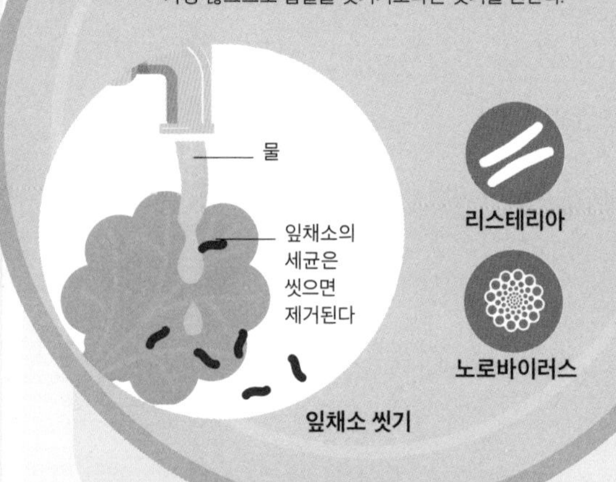

칼과 도마의 표면 세척

세척으로 죽는 것

음식 오염의 주원인은 열악한 주방 위생이다. 조리대와 조리 도구는 쉽게 병균을 퍼뜨린다. 세제나 살균제는 세균을 죽이지만, 더러운 옷에도 병균이 존재할 수 있다.

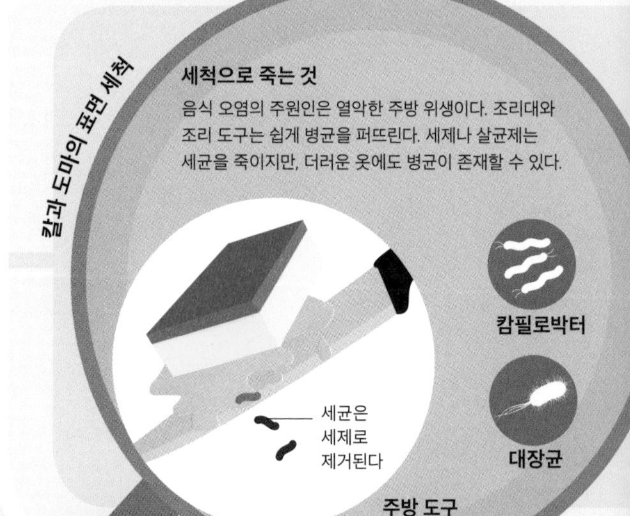

당신의 주방 싱크대에 병균이 화장실보다 10만 배 많이 존재할 수도 있다

올바른 고기 조리법

적절한 요리

고기 조각의 표면은 오염되었을 가능성이 높다. 미생물이 붉은 고기의 내부로 침투하기는 어려우므로, 바깥만 요리하면 된다. 가금류의 고기는 세균의 침투가 더 쉬워 속까지 익혀야 한다.

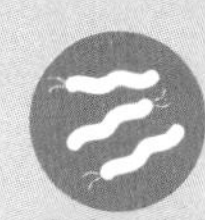

캄필로박터　살모넬라

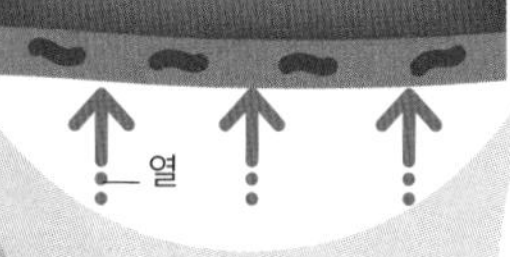

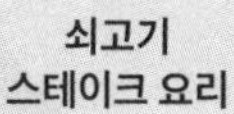

쇠고기 스테이크 요리

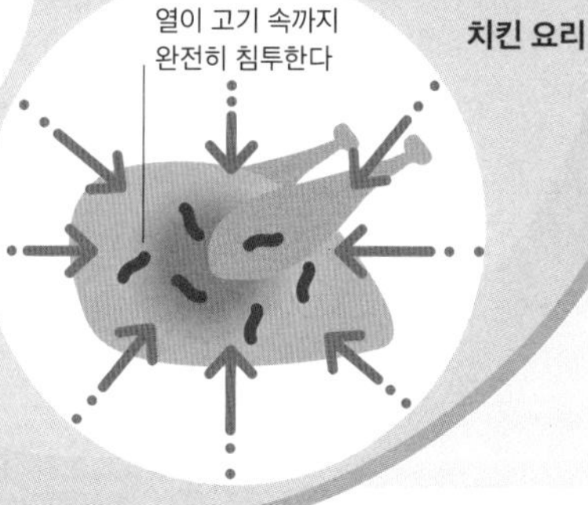

치킨 요리

생닭을 씻어야 할까?

생닭을 씻으면 캄필로박터 같은 세균이 닭에서 주변 조리대 표면으로 튀어 번식할 수 있다.

남은 음식 재가열

충분한 열

남은 음식도 먹기에 안전할 수 있다. 우선 남은 음식을 열원에서 멀리 떼어 빨리 식혀 미생물 오염을 제한한다. 냉장고에 뜨거운 음식을 넣으면 주변 냉장 식품의 온도를 높여 미생물 증식을 유발할 위험이 있다. 전자 레인지로 재가열한 음식을 휘저으면 열이 확산되어 혹시 남아 있을지도 모르는 세균을 죽일 수 있다.

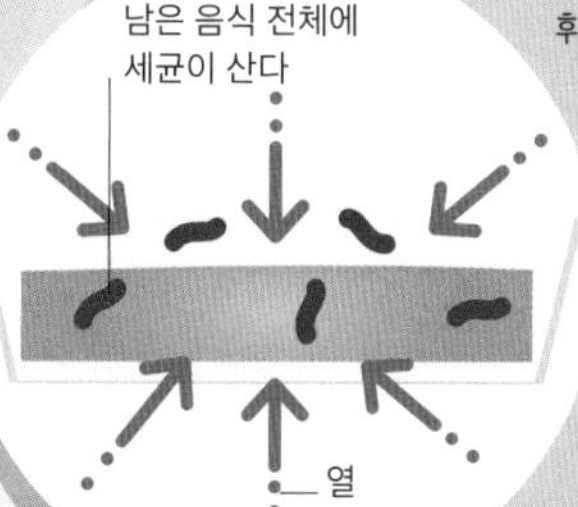

음식 재가열

클로스트리듐 (*Clostridium*)

밥 재가열

재가열한 밥으로 인한 질병을 '볶음밥 증후군(fried-rice syndrome)'이라고 부르며, 바실루스 세레우스(*Bacillus cereus*)균이 원인이다. 갓 지은 밥의 포자는 상온에 두면 세균으로 자라나 구토와 설사의 원인이 되는 독소를 배출한다. 밥을 재가열하면 세균은 죽지만 포자는 남아 있을지 모른다.

바실루스 세레우스

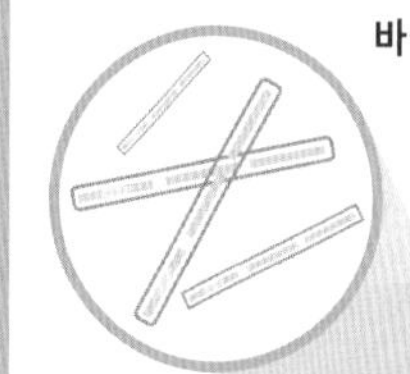

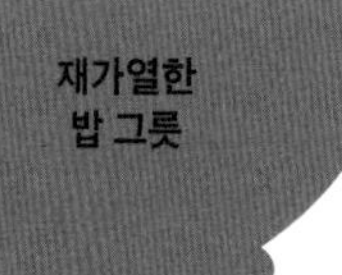

우리가 먹는 것,
음식의 종류

붉은 고기

고기는 최소 200년간 인류의 영양 섭취에 중요한 역할을 했다. 현대 세계에서 고기, 특히 붉은 고기는 식생활에서 점점 높은 비중을 차지하며 비만, 심혈관 질환, 암 발생율을 높였다.

미오글로빈과 사이토크롬

근육조직

근육섬유

붉은 고기가 붉은 이유는?

고기는 대개 근육 부위이지만 내장 고기도 포함된다. 붉은 고기의 색은 대부분 철분을 함유한 미오글로빈에서 비롯되는데, 미오글로빈은 적혈구세포의 헤모글로빈과 유사하게 세포에 산소를 공급하는 풍부한 색소 단백질이다. 근육에 에너지를 공급하는 지방은 사이토크롬(cytochrome)에 의해 분해되는데, 이것은 근육섬유에 든 단백질의 일종으로 붉은색이다.

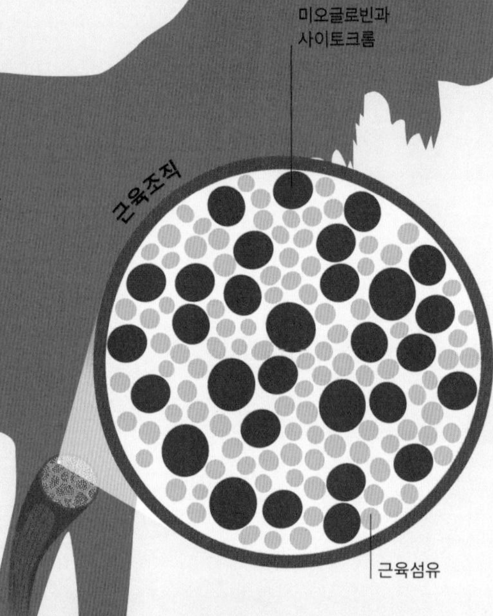

근육섬유

다리 근육처럼 지속적으로 움직이는 근육 속에는 다량의 미오글로빈과 사이토크롬이 존재하며, 적절한 기능에 필요한 모든 산소와 에너지를 근육섬유에 공급한다.

가끔 고기에서 금속 맛이 나는 이유는?

기름기가 전혀 없는 붉은 고기에는 전형적인 쇠고기 맛과 풍미를 내는 지방이 부족하다. 따라서 붉은 고기에 철분의 양이 많은 경우, 특히 근육 층과 간은 금속 맛이 강할 수 있다.

위장관암 위험

광범위한 연구에도 불구하고 붉은 고기(특히 그릴이나 바비큐에 익힌 경우)의 섭취와 위장관암 발병의 상관관계는 미약하다. 더욱이 소화되지 않은 지방 자체보다 지방질이 많은 고기가 비만의 원인이기 때문에(높은 체질량지수(BMI)는 대장암 발병률과 상관이 있다.) 연결 고리의 원인이 불명확하다. 27건의 개별적인 연구 분석 결과, 붉은 고기를 많이 섭취할수록 암의 위험이 높아진다는 직접적인 상관관계는 뚜렷하게 드러나지 않았다.

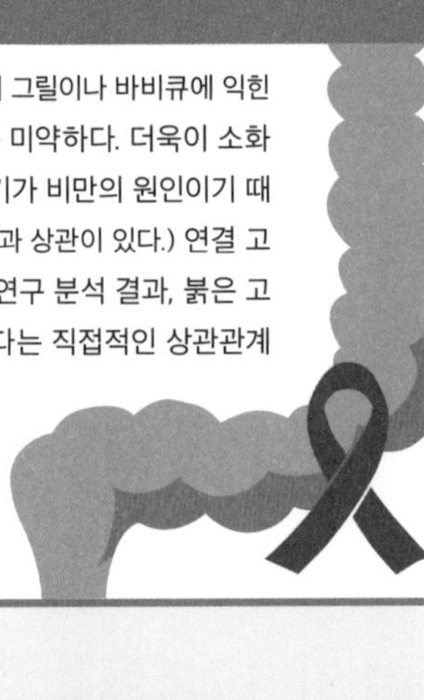

붉은 고기와 영양

붉은 고기는 인체가 만들어 낼 수 없는 필수 아미노산을 모두 제공하는 완벽한 단백질 공급원이자 철분과 비타민 B군의 풍부한 공급원이기도 하다. 그러나 중대한 건강 문제가 남아 있다. 우리가 소비하는 붉은 고기에는 지방 함량이 대체로 많은데, 지방 함량이 많을수록 고기의 풍미가 좋아지고 육질도 부드럽다. 지방 함량이 많으면 열량과 포화지방이 많다는 의미여서, 관련 질환의 위험도 올라간다.

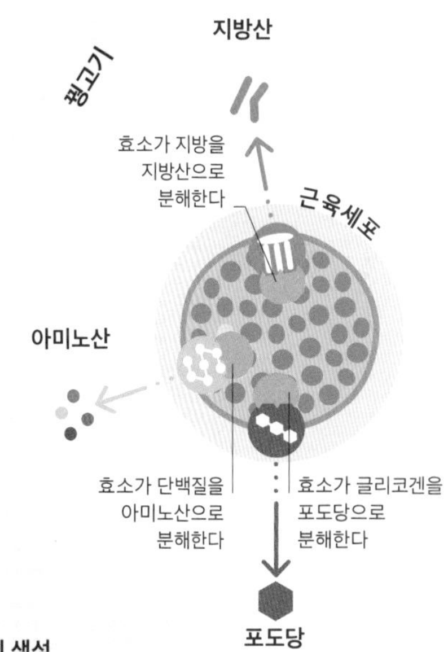

풍미 생성

꿩 같은 사냥감을 비롯해 야생에서 잡은 고기는 매달아 두는 것이 일반적이다. 이렇게 하면 세포에 들어 있는 효소가 다른 세포 성분을 공격하기 시작한다. 그 결과 단백질은 맛있는 아미노산으로 분해되고, 글리코겐은 달콤한 포도당으로, 지방질은 냄새 좋은 지방산으로 분해된다.

고기 매달기

도축 후 고기가 너무 질겨지는 것을 막으려면 매달아 두어야 한다. 도살 직후의 고기는 매우 부드럽지만, 몇 시간 안에 회복 불가능할 정도로 근육이 수축한다. 이것을 최소화하려고, 가축 사체를 매달아 근육이 중력에 의해 늘어지게 한다. 매달아 두는 시간이 길수록(일주일 정도) 고기의 근육 자체에 들어 있는 효소가 연화 작용을 하며 풍미가 생성된다.

흰색 고기

흰색 고기에는 닭, 칠면조, 오리, 비둘기가 속하며, 일부 지역에서는 어린 송아지, 새끼 돼지, 토끼, 개구리를 포함시키기도 한다. 흰색 고기는 붉은 고기와 기능과 생리가 다르고 독특한 풍미와 영양가를 지니고 있어, 전 세계적으로 가금류 고기의 생산과 소비는 폭발적이다.

흰색 고기가 하얀 이유는?

흰색 근육은 강렬한 운동을 빠르게 반복하는 특징이 있다. ('빠른연축근육섬유(fast-twitch fibres))'라고 부르는 근육섬유로 가득하다.) 흰색 근육은 (포도당 분자가 연결된) 글리코겐을 태운다. 그리고 폭발적인 반복 운동 사이에 휴식을 취해야 하지만, 운동 직후의 짧은 기간에는 산소 없이도 움직일 수 있다. 이것은 붉은 고기보다 산소를 운반하는 색소(근육에 산소를 전달하는 붉은 색소)가 적다는 의미이다. 늘 체중을 지탱해야 하는 닭다리에는 약간 붉은 색소가 있어 짙은 색 고기가 생긴다. 이렇게 약간 더 붉은 근육섬유에는 자체적으로 지방이 공급되므로 완전히 흰 근육보다 짙은 색 고기의 풍미가 더 좋다.

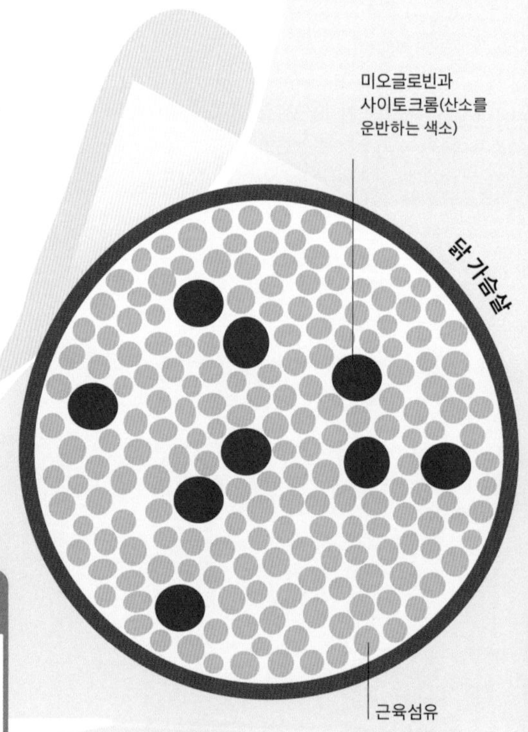

흰 살코기

흰색 근육세포는 붉은 근육세포만큼 혈액 공급을 많이 필요로 하지 않기 때문에 산소를 운반하는 붉은 색소가 적어 색이 더 흐리다.

뒤집어 굽기

서양 문화에는 요리사가 닭이나 칠면조를 굽는 비법이 존재한다. 가슴을 아래쪽으로 오븐에 넣는 것이다. 조류의 지방 대부분이 등 쪽에 분포하기 때문에, 등이 위로 오도록 뒤집어서 구우면 흘러내린 지방이 고기에 스며들어 풍부한 풍미와 촉촉한 식감을 제공한다. 가슴을 위쪽으로 구우면 풍미 가득한 지방이 팬 바닥에 그냥 흘러내려 낭비된다!

등에서 나온 지방이
고기로 스며든다

열

방사 닭이냐, 닭장 사육 닭이냐?

영양학자들은 닭장에 가둬 기른 닭과 들판에서 뛰놀며 먹고 자란 닭이 영양상 차이를 보인다고 주장한다. 방사 닭은 먹이가 다르고, 닭장이나 헛간, 개방 사육장에서 기른 닭보다 활동적이며 스트레스도 덜 받는다(232~233쪽 참조). 필수 지방산과 비타민 함량이 많아질 뿐만 아니라 해로운 지방산의 양도 줄어든다는 사실이 입증되었다.

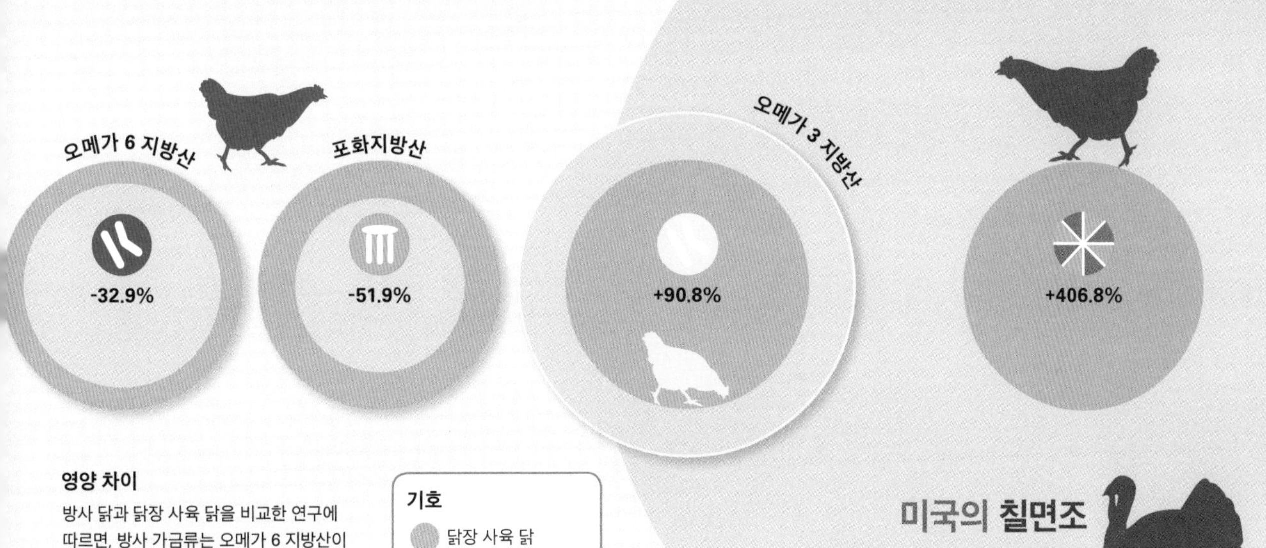

영양 차이

방사 닭과 닭장 사육 닭을 비교한 연구에 따르면, 방사 가금류는 오메가 6 지방산이 적고 좀 더 이로운 오메가 3 지방산은 더 많았으며(특히 흰콩을 먹인 경우), (포화지방 포함) 전체적인 지방 함량은 적고 비타민 E가 더 많았다.

기호

- 닭장 사육 닭
- 방사 닭

미국의 칠면조 소비는 지난 25년간 2배로 뛰었다

닭고기 수프의 원기 회복 성분

여러 문화 중에서도 특히 유럽 거주 유대 인들은 오랫동안 유독 닭고기 수프가 감기에 특효가 있다고 생각해 왔다. 한 연구는 닭고기 수프를 먹은 감기 환자의 혈액 샘플을 분석했다. 그 결과 닭고기 수프에는 콧물 등의 증상에 좋은 소염제와 완화제 성분이 들어 있을 뿐만 아니라, 소화 촉진과 수분 보충, 건강한 영양소 공급에 도움을 준다는 것을 알아냈다.

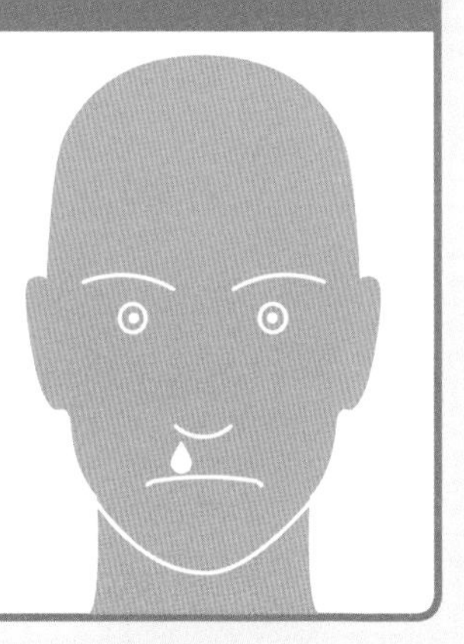

칠면조 고기를 먹으면 졸리다?

전혀 그렇지 않다. 이것은 잠이 오게 하는 호르몬인 멜라토닌(melatonin)을 만드는 데 칠면조 고기에 들어 있는 아미노산 트립토판(tryptophan)이 활용된다는 사실에서 비롯된 미신이다.

고기 부위별 분석

잘라낸 고기가 어떤 부위인가 하는 것과 살아있을 때 그 부위가 얼마나 활동을 했느냐는, 궁극적으로 고기의 영양가와 맛, 식감, 심지어 요리 방법까지도 결정하는 요인이다.

맛과 식감

각 부위는 가축의 다양한 근육을 포함한다. 좀 더 활동적인 (다리에 가까운) 근육은 근육섬유도 더 두껍고 결합조직도 많기 때문에 더 질기고 씹는 맛이 있다. 또한 이 근육에는 지방도 더 많기 때문에 풍미 역시 더 높은 경우가 많다. 도축업자들은 대부분의 가축을 비슷하게 분류하며, 고기를 부르는 용어도 소, 양, 염소, 돼지에 모두 똑같이 적용된다. 쇠고기의 경우 프랑스 인들이 가장 부위를 다양하게 나눈다.

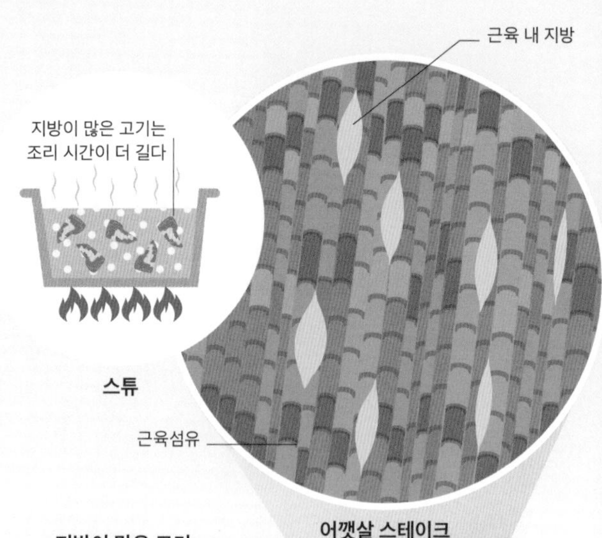

지방이 많은 고기

지방이 많은 고기는 천천히 조리해야 지방을 녹일 수 있다. 근육에 에너지를 공급하는 지방 입자(68쪽 참조)가 근육섬유 사이사이에 흩어져 있다.

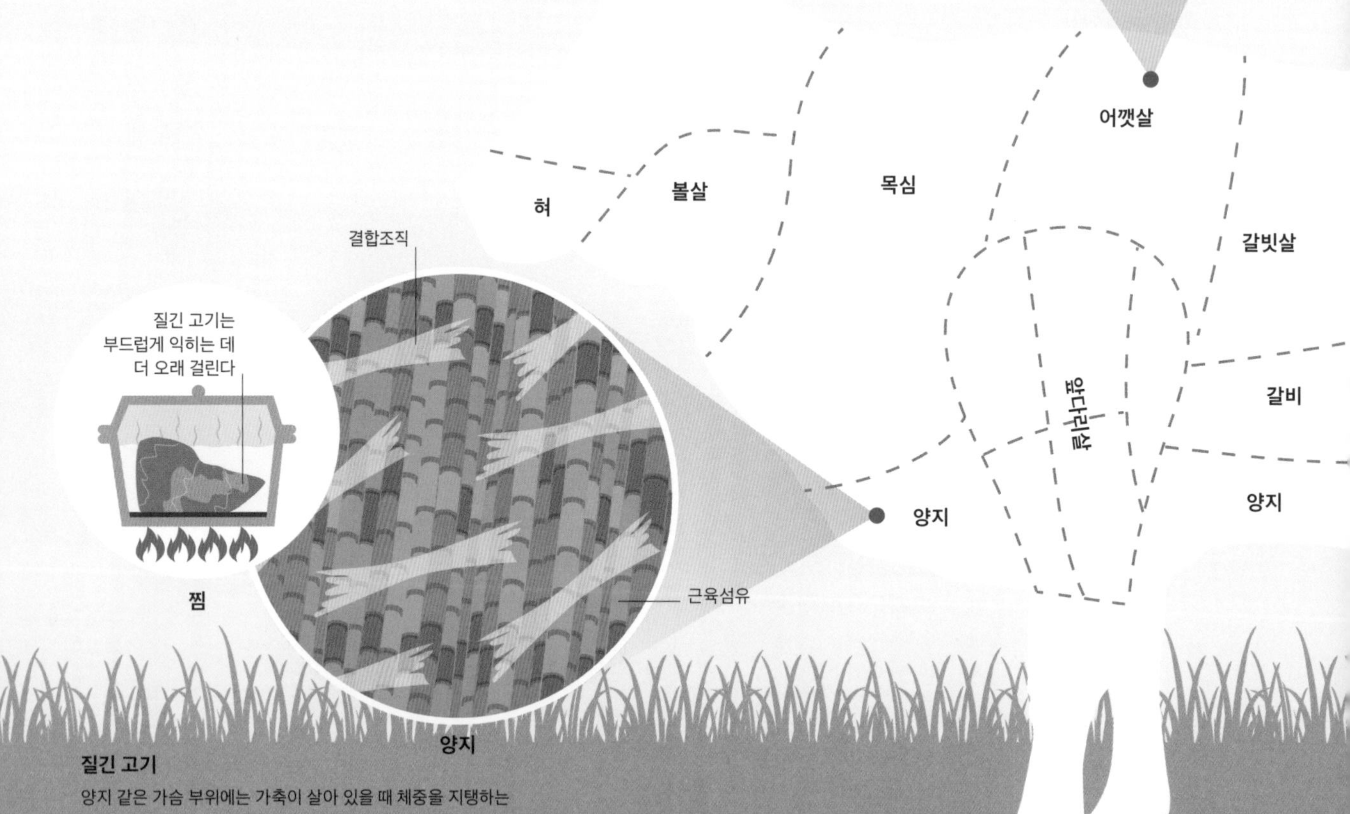

질긴 고기

양지 같은 가슴 부위에는 가축이 살아 있을 때 체중을 지탱하는 결합조직의 양이 많다. 따라서 양지는 종종 액체에 담가 오래 조리해 결합조직이 용해되도록 한다.

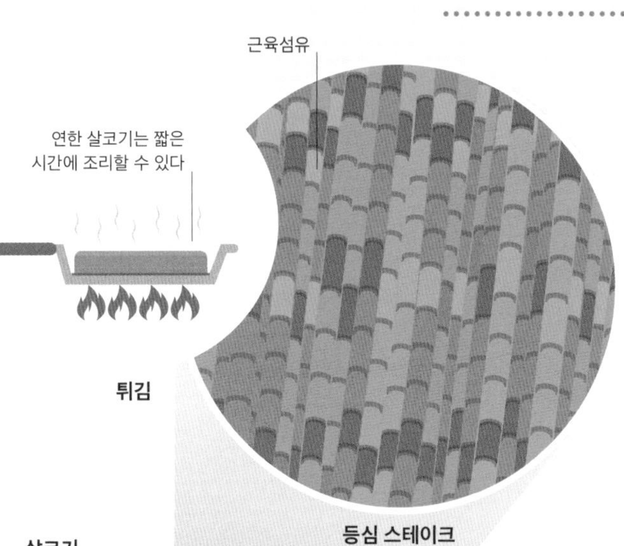

내장

내장(근육이나 뼈를 포함하지 않은 가축의 내부 창자)은 여러 형태로 공급되며, 각각 고유한 풍미와 식감을 갖고 있다. 내장에는 대체로 결합조직이 더 많아 서서히 오래 익혀야 하는 경우가 많은데, 인기가 높은 간은 예외이다. 많은 창자와 내장 고기는 영양소와 필수 지방산이 많고 해로운 지방질의 함량이 적다. 예를 들어 간과 콩팥에는 특히 철분과 엽산(비타민 B9)이 많다.

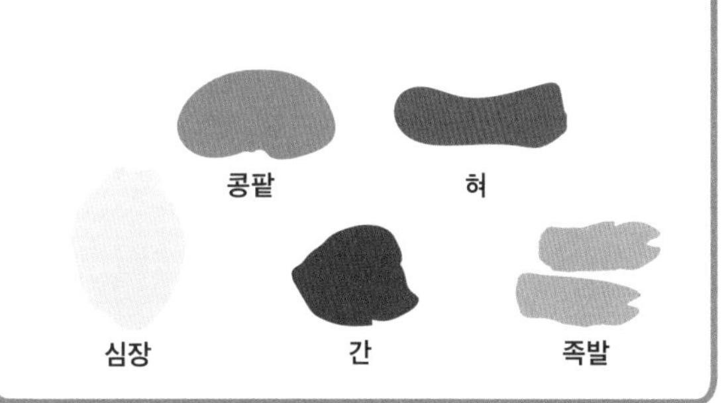

살코기

등심 부위처럼 활동성이 덜한 근육은 에너지 공급이 덜 필요하기 때문에 지방이 적거나 아예 없다. 그래서 살코기나 연한 고기로 알려져 있다.

우둔살
등심
꼬리
뒷다리 살
업진살
족발

45시간

돼지 족발을 요리하는 데 걸리는 최대 시간. 그 이상 요리하면 뼈도 먹을 수 있다

왜 생고기는 먹을 수 없나?

안전하게 익힌 고기에서 더 쉽게 영양소를 소화할 수 있도록 인간의 치아와 위가 진화했다는 믿음이 퍼져 있지만, 타르타르 스테이크(다진 생쇠고기와 날달걀로 만든 요리 — 옮긴이)처럼 아주 신선한 생고기는 먹을 수 있다.

소시지의 과학

고대부터 고기는 보관 기간을 늘리고 독특한 생화학적 처리로 풍미와 향을 더하기 위한 가공을 거쳤다. 그 결과물은 광범위하다.

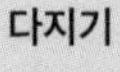

다지기

고기의 표면은 오염될 위험이 높은 곳인데, 고기를 다지면 표면적이 훨씬 더 늘어난다. 따라서 생산자들은 고기를 다지기 전에 데쳐서(최단 시간 가열한 뒤 식힘) 멸균에 힘쓴다.

우리는 왜 고기를 변형할까?

고기에서는 물질 대사가 활발하게 일어난다. 세포도 취약하고 수분과 영양소가 많아 빠르게 부패할 위험이 있다. 부패는 지방의 맛이 변하는 것(산패), 도축 과정에서 오염되었을 경우 가축의 가죽과 내장에서 미생물이 증가하는 것을 모두 포함한다. 가공육은 부패를 늦추고 막는다. 뿐만 아니라 다양하고 흥미로운 풍미와 식감을 더하는 데에도 도움이 된다. 고기를 통째로 갈아 다른 형태로 만들거나 혼합육을 만들기도 한다. 가공육은 요리의 가능성은 다양하게 하지만 건강상 위험 요소가 존재한다.

혼합육

혼합육은 전통적으로 귀한 짐승 사체의 모든 부위를 최대한 활용하여 아무것도 낭비하지 않으려는 노력의 일환이었다. 오늘날 혼합육은 값싸고 질이 낮으며 종종 건강상 부정적인 영향을 미치는 제품으로 생각된다.

매일 핫도그를 1개씩 먹으면 심장병 발병률이 42퍼센트 높아진다

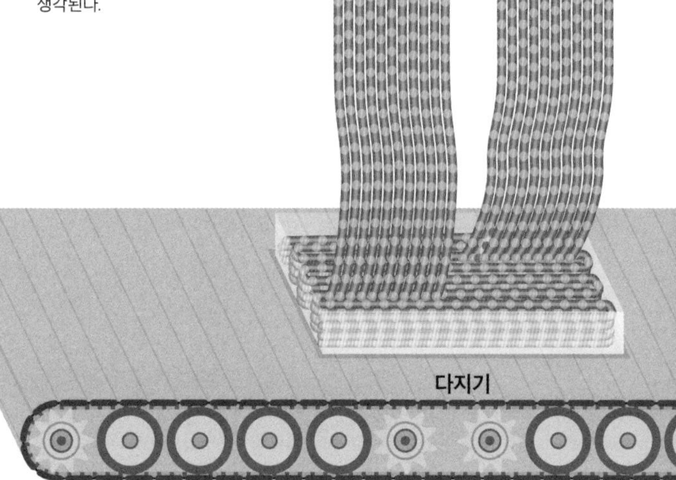

보존법

식품의 보존 기술에는 전통적인 훈제와 염장(종종 두 가지가 함께 사용됨)뿐만 아니라 염지(원료육에 식염, 착색 고정제, 염지제를 첨가하는 방식으로, 식염만 첨가하는 염장과 구분된다. — 옮긴이) 기법이 포함된다. 현대에 들어서면서 질산칼륨 같은 합성 보존제도 사용된다. 고기의 세균이 질산칼륨을 분해해 아질산염으로 바꾸면 고기 속 산소와 반응해 일산화질소가 된다. 이것은 고기 속 철분과 결합해 지방의 산패를 막는다. 이제 고기는 분홍색을 띠고 매캐한 풍미를 가진다.

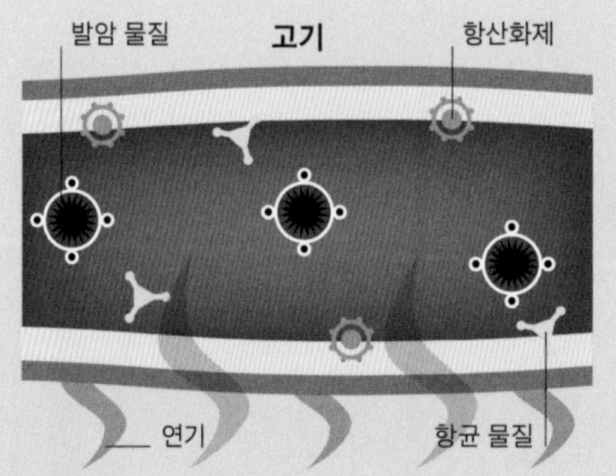

훈연

연기에는 항균 물질과 항산화 물질이 들어 있어 지방 부패를 예방한다. 그러나 연기에는 발암 물질도 포함되어 있다.

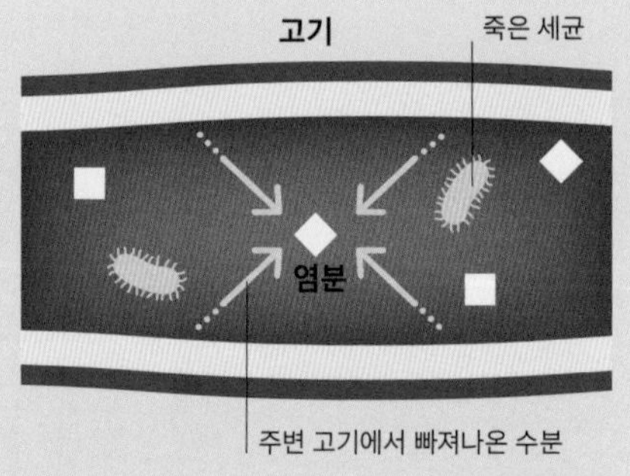

염장

고기에 소금을 뿌리면 세포에서 물이 빠져나와 미생물 증식에 필요한 수분이 말라 버린다. 염분이 많으면 단백질 조직이 늘어나 쉽게 흐트러지지 않으며 고기가 투명해진다.

소시지 만들기

소시지는 전통적으로 가축의 창자로 만든 튜브에 다진 고기와 빵부스러기, 향신료 같은 기타 내용물을 채워서 만든다. 소시지에 든 지방은 조리 시 건조를 방지한다.

기계 성형

대부분의 성형 햄(reconstituted ham)은 물을 고압으로 분사해 뼈에서 발라낸 돼지고기 조각(살코기만은 아님)을 압착해 만든다. 이것은 고기의 '기계적인 재생' 방법 중 하나일 뿐이다.

소금물 주입

많은 베이컨과 햄 제품에는 부피를 늘여 비용을 절약하기 위하여 물, 설탕, 방부제, 향신료 및 기타 첨가물을 넣은 용액이 주입된다. 얇게 저민 일부 베이컨은 50퍼센트가 수분이다.

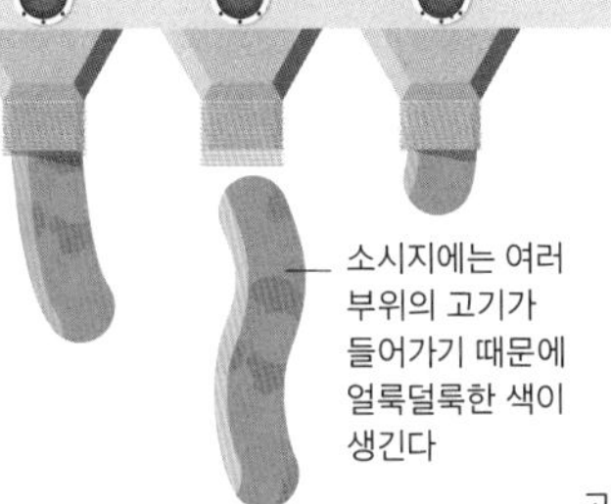

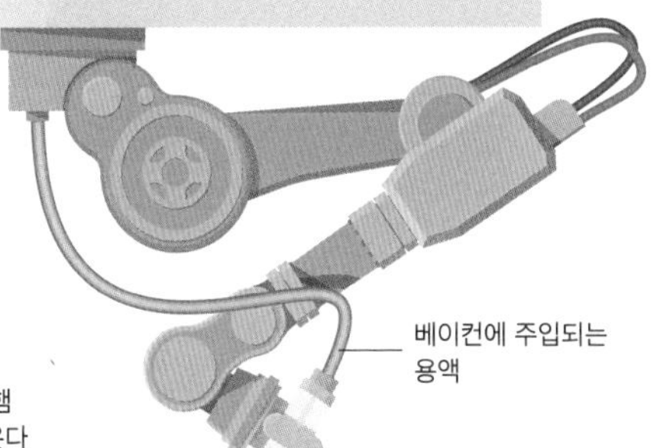

고기 부스러기를 압착해
슬라이스 햄을 만든다

고기의 다양한 부위 때문에 햄
특유의 불균형한 색상이 나온다

소시지

성형 햄

베이컨

햄에 왜 지방 껍질이 있을까?

제조업자들은 금방 도축한 고기에서 잘라낸 것처럼 보이게 하려고 종종 성형 햄에 지방을 코팅한다!

방부제의 건강 문제

아질산염은 고기에 풍미와 색상을 더하는 방부제로 인기가 높고, 살라미스 소시지에 자주 사용된다. 특히 보툴리누스균의 원인이 되는 독소를 생성하는 세균 증식 억제에 좋다. 그러나 아질산염은 고기에 든 아미노산과 반응해 니트로사민(nitrosamine)이라는 발암 물질을 만든다. 염지 고기에 든 아질산염이 암의 위험을 높인다는 명백한 증거는 거의 없지만, 현재는 종종 그 사용에 신중한 규제가 적용된다.

육류 대용품

소비자는 풍미와 식감, 영양가 때문에 고기를 선호하지만 고기 소비와 생산에 따른 건강, 환경, 윤리적인 문제를 염려하는 사람들이 많다. 이러한 문제에 대한 한 가지 해결책은 점점 인기가 높아지는 육류 대용품 활용이다.

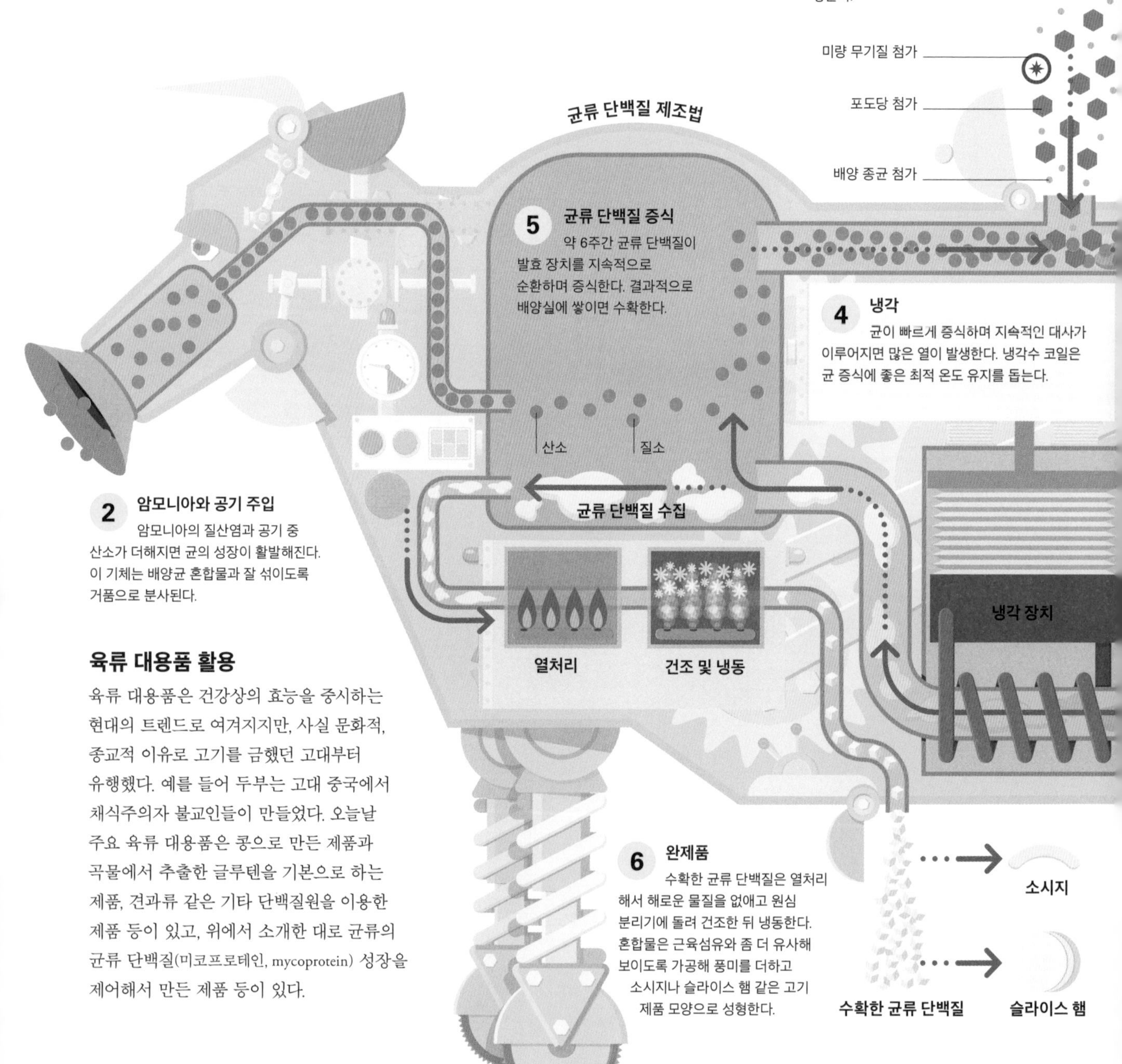

육류 대용품 활용

육류 대용품은 건강상의 효능을 중시하는 현대의 트렌드로 여겨지지만, 사실 문화적, 종교적 이유로 고기를 금했던 고대부터 유행했다. 예를 들어 두부는 고대 중국에서 채식주의자 불교인들이 만들었다. 오늘날 주요 육류 대용품은 콩으로 만든 제품과 곡물에서 추출한 글루텐을 기본으로 하는 제품, 견과류 같은 기타 단백질원을 이용한 제품 등이 있고, 위에서 소개한 대로 균류의 균류 단백질(미코프로테인, mycoprotein) 성장을 제어해서 만든 제품 등이 있다.

10세기 중국에서는 두부가 흔히 '작은 양고기'로 알려졌다

3 폐기체

공기와 암모니아 거품이 혼합물에 분사되면 균류의 대사 과정에서 폐기체가 발생해 관으로 배출된다.

기체 배출

균류 단백질이 증식을 시작한다

콩의 다양성

콩은 단백질과 기름이 풍부해 육류 대용품 원료로 대단히 유용하다. 콩을 발효하면 풍부한 영양소가 나오기 때문에 우유 및 유제품과 유사한 방식으로 가공할 수 있다. 수많은 콩 제품이 개발되었다.

두부

두부는 두유를 응고시킨 뒤 물을 빼고 네모난 모양으로 압축해 만든다.

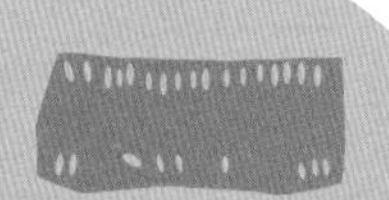

천 겹 두부

두부를 얼렸다 녹이는 과정을 반복하면 여러 겹처럼 보이는 스펀지 조직이 생긴다.

흰콩

콩고기

콩기름을 짜는 과정에서 나오는 부산물로 질감을 살려 만든 식물성 단백질은 다용도로 활용 가능한 육류 대용품이다.

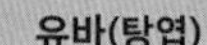

유바(탕엽)

두유를 가열하면 기름이 분리되며 얇고 단단한 피막이 생긴다. 섬유질처럼 쫄깃한 피막은 종이나 막대 모양으로 건조시킨다.

균류 단백질은 비건인가?

순수한 균류 단백질은 비건이지만, 시판된 제품들은 대부분 가공 과정에서 달걀흰자나 우유 성분을 사용해 고착시키기 때문에 비건이 아니다.

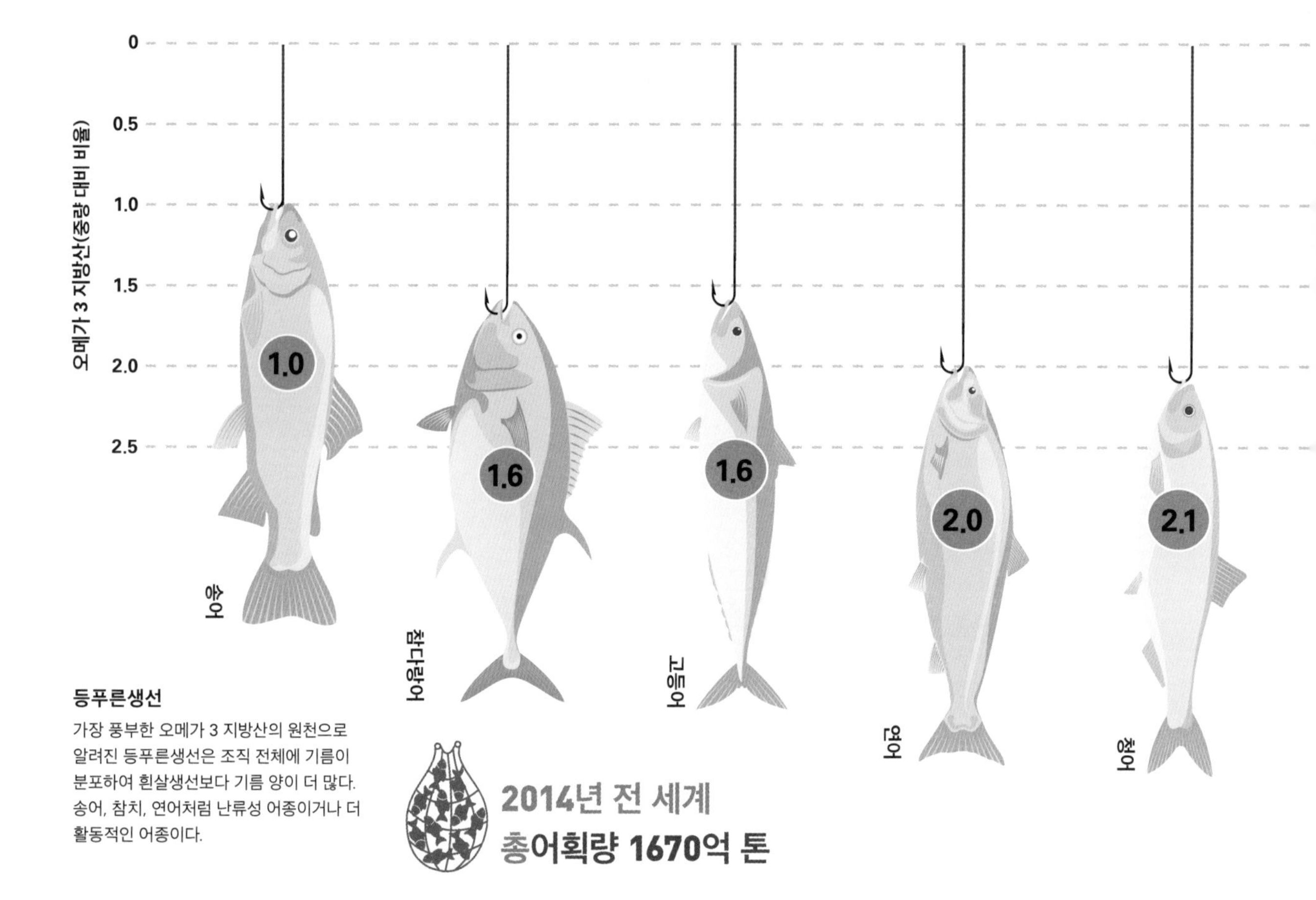

등푸른생선

가장 풍부한 오메가 3 지방산의 원천으로 알려진 등푸른생선은 조직 전체에 기름이 분포하여 흰살생선보다 기름 양이 더 많다. 송어, 참치, 연어처럼 난류성 어종이거나 더 활동적인 어종이다.

등푸른생선과 흰살생선

생선은 단백질 함량이 높고 아이오딘, 칼슘, 비타민 B와 비타민 D 등 영양소가 풍부하며 콜레스테롤 함량은 낮다. 생선은 흔히 등푸른(혹은 기름진)생선과 흰살생선으로 구분된다. 등푸른생선은 흰살생선보다 지방질이 많으며 특히 오메가 3 지방산(28~29쪽 참조) EPA, DHA가 유독 풍부하다. 이 두 오메가 3 지방산은 인체에서 다른 오메가 3 지방산인 알파 리놀렌산으로 만들 수 있지만 소량에 불과하다. 따라서 EPA와 DHA는 식생활로 얻는 것이 최선이다. 흰살생선은 등푸른생선보다 지방이 적다. 오메가 3 지방산도 들어 있기는 하지만 등푸른생선보다 적다.

생선

빠르게 성장하고 있는 양식업과 함께, 인류 식생활에서 단일 품목으로서는 가장 대규모로 야생에서 얻는 식량인 생선은 단백질과 오메가 3 지방산 같은 영양소의 주요 공급원이다.

회

날생선을 일본식으로 얇게 저며 만드는 생선회는 세계적으로 인기가 높다. 그러나 생선이 날것이기 때문에 기생충이나 미생물에 오염되었을 위험이 있고, 따라서 높은 등급의 수원에서 잡은 생선으로 신중하게 준비해야 한다.

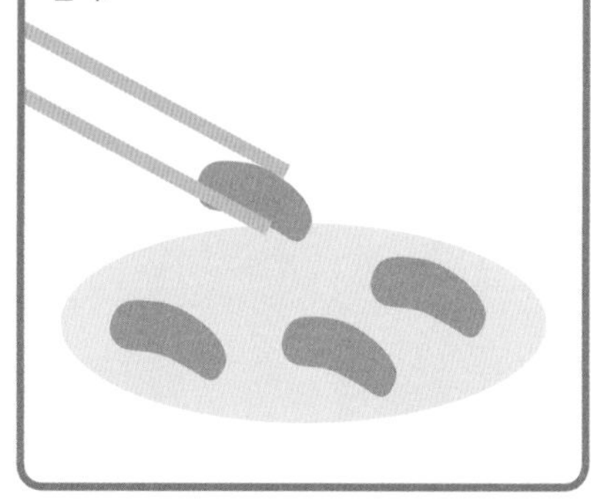

0
0.5
1.0
1.5
2.0
2.5

메기 0.2
대구 0.3
도미 0.4
넙치 0.5
가자미 0.6

기호
등푸른생선
흰살생선
오메가 3 지방산(중량 대비 비율)

흰살생선

흰살생선은 등푸른생선보다 기름과 오메가 3 지방산이 적고, 기름도 몸통 전체 조직에 퍼져 있는 것이 아니라 간에 집중된 경향을 보인다. 흰살생선에는 넙치와 가자미 등 모든 넙치류와 대구, 아귀, 가숭어(mullet) 등 일부 한류성 어류가 속한다.

피하지방
짙은 색 근육에 고지방질 집중
등뼈
내장 공간
흰 근육
근육층 사이에 지방
짙은 색 근육
흰 근육
등푸른생선
흰살생선

지방은 어디에?

생선의 지방은 보통 피부 밑과 근육층 사이에 얇게 저장된다. 몸통을 따라 띠 형태로 발달된 짙은 색 근육 무늬에도 존재한다. 이러한 띠 모양은 등푸른생선이 더 크고 지방질이 많으며, 흰살생선에는 더 작고 지방질도 적다.

독소 농도

바다는 자연과 인간이 만들어 낸 수많은 오염 물질의 궁극적인 저장소이다. 수은과 중금속, 잔류성 유기 오염 물질(persistent organic pollutants, POPs, 202~203쪽 참조) 등의 오염물은 자연에서 쉽게 분해되지 않는다. 따라서 작은 피식 동물류에서 체내 독소 수치가 낮더라도, 먹이 사슬을 통해 누적되면 상어 같은 상위 포식자의 체내에는 높은 수치의 오염물이 쌓인다.

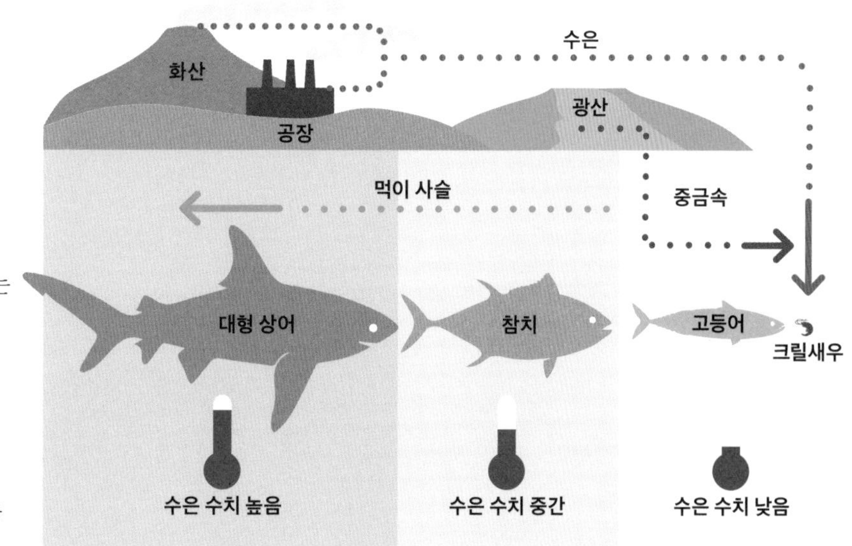

먹이 사슬의 독소

잔류성 오염 물질은 먹이 사슬을 따라 누적된다. 상어, 황새치, 기타 상위 포식자들은 이러한 오염 물질 수치가 위험한 수준일 수도 있다.

조개류

선사 시대 유적에서 발견된 거대한 조개껍질 무더기는 인류의 식생활에서 조개류가 얼마나 중요한 위치를 차지하는지를 보여 준다. 오늘날에도 이 다양한 수중 식물군은 영양의 보고이다.

갑각류는 익히면 왜 붉게 변할까?

갑각류 껍데기에는 단백질에 연결된 카로티노이드 색소가 들어 있다. 익히면 단백질이 변성되면서 붉은색을 내는 카로티노이드 색소가 이탈해, 붉은색을 나타낸다.

조개류의 가치

게, 새우 등의 갑각류와 굴, 문어 등의 연체동물을 아우르는 조개류는 지방질이 적은 단백질의 훌륭한 공급원으로 모든 종이 슈퍼 푸드에 속한다. 비타민 B군과 아이오딘, 칼슘 또한 풍부하다. 해산물에는 달콤한 맛을 내는 글라이신(glycine)과 감칠맛을 내는 글루탐산염 같은 맛있는 아미노산이 풍부하다.

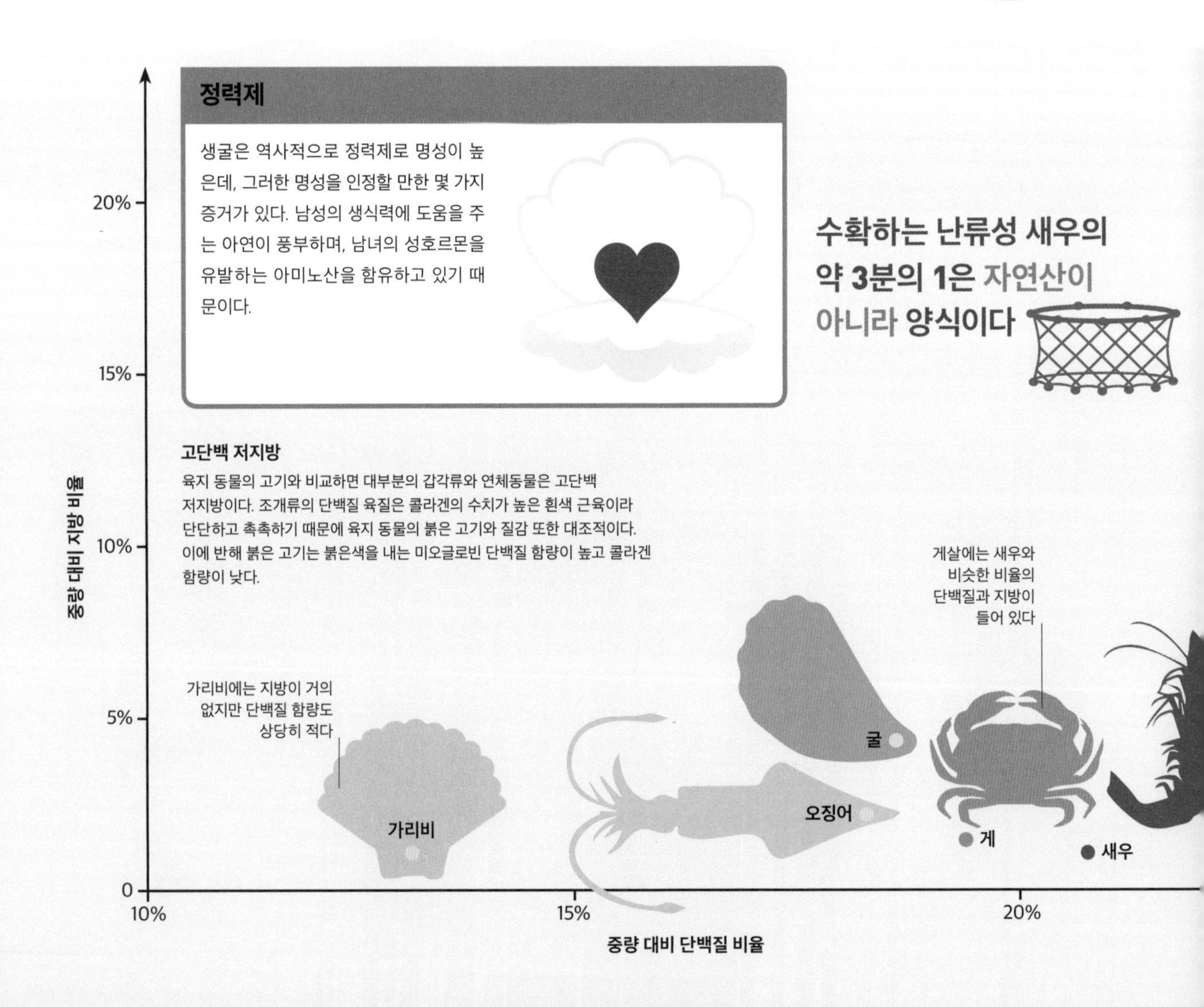

조개류를 먹는 시기

많은 유형의 조개류는 여러 가지 이유로 1년 중 특정 기간에는 식용을 피하는 것이 최선이다. 첫째, 여름에 번식하는 종이 많아 이 시기에는 비축했던 에너지를 소모해 살이 없고 맛이 덜하다. 둘째, 여름은 독성이 가장 높은 시기이다. 조개류를 먹기에 최적의 시기는 번식기를 준비하느라 살이 오르고 독성도 낮은 겨울 몇 달간이다.

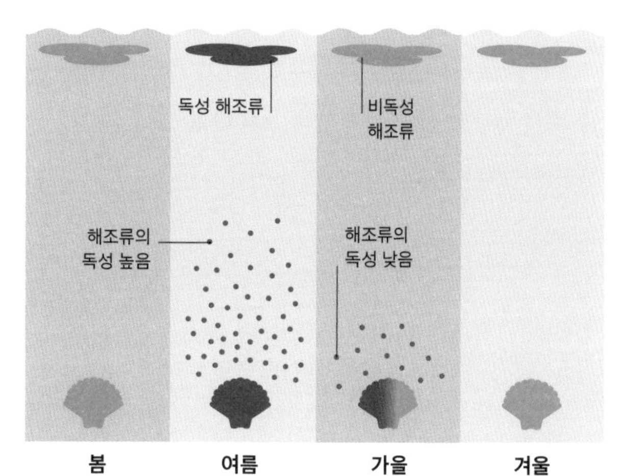

기호
안전
위험

계절별 독성

여름철은 종종 해조류의 독성과 따뜻한 물에서 번성하는 해로운 미생물이 가장 극심한 때여서, 수많은 연체동물과 갑각류 같은 여과 섭식 동물(물속의 유기물, 미생물을 여과 섭취해 살아가는 동물 — 옮긴이) 체내에 축적될 수 있다.

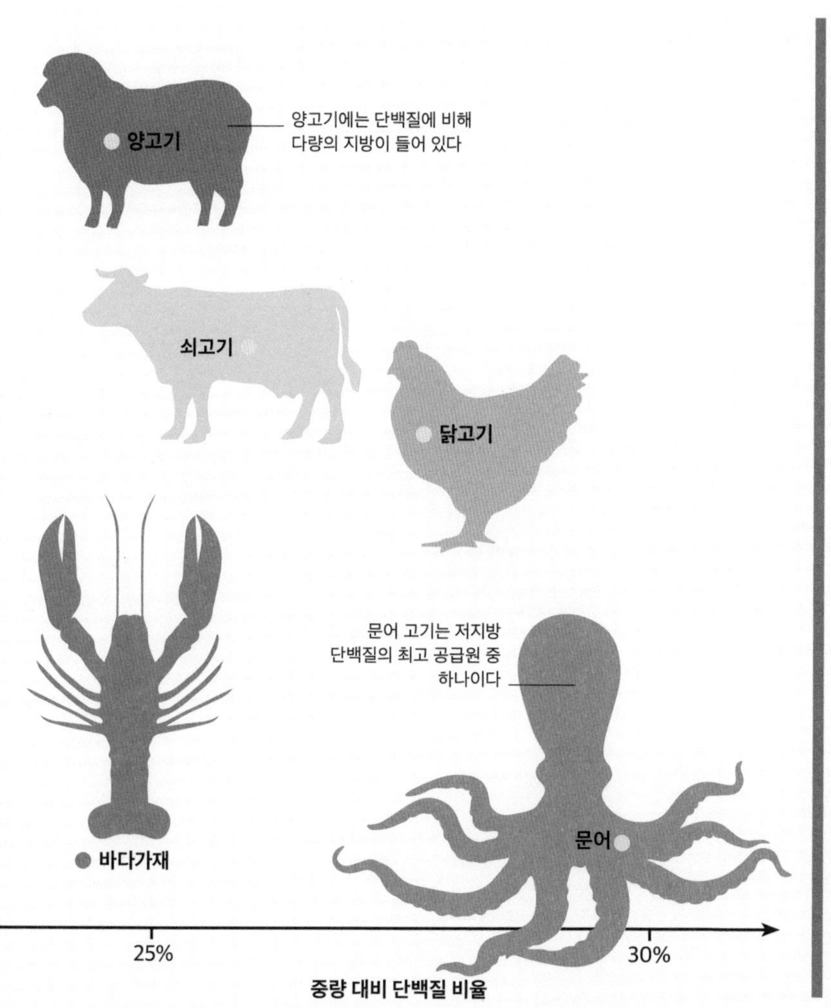

조개류 식중독

많은 조개류는 물에서 먹이 분자를 여과해 섭취한다. 그러나 독소와 미생물도 몸에 가두기 때문에 독소가 많이 축적되어 오염된 조개류를 먹으면 식중독에 걸릴 수 있다. 독소는 익혀도 파괴되지 않는다. 조개류가 일으키는 주요 식중독 증상은 대략 다음과 같다.

마비성 패독(貝毒)
마비, 따끔거림, 운동 능력 상실, 언어 장애, 메스꺼움, 구토. 치명적일 수 있음.

기억 상실성 패독
장기적인 기억 장애나 영구적인 뇌 손상. 치명적일 수 있음.

신경 중독성 패독
메스꺼움, 구토, 불분명한 발음. 치사율은 알려지지 않음.

설사성 패독
설사, 메스꺼움, 구토, 복통. 치사율은 알려지지 않음.

달걀

껍질

선진국의 건강 염려증이 일으킨 그림자 속에서 10여 년을 보낸 후, 달걀은 다시 완전식품으로 부상하고 있다. 건강한 단백질을 손쉽게 섭취할 수 있는 달걀에는 거의 모든 필수 영양소가 풍부하게 들어 있다.

달걀흰자

달걀 내부

달걀은 거의 완벽하게 균형을 이룬 단백질과 함께 오메가 6 지방산, 항산화제인 제아잔틴(zeaxanthin)과 루테인을 공급한다. 사실상 비타민 C와 B3(니아신)을 제외하고 영양상 필수적인 비타민과 무기질이 모두 들어 있다.

영양 발전소

알부민(albumen)이라는 달걀흰자에는 달걀 수분의 90퍼센트와 단백질 절반이 들어 있다. 달걀흰자에 가장 풍부한 단백질은 오브알부민(ovalbumin, 난백 알부민)이다. 달걀 질량의 3분의 1을 차지하는 노른자에는 달걀 전체 단백질의 절반과 열량 4분의 3, 철분, 티아민(비타민 B1), 지방, 콜레스테롤, 비타민 A, 비타민 D, 비타민 E, 비타민 K가 모두 들어 있다. 사실 달걀은 드물게 비타민 D를 공급하는 식품 중 하나이다. 달걀노른자에는 필수 지방산도 들어 있다.

달걀 성분
원의 크기는 각 영양소의 총량을 가리킨다.

0.1~9 mcg
0.01~9.9 mg
10 mg~0.9 g
1~5 g

단백질은 풍부하지만 지방과 콜레스테롤이 적은 달걀흰자는 요리에서 아주 유용하다

달걀노른자에는 달걀에 풍부한 비타민과 무기질, 기타 미량 영양소의 대부분이 들어 있다

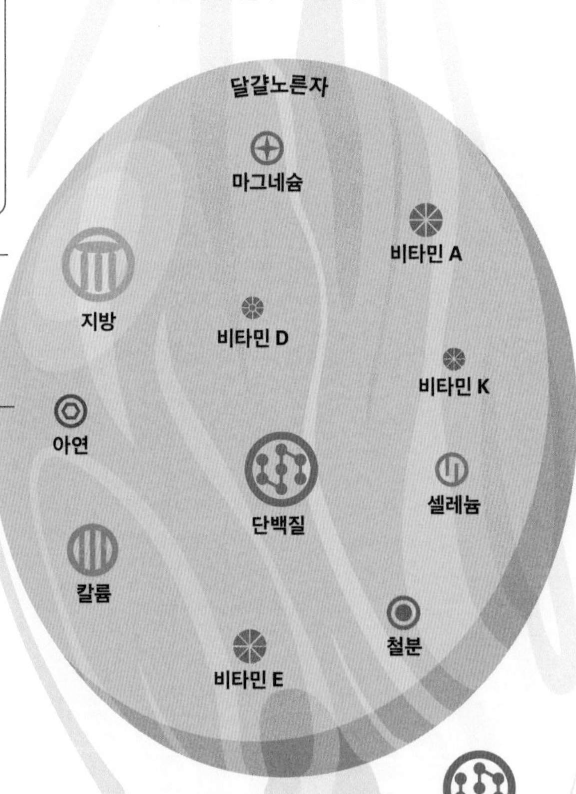

단백질

유화제로서의 달걀

유화제는 기름과 물처럼 섞일 수 없는 물질을 혼합한다. 그 결과가 바로 유화액이며, 한 가지 물질에 붙어 있는 작은 방울들이 반대편에서 다른 물질을 잡아당긴다. 달걀 단백질로 식초나 레몬 주스에 기름이 섞여 있는 마요네즈와 같이 요리에 유용한 유화액을 만들 수 있다.

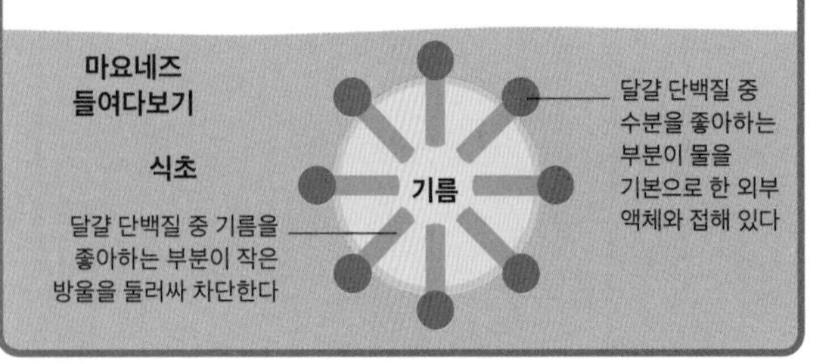

달걀 요리

달걀은 다양한 요리의 재료로 쓰이지만 달걀 껍데기의 통기성이 높아 수분이 빠져나가기 때문에 시간이 지날수록 질이 떨어진다. 달걀이 건조되면 알칼리성이 더 강해져 흰자가 묽어지고 노른자를 싸고 있는 피막이 약해진다. 따라서 최상의 달걀 프라이와 수란을 만들려면 신선함이 필수적이다. 달걀은 열을 가하거나 치대면 단단해지는 단백질 성분을 갖고 있어서 요리 활용도가 넓다.

179개

2014년 전 세계적으로 소비 가능한 1인당 달걀 수

날달걀

돌돌 말린 단백질

치대지 않은 날달걀의 단백질 사슬은 접혀 돌돌 말려 있어서, 물속에 내용물이 떠 있는 상태로 유지할 수 있다. 달걀은 액체 상태이다.

달걀 익히기

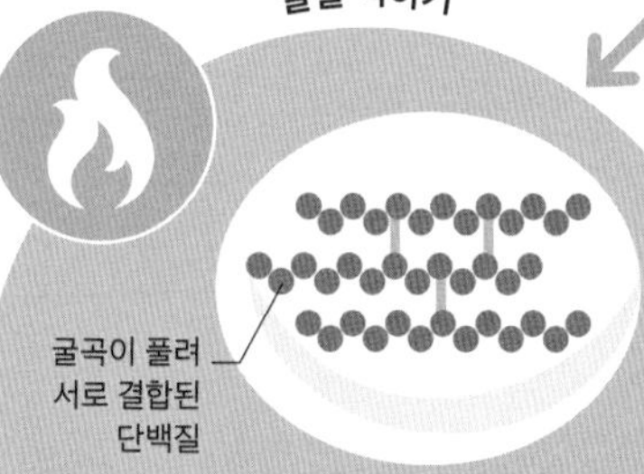

가열하면 단백질 사슬에 에너지가 가해지며 형태를 흔들어 결합 고리가 있는 긴 사슬로 변한다. 결합된 단백질이 모이면 달걀이 단단하고 불투명해진다.

달걀 거품내기

갇혀 있는 공기 방울

굴곡이 풀린 단백질

달걀을 거품 내거나 치대는 것은 조직에 에너지를 불어넣는 또 다른 방법이다. 가열과 마찬가지로 단백질 사슬은 에너지를 얻고 풀어져 서로 연결되며 공기 방울을 가둬 거품을 이룬다.

달걀 오븐 요리

기포가 팽창한다

장시간 서로 결합된 단백질의 뼈대는 깨지거나 터지는 일 없이, 갇힌 기포의 팽창을 도와서 케이크 혼합 재료가 온전히 부풀도록 한다.

흰 달걀과 갈색 달걀의 차이는?

달걀 껍데기의 색깔은 맛이나 영양가와 아무런 상관이 없다. 색은 알을 낳는 암탉의 품종에 따라 결정될 뿐이다.

나쁜 평판

최근 여러 해 동안 달걀은 나쁜 여론에 시달렸지만, 대부분의 염려에는 근거가 없다. 예를 들어 달걀노른자에는 콜레스테롤이 많지만, 한때 과학자들의 믿음과 달리 식품에 들어 있는 콜레스테롤은 혈중 콜레스테롤 수치에 크게 영향을 미치지 않는다. 몇몇 나라에서 헤드라인을 장식했던 살모넬라균 오염은 사실 달걀 섭취가 주요 위험 요소지만, 암탉 예방 접종 덕분에 현재 위험률은 매우 낮다. (고령자 같은) 취약한 사람들도 달걀을 익혀 먹거나 저온 살균하면 위험률을 더 낮출 수 있다.

우유와 젖당

인간은 유아기 이후에도 우유를 계속해서 섭취하는 독특한 포유류이다. 사람마다 정도의 차이는 있지만, 젖당에 대처하는 인간의 능력은 아주 맛있고 영양가 높은 유제품의 세계를 우리에게 열어 주었다.

우유는 정말로 뼈 건강에 도움이 될까?

우유에는 건강한 뼈를 만드는 데 도움이 되는 무기질인 칼슘과 인산염이 풍부하다. 우유를 못 먹는 사람들은 다른 음식으로 이 두 주요 무기질을 얻을 수 있다.

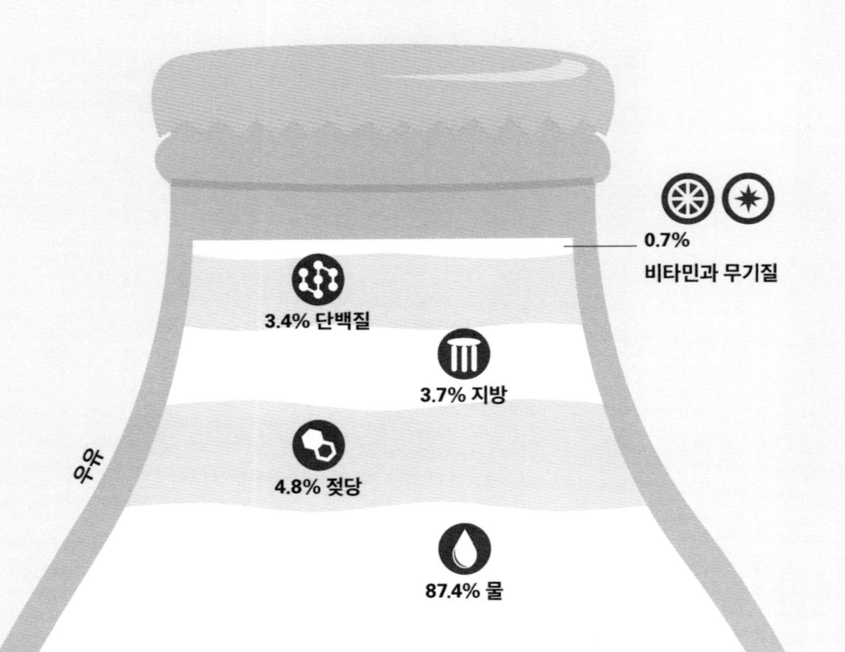

젖에는 무엇이 들어 있을까?

젖은 포유류 새끼를 위한 첫 먹이로 진화하여, 에너지를 위한 당분과 지방, 신체의 형성과 발육에 필요한 단백질, 지방, 무기질, 비타민을 포함한 풍성한 영양소의 탁월한 공급원이다. 젖에는 비타민 B12, 비타민 C, 섬유소, 철분이 부족하지만, 새끼들은 젖만 먹어도 몇 달간 살 수 있으며 다 자란 동물도 거의 생존 가능하다. 종이 달라도 젖에 포함된 영양소의 비율만 다를 뿐 같은 종류의 영양소가 들어 있다.

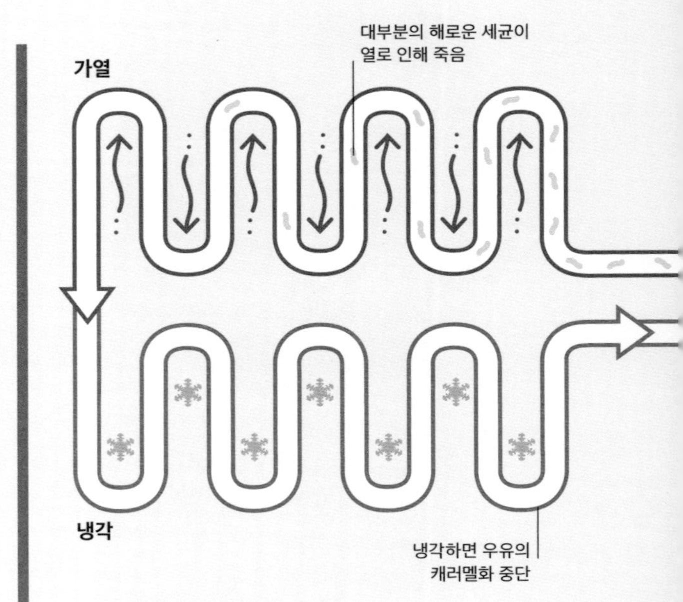

저온 살균의 원리

1860년대 프랑스 화학자 루이 파스퇴르(Louis Pasteur)는 음식 내 미생물의 활동을 연구해 풍미에 큰 영향을 주지 않고 잠재적으로 해로운 세균을 죽이는 열처리 방법을 개발했다. 우유에도 이 방법이 적용되어 안전하게 마실 수 있다.

유제품의 다양성

우유의 다양한 성분 덕분에 우유는 그 자체로도, 발효 및 미발효 유제품의 기본 재료로도 훌륭한 가치를 지닌다. 우유는 저온 살균을 거쳐도 상당수의 세균이 들어 있어 빨리 상하기 때문에 중장기간 보존하기 위해서는 유제품의 처리 과정이 중요하다.

크림 만드는 법

우유는 중력의 힘으로 분리되는 유화제이기 때문에 처리하지 않은 신선한 우유에서 크림을 천연으로 만들 수 있다. 산업용으로 제조할 때에는 원심 분리기로 우유를 고속 회전시켜 크림을 분리한다.

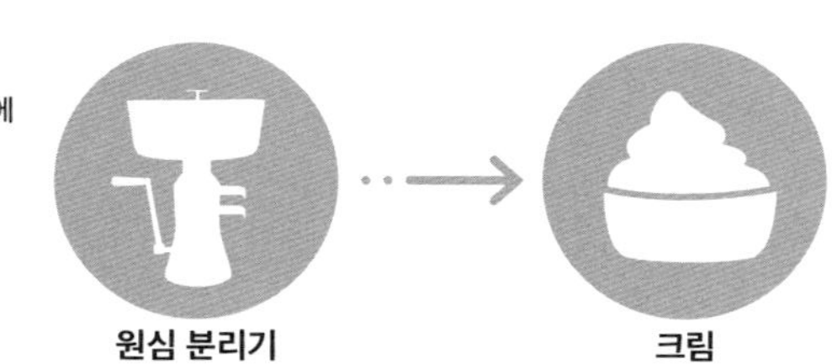

아이스크림 만드는 법

우유는 그냥 얼리지 못한다. 무턱대고 얼리면 지방과 단백질이 응고한다. 우유에 공기를 주입해 회전시키며 동시에 얼려야 한다. 그래야 얼음 결정이 일정한 비율로 얼어 부드럽고 고른 질감을 형성한다.

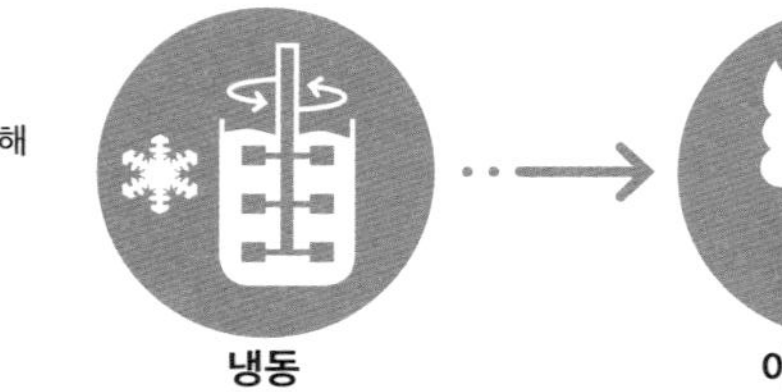

연유 만드는 법

우유를 끓여 수분을 절반 증발시키면 농축된 연유가 남는다. 다량의 물이 제거되어 부패균이 생존할 수 없으므로 유통 기간이 길어진다. 맛을 높이기 위해 종종 당분이 첨가된다.

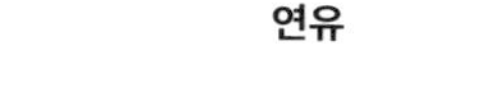

분유 만드는 법

우유의 수분을 계속 증발시켜 약 90퍼센트 이상 없애면 고농축 시럽이 되는데, 이것을 냉동 건조하거나 미세한 방울 형태로 만들어 뜨거운 공기에 통과시켜 분무 건조한다. 분유는 미생물의 공격에는 강하지만 산패할 수 있다.

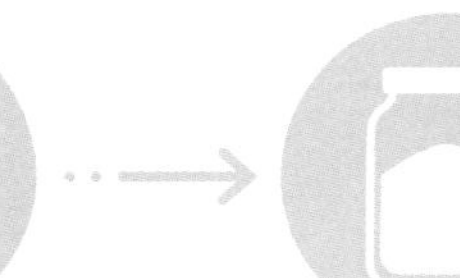

순록의 젖은 영양분이 가장 풍부하며 지방 17퍼센트, 단백질 11퍼센트가 들어 있다

젖당 내성

소의 젖을 음용하는 것은 인류의 진화 과정 중 비교적 늦은 시기에 널리 퍼져 나간 행동이어서, 소화 유전 인자가 세계 인구별로 균일하게 발달하지 못했다. 대부분의 인간은 젖당을 소화하는 효소인 락타아제(lactase)가 영아기 이후 급격하게 떨어진다. 따라서 성인은 젖당을 소화하지 못할 수도 있다. 그러나 일부 지역, 특히 스칸디나비아에서는 전 인구가 성인기까지 락타아제를 계속 만들어 내도록 진화하였다.

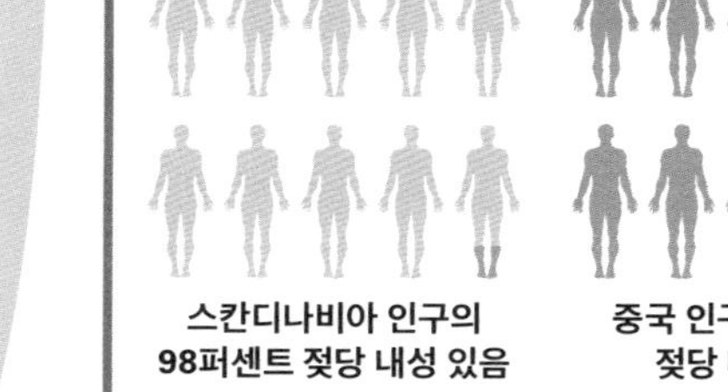

스칸디나비아 인구의 98퍼센트 젖당 내성 있음

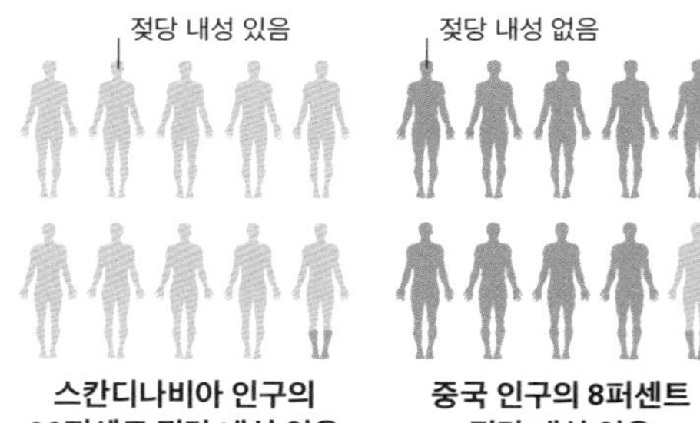

중국 인구의 8퍼센트 젖당 내성 있음

요구르트와 생배양균

우유에는 특별한 변형 물질이 들어 있다. 다양하고 영양분도 더 높은 발효 제품을 만드는 세균이 바로 그것이다. 요구르트를 만드는 미생물은 장에도 이로워, 장내 세균의 다양성과 건강한 균형을 촉진한다.

장내 세균을 증가시키는 다른 방법은?

장에 세균이 너무 없어 소화에 문제가 있는 사람들은 대변 이식술(faecal transpant)로 필수 세균을 얻을 수 있다. 장내 세균이 풍부한 다른 사람의 대변을 액화해 환자의 잘록창자에 주입한다.

요구르트란?

요구르트는 응고(분리)된 우유이다. 평소에는 우유에 퍼져 있는 지방 방울을, 재배열된 단백질이 붙들면서 걸죽하고 엉어리진 요구르트 성분을 만든다. 이러한 구조적 변화는 우유를 산성화하는 유산균 같은 세균의 작용이다. 최초의 요구르트는 아마도 실수로 만들어졌겠지만 오늘날에는 대규모 산업용으로 생산된다.

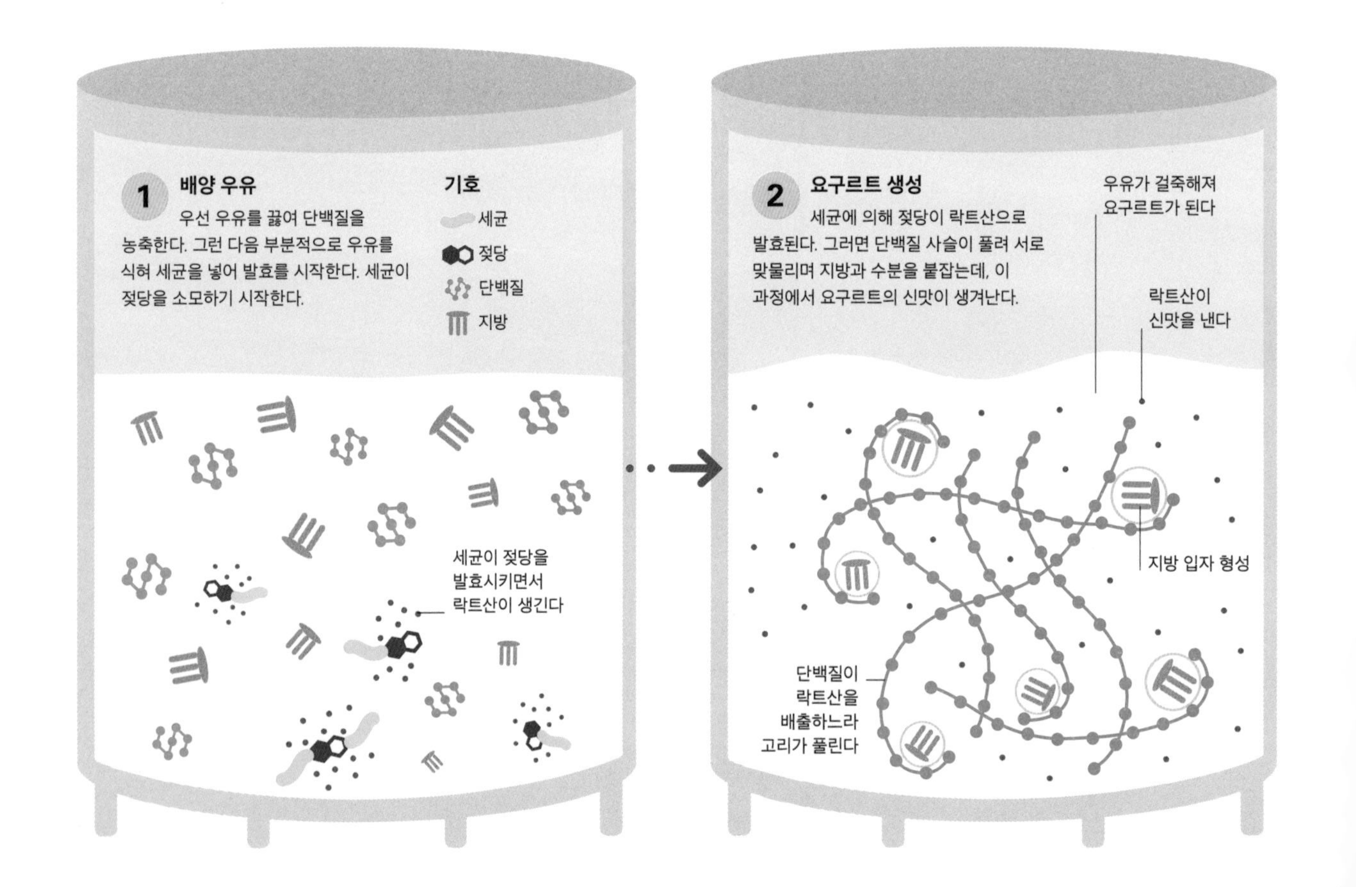

소화를 거쳐도 생배양균은 살아 있을까?

요구르트와 프로바이오틱스 보조제에 든 생배양균은 위의 산성 환경에서 생존할 수 있도록 엄선해 실험을 거친다. 일부 보조제는 알칼리성인 작은창자에 도달할 때까지 보호해 줄 물질로 코팅하는 경우도 있다.

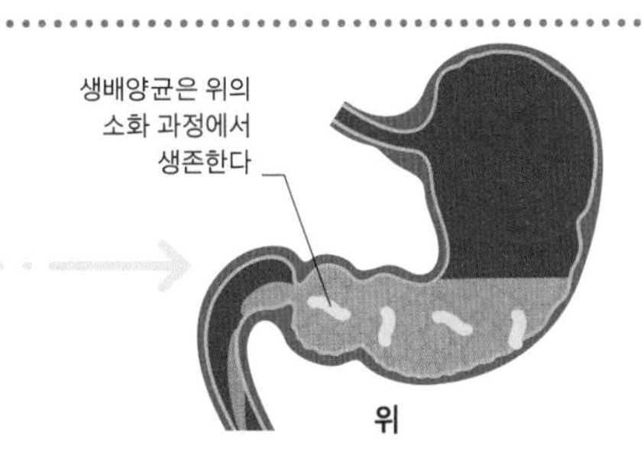

프로바이오틱스 식품

프로바이오틱스(프로(pro)는 '~을 위하여'라는 뜻이고 바이오틱(biotic)은 '생명'을 뜻한다.)는 섭취했을 때 장에서 살아남아 장내 세균의 일부가 되는, 이로운 미생물의 군집이다(25쪽 참조). 비피더스균(bifidobacteria, 엄마의 젖을 통해 갓난아기의 장에도 존재함), 락토바실러스 퍼멘텀(*Lactobacillus fermentum*), 락토바실러스 카제이(*L. casei*), 락토바실러스 아시도필러스(*L. acidophilus*) 같은 요구르트의 일부 세균은 모두 인간의 장을 장악해 해로운 세균과 싸워 진압함으로써 장내 환경을 해로운 세균에 불리하도록 만들며 내장 벽을 보호하고 항생 물질을 생성한다. 또한 면역력을 높이고 염증을 줄이며, 콜레스테롤 억제를 돕고(25쪽 참조) 발암 물질도 억제한다.

요구르트에 든 프로바이오틱스	유익한 효능
락토바실러스 람노서스 (*Lactobacillus rhamnosus*)	연구 결과 알레르기 위험을 낮추고 비만 여성의 체중 감소에 도움을 주며, 어린이의 심각한 위장병 치료, 태아의 리노바이러스(rhinovirus, 콧물 감기를 일으킴 — 옮긴이) 위험 감소의 효과가 있다.
락토코커스 락티스 (*Lactococcus lactis*)	연구 결과 항생 물질과 관련된 설사의 치료에 도움을 주고, 항생 물질과 잠재적인 종양 억제 물질을 생성하며, 설사의 원인이 되는 감염을 막아 주는 세균으로 밝혀졌다.
락토바실러스 플란타룸 (*Lactobacillus plantarum*)	연구 결과 균체 내독소(endotoxin, 세균 내의 독소) 생성을 막고, 항균 작용이 있으며, 과민 대장 증후군을 줄일 수 있다.
락토바실러스 아시도필러스 (*Lactobacillus acidophilus*)	여행자의 설사병 치료에 흔히 사용된다. 연구 결과 심한 설사병을 앓는 어린이의 입원 기간 단축에 도움을 주며 항균 작용이 있는 것으로 보인다.
비피도박테리움 비피덤 (*Bifidobacterium bifidum*)	출산 후 신생아의 장에 서식하는 종균 중 하나. 연구 결과 심한 설사병을 앓는 어린이의 입원 기간을 단축할 수 있으며, 콜레스테롤 수치 감소에도 도움을 준다.
비피도박테리움 아니말리스 락티스 (*Bifidobacterium animalis lactis*)	연구 결과 성인의 변비 치료에 도움을 주고, 치아 플라그의 미생물을 줄이며, 상기도 질병 위험을 줄이고 전체 콜레스테롤 감소에 도움을 준다.

인간의 장에 사는 세균의 수는 인체 세포 수보다 많은 100조이다

생배양균의 여정

케피어(kefir)는 동유럽과 코카서스 지방, 기타 다른 지역에서 발효유로 만든 요구르트와 유사한 약한 알코올 음료이다. 작은 콜리플라워 꽃송이처럼 생긴 '곡물(그러나 진짜 곡물은 아니다.)'에 살아 있는 미생물과 우유 단백질, 지방, 당분을 섞어 만든다. 가문과 마을에 전해져 내려온 이 발효 식품은 이민자들에 의해 먼 거리까지 운반되었다. 수많은 다른 전통 유제품 발효 식품에 필요한 종균은 새로운 고향을 찾으려는 이민자들과 함께 전 세계에 전해졌다.

치즈

우유가 치즈로 탈바꿈할 때, 단일한 가공 과정만으로도 놀랍도록 다양한 제품이 탄생한다. 치즈는 부드러운 것부터 부정형, 바위처럼 단단한 것, 톡 쏘는 맛인 것까지 수천 가지 형태로 만들 수 있다.

치즈 만드는 법

우유는 유통 기간이 짧다. 우유를 치즈로 만드는 것은 주로 부패 미생물을 양성하는 수분을 제거함으로써 성분을 농축해 영양분을 보존하는 하나의 방법이다. 우유를 응고시키면 다량의 수분을 제거할 수 있고, 응어리진 우유를 압착해 소금과 산을 첨가하면 더 오래 보존할 수 있다. 우유와 미생물효소가 결합하여 내용물을 분해해 풍미 가득한 성분으로 변모된 이 결과물은 단백질과 지방이 단단하게 혼합된 형태이다.

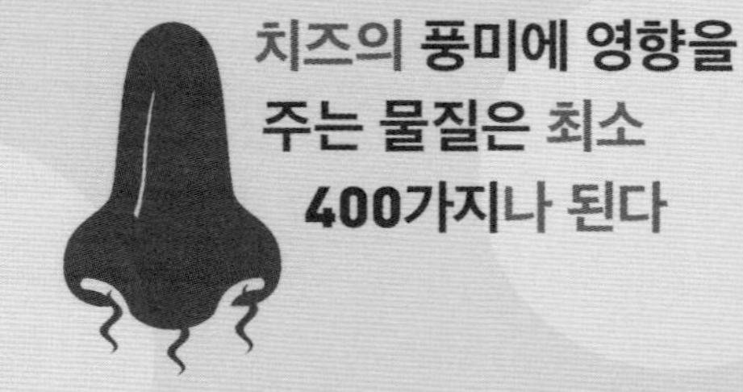

치즈의 풍미에 영향을 주는 물질은 최소 400가지나 된다

치즈의 다양함

우유로 만든 치즈의 종류는 압착의 정도와 사용, 건조, 세척, 요리, 곰팡이균의 첨가 여부, 숙성 기간 등 가공 과정에 달려 있다. 우유 자체에 든 단백질과 지방(그리고 젖을 짜낸 가축의 종류)도 어떤 종류의 치즈가 될 것인지에 영향을 미친다.

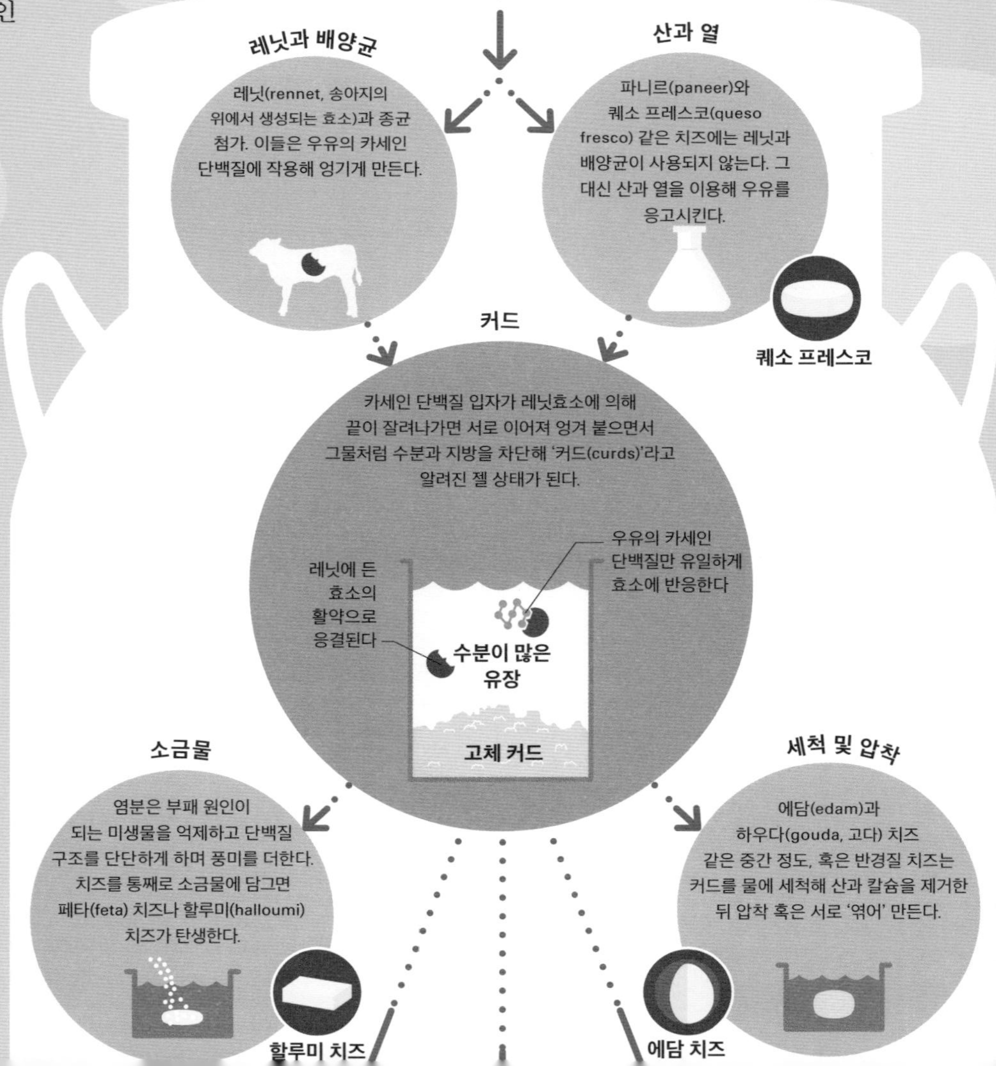

치즈를 먹으면 악몽을 꿀까?

확실한 증거는 없으나 고지방 음식을 먹으면 소화 불량으로 잠을 방해할 수 있으므로, 꿈을 기억할 가능성도 더 높아질 수는 있을 것이다.

목초 먹인 치즈

목초 먹인 치즈는 풀만 먹고 자란 소의 젖으로 만든다. 천연적으로 비타민 K와 칼슘이 풍부하며, 면역력 향상, 골밀도 향상, 혈당 조절 향상, 체지방 감소, 심장병 위험 감소, 제지방체중(lean body mass, 지방의 양을 제외한 실질 체중 — 옮긴이) 유지 등 광범위하게 건강에 이로운 지방산의 한 유형인 복합 리놀렌산의 함량이 더 높다.

늘이기

커드를 뜨거운 물에 담가 치대고 잡아당겨 늘이면 실이나 끈 같은 치즈가 탄생한다. 모짜렐라(mozarella) 같은 일부 치즈는 생으로 먹는다.

모짜렐라 치즈

미생물

원하는 결과에 따라 미생물은 치즈 생산의 각기 다른 단계에 첨가된다.

가열

더 단단한 치즈를 만들려면 수분이 많은 유장을 가열해 응유에서 수분을 더 제거한다. 더 오래 끓일수록 치즈는 더 건조해진다.

숙성

치즈의 숙성, 혹은 아피나주(affinage, 치즈 숙성의 마지막 단계 — 옮긴이)는 그 자체로 예술이다. 프로볼로네(provolone) 치즈는 풍미를 더하느라 잡아 늘인 후에 숙성한다.

프로볼로네 치즈

체더링과 압착

단단하고 건조한 치즈는 커드를 작은 덩어리로 잘라 틀에 넣어 압착(체더링, cheddaring)한다.

레드 레스터(red leicester) 치즈

표면 숙성

치즈 표면에 껍질이 생기면서 페니실리움 카망베르티(*Penicillium camemberti*) 같은 흰곰팡이가 생겨나 내부로 작용하여 단백질을 분해해 안에 들어 있는 인산칼슘 이온이 치즈를 부드럽게 만들도록 한다.

카망베르 치즈

내부 숙성

치즈에 구멍을 뚫어 놓은 작은 틈에서 페니실리움 로크포르티(*Penicillium roqueforti*) 같은 푸른곰팡이가 자란다. 유지방을 더 짧은 입자로 분해해 독특한 푸른곰팡이의 풍미를 만들어 낸다.

스틸튼(stilton) 치즈

녹말질 식품

다소 단조롭고 맛이 없을 수도 있지만 감자, 얌, 쌀, 밀, 콩류 같은 녹말질 식품은 대다수 사람들의 주식으로, 몸에 필요한 에너지를 많이 제공하고 단백질과 섬유소 같은 다른 영양소를 공급한다.

녹말질 식품의 종류

녹말은 식물의 에너지 저장을 위해 활용되며, 단기간 저장시에는 식물 세포 자체에, 장기간 저장시에는 뿌리나 덩이줄기, 열매, 씨앗에 보관된다. 우리에게 익숙한 녹말질 식품은 바로 이 장기간 저장 형태로, 감자와 쌀이 그 예이다. 그러나 녹말질 식품에는 밀가루와 빵, 국수, 파스타 같은 가공 식품도 포함된다. 대부분의 권위자들은 식생활의 탄수화물 주요 공급원으로 녹말질 식품을 권장한다.

녹말이란?

녹말은 동일한 포도당 단위가 서로 연결되어 긴 사슬을 이룬 탄수화물이다. 녹말에는 두 종류가 있다. 포도당 분자가 직선 사슬로 연결된 아밀로스와 곁가지 사슬로 이루어진 아밀로펙틴이다. 녹말질 식품에 든 아밀로스와 아밀로펙틴의 상대적인 비율은 소화 시간에 영향을 미치며, 결과적으로 혈당 지수도 달라진다.

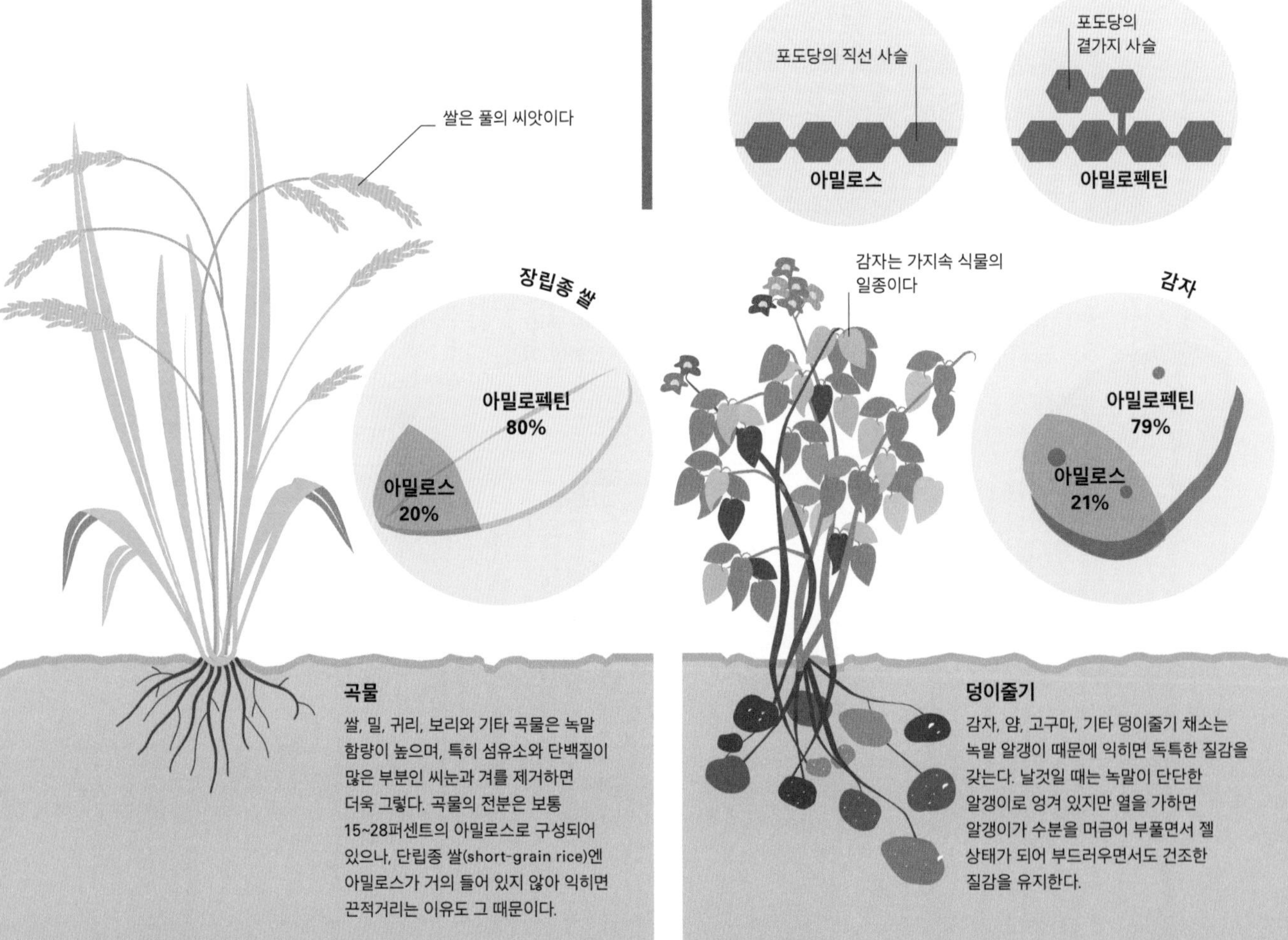

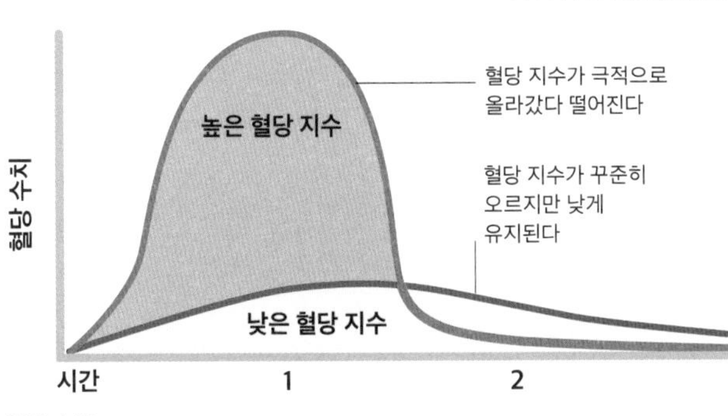

혈당 수치

혈당 지수가 높은 식품은 혈당을 한꺼번에 급격하게 올렸다가 그와 비슷하게 빠르게 떨어져 공복감을 느끼게 한다. 혈당 지수가 낮은 식품은 이러한 '혈당 급등'을 일으키지 않고, 천천히 조금씩 혈당이 올랐다가 차츰 떨어진다.

혈당 지수

혈당 지수(glycaemic index, GI)는 탄수화물이 든 음식만 섭취했을 때 그 음식이 얼마나 빨리 혈당을 올리는지를 측정한 수치이다. 탄수화물은 빠르게 소화되어 빠르게 혈당을 높이므로 혈당 지수가 높다. 설탕을 비롯해 감자와 흰쌀처럼 아밀로펙틴이 많은 녹말질 음식이 그러하다. 아밀로펙틴은 효소가 닿아 작용할 사슬의 끄트머리가 더 많아 아밀로스보다 더 쉽게 소화된다. 그러나 음식의 혈당 지수 자체가 곧 건강한 음식인지의 여부를 나타내지는 않는다. 예를 들어 감자튀김은 삶은 감자보다 혈당 지수가 낮지만 지방이 엄청나게 많다.

전 세계적으로 1인당 한 해 감자 섭취량은 평균 33킬로그램

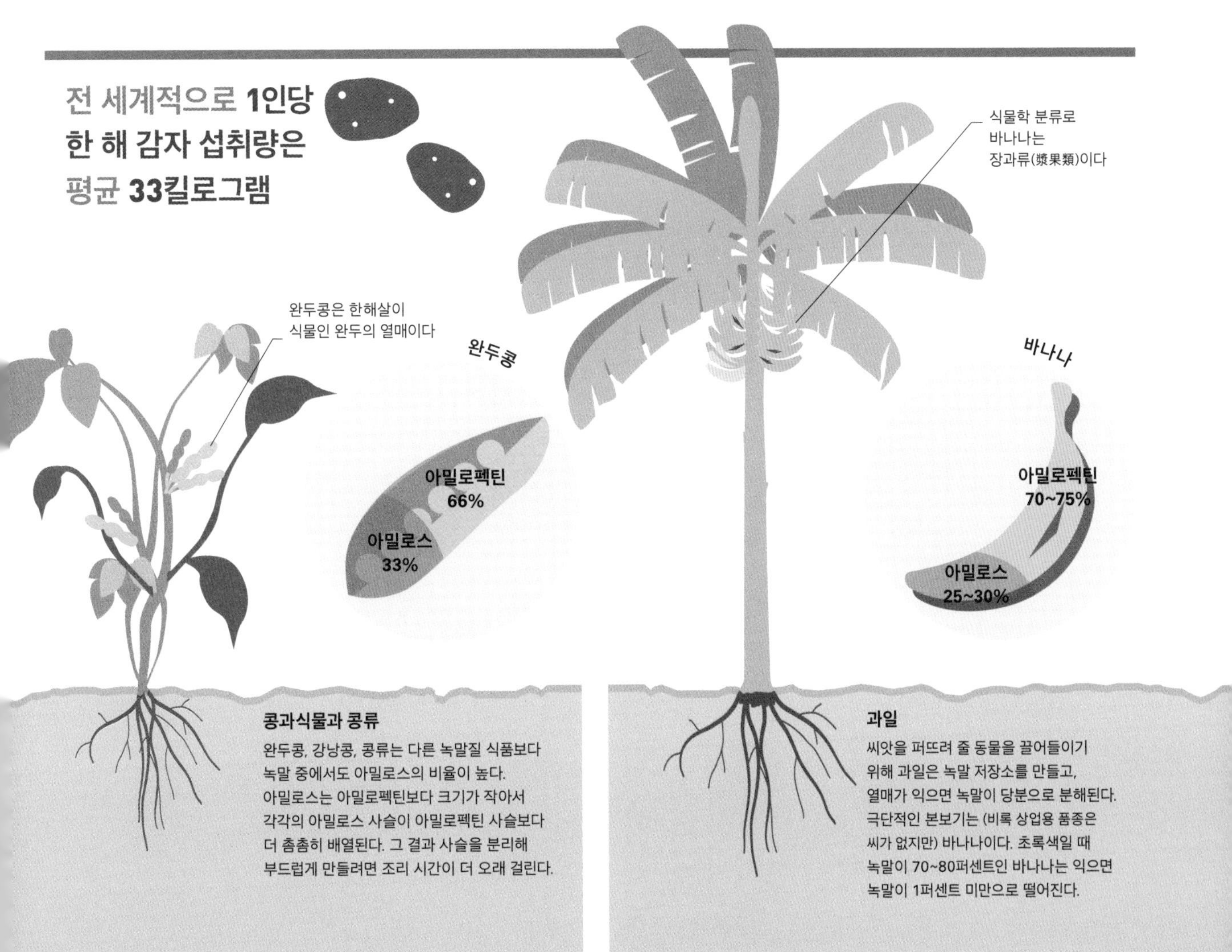

콩과식물과 콩류

완두콩, 강낭콩, 콩류는 다른 녹말질 식품보다 녹말 중에서도 아밀로스의 비율이 높다. 아밀로스는 아밀로펙틴보다 크기가 작아서 각각의 아밀로스 사슬이 아밀로펙틴 사슬보다 더 촘촘히 배열된다. 그 결과 사슬을 분리해 부드럽게 만들려면 조리 시간이 더 오래 걸린다.

과일

씨앗을 퍼뜨려 줄 동물을 끌어들이기 위해 과일은 녹말 저장소를 만들고, 열매가 익으면 녹말이 당분으로 분해된다. 극단적인 본보기는 (비록 상업용 품종은 씨가 없지만) 바나나이다. 초록색일 때 녹말이 70~80퍼센트인 바나나는 익으면 녹말이 1퍼센트 미만으로 떨어진다.

곡물

곡물은 전 세계 인구 대다수에게 열량과 영양분을 제공한다는 면에서 지구상 가장 중요한 식품군이다.

곡물의 종류

곡류로도 알려진 곡물은 벼과 식물의 식용 씨앗이다. 자체로든 다른 음식의 재료로든, 우리가 가장 흔히 먹는 곡물은 쌀, 밀, 옥수수, 귀리, 보리, 호밀, 수수이다. 아마란스(amaranth), 메밀, 퀴노아(quinoa)도 흔히 곡물로 생각되지만, 식물학 분류상 이들은 진짜 곡물과 관련이 없다. 영양 면에서는 이들 모두 탄수화물 함량이 높으며, 천천히 녹말을 형성하는 복합 탄수화물이 많다.

곡물 해부

곡물은 배아 식물을 보호하고 키우도록 설계된 씨앗이다. 3가지 주요 요소인, 씨눈(식물의 배아), 배젖, 겨(보호용 외피)로 구성된다. 가장 귀한 영양소 대부분은 씨눈과 겨에 들어 있는데 도정 과정에서 제거된다.

배젖

겨

씨눈

무기질 피토케미컬 섬유소 비타민 B

겨

질기고 섬유소가 많은 재질로 싸인 외피는 섬유소와 무기질, 비타민 B군, (씨앗의 방어 체계 일부를 형성하는) 페놀계 피토케미컬(phenolic phytochemicals)이 풍부하다.

단백질 탄수화물 지방 비타민 B

배젖

배젖, 혹은 곡물의 알맹이는 녹말이 풍부하며, 곡물의 종류에 따라 양이 다르기는 하지만 단백질과 지방, 비타민 B도 상당량 들어 있다.

무기질 피토케미컬 단백질 비타민 A 지방 비타민 B

씨눈

씨눈은 곡물에서 가장 영양소가 풍부하고 풍미가 뛰어난 부분으로, 다량의 지방, 단백질, 비타민, 무기질, 피토케미컬이 들어 있다.

통곡물 대 정제 곡물

통곡물에는 곡물의 모든 부분이 들어 있다. 흰쌀과 흰 밀가루 같은 정제 곡물은 겨와 씨눈이 제거된다. 정제 과정에 곡물을 더 하얗게 만들기 위한 표백이 포함되기도 한다. 정제 이후 앞서 제거된 영양소를 곡물에 도로 첨가해 질을 높일 수도 있다.

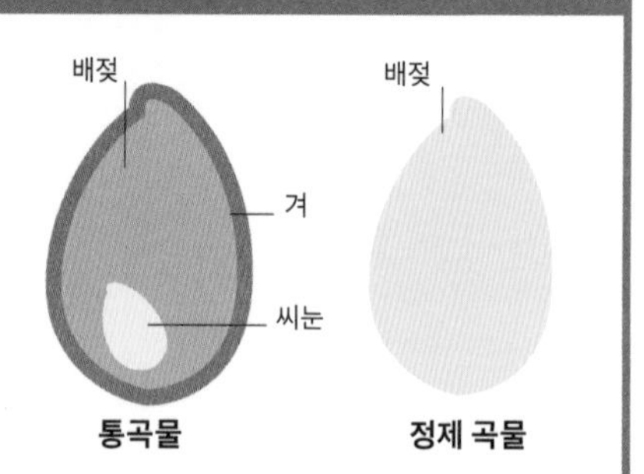

10만
쌀의 품종 수

쌀의 종류

쌀은 전 세계 인류에게 가장 큰 열량 공급원이다. 지역적인 차이가 크지만, 평균적으로 모든 지구인 1인당 전체 열량의 약 21퍼센트를 담당한다. 예를 들어 베트남과 캄보디아 같은 서남아시아 국가에서는 각 개인이 섭취하는 열량의 80퍼센트까지 쌀에서 얻는다. 주요 품종은 2가지로 일본형(japonica)과 인도형(indica)이 있다. 자바형(javanica)은 일본형의 변종이다.

일본형

중국에서 기원하였으나 현재 수많은 온대 및 아열대 지방에서 재배되는 일본형 쌀은 단립종이며 아밀로스 함량이 낮다(90쪽 참조).

인도형

장립종(long-grain rice)인 인도형 쌀은 열대 지방 저지대와 아열대 지방에서 재배된다. 아밀로스 함량이 높아 익히는 데 더 오래 걸린다.

자바형

인도네시아와 필리핀 아열대 지방 고지대에서 주로 재배하는 자바형 쌀은 일본형과 마찬가지로 아밀로스 함량이 낮다.

에너지원

세계적으로 인류는 다른 종류의 음식보다 곡물에서 훨씬 더 많은 열량을 얻는다. 곡물은 전반적으로 인류가 먹는 전체 열량의 절반 이상을 제공한다. 개발도상국 국민들이 먹는 열량의 약 60퍼센트는 곡물에서 직접 나온다. 선진국의 수치는 약 30퍼센트이지만, 전체 소모 열량의 상당 부분은 곡물을 먹인 가축을 먹음으로써 간접적으로 곡물에서 얻은 것이다.

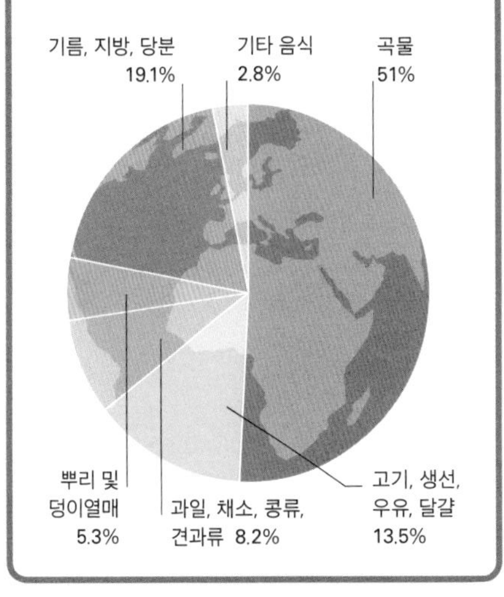

곡물의 영양 성분

전반적으로 통곡물은 열량과 탄수화물, 섬유소, 단백질, 비타민 B, 피토케미컬의 훌륭한 공급원이다. 대부분의 곡물에는 탄수화물 약 70~75퍼센트, 섬유소 4~18퍼센트, 단백질 10~15퍼센트, 지방 1~5퍼센트가 들어 있다. 그러나 흰쌀과 아마란스의 비교에서 보듯, 특정 영양 성분의 함량은 곡물의 종류에 따라 매우 다양하다.

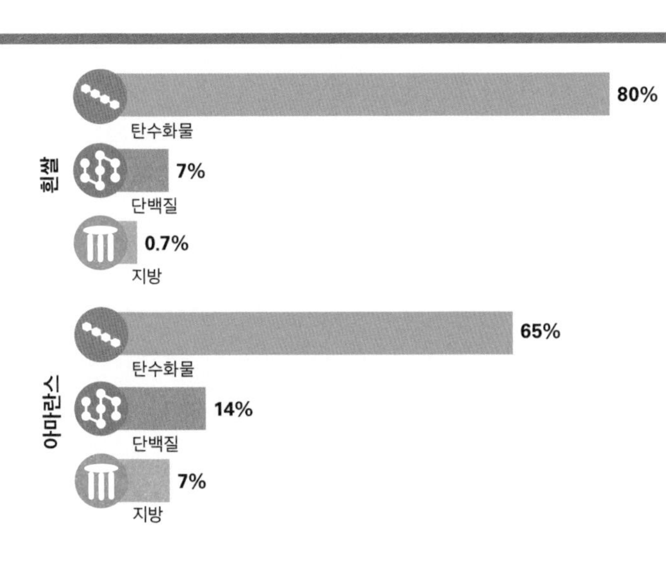

아마란스 대 흰쌀

대부분의 다른 곡물과 비교할 때 아마란스는 상대적으로 탄수화물 함량이 적고 지방이 많은 반면, 흰쌀에는 탄수화물이 많고 지방이 적다.

빵

가장 기본적으로는 밀가루와 물의 혼합물을 익혀 만드는 빵은 가장 오래된 조리 식품이면서 오늘날에도 주요 주식으로 남아 있다. 밀가루와 물의 혼합물에는 종종 소금을 첨가하기도 하고, 때로는 효모나 탄산수소나트륨(베이킹 파우더) 같은 팽창제를 넣기도 한다.

발효 빵 만들기

발효 빵은 기포로 반죽이 팽창해 부풀어 오르도록 팽창제, 가장 흔하게는 효모를 넣어 만든다. 밀가루와 물을 섞으면 반죽 속 밀가루의 단백질이 글루텐 그물망(98~99쪽 참조)을 형성한다. 효모는 반죽의 녹말과 당분을 알코올과 이산화탄소 기체로 발효시켜, 기포가 글루텐 그물에 갇힌다. 발효한 반죽을 오븐에 구우면, 열기가 알코올 성분과 이산화탄소를 날려 보내 스펀지 같은 익숙한 빵의 구조만 남는다.

미발효 빵

발효 이전에 개발되어, 오늘날에도 여러 형태로 인기가 높은 미발효 빵은 곡물 죽이나 으깬 곡물 요리를 만들기 위한 곡류를 활용해 자연스럽게 개발되었다. 팽창제를 넣지 않고 곡물 죽이나 으깬 곡물을 단순하게 구우면 납작한 빵이 탄생한다.

미발효 빵	원산지
토르티야(tortilla)	라틴 아메리카
조니케이크(johnnycake)	북아메리카
소우리(souri)	북아프리카
피타(pita)	그리스
발라디(baladi)	이집트
보우리(bouri)	사우디아라비아
맛초(matzoh)	중동
라바쉬(lavash)	중동
차파티(chapati)	인도
로티(roti)	인도

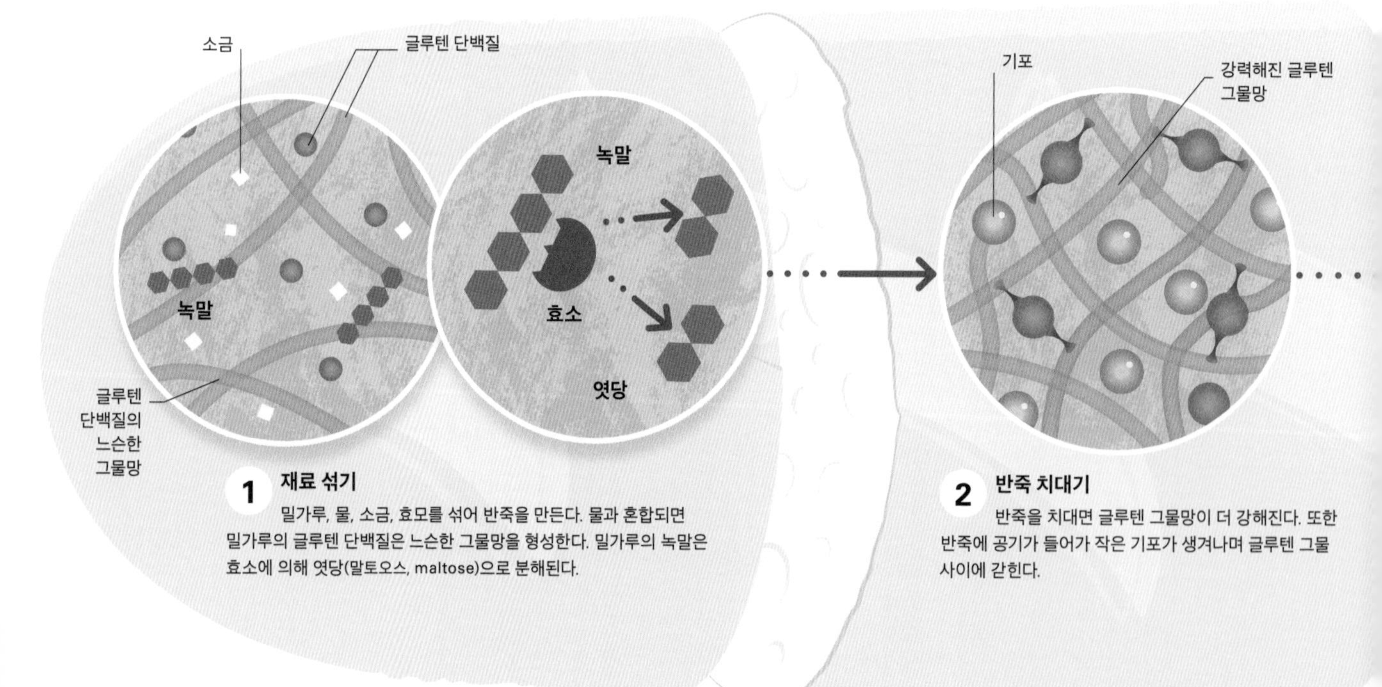

1 재료 섞기
밀가루, 물, 소금, 효모를 섞어 반죽을 만든다. 물과 혼합되면 밀가루의 글루텐 단백질은 느슨한 그물망을 형성한다. 밀가루의 녹말은 효소에 의해 엿당(말토오스, maltose)으로 분해된다.

2 반죽 치대기
반죽을 치대면 글루텐 그물망이 더 강해진다. 또한 반죽에 공기가 들어가 작은 기포가 생겨나며 글루텐 그물 사이에 갇힌다.

사워도우 빵

최초의 발효 빵은 아마도 야생 효모와 특정 세균을 종균으로 삼아 만든 사워도우(sourdough) 빵이었을 것이다. 야생 효모는 반죽 속에서 말토오스를 만들지 못한다. 이것은 부산물로 락트산을 만들어 내는 세균의 몫이다. 결과적으로 빵은 약간 산성이 되어 시큼한 풍미를 갖지만, 일반적으로 더 풍미가 강하고 밀도가 높으며 다른 종류의 발효 빵보다 오래 보존된다.

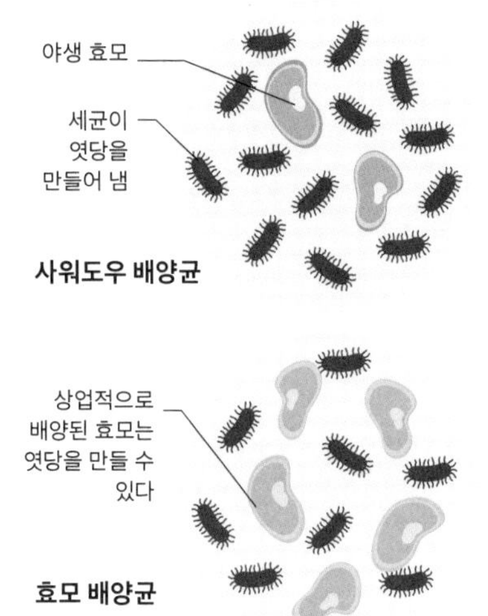

1928년 미국인 발명가 오토 로웨더 (Otto Rohwedder)가 처음으로 미리 잘려 포장된 식빵을 만들었다

태우지 말 것!

아크릴아마이드(acrylamide)는 빵과 감자 같은 다른 녹말질 식품을 고온에서 조리해 갈색이 되기 시작할 때 생겨나는 발암 물질이다. 아크릴아마이드의 양은 허용 가능한 가장 흐린 색깔로 조리함으로써 최소로 줄일 수 있다.

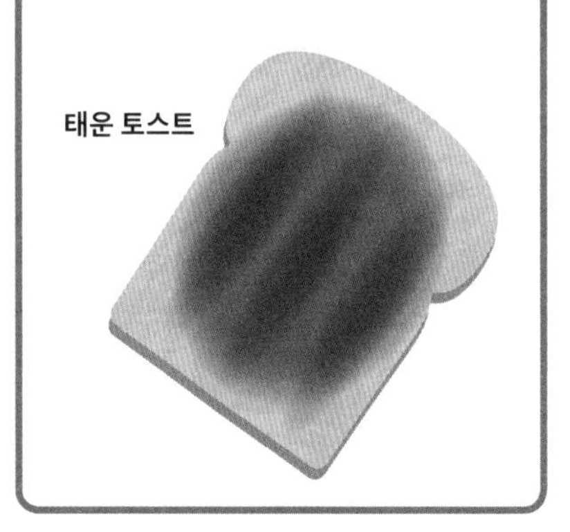

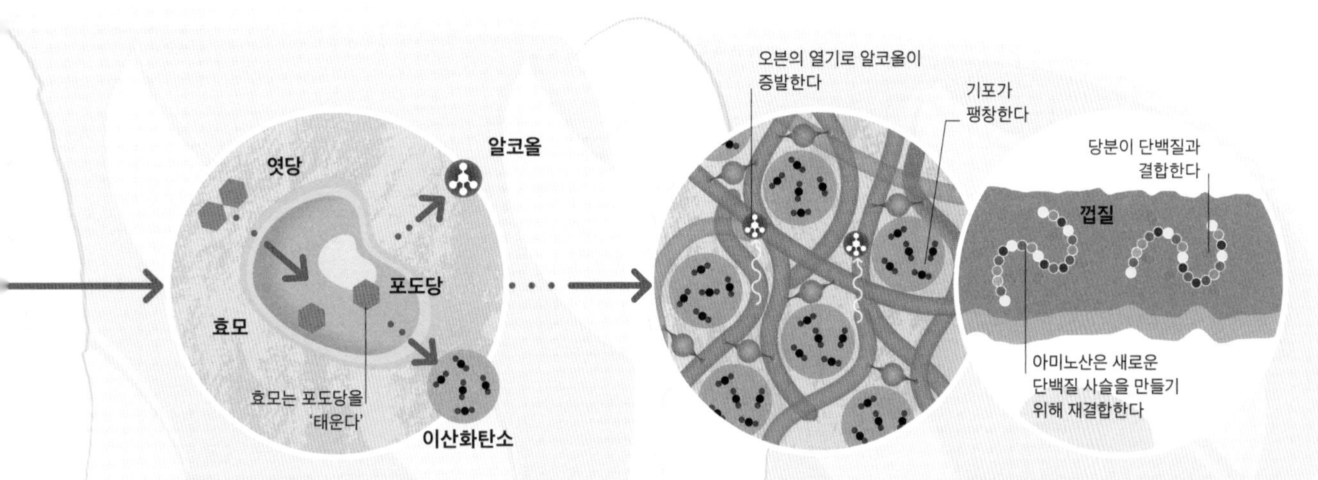

3 발효

반죽을 치댄 이후에는 발효되도록 내버려 둔다. 이 과정에서 효모는 엿당을 더 단순한 당분인 포도당으로 바꾸는 효소를 만들어 낸다. 그런 다음 효모는 에너지를 얻고자 이 포도당을 '태워' 이산화탄소 기체와 알코올을 만든다. 이산화탄소 기체는 반죽의 기포가 더 커지게 도와 빵을 부풀린다.

4 오븐에 굽기

굽는 과정에서 알코올이 증발하고 이산화탄소가 빠져나가 기포가 팽창되며, 서로 맞물려 스펀지 같은 질감이 생겨난다. 표면에서는 마이야르 반응이 일어나(63쪽 참조), 아미노산과 당분이 결합해 갈색 껍질이 생겨난다.

국수와 파스타

동아시아에서 긴 역사를 갖고 있는 국수는 여전히 동아시아 여러 나라에서 주식이다. 국수의 한 종류인 파스타는 전통적인 이탈리아의 주식이지만 전 세계적으로 널리 먹게 되었다.

파스타를 알덴테로 요리해야 하나?

심이 살아 있어 씹기 힘든 '알덴테(al dente)'로 요리한 파스타는 부드럽게 요리한 파스타보다 몸속에서 더 천천히 분해된다. 결과적으로 당분을 만드는 속도가 더 느려져 혈당 지수가 낮으므로 혈당의 급격한 상승을 줄일 수 있다.

차이점은?

넙적하고 얇은 모양, 리본 모양 등 다양한 모양의 국수는 여러 곡물 가루로 만들 수 있다. 물이나 달걀을 곡물 가루에 섞거나, 혹은 둘 다 넣은 반죽으로 모양을 만들어 요리한다. 파스타는 특별히 듀럼(durum) 밀가루로 만든 밀 국수의 일종인데, 글루텐 함량이 높기 때문에 다양한 형태로 만들 수 있다(98쪽 참조).

곡물 가루의 다양함

국수를 만드는 데 사용되는 곡물 가루의 종류는 수없이 많으며, 칡뿌리나 녹두, 구약나무(모두 아시아가 원산지)의 알줄기인 곤약처럼 특이한 재료도 포함된다. 밀가루와 듀럼 밀가루를 제외하면, 여기 소개된 종류에는 모두 글루텐이 없다.

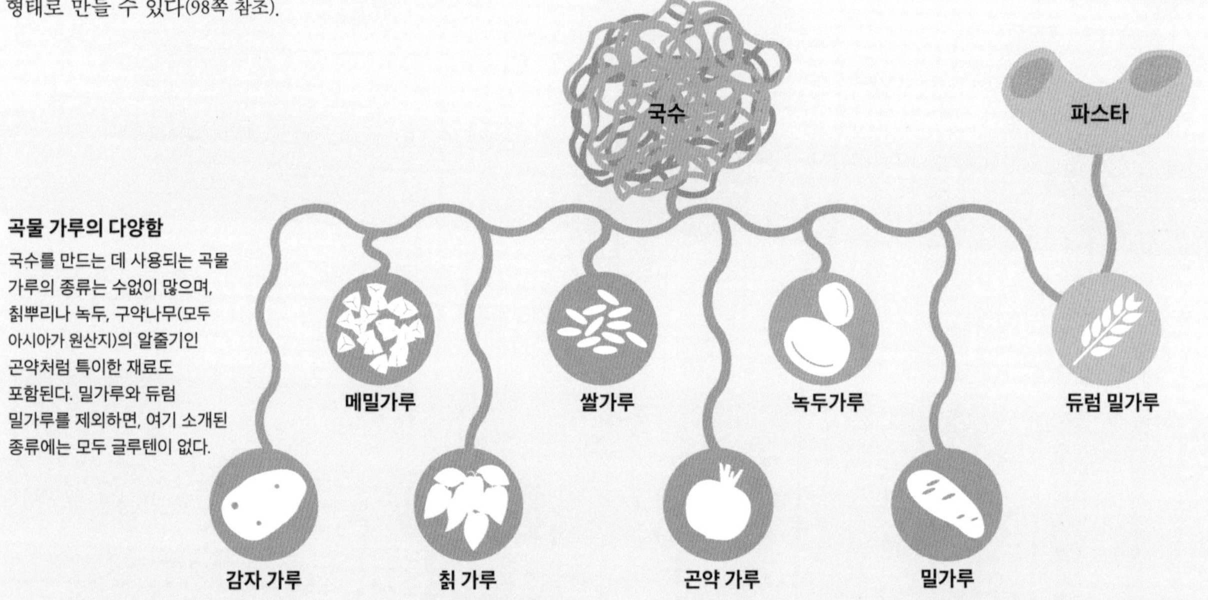

인스턴트 국수 만드는 법

인스턴트 국수 제조의 핵심 단계는 두 번째 과정이다. 생국수를 익혀서 식히면 일반 국수보다 흡수력이 높아진다. 이것은 수분을 더 많이 함유하고 있어서 요리 시간이 더 짧아진다는 의미이다.

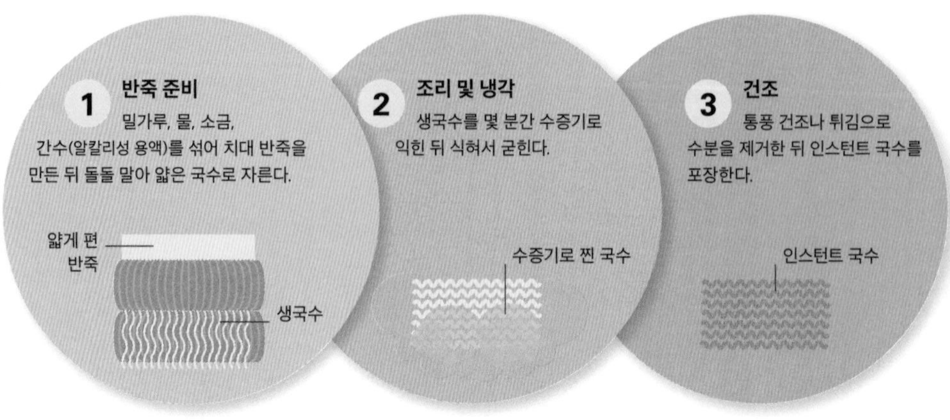

파르팔레(farfalle)

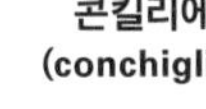

콘킬리에 (conchiglie)

루오테(ruote)

라디아토리 (radiatori)

페투치니 (fettuccini)

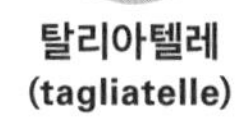

탈리아텔레 (tagliatelle)

링귀니(linguini)

라자냐(lasagne)

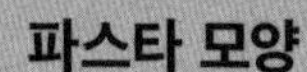

파스타 모양

파스타의 모양과 무늬에는 미학과 기능, 문화가 결합된다. 일부 모양과 종류는 특정 지역과 연관되어, 펜네는 이탈리아 남부 캄파니아 지방, 파르팔레는 이탈리아 북서쪽 롬바르디아 지방에서 유래했다. 어떤 모양은 소스를 머금기에 특히 적합한 형태이다. 예를 들어 조개 모양의 콘킬리에는 두툼한 고기나 크림 소스와 잘 어울리며 속을 채울 수도 있다.

긴 형

스파게티(spaghetti)

베르미첼리(vermichlli)

엔젤 헤어 (angel hair)

푸실리(fuscilli)

카넬로니 (canelloni)

마카로니 (macaroni)

리가토니 (rigatoni)

펜네(penne)

짧은 형

구리 금형 파스타

파스타 모양은 금형이라고 부르는 구멍 뚫린 원판에 반죽을 통과시켜 만든다. 구리로 만들어진 금형은 국수 표면이 거칠게 나와 소스가 잘 묻기 때문에 높은 평가를 받는다. 또한 구리 금형으로 만든 파스타는 더 빨리 조리된다.

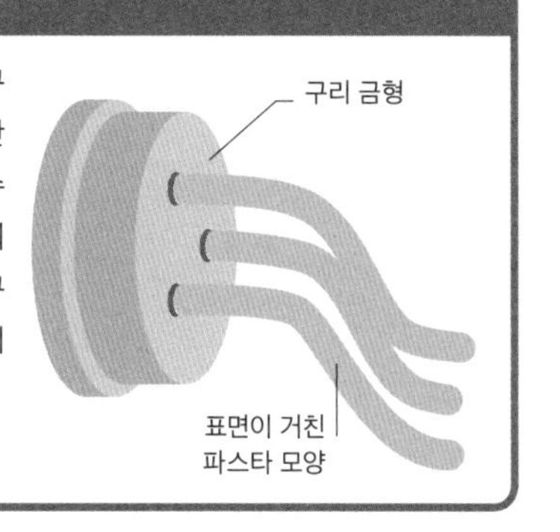

1430만 톤

연간 전 세계 파스타 생산량

글루텐

밀을 포함하여 많은 곡물에 들어 있는 글루텐은 빵, 파스타, 기타 반죽 제품에 필수적인 재료이다. 그러나 어떤 이들은 글루텐에 민감해, 먹으면 건강 문제로 고통을 겪는다.

글루텐이란?

글루텐은 거대한 복합 단백질(가장 거대한 것으로 알려짐)로, 더 작은 단백질이 분자 결합으로 연결되어 단단하고 신축성 있는 그물망을 구성한다. 더 작은 단백질은 긴 사슬 모양의 글루테닌(glutenin)과 더 짧고 둥근 모양의 글리아딘(gliadin)이다. 글루테닌은 글루텐에 탄성을 주는 역할을 하며 글리아딘은 내구성 담당이다. 탄성과 내구성의 결합으로 둘이 함께 그물망 같은 구조를 이뤄 기포를 가두므로 빵을 만드는 데에는 글루텐의 역할이 중요하다(94~95쪽 참조).

글루텐이 없는 밀도 있을까?

없다. 모든 밀에는 글루텐이 들어 있다. 그러나 글루텐이 들어 있지 않은 밀 녹말의 종류가 있다. 그것은 밀가루를 철저하게 물로 씻어 글루텐을 제거해 만든다.

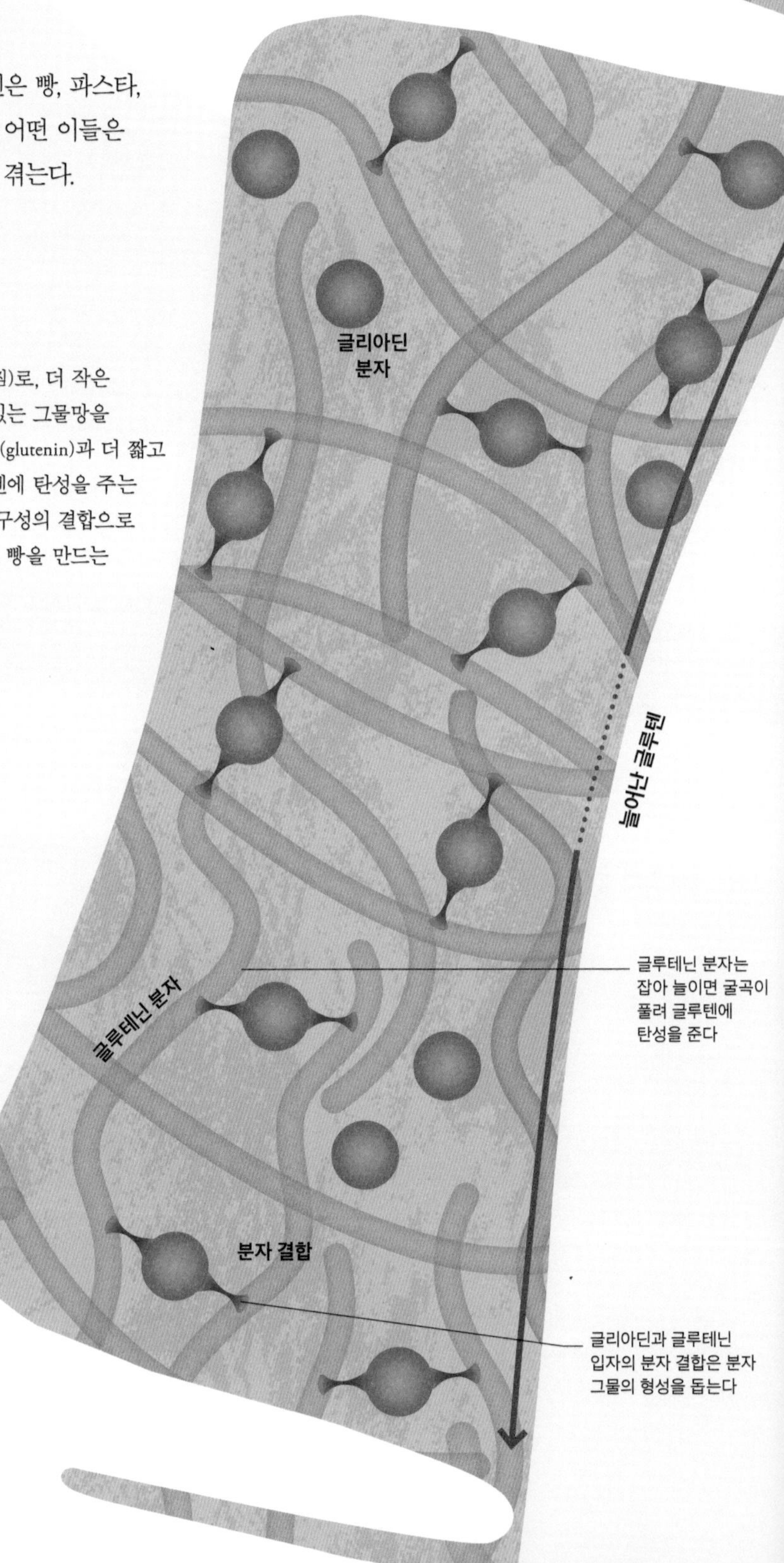

글루텐의 구조

글루텐은 밀가루의 글루테닌과 글리아딘 분자가 물과 섞였을 때 형성되는 고무처럼 탄력 있는 물질이다. 가령 반죽을 만들 때 그런 일이 벌어진다. 반죽을 치대면 그물망을 만들려고 서로 결합한 분자들이 기포를 가둔다. 그물망에 탄성이 있기 때문에 조직이 깨지지 않고 기체가 팽창된다.

글루텐 민감증

상당수의 사람들은 식생활에서 글루텐을 견디지 못해 먹고 나면 건강 문제를 경험한다(208~209쪽 참조). 그러한 문제 중 하나는 만성 소화 장애로, 인체의 면역체계가 글루텐에 이상 반응하여 생긴다. 또 다른 주요 문제는 소화 장애와 상관없는 글루텐 민감증(non-coeliac gluten sensitivity, NCGS)으로, 원인은 알려져 있지 않다. 둘 다 복통과 설사나 변비, 두통, 피로 등 유사한 증상을 일으키지만, 만성 소화 장애가 더 심각한 질병이며 영구적인 장기 손상을 낳는다.

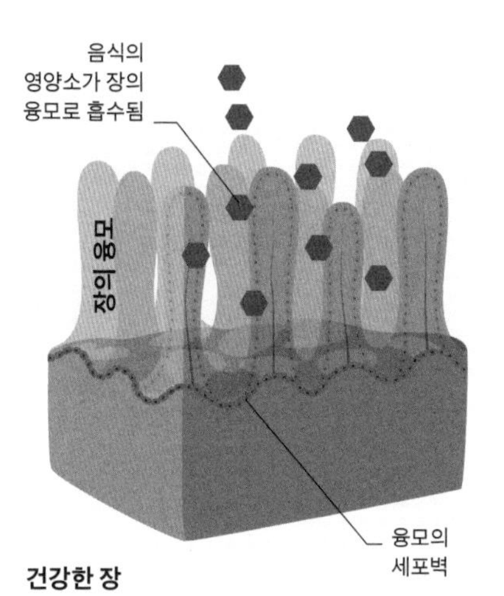

건강한 장

건강한 사람들은 장의 내벽에 융모라는 작은 손가락 모양의 돌기가 수천 개 있어서 장의 표면적을 엄청 늘여 영양소를 흡수하는 능력을 강화한다.

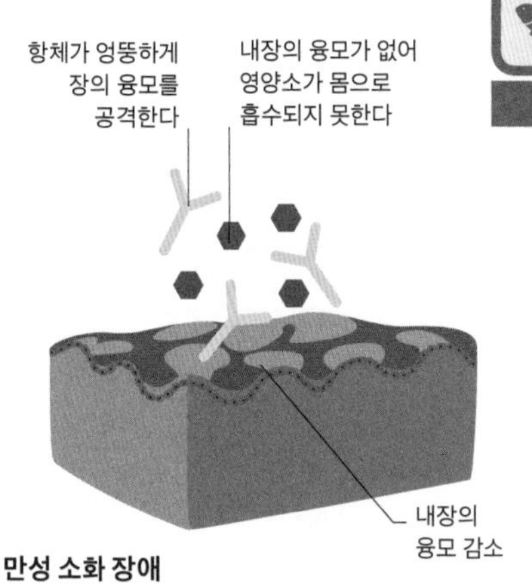

만성 소화 장애

만성 소화 장애가 있는 사람들은 글루텐이 면역체계를 자극해 엉뚱하게도 내장의 융모를 공격하도록 이끈다. 그 결과 융모가 손상되고 줄어들기 때문에, 영양소를 흡수하는 장의 능력이 악화된다.

글루텐프리 식품

신선한 과일과 채소, 감자, 쌀, 콩과식물, 신선한 고기와 생선 등 천연 상태에서 글루텐이 없는 식품(210~211쪽 참조)이 많다. 또한 가공을 거친 글루텐프리 식품도 있다. 이들은 밀가루 대신 쌀가루를 쓴다든지 글루텐이 들어 있지 않은 대체품으로 만들거나, 글루텐의 특성을 모방한 물질을 활용한다. 예를 들면 잔탄 검(xanthan gum)을 이용해 반죽에 탄성을 줄 수 있다.

대단히 조심하지 않으면 글루텐을 제외한 식생활로 비타민, 무기질, 섬유소가 부족할 수 있다

음식 종류	글루텐프리 아님
곡물	밀, 호밀, 보리, 스펠트(spelt)밀, 카뮤(kamut), 외알밀(einkorn wheat, 작은 이삭에 열매가 한 알씩 열림 — 옮긴이), 에머(emmer)밀
채소	통조림 채소나 즉석 식품의 채소에는 특정 유화제나 방부제, 증점제, 안정제, 녹말이 들어 있을 가능성 있다.
과일	증점제나 녹말, 혹은 둘 다 들어 있는 농축 과일
유제품	증점제 같은 특정 첨가물을 함유한 가공 치즈 종류
고기	소시지 제품과 글루텐 함유 첨가물을 넣은 가공육
생선과 조개류	튀김옷과 빵가루를 입힌 생선
지방과 기름	글루텐을 첨가물로 넣은 마가린과 식물성 기름
음료	글루텐을 첨가물로 넣은 커피나 코코아(자동 판매기 음료), 맥주, 맥아 음료
기타	세이탄(seitan, '밀 고기'로도 알려진 밀 글루텐)

강낭콩, 완두콩, 콩류

강낭콩, 완두콩, 콩류는 모두 열매가 꼬투리 안에 들어 있는 콩과 식물이다. 콩과식물은 인간에게 훌륭한 영양 공급원일 뿐만 아니라 가축 사료로도 가치가 높으며 토양을 비옥하게 한다.

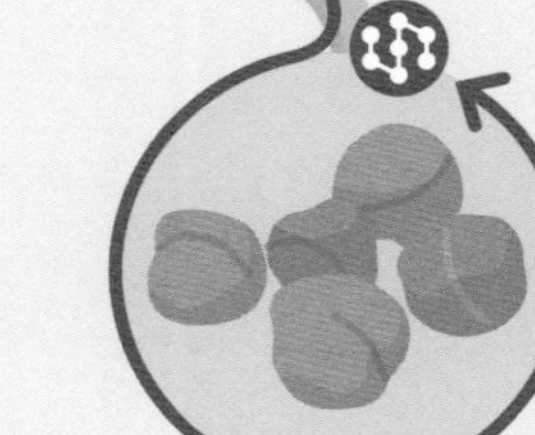

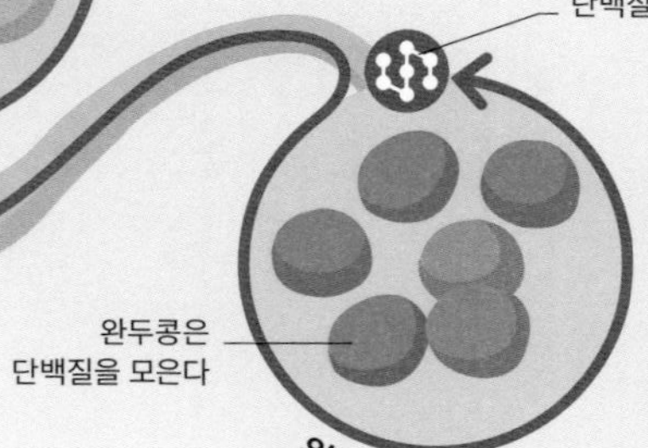

콩은 왜 방귀를 유발할까?

콩에는 우리가 소화할 순 없지만 장에 사는 세균으로 분해 가능한 가용성 섬유소가 풍부해, 그 과정에서 '가스'가 많이 발생한다.

콩류란?

'콩류(pulse)'라는 용어는 말린 완두콩과 강낭콩, 렌틸 콩, 병아리콩 등 콩과식물의 마른 열매만을 칭한다. 깍지콩, 풋콩 등 껍질째 먹는 신선한 콩과식물은 콩류로 분류되지 않는다. 엄밀히 따지면 흰콩(102~103쪽 참조)과 땅콩(126~127쪽 참조)도 콩과식물이고 콩류와 관련이 있지만 식품학에서는 더 높은 지방 함유량 때문에 대개 콩류에 포함시키지 않는다.

3 열매에 저장된 단백질

단백질의 일부는 완두콩 같은 콩과식물의 열매로 운반되어, 자라면서 점점 열매 안에 쌓인다.

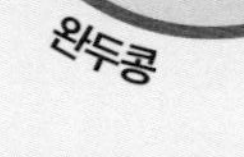

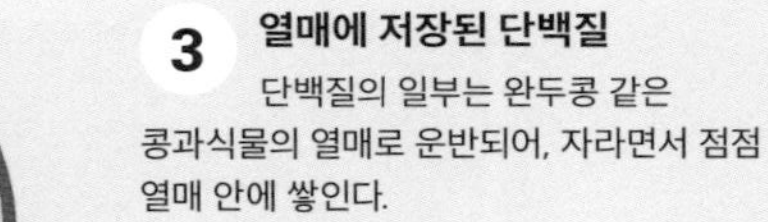

단백질 생성

콩과식물이 특별한 것은 뿌리에 사는 세균이 공기 중 질소를 이용해 암모니아를 만들고, 다시 그것을 단백질로 변화시킬 수 있기 때문이다. 또한 암모니아는 식물에 비료 역할을 한다.

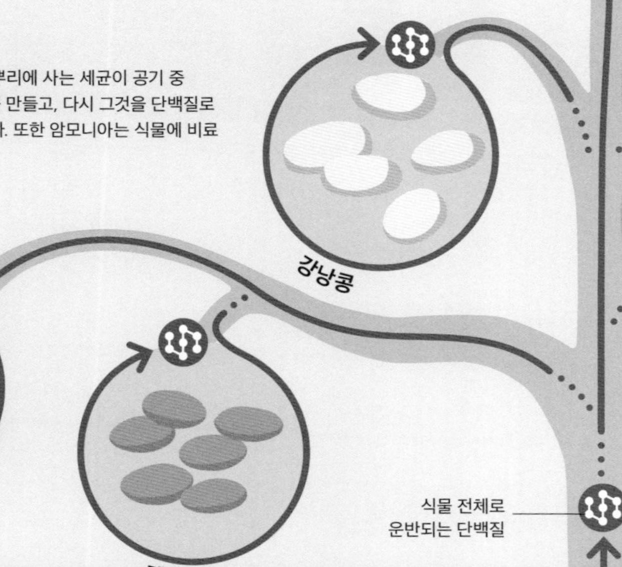

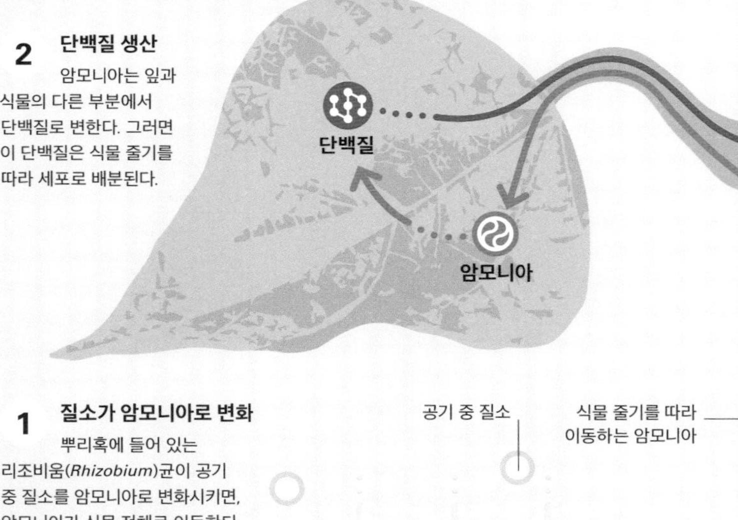

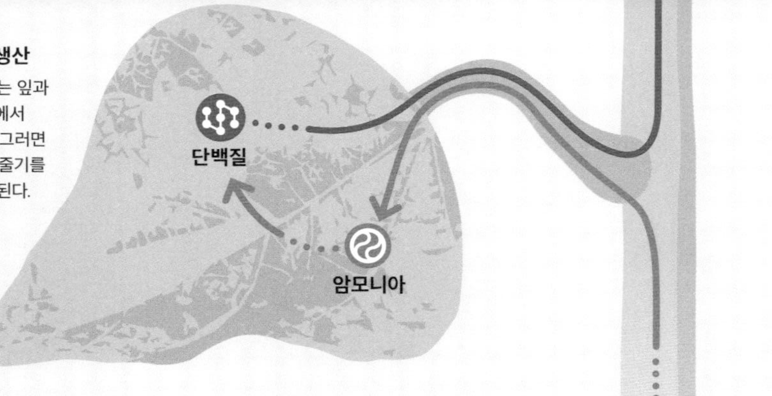

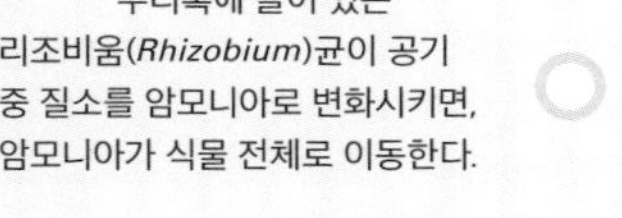

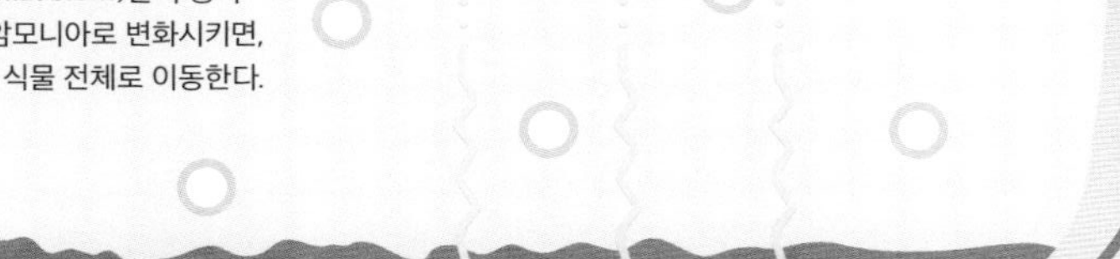

2 단백질 생산

암모니아는 잎과 식물의 다른 부분에서 단백질로 변한다. 그러면 이 단백질은 식물 줄기를 따라 세포로 배분된다.

1 질소가 암모니아로 변화

뿌리혹에 들어 있는 리조비움(*Rhizobium*)균이 공기 중 질소를 암모니아로 변화시키면, 암모니아가 식물 전체로 이동한다.

콩류의 영양 효능

콩류는 단백질의 좋은 공급원이며, 쇠고기 같은 동물성 단백질에 비해 지방이 적고 섬유소가 많다. 콩류는 탄수화물 함량이 높지만, 녹말의 형태로 들어 있는 대부분의 탄수화물은 천천히 소화되어 혈당을 급격히 올리지 않는다. 피토케미컬(110~111쪽 참조)도 풍부하며 무기질과 비타민 B도 많이 들어 있다.

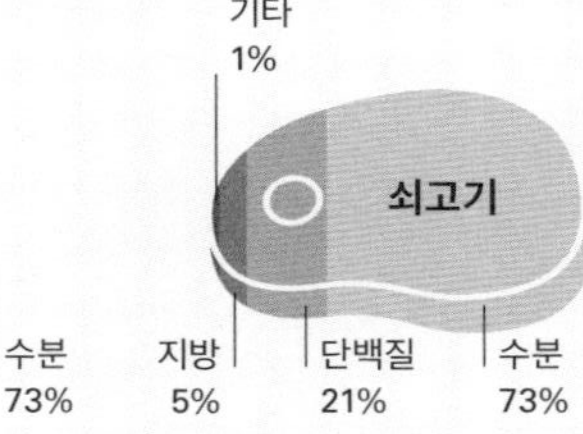

독소 제거

일부 콩에는 날로 먹으면 심각한 식중독을 일으킬 수 있는 독소가 들어 있다. 가장 잘 알려진 예는 붉은강낭콩이겠지만, 리마(lima) 콩과 잠두 역시 독성이 있다. 날콩의 독성은 물에 불리거나 완전히 익히면 사라진다. 이렇게 하는 것은 콩을 부드럽게 만들어 소화에도 도움이 된다.

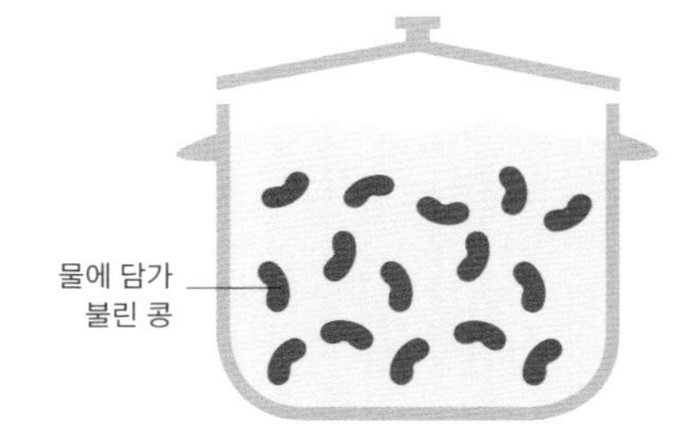

흰콩

콩을 비롯한 다른 식물성 식품 중에서, 흰콩은 드물게 완전 단백질을 공급한다. 아시아에서 수천 년 동안 주요 식품이었던 흰콩 제품은 일부 서양 국가에서도 환영받고 있다.

흰콩에 든 식물 호르몬이 남성 유방의 원인일까?

일부 보디빌더들은 근육을 키우려고 콩 단백질을 섭취한다. 남성 보디빌더들은 흰콩에 든 식물 호르몬인 피토에스트로겐(phytoestrogen)이 여성스러운 신체를 만든다는 루머 때문에 이것을 피하려 할 것이다! 하지만 그러한 효과를 내기에는 수치가 너무도 미미하다.

풋콩

흰콩이 전 세계적으로 친숙해진 것은 일본에서 에다마메(edamame)로 알려진 어린 흰콩(풋콩)의 인기 덕분이다. 그러나 두유, 두부, 간장 모두 다 여문 콩으로 만든다.

두유와 두부

영양 만점의 단백질과 기름이 가득하지만, 다 여문 흰콩은 가공을 거치기 전까지는 맛있게 먹기가 어렵다. 동아시아 사람들은 맛있게 단백질과 기름을 추출하는 방법들을 개발했다. 한 가지 방법은 콩을 익혀 갈아서 두유를 만드는 것이다. 두유는 그 자체로도 유용한 식품이지만 한 단계 더 나아가 응고시켜 콩으로 만든 치즈인 두부를 만든다.

1 불리기와 으깨기
콩이 부드러워질 때까지 불려서 걸쭉하게 갈아 단백질과 기름방울이 빠져나오도록 한다.

분쇄기

2 익히기
걸쭉한 콩즙을 익혀 효소의 활성을 막는다. 안 그러면 효소가 기름을 분리시켜 불쾌한 콩 비린내 성분의 향 입자가 나오기 때문이다.

가열

일본에서는 두유를 여과하기 전에 먼저 끓이지만 한국과 중국에서는 두유를 끓이기 전에 먼저 여과한다

3 여과
콩 껍질과 섬유소가 들어 있는 걸쭉한 액체를 여과해 두유만 남긴다.

눌러서 두유 추출

여과기로 두유가 흘러나온다

4 응고
두유에 소금을 넣어 용해된 단백질이 기름방울을 둘러싸 코팅된 형태로 결합되도록 촉진한다.

두부 응고기

응고제 역할을 하는 소금을 두유와 섞어 엉기게 만든다

5 압착
응고된 두부의 물기를 빼고, 아직 뜨거울 때 압착해 네모난 모양으로 자른다.

천을 덮어 누름

고기와 유제품 대체

흰콩은 다른 콩에 비해 단백질이 두 배이며 아미노산도 거의 완벽한 균형이 잡혀 있다. 칼슘을 보강하면 두유는 우유의 훌륭한 대용품이다. 두부, 질감을 살린 식물성 단백질 등을 포함해, 다른 흰콩 제품도 육류 대용품으로 활용할 수 있다(76~77쪽 참조).

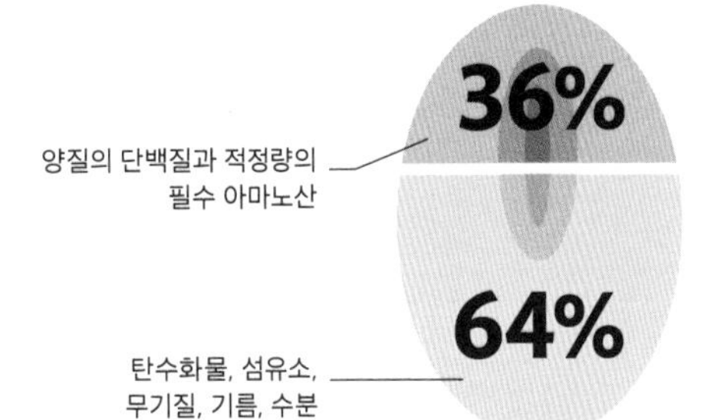

두유에 든 단백질은 완전 단백질로, 9가지 필수 아미노산을 제공한다

1 익히기
두유를 만들 때처럼 콩을 불려 익혀서, '콩 비린내'의 원인이 되는 식물성 효소를 억제한다.

찜통

2 종균 주입
일본식 간장을 만들 때는 삶은 곡물과 함께 최초 발효를 위한 누룩곰팡이(*Aspergillus*) 포자를 콩에 주입한다.

자라나는 곰팡이

온도와 습도를 조절한다

곰팡이로 뒤덮인 메주덩어리

3 발효
소금물에 담그면 곰팡이는 죽지만 효소는 계속해서 작용한다. 여기에 세균과 효모에 의한 2차 발효가 진행된다.

콩, 곰팡이, 효모, 세균의 혼합물이 소금물에 잠긴다

발효 탱크

4 압착
약 6개월 뒤, 혼합액을 천으로 걸러 생간장을 추출한다.

천으로 걸러 누름

5 병에 담기
간장을 저온 살균한 뒤 병에 담기 전에 여과하거나 정제한다.

간장

흰콩을 발효하면 적포도주(170~171쪽 참조)보다 10배 많은 항산화제를 포함하여 콩의 장점을 많이 갖고 있는 간장이 탄생한다. 현대의 수많은 간장은 대부분의 발효 과정을 생략하고 화학적으로 만들어져, 전통 간장에 들어 있는 좋은 세균이 부족하다. 전통 제조법의 경우에도 불필요한 세균 증식을 막기 위하여 소금을 첨가하는 것이 필수적인 과정이다. 일부 간장에는 14~18퍼센트의 염분이 함유되어, 저나트륨 식이요법에서는 반드시 제한되어야 한다(212~213쪽 참조).

감자

약 7,000년 전 남아메리카에서 처음 식용 작물로 재배하기 시작한 감자는 16세기에 유럽으로 전해진 이후 세계적으로 가장 인기 높은 채소이자 중요한 칼로리 공급원이 되었다.

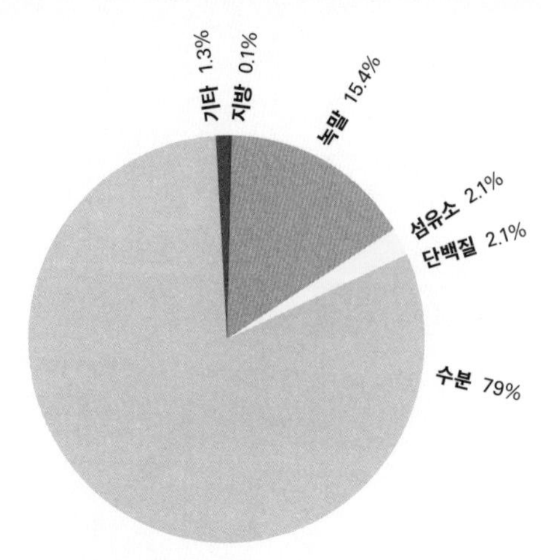

날감자의 주요 영양소

수분을 제외하면 감자는 주로 녹말로 이루어진다. 섬유소와 단백질, 피토케미컬(110~111쪽 참조)도 일부 들어 있지만 지방은 거의 없다.

감자에는 무엇이 들어 있을까?

감자는 녹말 함유량이 높은 것으로 잘 알려져 있는데, 대부분 아밀로펙틴의 형태로 들어 있다(90쪽 참조). 아밀로펙틴은 쉽게 소화되므로 감자는 혈당 지수가 높다(91쪽 참조). 감자에는 비타민 C와 항산화제, 비타민 B6, 칼륨 또한 풍부하다. 이러한 영양소의 대부분과 섬유소는 껍질에 분포한다.

요리 효과

수분을 약간 제거한다든지 튀김으로 별도의 지방을 첨가하는 등, 다양한 요리 방법에 따라 상대적인 영양소의 양도 달라진다. 삶으면 감자 세포에 함유된 녹말 알갱이가 수분을 빨아들인다. 분이 많은 감자의 경우에는 세포가 분리되면서 미세하게 건조한 질감을 보이는 한편, 찰기가 많은 감자는 세포들이 서로 엉겨 붙어 좀 더 밀도와 수분이 높은 상태가 된다.

익힌 감자의 주요 영양소

삶은 감자와 구운 감자에 든 주요 영양소의 상대적인 양은 매우 유사하지만, 감자튀김과 감자칩의 경우에는 현저히 달라진다. 튀기면서 감자가 지방을 흡수하고 수분 함량도 크게 줄어들기 때문이다.

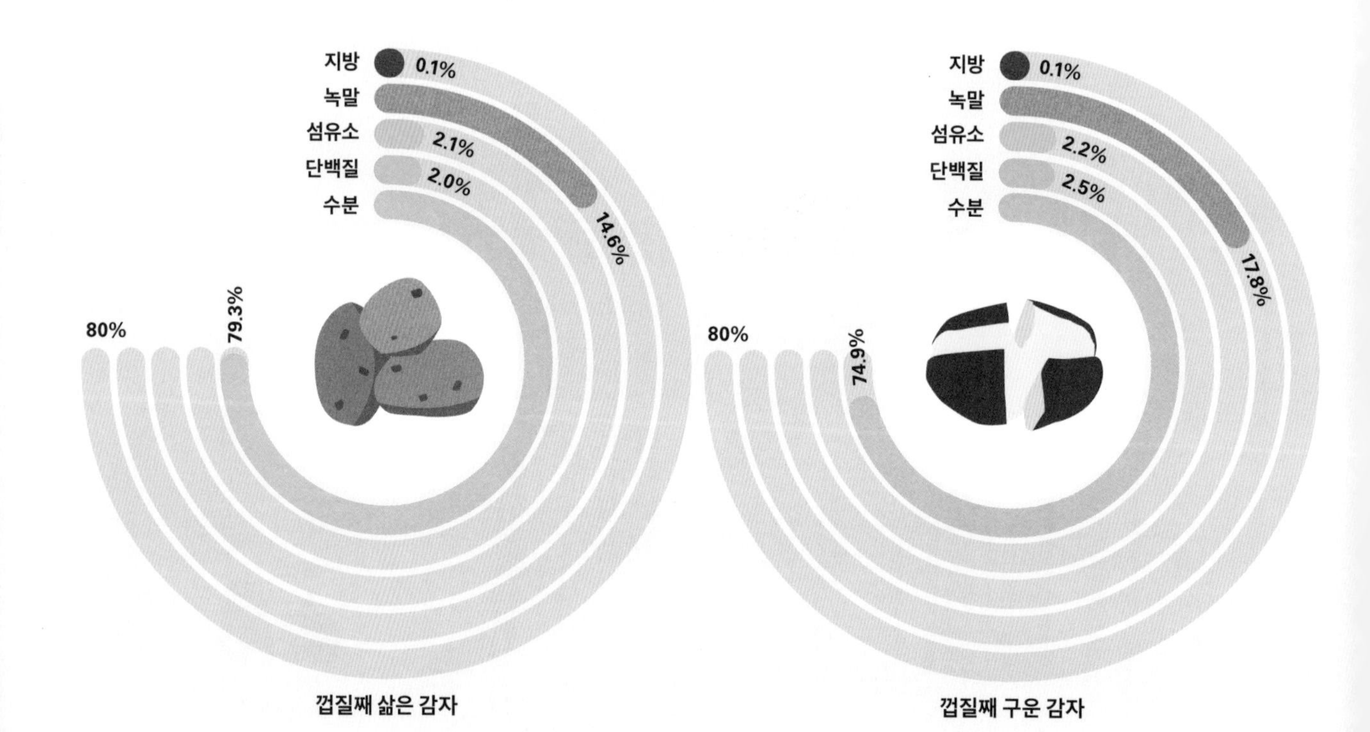

감자의 활용

감자는 활용도가 매우 다양한 채소이다. 킹 에드워드(King Edwards), 마리스 파이퍼(Maris Pipers), 러셋(russets) 같은 분이 많은 품종은 볶음, 튀김, 오븐에 굽기, 으깨기에 적합하고, 샬럿(Charlottes), 마리스 피어(Maris Peers), 핑걸링(fingerlings) 같은 찰기가 많은 품종은 스튜와 핫팟, 샐러드, 그라탱에 더 적합하다. 낮은 가격 때문에 감자 녹말은 다양한 가공 식품에 활용되며, 예를 들어 케이크 믹스, 비스킷, 심지어는 아이스크림 재료로도 들어간다.

스튜와 소스

비스킷

아이스크림

케이크 믹스

감자 과자

다용도 녹말

감자 녹말은 놀랍도록 다양한 식품에 사용되며 다행히도 알레르기 실험에서 가장 안전한 식품 중 하나이다.

1995년 우주 왕복선 실험에서 우주에 심은 최초의 채소는 감자다

고구마

고구마(얌과 종종 혼동되지만 서로 다른 채소)의 원산지는 남아메리카이지만 현재 많은 나라에서 인기가 높다. 특유의 달콤한 맛은 효소가 녹말을 분해해, 식용 설탕보다 단 당분인 엿당으로 만들기 때문이다. 또한 고구마에는 많은 양의 베타카로틴(인체에서 비타민 A로 변할 수 있다.)과 무기질, 식물 에스트로겐이 들어 있다.

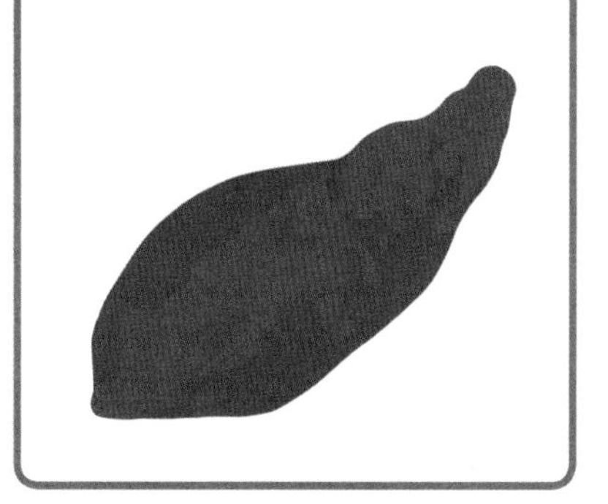

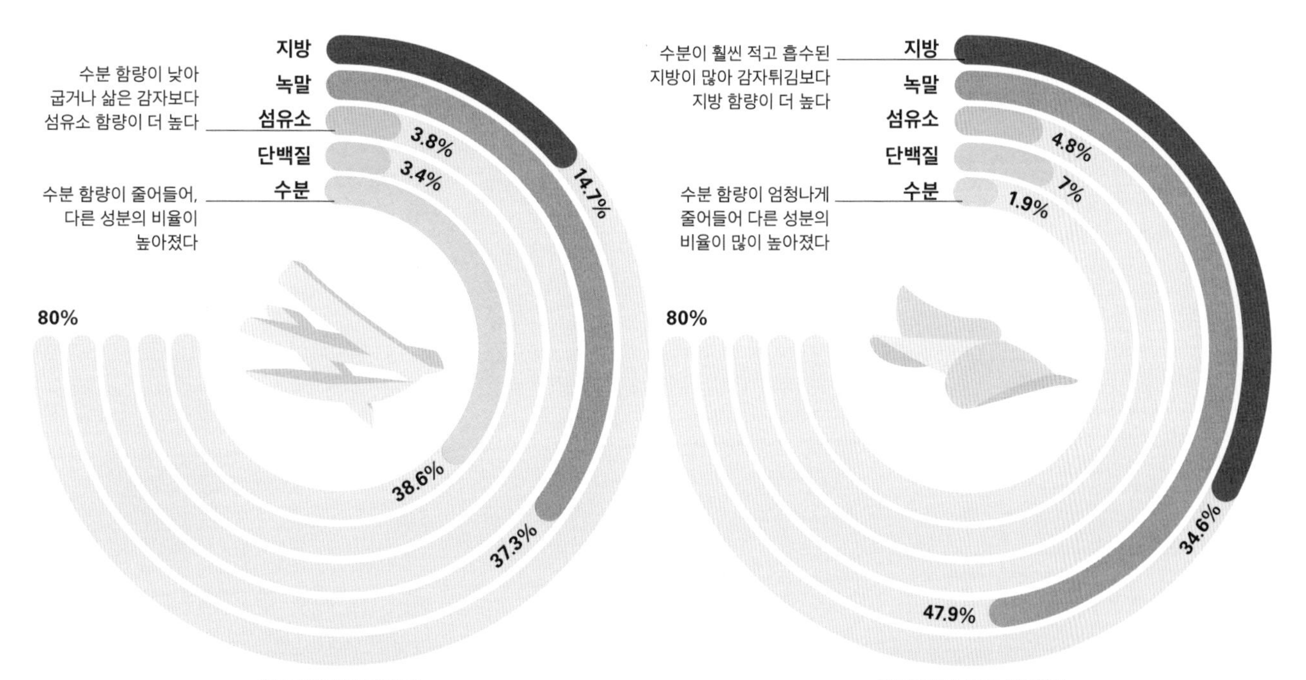

과일과 채소

비타민과 무기질, 섬유소, 피토케미컬이 가득하지만 지방과 칼로리가 낮은 과일과 채소는 건강하고 균형 잡힌 식생활에 꼭 필요하다.

빨간색

빨간색 과일과 채소에는 카로티노이드와 리코펜이 들어 있다. 인체 임상 실험에서 엇갈리는 결과가 나오기는 했지만, 특정 암의 위험을 낮출 수 있다.

하루에 5개

많은 선진국에서도 과일과 채소의 1인당 평균 섭취량은 상당히 적지만, 연구 결과 이들을 많이 먹으면 대장암, 심장병, 뇌졸중 같은 심각한 건강 문제의 위험을 낮출 수 있다고 한다. 이 때문에 세계보건기구(WHO)는 매일 최소 400그램의 과일과 채소를 먹도록 권하고 있다. 이 권장량을 바탕으로, 많은 건강 기관에서는 일반적으로 '하루에 5개'라는 섭취 가이드라인을 제시했다. 80그램 분량의 과일과 채소를 매일 최소 5개 먹어야 한다는 의미이다.

빨간색

어떤 음식이 포함될까?

하루 5개 분량에는 감자, 얌, 카사바(cassava) 같은 녹말질 식품을 제외한 거의 모든 과일과 채소가 해당된다. 강낭콩과 콩류도 포함되지만, 양을 얼마나 많이 먹든 1개로만 친다. 과일 주스와 스무디 역시 포함될 수 있지만, 일부 권위자들은 높은 당분 함량 때문에 제한해야 한다고 말한다.

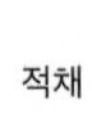

적채

하루 5개 섭취

하루 5개를 채울 때, 과일과 채소가 반드시 신선할 필요는 없다. 강낭콩과 콩류도 포함되며, 주스와 스무디 한 잔도 해당된다.

생과일과 채소

통조림 과일과 채소

익힌 과일과 채소

냉동 과일과 채소

강낭콩과 콩류

말린 과일

무가당 순수 과일 주스

무가당 스무디

보라색

보라색

보라색은 항산화제인 안토시아닌(anthocyanin) 때문이다. 적채와 비트 같은 보라색 과일과 채소에는 질산염이 많이 들어 혈압 강하에 도움이 된다.

무지개를 먹다

다양한 색깔의 과일과 채소란 곧 다양한 피토케미컬이 들어 있음을 의미한다(110~111쪽 참조). 이들 상당수는 천연 항산화제로, 일부는 질병을 억제하는 것으로 생각된다. '무지개를 먹는다'는 것이 특별히 몸에 이롭다는 의견을 뒷받침할 만한 강력한 과학적 증거는 없지만, 그렇게 하면 자연스레 다양한 과일과 채소를 먹게 되고, 비타민과 무기질 같은 필수 영양소를 섭취할 수 있을 뿐만 아니라 하루 5개라는 목표 성취에도 도움을 줄 수 있을 것이다.

당근

주황색

노란색과 주황색

노란색이나 주황색 과일과 채소에는 체내에서 비타민 A로 변환되는 베타카로틴의 함량이 높다. 베타카로틴 자체는 필수 영양소가 아니지만 비타민 A는 필수적이다. 당근, 자몽, 옥수수, 호박, 고구마, 파프리카에는 베타카로틴이 많이 들어 있다.

노란색

옥수수

바나나

그냥 내가 좋아하는 과일이나 채소만 먹어도 될까?

안 된다. 각기 다른 과일과 채소에는 다른 종류의 이로운 영양소가 들어 있기 때문에 다양하게 선택해 섭취하는 것이 중요하다.

피토에스트로겐

식물이 만들어 낸 호르몬으로 우리 몸속에서 호르몬처럼 작용하는데, 특히 에스트로겐(여성 호르몬) 역할을 한다. 과일과 채소에 들어 있는 피토에스트로겐은 갱년기 동안과 이후 여성의 건강을 유지하는 데 중요한 역할을 할 수 있다. 연구 결과 과일을 먹거나 지중해식 식단을 따르는 대부분의 여성들은 홍조와 야간 발한을 덜 겪는 것으로 드러났다.

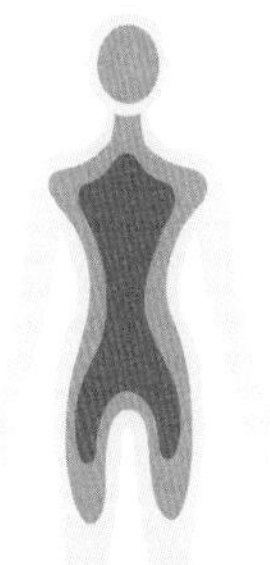

초록색

초록색은 엽록소(chlorophyll) 때문이지만 다수의 초록색 과일과 채소에는 영양소도 들어 있다. 예를 들어 브로콜리와 케일에는 눈 건강에 도움을 주는 피토케미컬인 루테인(lutein)과 제아잔틴(zeaxanthin)이 들어 있다.

초록색

슈퍼 푸드

'슈퍼 푸드(superfood)'라는 용어는 명확한 정의가 없지만 보통 몸에 이로운 물질을 많이 함유하고 해로운 물질은 거의 들어 있지 않으면서, 건강 향상에 도움을 주고 질병을 예방하는 음식을 의미한다.

슈퍼 푸드의 다양함

슈퍼 푸드는 건강에 도움이 되는 영양소의 함량이 매우 높으면서 섭취했을 때 문제점이 거의 없는 일종의 기능 식품이다. 그러나 이 용어는 자연 과학보다는 대대적인 마케팅과 식도락과 더 관련이 깊다. 케일, 조개류, 아보카도처럼 특별히 영양소가 풍부한 식품들이 주로 속하지만, 실질적으로는 엄청나게 다양한 신선 식품을 슈퍼 푸드로 분류할 수 있다.

인기 식품

슈퍼 푸드로 세간의 관심을 많이 받은 식품들 중에는 아보카도나 아몬드처럼 일부는 진짜 후보가 들어 있지만, 고지 베리(goji berry)와 치아 씨(chia seed)처럼 입증되지 않은 것들도 있다.

블루베리

최초로 슈퍼 푸드로 불린 식품 중 하나인 블루베리는 북아메리카가 원산지인 파란색 소형 과일로 비타민 C와 비타민 K, 섬유소, 망가니즈, 항산화제인 안토시아닌(110~111쪽 참조)이 풍부하다. 몇몇 소규모 연구에 따르면 블루베리가 심혈관 질환 위험을 줄이고 뇌기능을 향상시킨다는 의견이 있다. 그러나 대규모 연구로 이것을 뒷받침할 만한 결정적인 증거가 확보되지 않았고, 더 이상의 극적인 건강 정보는 존재하지 않는다.

기능 식품이란?

기본적인 영양가 이외에 건강상의 효능을 나타낸다고 여겨지는 식품. 더 많은 성분을 첨가해 별도의 효능을 더한 식품을 가리키는 용어로 사용되기도 한다.

블루베리 소비

'슈퍼 푸드'라는 이름표 덕분에 미국 내 블루베리 소비량이 급상승해 20년 전보다 5배로 늘어났다.

슈퍼 푸드	건강 관련 주장
퀴노아	단백질이 많고 모든 필수 아미노산을 함유한 '완벽한' 단백질 공급원. 글루텐프리
브로콜리	비타민(특히 비타민 C)과 항산화제가 많이 들어 있음. 콜레스테롤 감소(제한적이지만 입증 자료 있음), 일부 암 예방(미입증)
케일	철분과 칼슘, 비타민 C, 비타민 K, 엽산이 많이 들어 있음. 노화 관련 시력 문제를 예방하거나 늦추는 데 도움을 줌
비트	혈압 강하(미약한 효과 가능성이 일부 입증됨), 치매 예방(미입증)
마늘	혈압을 낮추고(제한적이지만 입증 자료 있음) 콜레스테롤을 감소시키며(사실이지만 감소 수치 미미함), 일부 암 예방(제한적이지만 입증 자료 있음)
아보카도	심장에 좋은 단일 불포화지방과 혈당 조절에 도움을 주는 섬유소, 비타민 K, 비타민 E, 비타민 B, 칼륨 함유
아사이 베리	항산화제가 많이 들어 있음. 항암 및 소염 성분이 들어 있을 가능성 있음(미입증)
블루베리	항산화제와 비타민 C가 많음
고지 베리	항산화제가 많음. 오렌지보다 비타민 C가 많이 들었음(허위). 수명을 늘이며, 시력과 생식력을 향상시키고 노화를 늦춤(모두 미입증)
석류	혈압을 낮추고 뼈를 튼튼하게 한다는 주장(일부 실험에서 혈압 강하 효과는 부분적으로 뒷받침되었으나 둘 다 미입증)
아몬드	심장에 좋은 불포화지방 함유. 섬유소, 항산화제, 비타민 B, 비타민 E, 무기질이 많음
아마란스	단백질이 많음. 글루텐프리. 많은 채소보다 무기질 함량이 더 높음
치아	체중 감소에 도움을 줌(미입증). 가용성 섬유소와 단백질, 오메가 3 지방산이 많이 들어 있음
아마 씨	오메가 3 지방산, 가용성 섬유소가 많음
녹차	대사율을 높임(허위). 콜레스테롤을 낮추고(제한적이지만 입증 자료 있음) 혈압을 내림(효과는 약하지만 일부 입증됨). 특정 암 위험 감소(미입증)
휘트그래스	장염 감소(미입증). 적혈구 수 증가(미입증)

마누카 꿀

모든 꿀에는 항균 성분이 들어 있지만, 마누카(manuka) 꽃의 꿀을 먹은 벌이 만들어 낸 꿀은 독특한 항균력을 지녀, 광범위한 병원균에 효과가 입증되었다. 살균 소독한 의료용 꿀은 의학적으로 상처에 바르는 젤로도 사용된다.

피토케미컬

천연으로 생겨나는 피토케미컬은 그저 한때 지나가는 유행 이상으로 과일과 채소, 기타 식물성 식품의 건강 효능에 새로운 장을 열었다.

피토케미컬이란?

엄밀히 피토케미컬은 식물이 만들어 낸 모든 화학 물질이며, 피토뉴트리언트(phytonutrient)는 영양가를 지닌 피토케미컬의 특정 종류를 의미한다. 그러나 식품학에서 두 용어는 종종 같은 뜻으로 사용되어, 식물에 미량 존재하며 건강에 당장 필수적이지는 않지만 장기적인 효과를 나타내는(것으로 여겨지는) 식물성 화학 물질을 말한다. 일부 식품에는 이로운 피토케미컬이 다량 함유되어, 건강 향상에 도움이 될 가능성을 시사한다.

토마토는 암 예방에 도움이 될까?

토마토에는 전립선암에 효과가 좋은 것으로 알려진 리코펜이 풍부한데, 이 효과에 대한 과학적 증거는 결론이 나지 않았다.

주요 피토케미컬

피토케미컬은 화학적 유형에 따라 분류할 수 있다. 건강 효능의 가능성을 보고하는 몇몇 예비 연구가 이루어졌지만 현재까지 이것을 뒷받침할 만한 과학적인 증거 자료는 거의 없다.

	테르펜(terpene)	유기황화물(organosulphide)	사포닌(saponin)	카로티노이드	폴리페놀(polyphenol)
예	리모넨(limonene), 카로노솔(carnosol), 피넨(pinene), 미르센(myrcene), 멘톨(menthol)	알리신(allicin), 설포라판(sulphoraphane), 글루타티온(glutathione), 아이소싸이오사이아네이트(isothiocyanate)	베타 시토스테롤(beta sitosterol), 디오스게닌(diosgenin), 진세노사이드(ginsenosides)	알파 및 베타 카로틴, 베타 크립토잔틴(beta cryptoxanthin), 리코펜, 루테인, 제아잔틴	페놀산, 스틸벤(stibene), 리그난(lignan), 플라보노이드(flavonoid)(카테킨, 안토시아닌, 케르세틴, 제니스테인, 다이제인, 글리시테인), 타닌(tannin)
건강 관련 주장	방부, 항균, 항산화, 소염, 항암 성분의 가능성	항산화, 항암 물질, 항균 성분의 가능성. 이 종류 화합물에 든 황이 단백질 합성과 효소 반응에 주요 역할을 함	인체의 스테로이드와 호르몬 모방. 콜레스테롤 수치를 낮추고 면역체계를 높이며, 미생물과 곰팡이에 항균 효과 가능성	암세포의 성장 억제와 면역체계 반응 향상, 항산화 성분의 가능성. 일부 카로티노이드는 눈 건강 예방에 도움을 줌(115쪽 참조)	염증과 종양 성장 억제, 천식 및 심장 동맥성 심장질환 위험 감소 가능성. 일부는 항산화 성분 함유. 일부는 피토에스트로겐(107쪽 참조)처럼 작용하며 홍조 등의 갱년기 증상 완화 가능성, 일부는 갱년기 이후 여성의 특정 암 위험률 감소와 관련 있음
함유 식품	감귤류 껍질, 체리, 홉(hop), 초록색 허브(민트, 로즈마리, 월계수, 오레가노, 세이지)	초록 잎채소, 마늘, 양파, 서양고추냉이, 청경채	얌, 퀴노아, 호로파(fenugreek), 인삼, 흰콩, 완두콩	빨간색, 주황색, 노란색, 초록색 과일과 채소	사과, 감귤류 과일, 베리류, 포도, 비트, 양파, 통곡물, 호두, 흰콩 제품, 껍질 콩, 녹두, 칡뿌리, 병아리콩, 커피, 차

항산화 효과

자연스러운 인체의 대사 과정과 외적인 요인들은 세포 안에 활성 산소(전자를 잃은 원자나 분자)를 생성한다. 이들은 활동성이 매우 강해 세포 손상을 일으킬 수 있다. 보통 몸에서는 항산화제를 만들어 내 여분의 전자를 제공해 활성 산소를 중화한다. 그러나 때로 몸속에 활성 산소가 너무 많으면 항산화제를 음식으로 섭취해 도움을 주어야 한다.

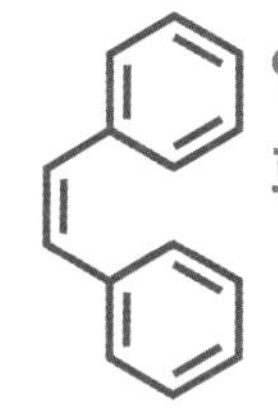

약 4,000종의 다른 피토케미컬이 존재한다

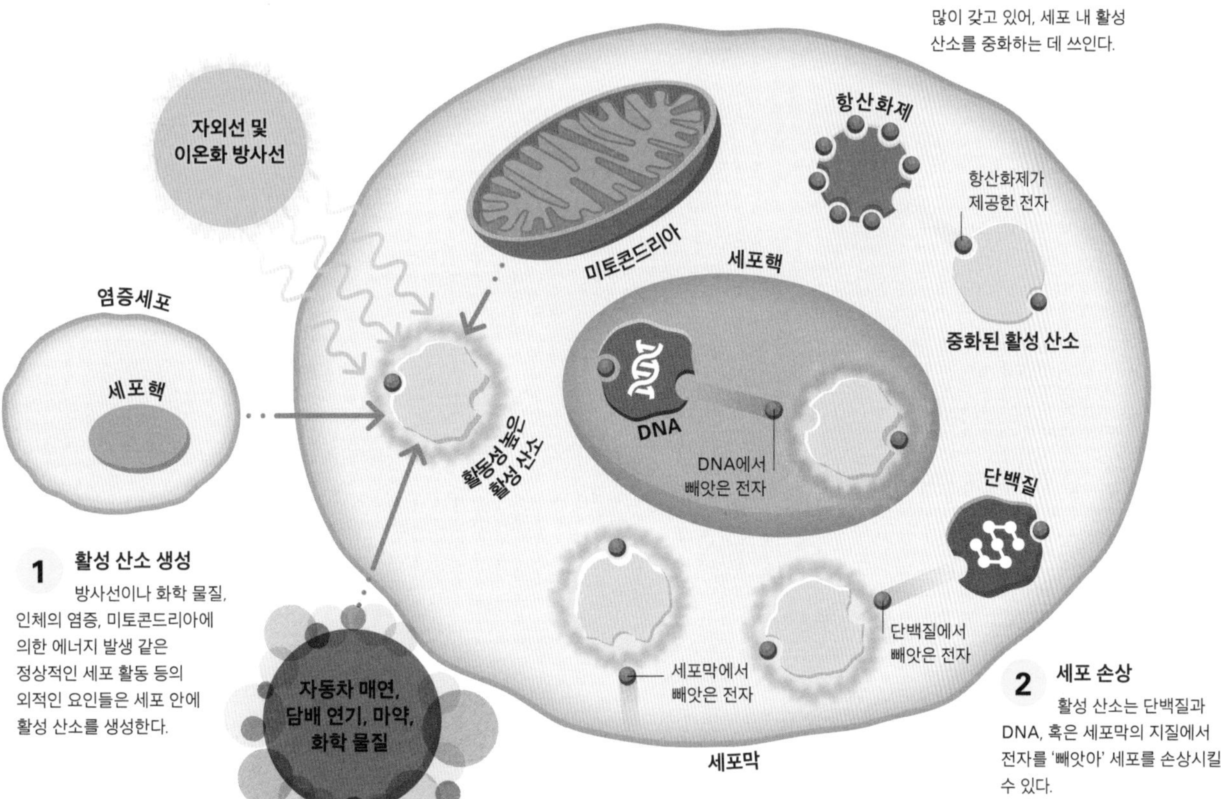

1 활성 산소 생성
방사선이나 화학 물질, 인체의 염증, 미토콘드리아에 의한 에너지 발생 같은 정상적인 세포 활동 등의 외적인 요인들은 세포 안에 활성 산소를 생성한다.

2 세포 손상
활성 산소는 단백질과 DNA, 혹은 세포막의 지질에서 전자를 '빼앗아' 세포를 손상시킬 수 있다.

3 항산화제의 활동
항산화제는 여분의 전자를 많이 갖고 있어, 세포 내 활성 산소를 중화하는 데 쓰인다.

알칼로이드

다양한 피토케미컬의 한 무리인 알칼로이드(alkaloid)는 광범위한 식물에서 질병과 해충을 예방하기 위하여 생성된다. 커피 원두(이 경우 쓴맛을 내는 주요인이다.) 같은 일부 식물성 식품의 주요 성분으로, 모르핀 같은 것들은 의학적으로도 활용된다. 스트리크닌(strychnine) 같은 특정 알칼로이드는 유독하다.

커피 원두

매운 고추

알칼로이드의 공급원
커피 원두, 매운 고추 등 많은 식물성 식품에는 알칼로이드가 함유되어 있다. 커피 원두에는 카페인이, 고추에는 매운맛을 내는 캡사이신이 들어 있다.

껍질을 먹자

식물은 주로 과일의 껍질, 초록 잎채소의 겉 부분 같은 외피에서 대부분의 항산화제를 만들어 낸다. 따라서 항산화제를 제대로 섭취하기 위한 최상의 선택도 바로 이 껍질 부분이다.

광합성의 연료

햇빛의 광양자는 광합성의 동력이지만, 바로 이 에너지 때문에 DNA와 다른 생물 분자가 손상될 수 있다. 식물은 이러한 스트레스를 벗어나고자 자신을 보호하는 항산화제를 생성한다.

햇빛의 광양자가 잎의 표면에 부딪친다

알칼로이드와 카로티노이드 같은 피토케미컬이 보호용 '방패'를 형성해 자외선을 흡수한다

DNA

2 활성 산소 생성

활성 산소의 움직임이 화학 반응을 일으켜 전자를 '빼앗아', DNA 같은 섬세한 분자를 손상시킨다. DNA와 세포의 다른 부분에 손상을 입으면 세포 기능 장애의 원인이 되거나 세포가 죽을 수도 있다.

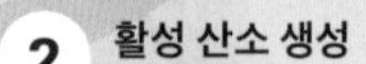

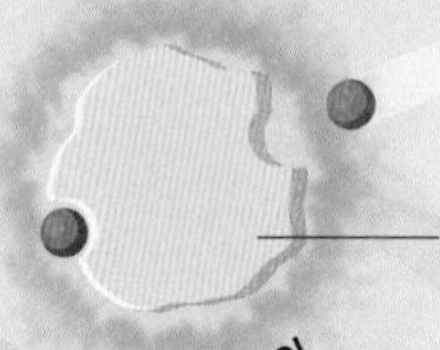

에너지를 얻은 활성 산소는 DNA에서 전자를 '빼앗는다'

엽록소

1 광합성

태양의 자외선은 광합성 도중 엽록소에 의해 흡수되어 식물에 필요한 에너지를 생성한다. 활성 산소가 활동하면서 부산물로 산소가 발생한다.

초록 식물에는 엽록소가 풍부해 잎을 초록색으로 만든다

시금치를 먹으면 튼튼해질까?

시금치에는 질산염이 풍부해 인체에서 대사되면 근육세포의 능률을 더 높일 수 있다. 따라서 시금치는 튼튼한 신체를 만드는 데 간접적인 도움을 줄 수 있다(하지만 운동도 필요하다!).

잎채소

잎의 색이 진할수록 수많은 비타민과 무기질 및 피토케미컬이 더 많이 들어 있을 가능성이 높으며, 열량이 낮고 섬유소도 풍부하다. 시금치부터 케일까지 잎채소가 분명한 슈퍼 푸드인 것은 바로 이 때문이다. 그러나 강렬하고 독특한 풍미 때문에 모든 사람들이 좋아하지는 않는다.

잎의 향

잎을 자르거나 으깨면 세포 내부에서 효소가 흘러나온다. 이 효소는 엽록체(엽록소 함유)의 세포막에서 사슬이 긴 지방산을 분해해 헥산올(hexanol)과 헥산알(hexanal)을 배출한다. 이 작은 분자들이 바로 잎에서 나는 향의 주범이다.

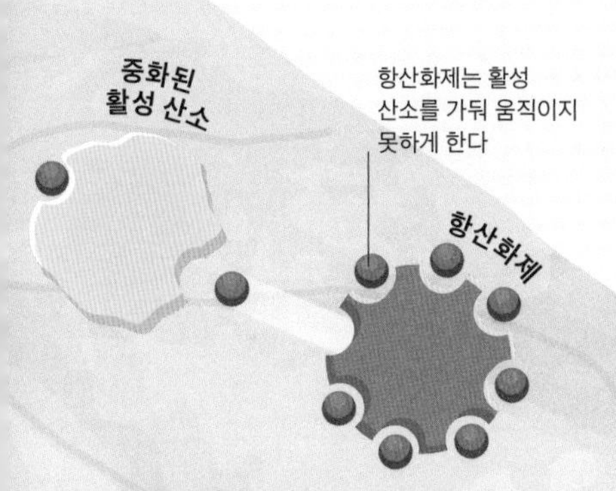

3 항산화제의 보호
잎 세포에는 활성 산소를 중화하기 위한 항산화제가 많이 들어 있다.

초록 식물의 장점

식물은 잎에 녹말이나 당분을 저장하지 않고 오직 만드는 데에만 활용하므로 잎채소는 칼로리가 낮다. 또한 잎채소는 잎을 펼치고 무게를 지탱하기 위한 섬유소가 풍부하며, 햇빛에 노출되고 산소를 만들면서 받는 생물학적인 '스트레스'와 싸우기 위하여 미량 영양소를 많이 갖고 있다. 식물에서 햇빛에 노출되는 부분에 카로티노이드와 유기 황화물 등 가장 이로운 피토케미컬이 들어 있다(110~111쪽 참조).

1,700칼로리 상당의 스테이크와 100칼로리 상당의 시금치에 포함된 철분의 양은 같다

식물에서 얻는 철분

잎채소에는 철분이 풍부하지만(쇠고기보다 더 많을 수도 있다.) 모든 철분은 헴(haem)의 형태가 아니어서, 동물성 고기에 든 헴 형태의 철분보다 흡수율이 훨씬 낮다. 이 때문에 채식주의자와 비건은 육식주의자들보다 철분을 1.8배까지 더 소비하도록 권장한다. 그러나 식사로 비타민 C 공급원을 더 추가하면 헴 형태가 아닌 철분(비헴 철분)의 흡수가 6배까지 높아진다. (차와 커피에 든) 칼슘과 타닌을 피하는 것도 철분 흡수에 도움이 된다.

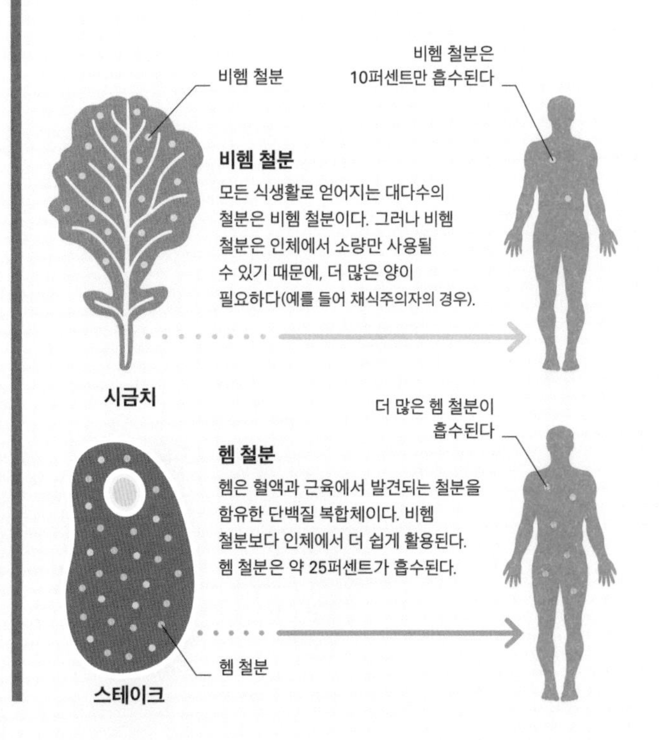

배추과 식물

배추과에 속하는 다양한 채소는 뛰어난 영양 면에서 공통점을 갖는다. 놀라울 정도로 건강한 비타민과 무기질, 피토케미컬, 피토뉴트리언트가 골고루 들어 있지만, 몇몇 채소는 강한 인체 반응을 일으킬 수 있다.

방울양배추는 왜 서리를 맞은 뒤 더 맛있어질까?

일시적인 한파는 식물에 스트레스를 주기 때문에 식물은 그에 대한 반응으로 원기를 회복하기 위해 저장된 녹말 일부를 당분으로 전환한다. 그로 인해 식물은 더 달콤해진다.

무엇이 들어 있을까?

배추과 식물은 녹말과 당분 함량이 낮지만, 다른 영양소가 풍부하며 특히 비타민이 많다. 또한 건강에 이롭다고 생각되는 식물의 화합물인 피토케미컬이 가득하다. 독특한 맛과 어떤 사람들은 거부감을 느끼기도 하는 냄새는 주로 화학적인 방어 체계를 구축하기 위한 황화합물의 함량이 높기 때문이다. 잎을 먹거나 찢으면 그 화합물에 효소가 작용해 쓴맛을 낸다.

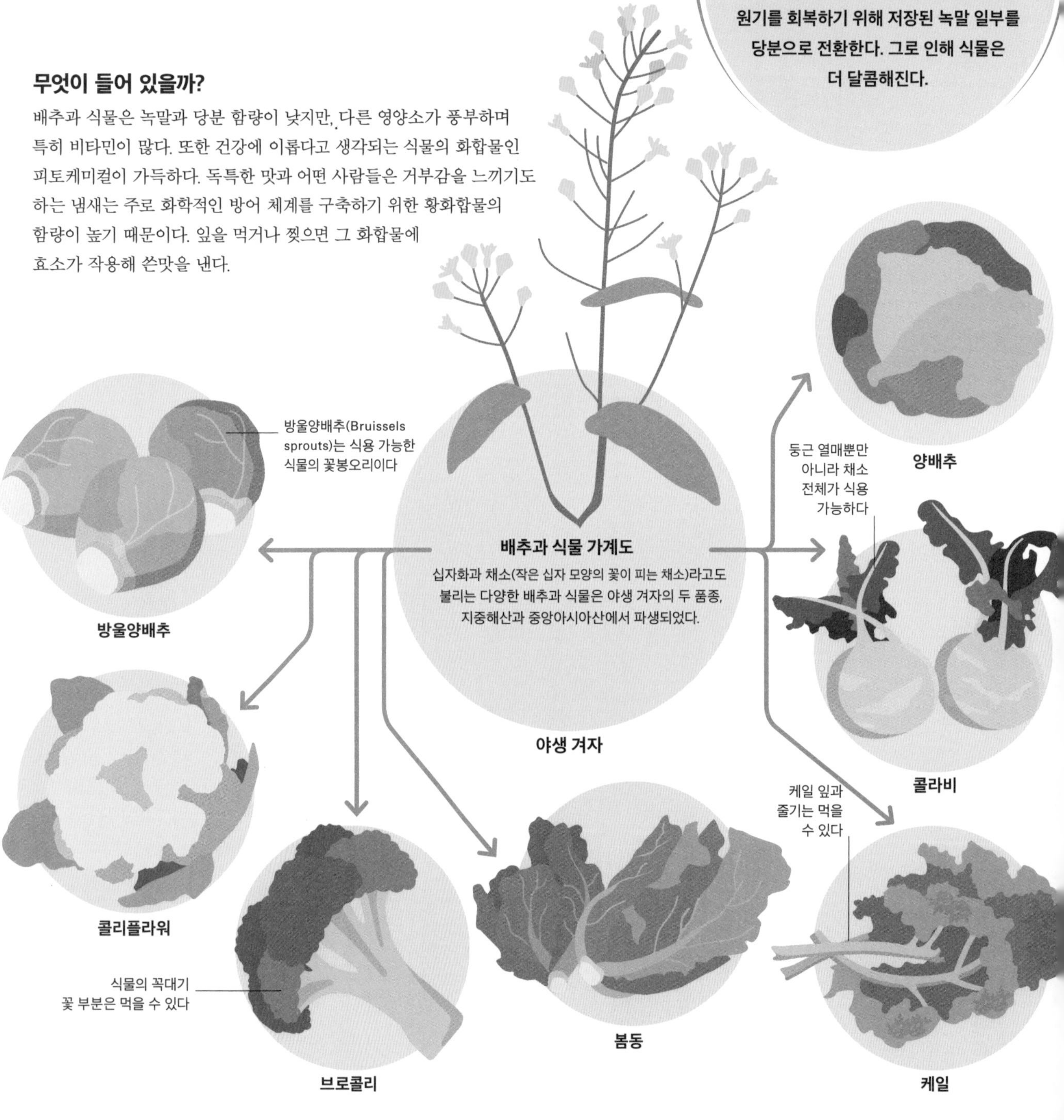

배추과 식물 가계도

십자화과 채소(작은 십자 모양의 꽃이 피는 채소)라고도 불리는 다양한 배추과 식물은 야생 겨자의 두 품종, 지중해산과 중앙아시아산에서 파생되었다.

항암 투사

배추과 식물에는 철분, 칼슘, 칼륨, 비타민 C, 비타민 K, 비타민 A 등 건강에 좋은 영양소뿐만 아니라, 카로티노이드, 폴리페놀, 특히 아이소싸이오사이아네이트와 인돌(indole) 등의 피토케미컬도 풍부하다. 아이소싸이오사이아네이트와 인돌은 소염 작용뿐만 아니라, 세포가 스스로를 죽이는 세포자멸 현상인 아포토시스(apoptosis)를 촉발하여 암과 싸우는 것으로 알려져 있다. 암세포는 보통 세포의 죽음 신호를 알아차리지 못하기 때문에 아포토시스가 시작되면 종양을 파괴할 수 있다.

큰창자

전립선

일부 소규모 연구에서 암 발병률을 낮춘다는 효과가 제기되었다

네덜란드의 단일 연구에서 배추과 식물이 여성의 대장암 위험을 감소시키는 효능이 있음을 확인하였다

항암 작용

과학자들은 배추과 식물의 피토케미컬에 주목한다. 폐암, 전립선암, 유방암, 결장암, 직장암에 효과가 있을 것으로 짐작한다.

생물학적 이용 가능성

음식의 영양소가 풍부할 수는 있지만, 얼마나 많은 영양소가 실제로 혈류까지 도달할까? 특정 영양소가 어느 정도까지 유입될 수 있는지의 정도는 '생물학적 이용 가능성'으로 알려져 있는데, 이것은 다른 물질의 도움으로 높아질 수 있다. 예를 들어 배추과 식물에 들어 있는 철분의 흡수율은 비타민 C와 함께 있을 때 높아지며, 초록 잎채소에 약간의 지방이나 기름을 첨가하면 지용성 비타민인 비타민 A, 비타민 D, 비타민 E, 비타민 K의 인체 흡수를 돕는다.

눈 건강

눈은 감염과 건조에도 취약하지만 빛에 의한 손상, 특히 고도의 에너지인 자외선에도 민감하다. 자외선이 원자에서 전자를 뺏어 해로운 활성 산소를 만들기 때문이다(111쪽 참조). 이렇게 되면 세포와 DNA가 손상되어 노화로 인한 시력 감퇴와 백내장 위험이 높아진다. 배추과 식물에서 찾아볼 수 있는 항산화제인 특정 카로티노이드 성분은 시력 감퇴의 진행을 늦추고 백내장 발생률을 줄이는 데 도움을 준다.

사람들 중 약 30퍼센트는 배추과 식물의 쓴맛을 느끼지 못한다

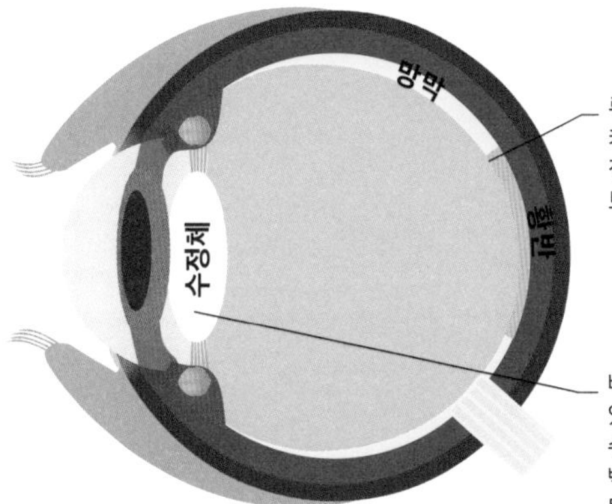

루테인과 제아잔틴 같은 카로티노이드는 황반에 집중되어 눈 건강을 보호한다

배추과 식물에 들어 있는 항산화제는 수정체를 보호함으로써 백내장 예방에 도움이 될 수 있다

시력 보호

황반은 예민한 시력을 담당하는 망막의 일부분이다. 카로티노이드 성분이 집중되어 유독 노란색을 띠는 부분도 바로 이곳이다.

뿌리채소

자연의 보고인 뿌리채소는 오랜 세월 세계 인구의 대다수에게 가장 편리한 열량 공급원이었다. 맛은 단조롭고 심지어 어떤 것들은 독성도 있지만, 뿌리채소는 무기질과 기타 귀중한 영양소를 제공한다.

뿌리채소의 종류

우리가 뿌리채소라고 부르는 것은 식용 가능한 식물의 땅속 부분이다. 변형된 줄기도 포함되므로 실제로 전부 다 뿌리는 아니다. 이런 뿌리채소는 식물이 당분과 녹말, 기타 탄수화물 및 영양소를 저장하는 방편으로 에너지 저장기관을 갖도록 진화하거나 재배된 것이다. 이들은 크게 세 부류, 덩이줄기 채소, 곧은뿌리채소, 비늘줄기 채소로 나뉜다. 곧은뿌리채소는 진짜 뿌리이다. 당근, 비트, 셀러리악(celeriac), 일본무(daikon), 파스닙(parsnip), 순무(turnip), 독일순무(swede), 무가 여기에 속한다. 비늘줄기 채소에는 마늘, 양파, 리크(leek), 샬럿(shallot) 양파 등이 있다. 덩이줄기는 줄기의 변형이며, 감자, 고구마, 얌, 카사바, 예루살렘 아티초크(Jerusalem artichoke)가 여기에 속한다.

근경

피질

표피

곧은뿌리채소

이 종류의 채소는 땅속에서 수분과 영양분 흡수를 돕는 진짜 뿌리이다. 곧은뿌리는 싹이 터 씨앗이 자랄 때 처음 나오는 뿌리이다. 당근과 파스닙은 비교적 녹말이 적고 당분 함량이 많은 뿌리채소로 서로 사촌 간이다.

저장뿌리

곧은뿌리

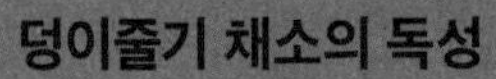

덩이줄기 채소의 독성

카사바(마니옥(manioc)이라고도 불림)는 많은 개발도상국에서 주식이지만 유독한 사이안화물(cyanide)이 들어 있다. 독성은 껍질과 껍질 바로 아래 피질에 주로 분포하기 때문에 가공이나 식용 전에 껍질을 벗겨야 한다. 달콤한 맛을 내는 다양한 채소에는 대개 미량의 사이안화물이 들어 있다. 쓴맛을 내는 채소에는 그 양이 더 많으므로 종종 물에 담가 독성을 제거하는 과정을 거쳐야 한다.

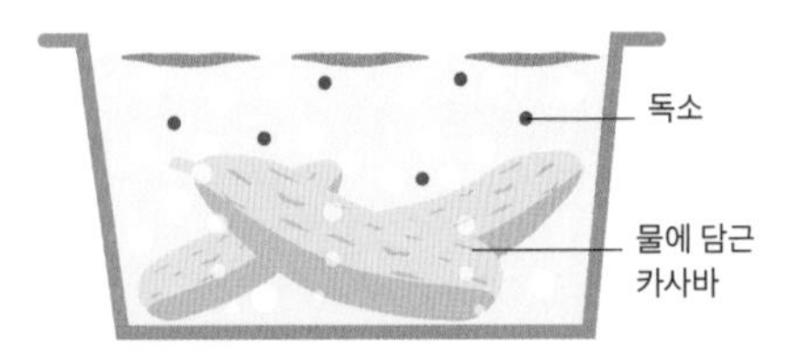

당근은 야간 시력에 도움이 될까?

당근에는 체내에서 비타민 A로 변하고 눈 건강에 필수적인 베타카로틴이 많이 들어 있다. 그러나 무한정 많이 먹는다고 해서 나빠진 시력이 다시 좋아지지는 않는다.

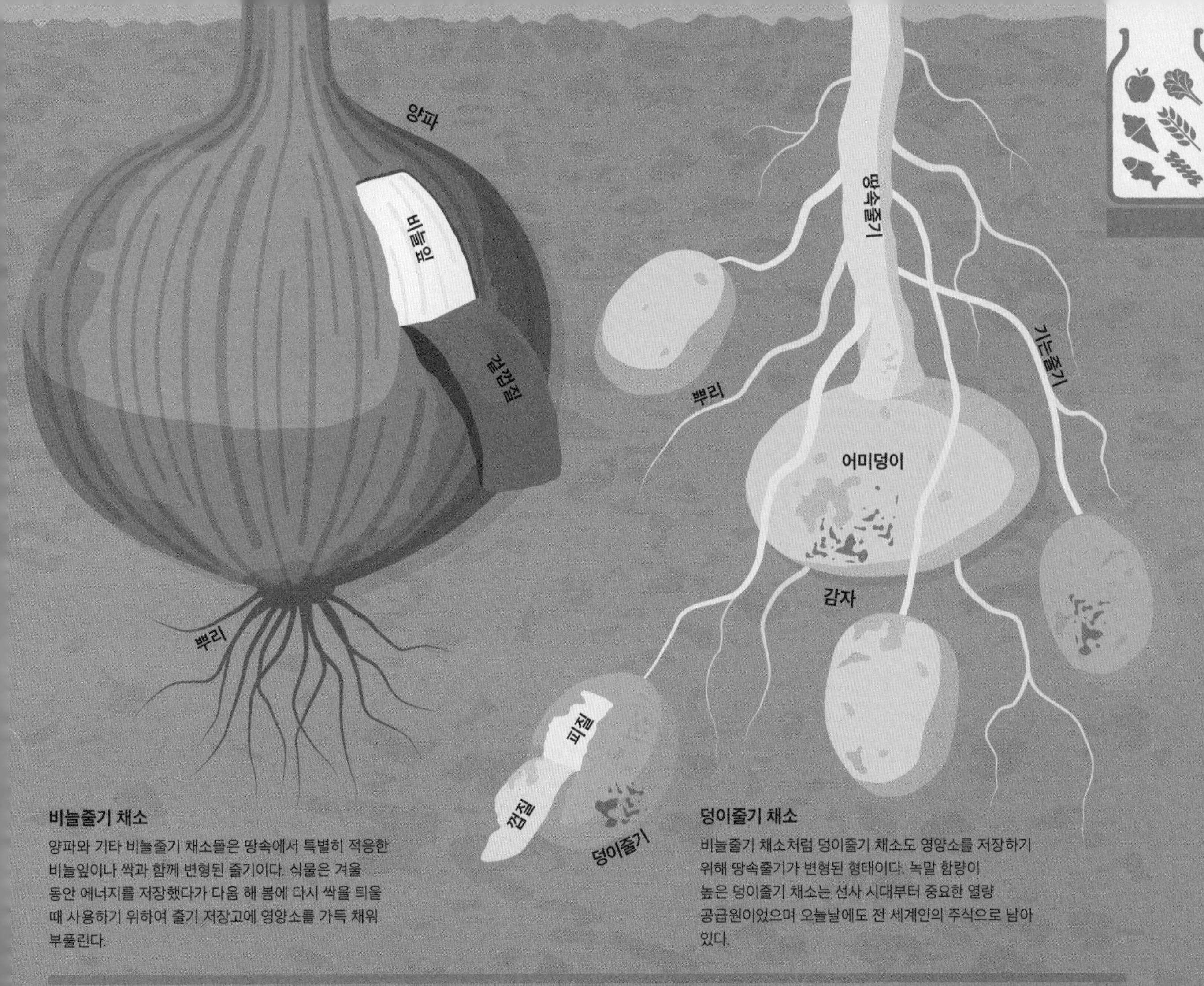

비늘줄기 채소

양파와 기타 비늘줄기 채소들은 땅속에서 특별히 적응한 비늘잎이나 싹과 함께 변형된 줄기이다. 식물은 겨울 동안 에너지를 저장했다가 다음 해 봄에 다시 싹을 틔울 때 사용하기 위하여 줄기 저장고에 영양소를 가득 채워 부풀린다.

덩이줄기 채소

비늘줄기 채소처럼 덩이줄기 채소도 영양소를 저장하기 위해 땅속줄기가 변형된 형태이다. 녹말 함량이 높은 덩이줄기 채소는 선사 시대부터 중요한 열량 공급원이었으며 오늘날에도 전 세계인의 주식으로 남아 있다.

다량의 섬유소, 다량의 녹말

뿌리채소는 억울하게도 종종 '슈퍼 푸드'에서 제외되고는 한다. 그러나 사실 대부분의 뿌리채소는 섬유소와 무기질, 비타민이 많다. 탄수화물 함량이 높으면서도 '천천히 연소하는' 유형이어서 비교적 혈당 지수(91쪽 참조)와 칼로리도 낮다. 얌은 좋은 본보기이다. 고구마와 혼돈하지 말아야할 얌은 아프리카가 원산지이며, 아시아 요리에 널리 사용된다. 얌은 주로 복합 탄수화물과 가용성 식이 섬유로 구성되어 있다.

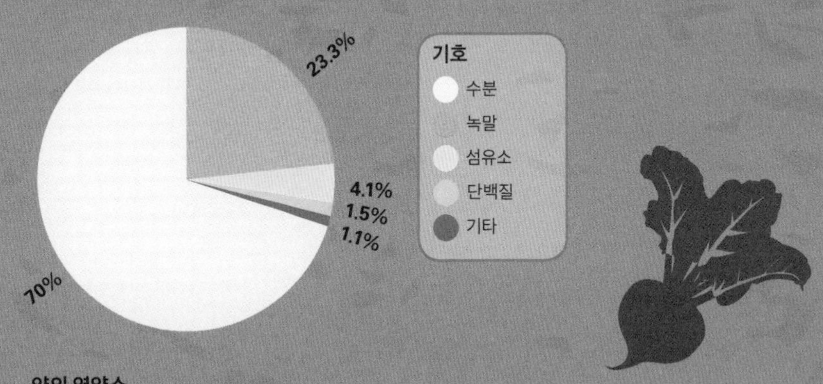

얌의 영양소

얌은 70퍼센트가 수분이지만, 나머지는 23퍼센트의 녹말을 포함한 탄수화물과 4퍼센트의 섬유소가 들어 있다. 비타민 B와 비타민 C도 풍부하며, 구리, 칼슘, 칼륨, 철분, 망가니즈, 인 등의 무기질도 많이 들어 있다.

비트에 함유된 붉은 색소 베타레인(betalain)은 종종 식용 색소로 이용된다

양파

양파 가족의 구성원이 지닌 엄청난 화학적 방어력 덕분에 이들은 자극적인 맛과 풍미, 건강을 높이는 피토케미컬의 강력한 한방을 찾는 요리사에게 소중한 식재료이다.

식용 파속 식물

양파 가족 구성원들은 세계적으로 인기가 높으며 마늘부터 리크까지 종류도 다양하다

양파의 친척들

양파와 그 친척들은 부풀어 오른 잎 바닥(leaf base)이나 비늘줄기에 에너지를 저장하는 파속(*Allium*) 식물이다. 결정적으로 이들이 저장하는 에너지는 녹말이 아니라 이눌린(inulin) 같은 과당 사슬이어서, 서서히 오래 익혀야 단맛으로 분해된다.

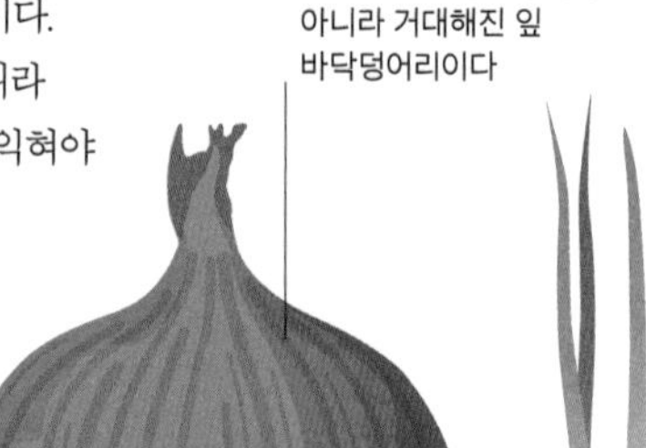

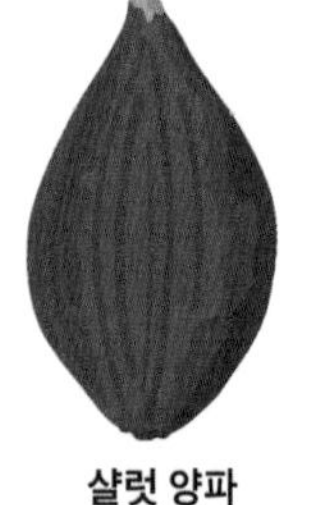

마늘의 영양분

모든 양파 가족과 마찬가지로 마늘은 자신을 위협하는 초식동물을 자극해 쫓기 위한 방편으로 황화합물을 만든다. 그런데 이 황화합물은 인간의 건강에는 오히려 이롭다. 황 성분을 이용한 마늘의 방어막은 무엇보다도 항산화제인 알리신으로 구성된다. 양파에서처럼 방어용 화합물은 세포가 손상되었을 때 배출되는 효소에 의해 생성된다. 따라서 마늘의 영양소 효능을 최대로 얻으려면 요리 과정에서 효소가 파괴되기 전에 마늘을 으깨 한동안 그대로 두어 효소가 작용할 시간을 허락하는 것이 최선이다.

양파는 자른 뒤 30초면 눈물을 흘리게 할 수 있다

혈관을 확장한다

마늘은 말초 혈관의 긴장을 풀어, '따뜻하게 하는' 효과로 혈액 순환과 손발톱의 건강을 높인다.

'나쁜' 콜레스테롤과 싸운다

알리신은 나쁜 콜레스테롤의 산화(동맥 경화의 위험을 높인다.)를 막는다. 또한 몸에서 나쁜 콜레스테롤을 더 빨리 쫓아내도록 돕는다.

혈압을 낮춘다

마늘은 모세혈관을 느슨하게 하여 혈압을 낮추는데, 미약하기는 하지만 유의미한 효과가 입증되었다.

감기를 물리친다

전통적으로 감기 치료에 이용되어 온 마늘은 항바이러스 성분이 있지만, 마늘의 효능을 확인하기 위해서는 연구가 더 필요하다.

피가 끈적해지는 것을 막는다

마늘에 든 황화합물은 혈소판이 끈적해지는 것을 막음으로써, 원치 않는 혈전이 생겨 결과적으로 혈관이 막히는 위험을 줄인다.

양파를 썰면 왜 눈물이 날까?

양파는 손상을 입으면 화학 무기를 발산한다. 양파의 화학적 공격은 마늘과 똑같이 알린으로 시작되는데, 주요 생성물은 알리신이 아니라 양파를 자른 사람의 눈을 자극할 목적으로 발생하는 최루 성분이다. 눈물을 피하려는 요리사들은 양파를 자르기 전에 차갑게 하거나 세포 손상을 최소화하기 위해 아주 예리한 칼을 사용한다.

4 양파에 든 화학 물질이 눈에서 산으로 변한다

최루 성분은 빠르게 공기를 타고 번져 눈에 도달한다. 눈을 덮고 있는 유액 층에 녹으면서 일부는 술펜산을 형성해 눈을 자극한다.

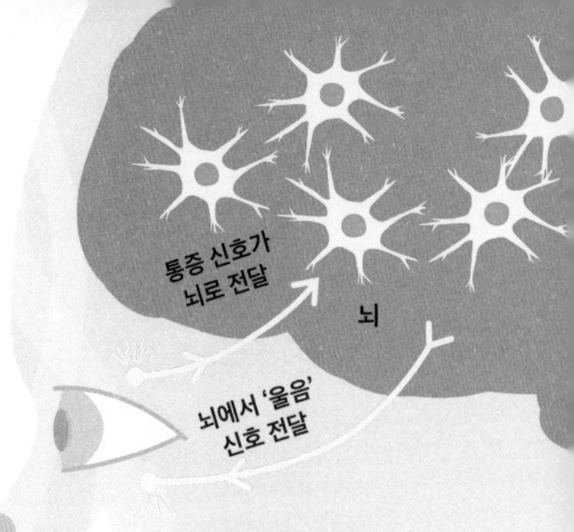

5 씻어 내라!

산이 눈의 생체 방어 반응을 촉발해, 자극을 씻어 내도록 눈물을 만든다.

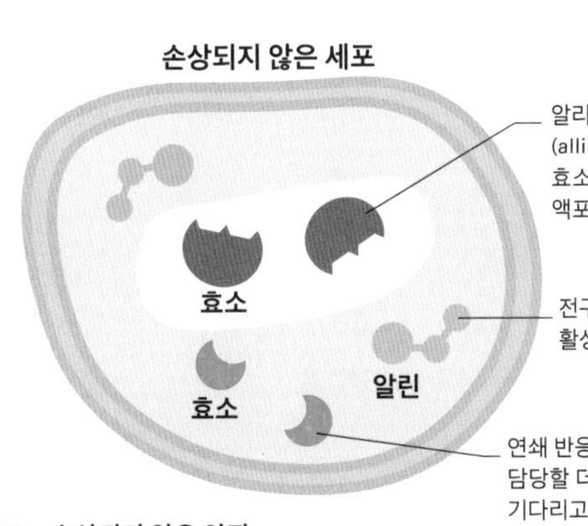

산을 씻어 내기 위해
눈물이 나온다

자극적인 화학 물질이
입과 코를 자극한다

1 손상되지 않은 양파

양파에는 알린과 프로핀(propin)이라는 무취의 전구체가 들어 있다. 양파 세포에는 효소가 들어 있어 이들 전구체를 자극적인 휘발성 물질로 변화시키지만, 효소들은 액포라는 방에 갇혀 있다.

사슬의
인접 효소가
최루 성분을
만들어 낸다

최루 성분

최루(눈물을 유발하는)
성분이 기체로 변해
증발한다

화학적인 연속 반응으로
다른 자극적인 방어용
화합물을 만들어 낸다

손상된 세포

술펜산

알린

효소

알리이나아제가
알린을 술펜산
(sulphenic acid)
으로 바꾼다

**휘발성
화학 물질**

3 효소는 휘발성 화학 물질을 생성한다

더 많은 효소들이 눈물 나게 만드는 물질이라는 뜻인 최루성 성분을 만들어 낸다. 다른 휘발성 화학 물질과 함께 증발한다.

2 연쇄 반응으로 손상이 시작된다

세포 손상으로 액포가 터지면 알리이나아제 효소와 알린이 섞여 연쇄적으로 손상이 이어진다.

열매채소

식물학 용어로는 열매이지만, 식품학 측면에서 볼 때 이들 식물은 다양한 요리에 쓰여 풍부한 다량 영양소와 미량 영양소를 제공하는 채소가 분명하다.

과일인가, 채소인가?

식물학적으로 열매는 꽃 밑에 씨를 품고 둥글게 발달하는 구조물이다. 대다수는 달콤한 맛을 지녀 식품학적 정의로는 과일에 포함되지만(122~123쪽 참조), 소수는 비교적 당분 함량이 낮고, 당분이 아닌 맛을 더 많이 갖고 있으면서 대개는 조리가 필요하다. 이런 종류는 식품학상 '채소'로 분류된다. 베타카로틴 덕분에 주황색이 영롱한 늙은 호박과 땅콩호박(squash), 캡사이신이 풍부한 칠리와 고추(128~129쪽 참조), 리코펜이 풍부한 토마토 등, 이들 채소는 피토케미컬의 함량이 높다.

열매채소의 종류

열매채소는 크게 세 부류로 나뉜다. 덩굴에서 위로 자라는 경향을 보이는 가지속(토마토, 가지, 고추 등), 덩굴을 따라 땅에서 자라는 땅콩호박과 오이속(스펀지 호박(marrow), 애호박, 수박 등), 협과(荚果) 혹은 콩과(100~101쪽 참조)가 그것이다.

토마토케첩은 어떻게 만들까

생선을 절여 만든 중국의 소스가 뱃사람과 상인들에 의해 서양으로 전해진 후, 뉴잉글랜드 사람들이 여기에 아메리카가 원산지인 토마토를 접목시켜 만든 케첩은 토마토를 익혀 걸쭉한 퓌레로 만든 다음 식초, 허브, 향신료, 감미료를 섞어 만든다. 흔히 염분과 당분, 칼로리가 매우 높지만, 강력한 항산화제인 리코펜이 생토마토보다 더 많이 들어 있다.

준비 및 으깨기

1 신선한 토마토를 씻어 다진 다음 미리 끓여 미생물을 없앤다. 씨, 껍질, 줄기를 과즙 및 과육과 분리하기 위해 으깬다.

토마토 압착기

여과 및 조리

2 과즙과 과육을 여과해 남은 건더기를 제거한 다음 끓여서 익힌다. 첨가물(감미료, 식초, 소금, 향신료)을 넣는다.

가열 용기

공기 제거 및 병입

3 조리한 케첩은 일정하게 매끄러운 식감을 위해 여과한다. 그런 다음 부패 예방을 위해 공기를 제거한 뒤 병에 넣는다.

공기 제거

병입

애호박

어렸을 때 따야 가장 달다

스펀지 호박

섬세하고 스펀지 같은 속살

독특한 아보카도

아보카도는 15~30퍼센트의 기름과 매우 적은 양의 당분과 녹말이 들어 있어 특히 기름지다. '고환'이라는 의미인 나와틀어 아와카틀(ahuacatle)에서 파생된 이름이다. 아보카도는 쉽게 퓌레로 만들어 구아카몰레나 다른 요리에 활용할 수 있다.

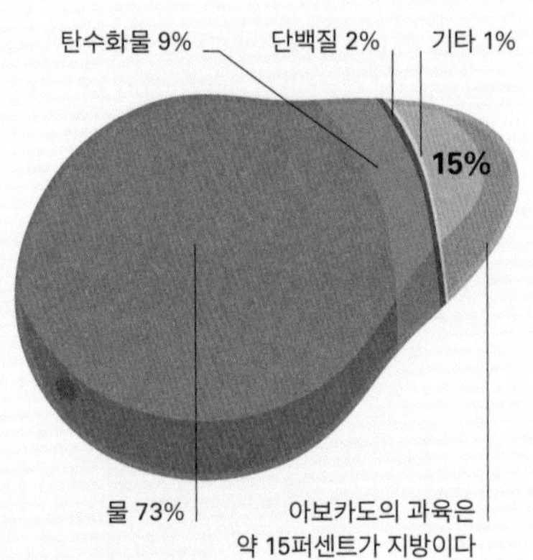

지방질이 많은 열매

아보카도는 열량이 높지만(1개당 400칼로리에 육박한다.) 풍부한 기름은 대부분 건강에 이로운 단일불포화지방이다. 칼륨도 풍부하다.

살인 열매

애호박류에는 쿠쿠르비타신(cucurbitacin)이라는 독소가 들어 있을 수 있다. 독소 수치를 낮추도록 다양한 품종이 개발되었지만, 장식용 품종에는 다량 들어 있기도 한다. 이 독소는 익혀도 파괴되지 않으며 때때로 치명적인 식중독을 일으킨다.

과일

동물들의 관심을 끌기 위해 진화한 뒤, 풍미, 향, 당도, 시각적 매력을 복합적으로 향상시키려는 인간의 노력으로 탄생한 과일에는 필수적인 항산화제가 풍부하다. 각기 다른 범주에 속하는 다양한 과일이 있으며, 전 세계에서 수천 종이 재배되고 있다.

사과 씨에는 독이 있을까?

사이안화물로 분해되는 화합물이 들어 있지만 사과 씨를 100개 이상 갈아 먹어야 치명적인 양에 이른다.

과일의 종류

채소로 불리는 몇몇은 엄밀히 따지면 열매이지만(120~121쪽 참조), 식품학 용어로 과일은 보통 높은 당분 함량과 생으로 먹을 수 있는지의 여부로 구분된다. 당분 때문에 과일은 혈당을 많이 높이고 칼로리도 높지만, 섬유소와 비타민, 피토케미컬, 특히 껍질에 주로 집중되어 있는 색소와 항산화제가 균형을 잡아 준다. 아래 소개된 홑열매 과일은 단일 꽃의 씨방에서 자라지만, 라즈베리처럼 단일한 꽃에서 여러 개의 열매가 자라는 집합 과일, 파인애플처럼 여러 개의 꽃에서 자라는 겹열매 과일도 있다.

천연 상태의 바나나에는 해롭지 않은 정도로 미량의 방사능 칼륨이 들어 있다

이과류

모든 과일은 꽃의 밑부분에 부풀어 있는 식물의 씨방에서 자란다. 이과류(pome) 과일은 꽃자루의 끝부분이 커져 과육이 생기기 때문에 남은 꽃의 받침 부분이 열매 아래로 튀어나와 눈에 뜨인다. 이과류 과일에는 사과, 배, 마르멜로 등이 있다.

핵과류

핵과류(drupe)는 딱딱한 내과피(씨앗을 보호하는 부분)를 부드럽고 수분 많은 과육이 둘러싸고 있는 홑열매 과일이다. 핵과류에는 살구, 자두, 체리, 망고 등이 속한다. 대추야자, 코코넛, 아사이 같은 야자나무 열매도 핵과류이다.

과일은 어떻게 익을까

과일의 숙성은 여러 가지 물질이 관련된 복잡한 과정이다. 과일이 에틸렌 기체를 분출하면서 숙성은 시작된다. 그러면 그 반응으로 효소 배출이 촉발된다. 효소는 과일에 들어 있는 다양한 천연 화합물에 작용해, 딱딱하고 신맛 나는 초록색 열매를 부드럽고 달콤하고 더 매혹적인 먹거리로 바꾼다.

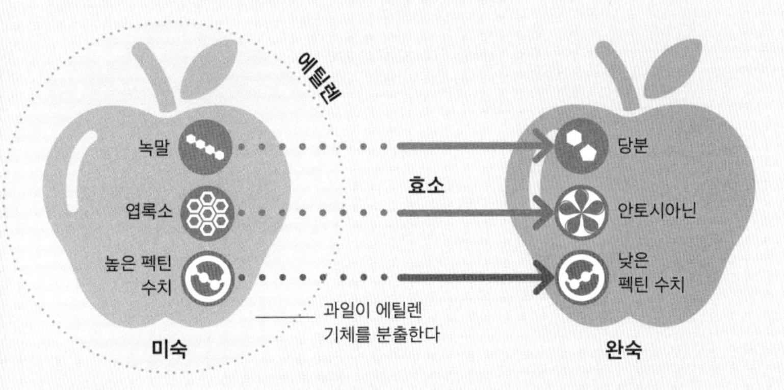

숙성 과정

숙성되는 동안 과일이 생성한 효소는 녹말을 당분으로 바꾸고, 초록색 엽록소는 안토시아닌 색소로 대체된다. 또한 딱딱한 펙틴 양을 줄여 과일을 더 부드럽게 만들고 산의 양을 줄여 신맛을 덜 내게 한다. 잘 익은 과일은 큼지막한 유기물 입자가 분해되어 더 작은 휘발성 입자로 변하면서 향기가 난다.

고기 연화제

파인애플과 파파야에는 고기 단백질을 더 작은 펩타이드 입자로 분해하는 효소(파파야에는 파파인(papain), 파인애플에는 브로멜린(bromelain))가 들어 있다. 이 효과 덕분에 고기가 부드러워진다.

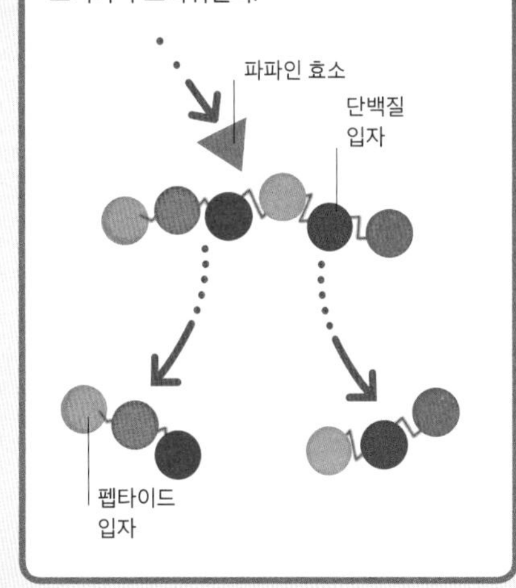

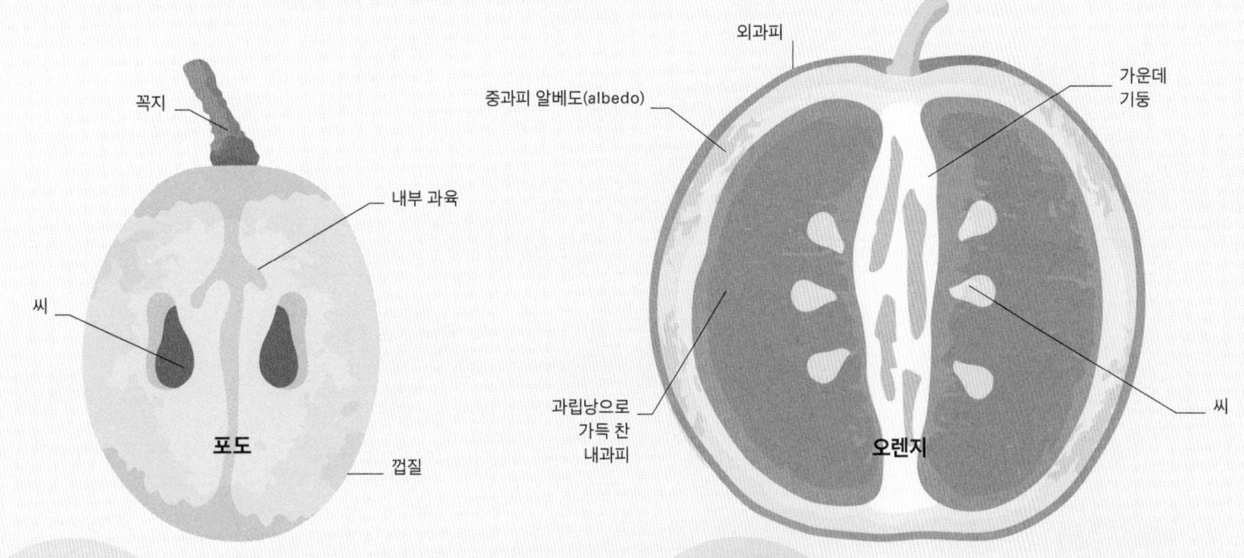

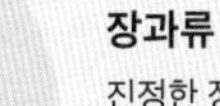

장과류

진정한 장과류(berry)는 씨핵 없이 씨앗만 들어 있는 홑열매 과일이다. 포도, 석류(씨앗을 둘러싼 과육을 먹는다.), 여러 가지 열매채소가 여기에 속한다. 우리가 베리류(berries)라고 부르는 라즈베리와 딸기 같은 많은 과일들은 장과류가 아니지만, 식물학적으로 바나나와 키위는 장과류이다.

감귤류 과일

식물학적으로 감귤류(citrus)는 진짜 장과류이다. 두툼한 겉껍질과 강한 신맛으로 유명하다. 감귤류의 껍질은 과육보다 비타민 C 함유량이 더 많고 항산화제로 가득하다. 씁쓸한 맛을 내는 중과피 알베도에는 펙틴이 많이 들어 있어 콜레스테롤을 낮추는 것으로 알려져 있다.

버섯과 균류

곰팡이와 효모까지 포함되는 독특한 생물 군집인 균류 중에서 우리에게 가장 친숙한 예는 아마도 버섯일 것이다. 균류는 자체로도 식품일 뿐만 아니라, 빵, 치즈, 알코올 등 다른 식품을 만들 때에도 필수적이다.

다용도 식품

균류는 식물도 동물도 아니면서 독자적인 생명체로 분류된다. 버섯 같은 일부 균류는 죽은 생명체나 부패한 물질을 먹이로 삼지만, 우리 몸에 이로운 성분을 제공할 수 있으며 단백질과 미량 영양소의 친환경적 공급원이다. 그러나 특정 부류는 매우 독성이 강하다. 이들의 친척인 효모와 곰팡이는 식품 변형에 이용되며, 발효 같은 가공 과정에 필수적이다(52~53쪽 참조).

균류의 활용

균류 단백질은 그 자체로도 식품으로 이용할 수 있지만 가공을 거쳐 다른 육류 대용품으로도 활용된다. 균류는 블루치즈의 줄무늬와 일부 연성 치즈의 껍질을 만드는 데 이용되며(88~89쪽 참조), 일본 양념인 미소 된장은 특유의 맛을 내기 위해 균류의 발효에 의존한다. 버섯은 채식주의자들이 비타민 D를 섭취할 수 있는 몇 안 되는 공급원이다.

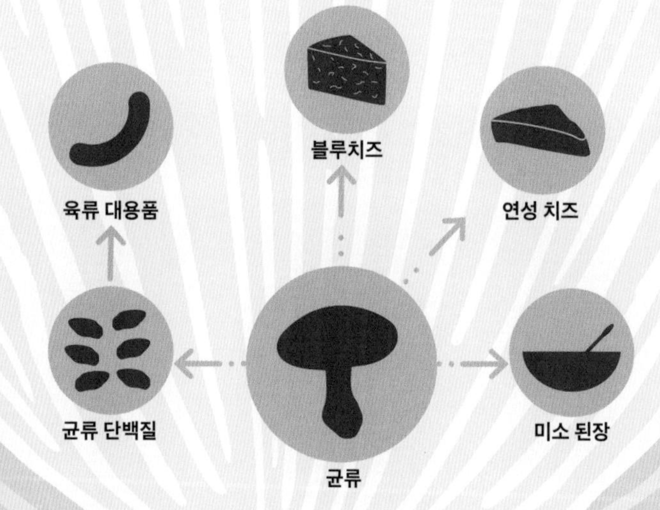

균류와 효모의 활용

간장을 만들 때에는 균류와 효모가 모두 사용된다. 우선 균류가 흰콩과 밀을 발효하여 단백질로 분해한다. 그러면 효모가 단백질 성분을 아미노산으로 만드는 2차 발효를 진행해 풍미가 좋아지도록 돕는다.

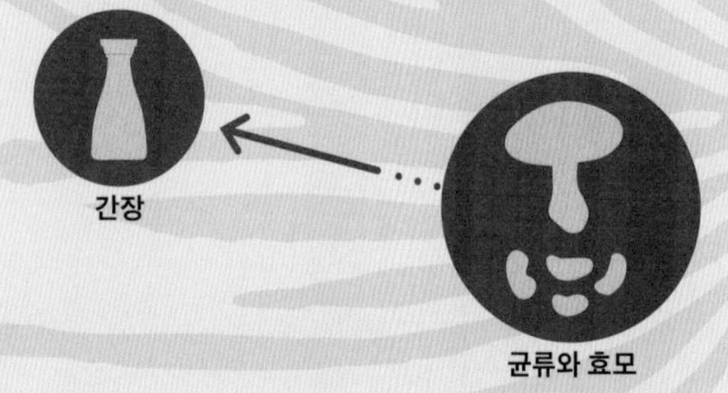

북아메리카 대륙에만 독버섯이 약 100종 서식한다

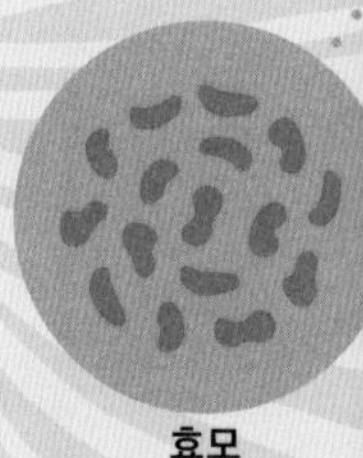

독성 버섯

독이 있는 균류와 독이 없는 균류는 생김새가 매우 유사하며 나란히 살아간다. 다양한 독성 균류는 곰팡이가 만들어 내는 아플라톡신(aflatoxin)과 버섯이 만들어 내는 아마톡신(amatoxin)을 비롯하여 광범위한 독소를 생성한다(통틀어 미코톡신(mycotoxin)이라 부른다.). 일반적으로 환각 버섯으로 알려진 일부 버섯은 환각제 성분을 생성하기도 한다.

칼륨 공급원

버섯은 칼륨의 좋은 공급원이다. 예를 들어 양송이버섯에는 같은 중량 대비 바나나와 동량의 칼륨이 들어 있으면서 당분 함량은 바나나의 4분의 1에 불과하다.

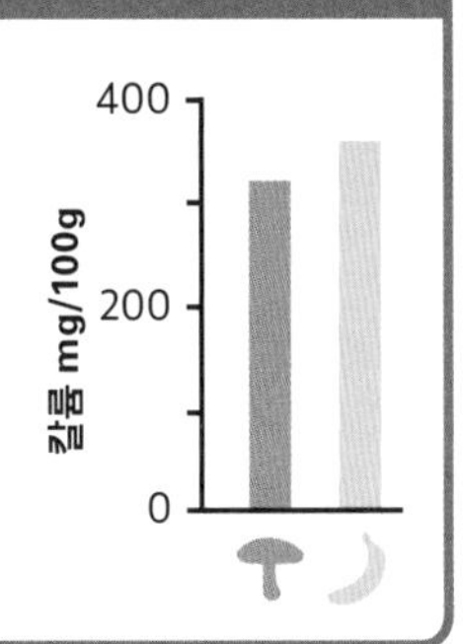

치명적인 균류

버섯은 구분하기 어렵기 때문에 야생 버섯은 전문가의 감독 하에 딴 것만 먹는 것이 안전하다.

저독성 → 고독성

광대버섯
모자가 빨간색인 광대버섯(fly agaric)에는 몇 가지 독성에 더하여 환각을 일으키는 머시몰(muscimol)이 들어 있다.

가을황토버섯
가을황토버섯(autumn skullcap)에는 알광대버섯(death cap)과 같은 아마톡신이 들어 있다.

알광대버섯
아마톡신이 들어 있는 알광대버섯(death cap)은 치명적인 버섯 식중독의 원인이 된다.

삿갓외대버섯
식용 버섯과 닮았지만 삿갓외대버섯(deadly dapperling)에는 간 손상을 일으키는 아마톡신이 들어 있다.

독우산광대버섯
독우산광대버섯(destroying angel)은 치명적인 맹독으로 '죽음의 천사'라는 별명이 있으며 아마톡신이 들어 있다.

아플라톡신

습한 환경에서는 땅콩과 곡물에 아스페르길루스 플라부스(*Aspergillus flavus*)라는 곰팡이가 자란다. 이 곰팡이는 상한 견과류나 곡물을 먹는 모든 동물의 건강을 위협하는 아플라톡신을 생성한다. 인간에게도 대단히 해로워 간에 손상을 입히며 잠재적으로 간암을 일으킬 수 있다.

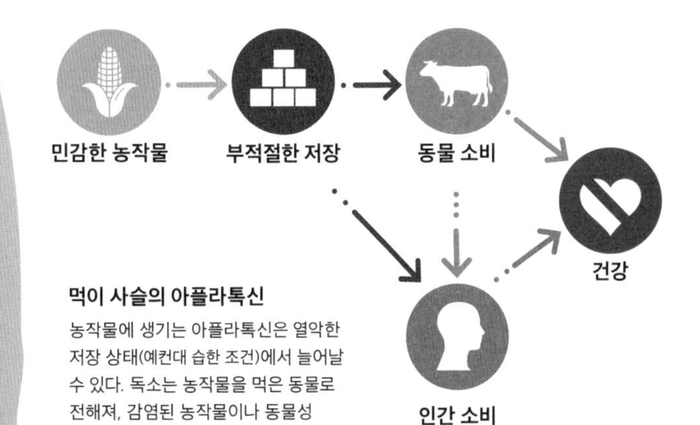

먹이 사슬의 아플라톡신

농작물에 생기는 아플라톡신은 열악한 저장 상태(예컨대 습한 조건)에서 늘어날 수 있다. 독소는 농작물을 먹은 동물로 전해져, 감염된 농작물이나 동물성 식품을 먹은 인간에게 전달된다.

효모의 활용

우리는 효모를 이용해 알코올 음료를 만들며, 빵을 부풀리는 이산화탄소 기체에도 효모가 작용한다. 알코올과 이산화탄소는 효모가 녹말과 당분을 먹어치울 때 생기는 부산물이다.

견과류와 씨앗

대부분의 견과류는 씨앗이므로 영양학적으로 견과류와 씨앗에 많은 공통점이 있다는 것은 놀랄 일이 아니다. 둘 다 건강한 지방과 중요한 피토케미컬의 풍부한 공급원이다.

견과류

열매인 견과류

씨앗인 견과류

밤

개암

마카다미아

땅콩

피칸

아몬드

호두

캐슈너트

브라질너트

피스타치오

견과류와 씨앗의 차이점은?

씨앗은 보호용 외피 안에 들어 있는 식물의 배아이다. 씨앗은 곡물(92~93쪽 참조), 완두콩과 강낭콩, 땅콩 같은 콩류(100~101쪽 참조)나 견과류가 될 수 있다. 견과류는 일반적으로 단단한 껍질을 갖춘 식용 씨앗이다. 식물학적으로, 진짜 견과류는 열매 안에 단일 씨앗이 든 단단한 껍질 꼬투리이다. 개암이 좋은 예이다. 견과류는 열매 바깥쪽에 부드러운 과육을 갖춘 핵과류의 씨앗일 수도 있다. 호두, 아몬드 등의 핵과 견과류는 복숭아, 자두와 가까운 친척이다(122~123쪽 참조).

과일, 견과류, 씨앗

밤, 마카다이아 등 소수의 견과류만 식물의 열매 전체를 가리킨다. 나머지는 더 큰 열매의 씨앗만을 의미한다. 열매가 아니라 솔방울을 만들어 내는 식물에 열리는 잣은 예외이다. 수수는 씨앗이라기보다는 곡물로 분류된다.

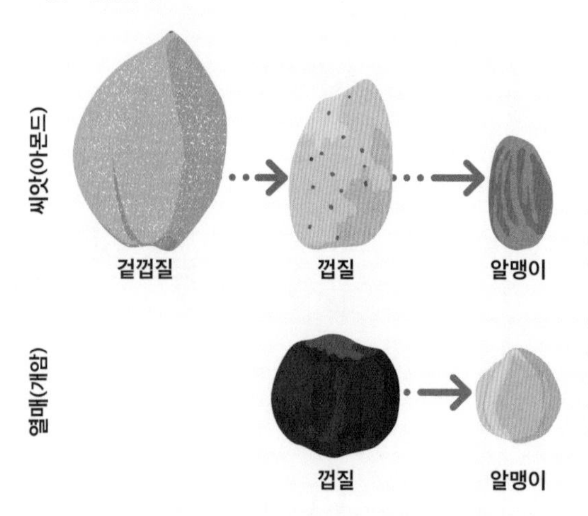

견과류의 2종류

씨앗인 일부 견과류는 과육으로 뒤덮인 겉껍질이, 먹을 수 있는 견과 알맹이가 들어 있는 껍질을 감싸고 있다. 아몬드의 경우, 껍질 과육은 가까운 친척인 배와 체리의 과육에 해당하지만 먹지는 못한다. 열매인 견과류는 과육 덮인 겉껍질이 없다.

상한 견과류는 어떻게 판단할까?

지방 함량이 많은 견과류는 상하기 쉽다. 속살이 불투명하거나 황백색이어야 신선한 것이다. 색이 짙어졌거나 투명해졌다면 식용 최적기가 지났다는 신호이다.

씨앗

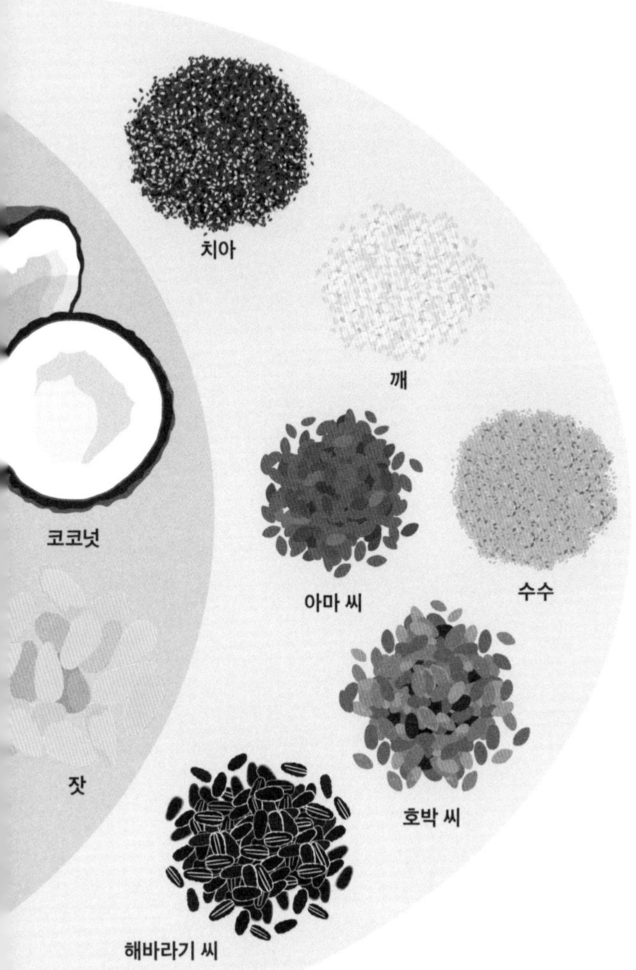

리그난

아마 씨와 참깨에 주로 들어 있는 리그난(lignan)은 건강에 이로운 효능을 갖고 있는 피토케미컬(110~111쪽 참조)이다. 리그난이 풍부하게 든 식생활을 하면 건강에 좋다. 제한적이기는 하지만 리그난이 심혈관 질환과 골다공증 위험을 낮추고, 유방암, 자궁암, 난소암을 예방한다는 사실이 입증되었다. 전립선암 위험에 관한 효과는 불명확하다.

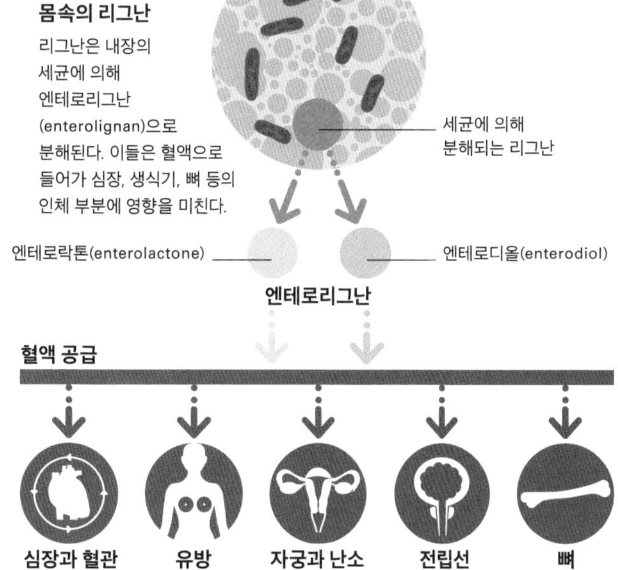

견과류와 씨앗에 든 기름

견과류와 씨앗은 주로 높은 지방 함량 덕분에 가장 칼로리가 높은 식품에 속한다. 특히 뇌 기능과 세포의 성장 발달을 위한 오메가 6 지방산이 많이 들어 있다. 그러나 호두와 아마 씨를 제외하면, 심장병 예방에 도움을 주는 오메가 3 지방산(등푸른생선에 많이 들어 있다, 78~79쪽 참조)은 비교적 적다.

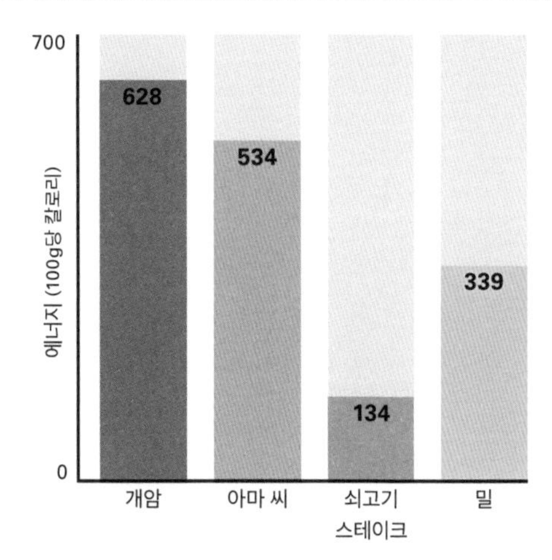

300만 명

미국에서만 견과류와 땅콩에 알레르기가 있다고 예상되는 인구

고추와 매운 음식

요리에 묘미를 더하는 재료로 손꼽히는 고추와 겨자, 고추냉이처럼 맵거나 톡 쏘는 기타 여러 식품은 풍미를 높이는 데 활용할 수 있는 강력한 화학적 무기를 갖추기도 했지만 건강에도 도움을 주는 효능이 입증되었다.

얼마나 매워야 매운가?

고추는 캡사이신이라는 화합물에서 자극적인 매운맛을 얻는다. 고추와 고추로 만든 제품의 캡사이신 농도는 1912년 월터 스코빌(Walter Scoville)이 고안한 스코빌 척도를 이용해 측정한다. 원래 이 척도는 매운맛이 혀의 오감에 감지되지 않으려면 고추 추출액을 얼마나 희석해야 하는지를 나타냈다. 오늘날 스코빌 척도는 주관적 판단 대신 과학적 분석을 위해 이용하여, 직접적인 캡사이신 양을 제공하도록 개정되었다. 이처럼 매운 감각을 일깨우는 것 이외에도 캡사이신은 미토콘드리아(세포의 발전소 역할)를 자극한다. 암세포는 특히 이에 취약하므로, 캡사이신은 항암제로 연구가 진행 중이다. 고추냉이와 겨자 같은 다른 매운 음식은 톡 쏘는 휘발성 물질로 매운맛을 내는데, 얼얼함을 수치로 매길 수 있다.

1600만 SHU
순수 캡사이신에 든 매운맛 스코빌 단위

고추는 체중 감소에 도움이 될까?

생쥐 실험에서 캡사이신은 흰색 지방을 더 건강한 갈색 지방으로 변화시킨다는 사실이 확인되었다. 또 다른 연구에서는 고추가 지방과 당분에 대한 탐닉을 줄인다고 주장한다.

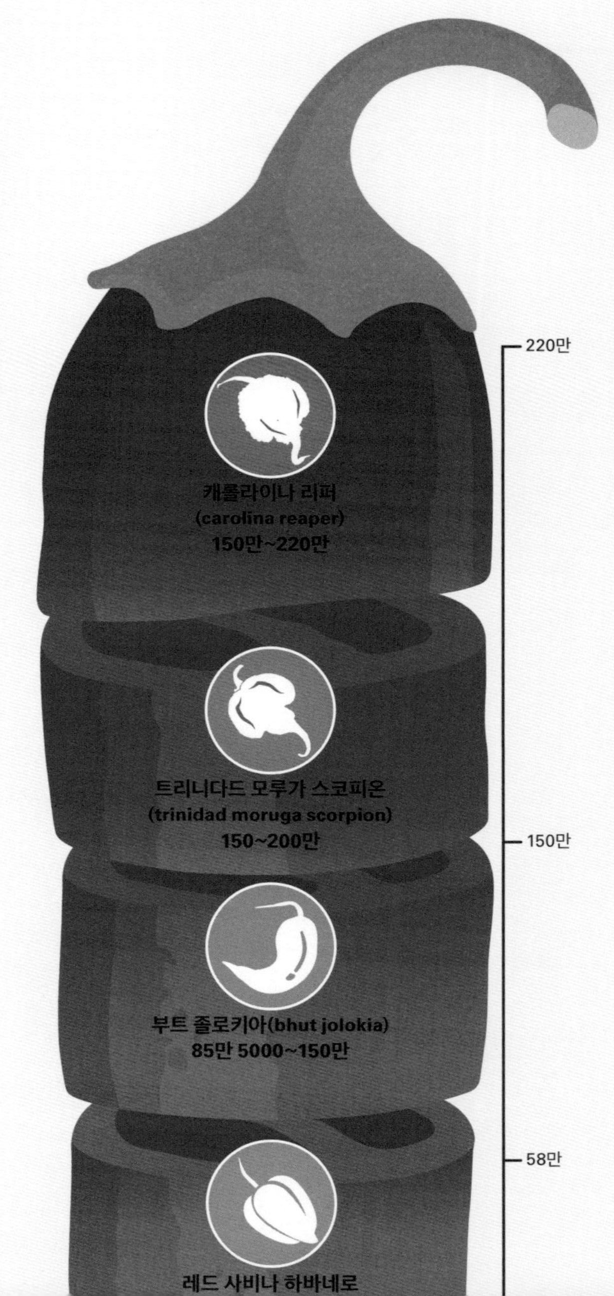

스코빌 척도

과거 차트에서 상위권은 하바네로 고추였으나 최근에는 스코빌 척도로 200만을 넘기는 초강력 매운 고추 품종이 새로 개발되었다. 정확한 수치는 식물 포기마다 다르며 심지어는 같은 포기에서 난 각각의 고추에도 차이가 있다.

무엇이 매운맛을 낼까?

캡사이신은 열을 감지하는 신경세포를 자극해, 실제로 화학적인 손상을 입지 않았는데도(일반적인 양을 먹었을 때 그렇다는 의미이다. 다량의 캡사이신은 신경독(neurotoxin)이다.), 인체에 불이 붙은 것 같은 반응을 일으킨다. 고추냉이, 겨자, 와사비에는 글루코시놀레이트(glucosinolate)가 풍부하다. 식물을 으깼을 때 효소가 이 물질을 분해하여 매운맛을 내는 물질인 아이소싸이오사이아네이트로 만든다.

매운맛 감지

겨자와 고추는 둘 다 맵지만 우리가 느끼는 매운맛은 다르다. 고추는 캡사이신이 입안의 신경 수용체를 자극해 혀가 맵다. 약간 수용성이기도 한 겨자의 아이소싸이오사이아네이트는 실온에서도 쉽게 기화되기 때문에 수용체가 자극을 받는 코안 윗부분에 타는 듯한 느낌을 받는다.

매운맛 달래기

고추에 든 캡사이신은 수용성이 아니기 때문에 냉수를 많이 마셔도 도움이 되지 않는다. 그러나 지용성이므로 우유를 마시거나 아이스크림을 먹으면 자극적인 화합물을 녹이는 데 도움이 된다. 더욱이 우유에 든 카세인 단백질은 캡사이신과 신경 수용체 사이의 연결을 깨는 데 도움이 된다. 증류주 같은 강한 알코올도 도움이 된다. 캡사이신은 식물성 기름이나 버터로 피부에서 제거할 수 있다.

향신료

향신료는 말린 씨앗이나 열매, 뿌리, 줄기의 일부나 추출물이며, 식물의 꽃이나 잎, 줄기인 허브와 대조된다. 향신료는 음식의 풍미를 높이고 색을 입히거나 보존 용도로 수세기 동안 활용되었으며, 지역의 특색이 담긴 수많은 요리의 독특한 맛을 내는 주요 열쇠이다. 전통적인 건강 비법으로도 긴 역사를 갖고 있다.

정향 기름은 정말로 치통 완화에 좋은가?

그렇다. 정향 기름을 아픈 치아 주변에 한 방울 바르면 일시적으로 통증이 완화될 수 있다. 그러나 감추어진 통증의 원인을 치료하지는 못한다.

무엇이 향신료의 맛을 낼까?

향신료의 풍미는 주로 함유되어 있는 향긋한 기름 덕분이다. 기름 성분은 각 향신료 중량의 15퍼센트를 차지하며 대부분 다양한 피토케미컬로 구성되는데(110~111쪽 참조), 특히 테르펜(테르페노이드로도 알려짐)과 페놀(혹은 페놀산)이 들어 있다. 각 향신료에는 대개 몇 가지 다른 테르펜과 페놀이 독특한 혼합을 이루고 있어, 이것이 각 향신료의 개성 있는 풍미를 낳는다.

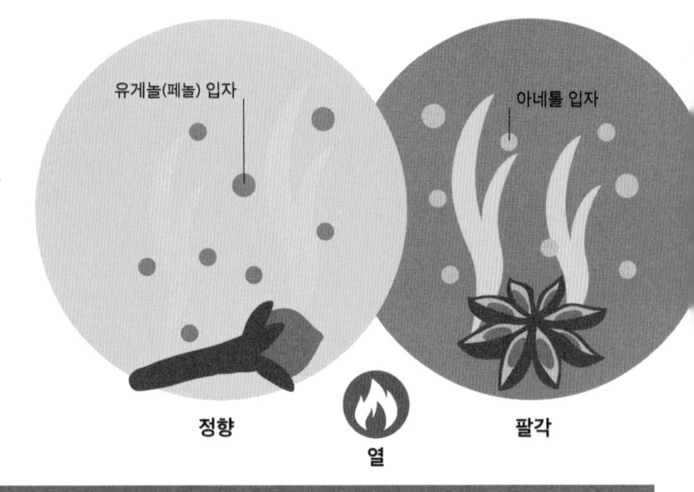

풍미 화합물

향신료의 풍미는 수많은 화합물이 함께 만들어 내지만, 정향의 유게놀(eugenol)이나 팔각의 아네톨(anethole)처럼 단일 성분이 주를 이루는 몇몇 향신료도 존재한다. 가열하면 화합물이 더 많이 배출되지만, 너무 오래 가열하면 파괴될 수도 있다.

향신료와 건강

전통 약재로 사용된 역사를 갖고 있는 향신료는 수많은 건강 효능을 주장해 왔다. 그러나 그러한 주장의 대부분은 꼼꼼하게 평가된 적이 없다. 향신료의 일부 화합물 중 특정 페놀과 테르펜은 실험 결과 건강에 이로운 효과가 입증되었지만, 그것을 뒷받침할 만한 임상 연구 자료는 거의 없다.

사프란 450그램을 만들려면 크로커스꽃 7만 송이의 수술이 필요하다

계피

혈압을 조절하고 혈중 지방질을 낮추며 혈전의 위험을 줄인다고 주장. 입증되지 않음

생강

메스꺼움 완화에 도움이 된다는 사실은 일부 입증됨. 항암 및 편두통 예방 성분이 있다는 주장은 입증되지 않음

육두구

항균, 소염, 통증 완화 효과는 일부 입증됨. 생육두구를 다량 섭취하면 환각 효과가 있음

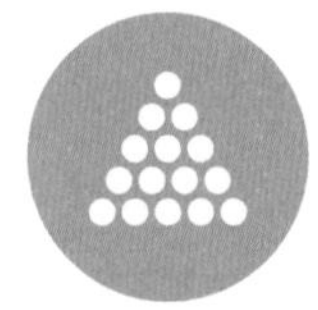

고수

향균 성분의 가능성. 불안증과 내장 질환을 감소시킨다는 주장은 입증되지 않음

겨자

겨자에서 추출된 성분은 의학적으로 암 치료에 이용되지만, 겨자 자체의 항암 효과는 입증되지 않음

강황

연구 결과 항균, 항암, 소염 성분이 있는 것으로 보임

향신료 요리

후추와 카다멈(cardamom) 같은 일부 향신료는 매우 널리 쓰이지만, 지역 특색을 살린 수많은 요리는 특정 향신료나 혼합 향신료와 관련이 있다. 예를 들어 팔각과 초피나무 열매는 전통 쓰촨 요리의 특징이다. 라스 엘 하누트(ras el hanout), 카레 가루, 가람 마살라(garam masala), 케이준(Cajun) 양념 같은 혼합 향신료는 종종 지역마다 배합이 다르며, 심지어 만드는 사람마다 비율이 다르다.

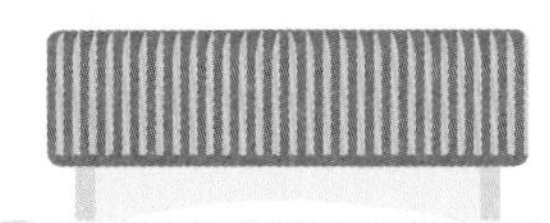

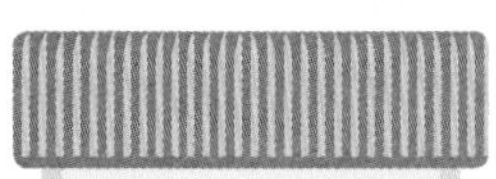
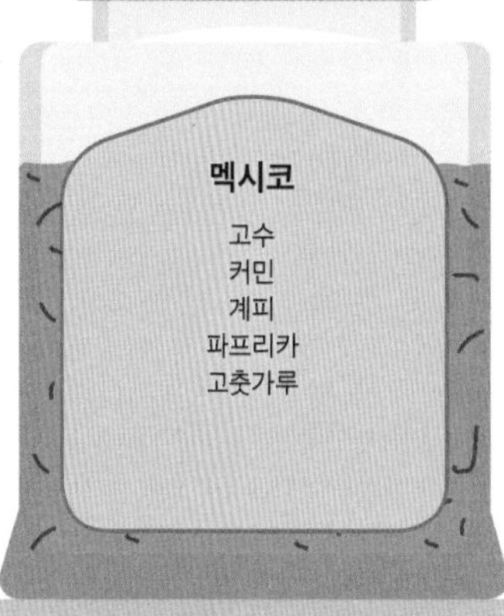

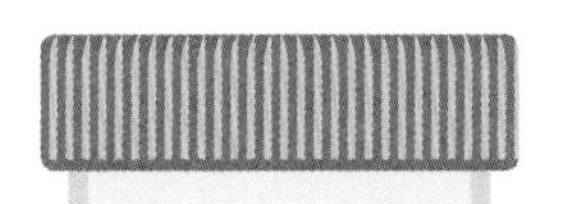

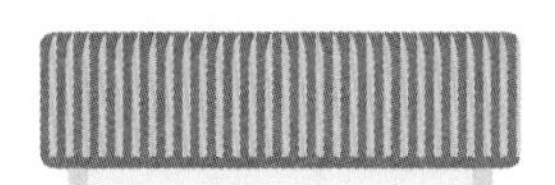
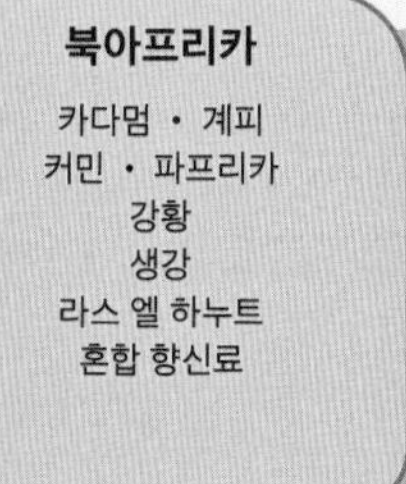

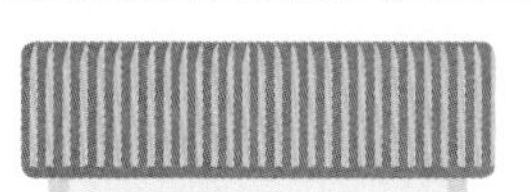
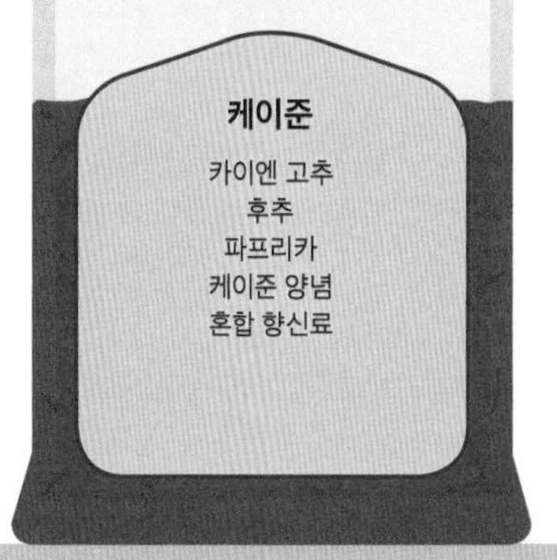

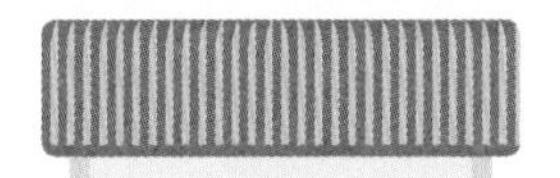
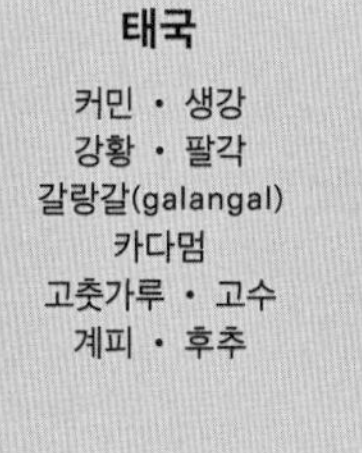

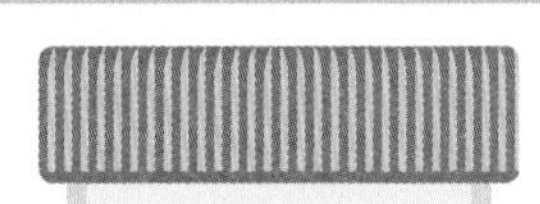
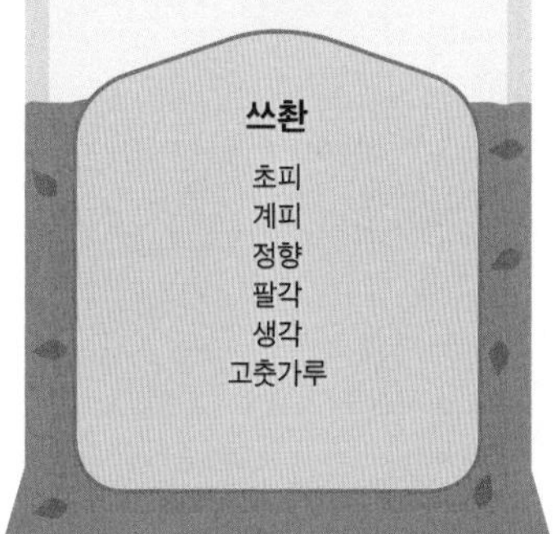

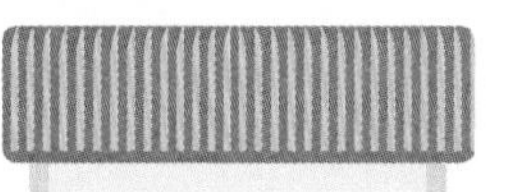

허브

약효 성분 덕분에 오랜 세월 귀하게 여겨진 허브는 요리의 질을 높이고 깊은 풍미를 내는 향 성분으로 가득하다. 특히 고기는 허브로 적당히 양념하면 더욱 맛있어진다.

허브의 영양소

허브는 자기 방어용 화합물로 풍미 성분을 갖도록 진화했지만, 우리가 먹는 적은 소비량으로는 인체에 해로운 영향을 끼치지 못한다. 주로 허브의 맛을 내는 성분인 영양소는 대단히 광범위하지만 미량이어서 우리가 허브에서 얻을 수 있는 효능에는 한계가 있다.

세이지 2티스푼
(1.4g)

칼슘
1일 필요량의 2.9%

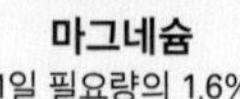

마그네슘
1일 필요량의 1.6%

비타민 B6
1일 필요량의 2.7%

비타민 A
1일 필요량의 3.1%

전형적인 세이지 활용법

일반적인 요리에 사용되는 세이지의 양으로는 비타민 K를 제외한 영양소의 1인당 1일 필요량 중 적은 비율만을 얻을 수 있다.

철분
1일 필요량의 2.8%

비타민 K
1일 필요량의 32%

유럽

오레가노
민트
로즈마리
타임
고수
딜
마조람
(marjoram)
처빌(chervil)
치커리
회향(fennel)
파슬리
세이지
월계수잎

아시아

처빌
바질
고수
타임
민트
오레가노
마조람
레몬그라스
(lemongrass)

허브 재배 지역

전 세계에서 이용되는 대부분의 허브와 특히 유럽 요리에 사용되는 허브는 민트과(바질과 세이지 등)나 당근과(딜과 회향 등)에 속한다. 유럽이나 아시아 요리에 쓰이는 수많은 허브의 원산지는 다른 곳인 경우가 흔하며, 전반적으로 허브는 인류 역사의 초기에 전 세계로 퍼져나간 것으로 보인다. 가령 고수는 중동이 원산지이지만 현재 세계에서 가장 널리 소비되는 신선 허브이다.

허브 지역의 영향

허브는 인류사 초기부터 이동 및 교역되어 야생 원산지를 정하기가 어렵다. 초기 활용은 의학적인 것이었지만 고대 그리스 인과 로마인은 분명 요리의 풍미를 위해 허브를 사용하였다.

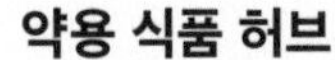

약용 식품 허브

허브의 맛과 향은 강한 항산화제와 소염제이기도 한 테르펜과 페놀에서 비롯된다. 약초로 만든 한약의 오랜 역사와 광범위한 사용은 잘 알려져 있으므로, 수많은 요리용 허브가 건강에 효능이 있다는 주장은 그리 놀라운 일이 아니다. 그러나 일부 영양학자들의 주요 주장을 뒷받침할 만한 매우 확고하고 신빙성 높은 실험 결과는 거의 없다.

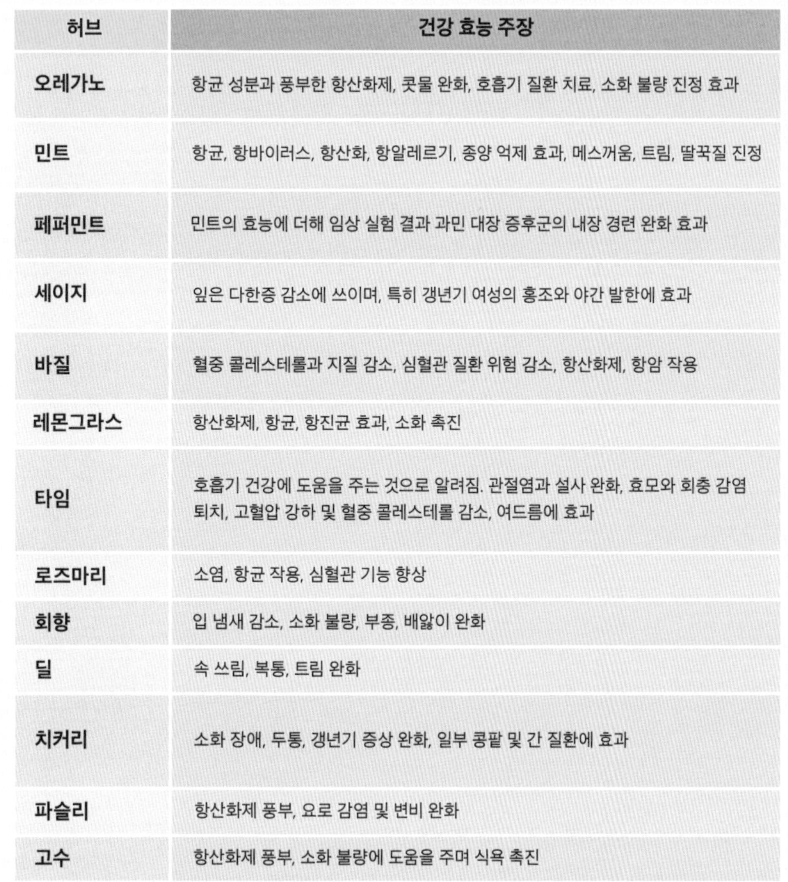

허브	건강 효능 주장
오레가노	항균 성분과 풍부한 항산화제, 콧물 완화, 호흡기 질환 치료, 소화 불량 진정 효과
민트	항균, 항바이러스, 항산화, 항알레르기, 종양 억제 효과, 메스꺼움, 트림, 딸꾹질 진정
페퍼민트	민트의 효능에 더해 임상 실험 결과 과민 대장 증후군의 내장 경련 완화 효과
세이지	잎은 다한증 감소에 쓰이며, 특히 갱년기 여성의 홍조와 야간 발한에 효과
바질	혈중 콜레스테롤과 지질 감소, 심혈관 질환 위험 감소, 항산화제, 항암 작용
레몬그라스	항산화제, 항균, 항진균 효과, 소화 촉진
타임	호흡기 건강에 도움을 주는 것으로 알려짐. 관절염과 설사 완화, 효모와 회충 감염 퇴치, 고혈압 강하 및 혈중 콜레스테롤 감소, 여드름에 효과
로즈마리	소염, 항균 작용, 심혈관 기능 향상
회향	입 냄새 감소, 소화 불량, 부종, 배앓이 완화
딜	속 쓰림, 복통, 트림 완화
치커리	소화 장애, 두통, 갱년기 증상 완화, 일부 콩팥 및 간 질환에 효과
파슬리	항산화제 풍부, 요로 감염 및 변비 완화
고수	항산화제 풍부, 소화 불량에 도움을 주며 식욕 촉진

고수에 대한 격렬한 혐오는 일부 사람들의 특정 유전자와 관련이 있다

생으로? 말려서?

일반적으로 피토뉴트리언트는 가열 및 건조하면 질이 떨어지지만, 허브는 놀랍게도 건조 상태를 잘 견딘다. 특히 오레가노, 로즈마리, 타임처럼 덥고 건조한 지역에서 나는 허브는 척박한 환경에 적응한 상태라 잘 보존된다. 그러나 모든 건조 방식이 동일하지는 않다. 태양이나 오븐 건조는 많은 영양소를 파괴하지만, 냉동 건조나 전자 레인지를 활용한 건조는 향이 그대로 보존된다. 실제로 연구한 결과, 냉동 건조를 하면 영양소 저하 과정을 늦춰 허브에 든 테르펜과 항산화제의 농도가 높아진다.

말린 바질

말린 허브는 요리 과정의 초기에 넣어야 풍미가 녹아 나와 요리에 잘 배어 최상의 효과를 낸다. 요리 마지막에 넣으면 먼지나 나무 맛만 날 뿐이다. 말린 바질은 양이 더 적게 들어가므로 생바질보다 저렴한 비용으로 활용할 수 있다.

생바질

허브의 왕인 바질은 기르기 쉽고 종종 화분에 심은 채로 판매되므로 신선한 상태로 얻기 쉽다. 따뜻한 기후 식물인 바질은 추위를 싫어하므로 냉장고에 보관하면 안 된다. 싱싱할 때 자른 줄기는 물에 꽂아 보관한다.

소금

삶의 진수인 소금은 모든 생명체의 생리 작용에 필수적이다. 소금의 보존 효과와 음식에 넣었을 때 얻을 수 있는 풍미는 높이 평가하지만, 일상에서 우리는 소금을 너무 많이 먹는 것은 아닐까?

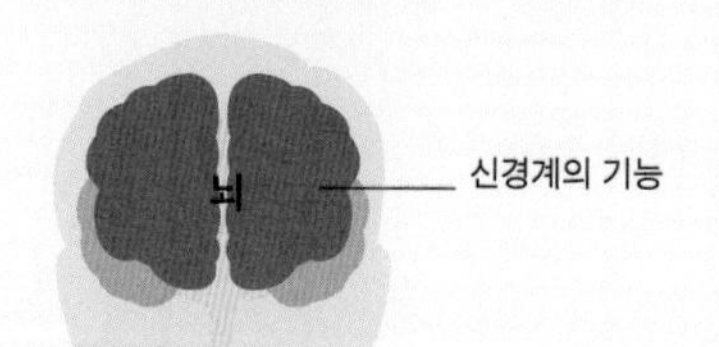

왜 필요한가?

소금은 나트륨과 염화 이온으로 구성된다. 염화 이온은 위산을 만드는 데 이용될 수 있지만, 몸에 널리 쓰이는 중요한 소금 성분은 나트륨이다. 인체의 모든 세포는 나트륨을 이용하며, 세포와 조직을 채우고 있는 액체 균형 유지와 신경 신호 전달에 특히 중요하다. 소금의 성분 중에서 나트륨이 더 널리 쓰이는 성분이므로, 과학자들이 섭취 권장량을 말할 때는 소금 자체의 양보다 나트륨 함량이나 수치를 언급하는 경향이 있다. 나트륨을 너무 많이 먹으면 고혈압과, 골밀도 감소, 기타 좋지 못한 건강 문제로 이어질 수 있다.

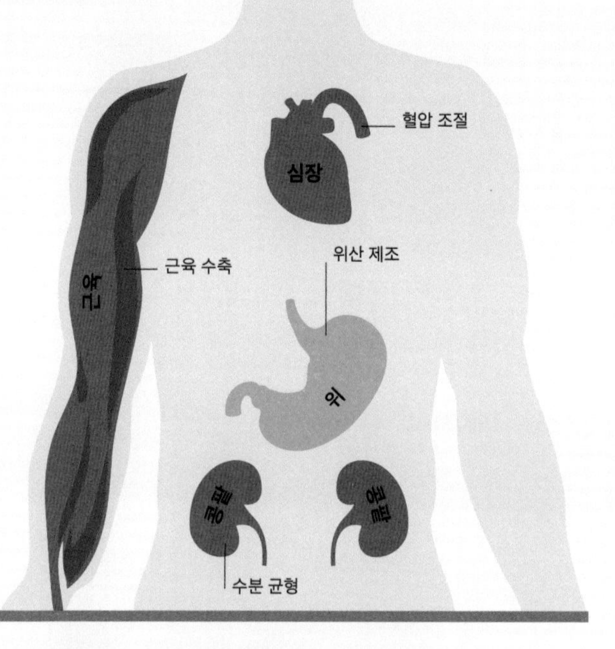

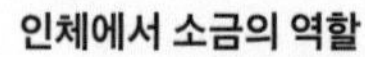

인체에서 소금의 역할

나트륨 이온은 세포의 안팎을 드나드는 수분과 기타 물질의 세포체계에 이용되며, 세포막을 가로질러 전하를 방출한다. (신경 자극이 몸 전체로 전달되도록 한다.)

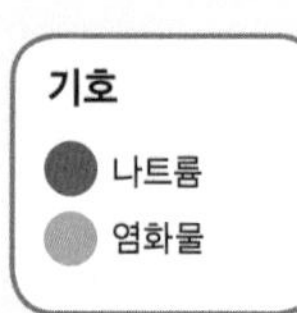

소금은 어디에서 나올까?

소금은 바닷물을 증발시켜 얻거나 암반에 퇴적된 결정을 캐내거나 용액에서 추출한다. 암염과 천일염은 비교적 가공 과정을 거치지 않은 소금으로 결정이 크거나 알갱이 형태인 반면, 식염은 분쇄 후 불순물을 제거한 뒤 분말이 잘 쏟아지도록 뭉침 방지 첨가물을 넣는다.

전 세계적으로 소금이 매년 2억 톤 이상 생산된다

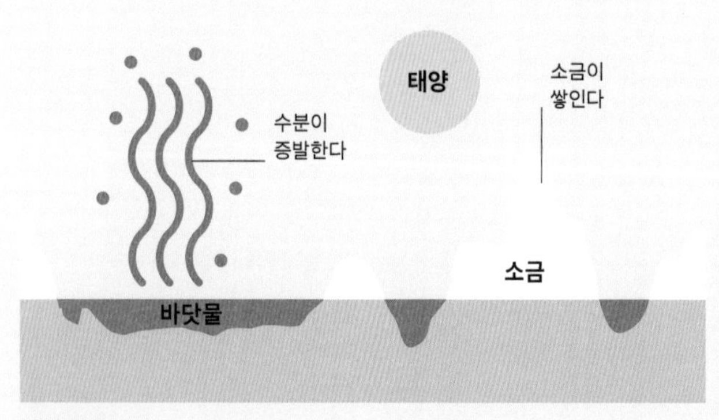

바다 소금

얕은 웅덩이에 고인 바닷물이 햇빛과 바람에 의해 증발된다. 바닷물이 좀 더 농축되면 시설 근처로 운반된다. 염도가 약 25퍼센트에 이르면 소금 결정이 생기기 시작한다.

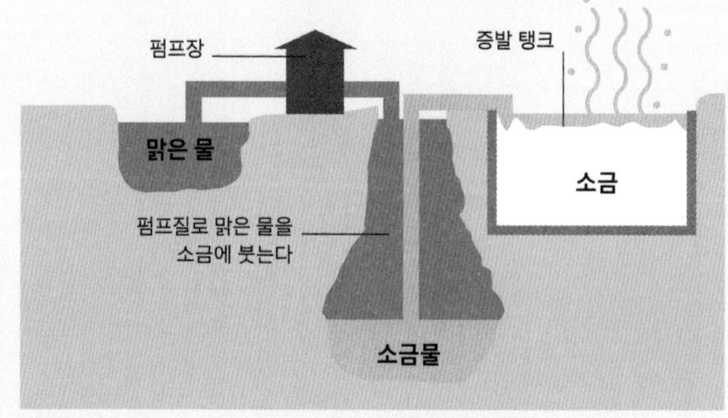

암염

암염은 광산에서 직접 캐내거나 폭발로 노출시키거나, 맑은 물을 소금에 부어 농축된 소금물로 만든 후에 펌프로 끌어올린 후 증발 탱크에서 수분을 없애 얻는다.

나트륨은 얼마나 필요한가?

공식적인 나트륨의 1일 최대 권장량은 대부분 하루 약 2그램이다. 「2015~2020년 미국인을 위한 식생활 지침(The 2015~2020 Dietary Guidelines for Americans)」에 따르면 하루 2.3그램 미만이나 1티스푼 정도의 소금 섭취를 권한다. 선진국의 실제 1일 평균 섭취량은 3.4그램을 초과하며, 고혈압(212~213쪽 참조)과 뇌졸중 같은 관련 질환의 위험이 높다.

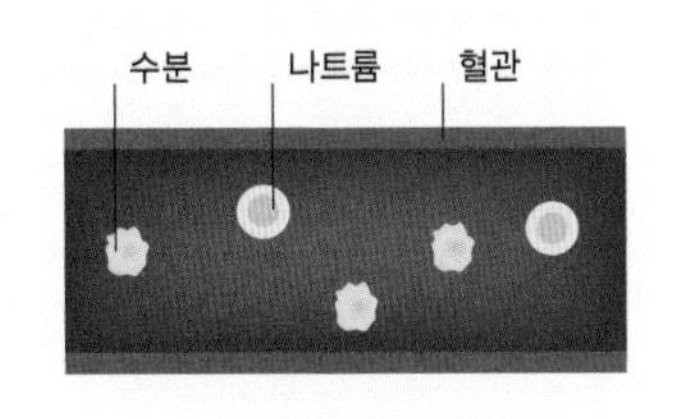

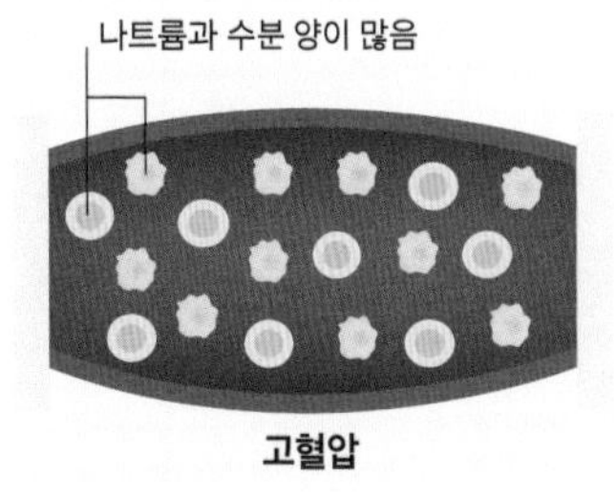

나트륨과 혈압

장기간 많은 염분을 섭취하면 혈액 중 나트륨 수치가 높아진다. 그 결과 콩팥에서 혈액 중 수분을 덜 제거함으로써 고혈압이 발생한다.

식생활의 나트륨

셀러리, 비트, 우유 같은 특정 식품에는 천연으로 나트륨이 생긴다. 그러나 대부분은 가공과 요리 과정에서 첨가되며, 식사 중에 더 넣기도 한다. 감추어진 나트륨 공급원은 가공 식품과 특히 나트륨이 많이 들어 있는 즉석 식품이다. 예를 들어 통조림 수프에는 인체의 혈장과 동일한 농도의 염분(약 1퍼센트의 염도)이 들어 있으며, 일부 가공 식품에는 바닷물(3퍼센트)만큼이나 많은 염분이 들어 있다. 의식하기 어려운 또 다른 염분 공급원은 제과류에 들어 있는 베이킹소다(탄산수소나트륨)이다.

요리사들은 왜 천일염을 선호할까?

대부분의 소금은 화학적으로 유사하지만(98~99.7퍼센트의 염화나트륨), 요리사들은 완성된 요리에 결정 상태나 고운 천일염을 넣는 것을 선호하는데, 손으로 집어넣기 쉽고 식감을 더하기 위함이다.

하루 나트륨 섭취량

매일 먹는 음식에 감추어진 나트륨 수치가 높기 때문에, 조심하지 않으면 하루 종일 먹는 나트륨 양이 빠르게 누적된다.

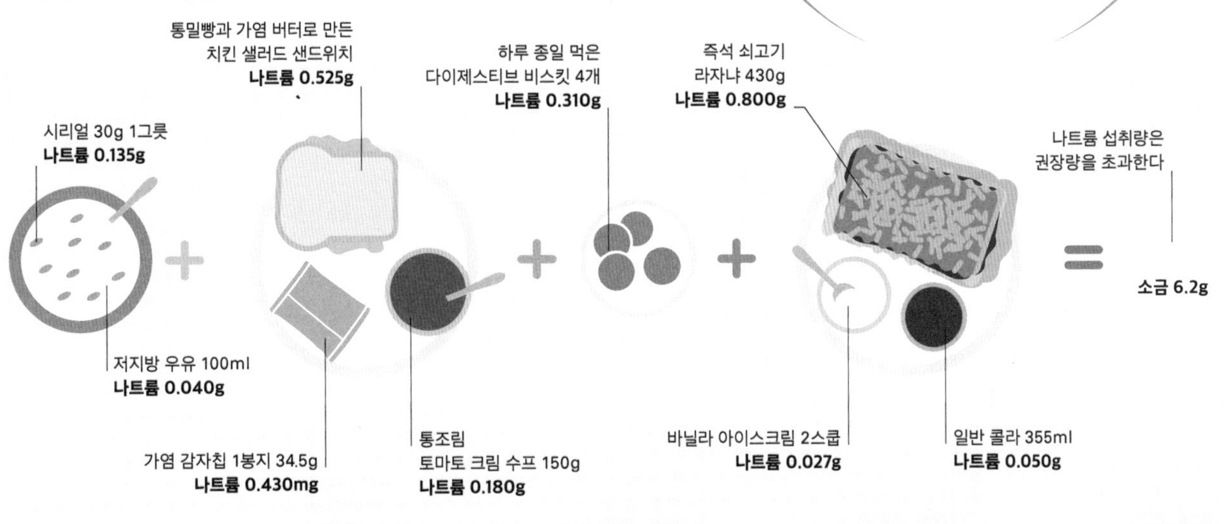

지방과 기름

건강한 식생활에 대한 대중의 인식 속에서 폄하되어 온 지방과 기름에 대한 진실된 이야기는 복잡하고 모순적이다. 생명과 좋은 음식에 필수적인 기름과 지방은 적절히 사용하면 슈퍼 푸드가 될 수 있다. 음식에 들어 있는 지방의 주요 종류는 포화지방과 불포화지방이다. 대부분의 지방과 기름은 두 종류를 다 갖고 있다.

전문가들은 왜 어떤 지방이 좋고 나쁜지 동의하지 못할까?

이 분야의 과학은 명확한 해답을 내놓는 일이 드물다. 최상의 조언은 해산물과 씨앗을 풍부하게 섭취하고, 고기와 유제품을 소량 먹는 식생활을 하라는 것이다.

지방과 기름의 공급원

기름과 지방은 실온에서 액체 상태이지만, 두 용어는 종종 서로 바뀌어 사용된다. 음식으로 얻을 수 있는 지방은 식이 지방이라고 부른다. 모든 지방은 열량이 동일하지만(9kcal/g) 다른 것보다 몸에 더 좋은 공급원이 있다. 생선과 식물의 기름은 일반적으로 더 많은 불포화지방산 사슬을 갖고 있기 때문에 동물성 지방보다 건강하다. 그러나 모든 불포화지방산이 똑같은 것은 아니다. 오메가 3 지방산은 소염 작용이 있는 복합 불포화지방이지만, 오메가 6 지방산은 반대 효과를 갖고 있다.

코코넛 기름

포화지방

포화지방은 한동안 심혈관 질환의 위험을 높이는 주범으로 인식되었지만(214~215쪽 참조), 현재는 논란의 여지가 있는 것으로 생각된다. 코코넛 기름, 버터, 치즈, 붉은 고기에는 모두 다량의 포화지방이 들어 있다.

해바라기 씨 기름

복합 불포화지방

불포화지방은 주로 식물성 기름에 들어 있다. 해바라기 씨 기름, 참기름, 옥수수 기름 등 대부분의 인기 높은 식물성 기름에는 주로 오메가 6 지방산이 많다. 아마 씨는 풍부한 오메가 3 지방산을 공급하는 드문 예외이다.

1 올리브

올리브는 익을수록 더 많은 기름이 추출되지만, 풍미는 떨어진다. 수확 시기 선택이 두 가지 요인을 좌우한다.

단일불포화 기름

올리브유, 카놀라유, 참기름, 해바라기 씨 기름 등 단일불포화지방이 풍부한 음식은 나쁜 콜레스테롤 함량이 낮아 뇌졸중과 심장병의 위험을 낮춘다.

2 으깨기

기름이 나오도록 올리브를 으깬다. 으깬 과즙은 기름방울이 잘 추출되도록 '반죽(malaxed)'하거나

저지방 식품

최근 들어 지방에 언론의 비난이 집중되면서 사람들은 요구르트와 즉석 식품, 샐러드 드레싱을 포함한 음식에서 저지방 제품으로 눈을 돌렸다. 그러나 저지방 혹은 지방 제로 제품에는 종종 맛을 내기 위하여 더 많은 당분이 사용된다.

스페인은 세계 최대 올리브유 생산국이다

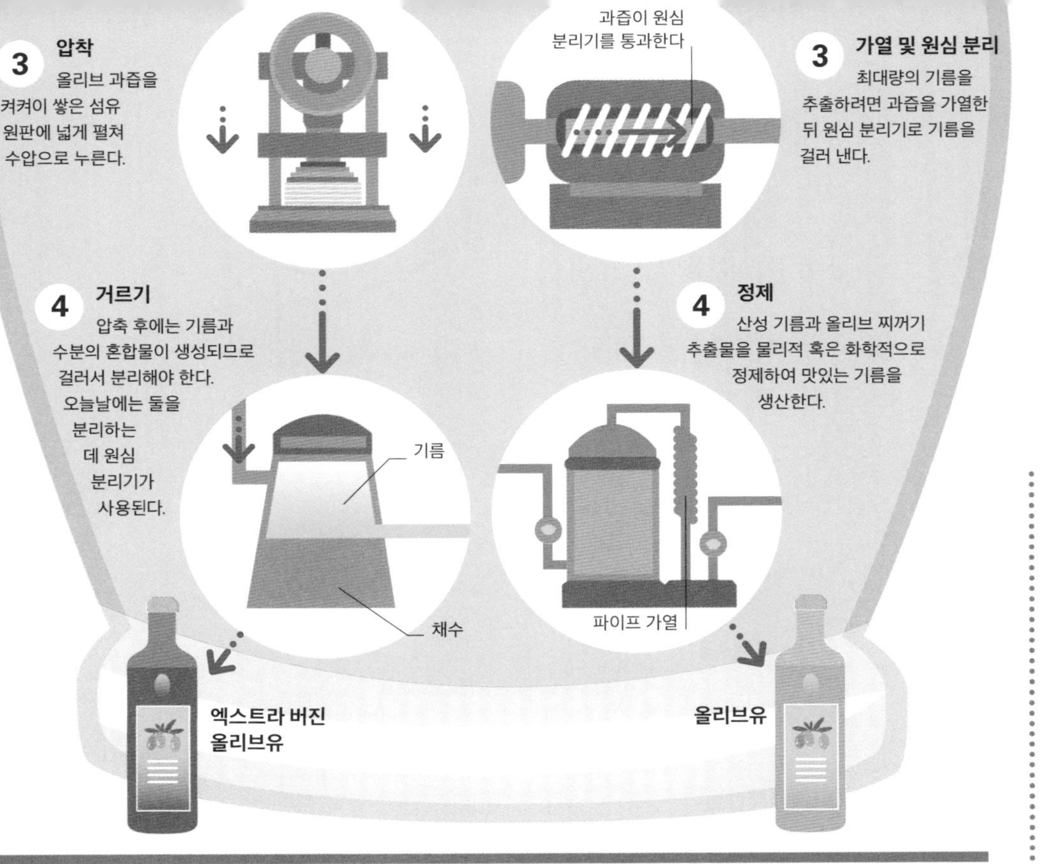

기름으로 요리하기

기름은 요리에 중요한 특징을 부여한다. 재료를 유화하고, 질긴 조직에 스며들어 약화시킴으로써 식품을 부드럽게 만들며, 물의 끓는점보다 높은 열기로 튀겨 갈변 반응을 일으키도록 익힐 수도 있다. 그러나 튀김 기름은 성분이 분해되면서 질이 떨어진다.

발연점

기름은 각기 다른 발연점(연기가 나기 시작하는 온도)을 갖고 있다. 이 온도 이상이 되면 기름은 질이 저하되어 몸에 해로운 연소 산물을 만들어 낸다. 정제되지 않은 기름은 불순물이 타기 시작하기 때문에 더 낮은 온도에서 연기를 낸다.

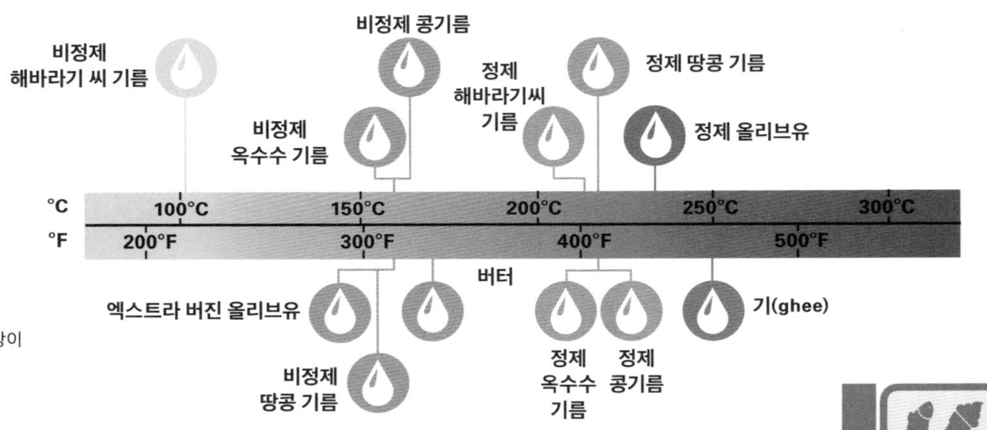

당분

단순 탄수화물인 당분은 거의 모든 식품에 존재하지만, 꿀이나 사탕수수, 사탕무, 옥수수 과즙을 정제하는 등 천연 공급원에서 순수한 형태로 얻을 수도 있다. 인체는 복합 탄수화물을 분해해 포도당을 만들 수 있으므로 정제 당분이 필요하지 않다.

갈색 설탕이 더 건강한가?

갈색 설탕에는 백설탕에서 정제된 당밀이 포함되어 있다. 당밀에는 비타민과 무기질이 들어 있지만 갈색 설탕에 함유된 양이 워낙 적어 매일 필요량에 유의미한 기여를 하지 못한다.

일반 설탕

전 세계 설탕의 약 80퍼센트는 사탕수수 과즙을 끓여 만든다. 이것을 여과해 정제하면 주로 자당으로 구성된 백설탕이 탄생하는데, 건조하여 과립이나 분말로 만든다. 더 끓여서 당밀이라고 부르는 진하고 끈적한 불순물을 더하면 갈색 설탕이 된다. 어떤 시럽은 자당을 포도당과 과당으로 쪼개 만든다.

자당은 메이플 시럽뿐만 아니라, 흑설탕부터 가루 설탕에 이르기까지 정제 설탕의 주 당분이다. 포도당과 과당 입자가 합해져 만들어진다. 인체에서는 절반의 포도당과 절반의 과당으로 소화된다.

식생활로 얻어지는 모든 소화 가능 탄수화물은 몸에서 6각형 고리인 포도당 입자로 분해된다. 포도당은 꿀에도 들어 있고, 옥수수나 감자에 들어 있는 녹말로 만든 순수한 포도당 시럽의 형태로도 구매할 수 있다.

과당은 과일과 꿀에 천연으로 들어 있지만, 잼과 전화당 시럽, 고과당 옥수수 시럽으로도 만날 수 있다.

자당

포도당

과당

감미료	자당 비교 당도	결점은?
사카린 (인공)	300배	사카린은 생쥐 실험에서 방광암의 원인으로 확인되었지만 인체에서는 이런 효과를 보이지 않아 안전하다고 생각된다.
아스파탐 (인공)	160~200배	어떤 이들은 아스파탐이 두통의 원인이라고 생각하지만, 실험 결과로는 그런 증거가 확인되지 않는다.
수크랄로스 (인공)	600배	수크랄로스는 칼로리가 없어 혈당에 영향을 미치지 않는다. 결점은 알려져 있지 않지만 연구도 거의 이루어지지 않았다.
소르비톨 (천연)	0.6배	소르비톨은 칼로리에서 자유롭지 못하다. 그러나 천천히 흡수되므로 혈당을 급격하게 올리는 원인이 되지는 않는다.
스테비아 (천연)	250배	스테비아는 '스테비아 레바우디아나(*Stevia rebaudiana*)'라는 식물의 추출물이다. 유일하게 알려진 결점은 먹은 뒤 간혹 쓴맛이 난다는 점이다.

설탕 대용품

자당보다 몇 배나 더 단맛을 내는 여러 물질이 개발되었다. 일부는 천연이고 일부는 합성이다. 열량이 낮거나 전혀 없으며, 혈당에 전혀, 혹은 거의 영향을 미치지 않는다. 연구 결과 대부분 안전한 것으로 알려졌지만, 최근의 일부 연구에서는 인공 감미료가 장내 세균 변화를 가져올 수 있으며 혈당에 영향을 미쳐 비만과 당뇨병의 위험으로 이어질 수 있음이 지적되었다.

산업화 덕분에 사람들의 삶이 풍족해지면서 설탕 수요량이 증가했다

1700 1750 1800

연도

설탕의 인기

고대와 중세 시대 사람들은 대부분 달콤한 음식을 꿀(그 자체로 포도당과 과당의 혼합이다.)에 의존했다. 사탕수수 재배는 카리브해 연안과 브라질까지 퍼졌지만, 그 결과로 얻은 설탕은 매우 소수를 위한 사치품으로 남아 있었다. 그러나 산업 혁명(1760~1840년)으로 유럽과 북아메리카에 부가 창출되자 식생활에서 정제 설탕에 노출되는 일이 급격하게 많아졌다. 설탕이 유행하면서 결과적으로 설탕 소비는 인간의 욕구가 되었다.

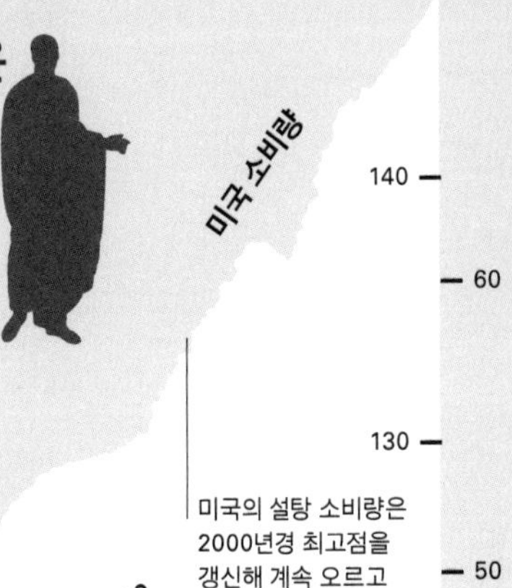

많은 고대 로마 인들은 인공 감미료로 쓴 아세트산납에 중독되었다

역사적인 설탕 소비

19세기 영국에서는 홍차와 케이크에 설탕을 넣어 먹는 것이 유행하고 사탕이 탄생하면서 설탕 수요가 급증했다. 미국의 경우 소비량은 1970년대 이후 계속해서 늘어났는데, 이것은 가공 식품과 탄산음료 제조업체가 저렴한 고과당 옥수수 시럽을 도입한 것과 때를 같이 한다.

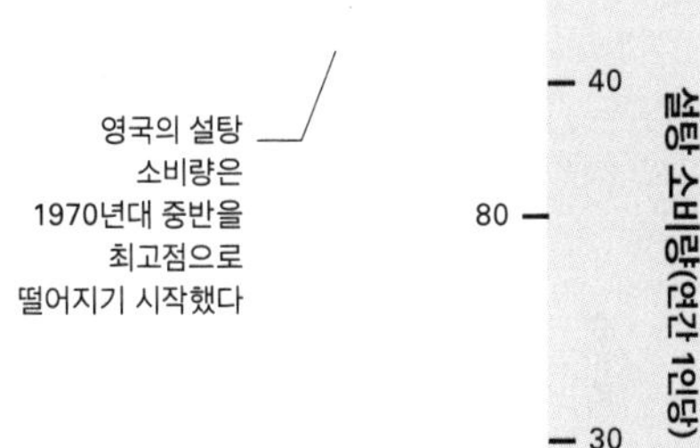

모두가 설탕 애호가는 아니다

2,000여 년 전 인도에서 사탕수수를 이용해 설탕을 정제하는 법이 발명되었음은 많은 역사학자들이 인정하는 사실이지만, 오늘날 인도인들은 1인당 설탕 소비량이 매우 적다. 마찬가지로 다른 많은 아시아 국가의 사람들도 서양인들처럼 단것에 탐닉하지 않는다.

1일 티스푼 기준

유럽과 아메리카 대륙, 남반구 사람들은 설탕 애호가 경향을 보이며, 아시아 대다수 국가들보다 대부분 일반 (첨가) 설탕을 5배나 많이 먹는다.

고혈당과 저혈당

인체의 모든 세포는 에너지를 얻기 위하여 포도당을 필요로 하며 수많은 다른 종류의 음식은 이 포도당을 제공하기 위하여 분해된다. 균형 잡힌 식생활은 꾸준한 에너지를 공급하지만, 당분이 많은 간식은 혈당 수치를 급격히 오르내리게 할 수 있다.

혈당 조절

우리 몸은 혈중 포도당 수치가 적정 범위일 때 최상의 기능을 한다. 혈당이 너무 올라가면 이자가 인슐린을 배출해 지방과 근육세포가 포도당을 흡수하도록 이끈다. 세포에서 즉각 에너지로 사용할 필요가 없는 포도당은 글리코겐으로 간에 저장되거나 몸 전체 세포에 지방으로 저장된다. 혈당이 너무 낮아지면 다른 이자호르몬(글루카곤, glucagon)이 간을 자극해 글리코겐을 다시 포도당으로 바꾼다. 이것으로 충분하지 않으면 저장된 지방이 사용된다. 당뇨병 환자는 세포가 인슐린을 만들어 내지 못하거나 인슐린에 제대로 반응하지 못해 혈당 수치가 심하게 변동을 보이며 다양한 증상을 나타낸다(216~217쪽 참조).

과잉 행동 어린이?

대중의 믿음과 달리, 아이들은 단것을 먹은 뒤 과잉 행동을 보이지 않는다. 연구에 따르면, 아이들의 실제 행동 변화는 당분 그 자체 때문이라기보다는, 당분을 섭취한 뒤 보이는 아이들의 행동 변화를 부모들이 용인하기 때문인 것으로 생각된다.

롤러코스터 타기

당분이 많은 간식을 먹으면 우리 몸은 혈당의 상승과 저하 사이클을 계속 따라가느라 고군분투한다. 이런 습관이 오랜 세월 이어지면 인슐린에 대한 민감성이 떨어져 제2형 당뇨병이 생길 수 있다.

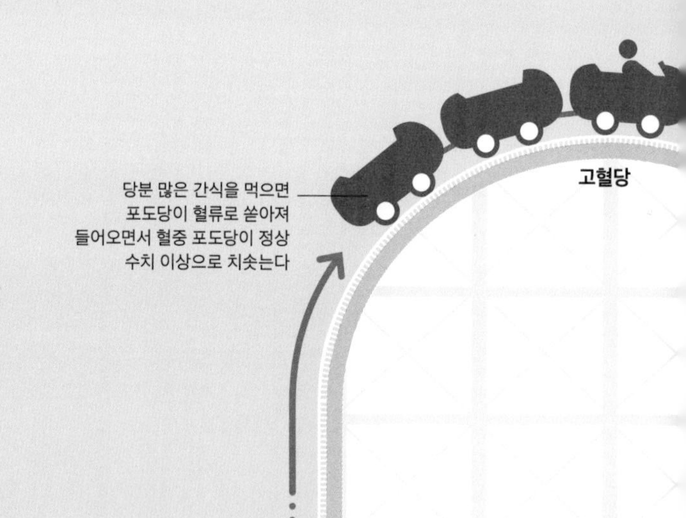

당분은 중독될까?

당분에 대한 탐닉은 일반적이며, 어떤 이들은 당분에 심리적인 의존성을 보인다는 증거도 있다. 신체적인 중독성 여부는 알코올의 신체적 중독성 여부가 불확실한 것과 마찬가지이다.

음식과 혈당 수치

다양한 음식이 혈당 수치에 어떤 변화를 가져오는지 정확히 확인하기 위하여 과학자들은 혈당 지수(GI)와 혈당 부하(GL), 두 가지 척도를 고안했다. 음식의 혈당 지수는 얼마나 빨리 혈당 수치를 높이는가를 가리킨다(91쪽 참조). 그러나 그것은 총 탄수화물의 양을 알려 주지 못하므로 혈당 수치가 얼마나 올라갈지 알 수 없다. 혈당 부하는 음식의 혈당 지수와 섭취한 양의 총 탄수화물 양을 둘 다 감안하여 정확한 판단을 내리기 위하여 고안되었다. 일반적으로 혈당 부하 10 안팎은 낮은 수치로 여기며, 20 이상은 높은 것으로 간주한다.

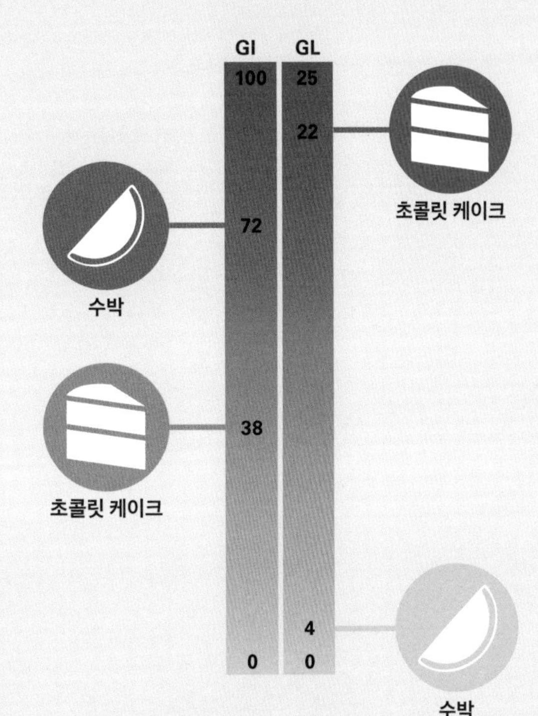

혈당 지수 대 혈당 부하

GI가 낮은 음식도 GL은 높을 수 있고, 그 반대의 경우도 가능하다. 예를 들어 수박은 GI가 높지만 일반적인 제공량(120그램)의 GL은 낮다. 초콜릿 케이크는 단 음식임에도 불구하고 상대적으로 GI가 낮지만, 같은 제공량인 120그램의 경우 수박보다 GL이 훨씬 높다.

더 많은 인슐린이 생성되어 더 많은 당분이 글리코겐이나 지방으로 저장된다

과도한 포도당은 인슐린 생성을 촉발하고, 포도당이 근육과 지방세포에 흡수되어 글리코겐이나 피하지방으로 변하므로 혈당이 빠르게 떨어진다

혈당이 또 다시 올라 정상 범위를 넘어선다

20분

당분 많은 간식을 먹은 후 혈당이 정점에 오르는 데 걸리는 시간

최대 범위

정상 범위

혈당 수치

당분 많은 간식을 더 먹음

저혈당

혈중 포도당은 다시 정상 범위의 바닥으로 떨어진다. 많은 사람들이 당분 부족으로 인한 무력감의 일종인 '슈거 크러시(sugar crash)'를 토로하지만, 이것은 심리적일 뿐 건강한 사람의 경우 혈중 포도당 수치는 정상 범위 아래로 내려가지 않는다

디저트의 매력

당분과 지방은 칼로리가 높아 인간은 이러한 고에너지 음식을 찾도록 진화하였다(9쪽 참조). 우리는 이 둘을 각각 좋아하지만, (케이크처럼) 두 가지를 합하면 뇌의 쾌락 중추가 극적으로 활발해진다. 생일과 낭만적인 만찬 같은 긍정적인 경험과 디저트 사이에 심리적인 관련성이 존재함을 알기에 아마도 기쁨이 배가 되는 듯하다.

케이크의 과학

가볍고 솜털 같은 질감을 위해 대부분의 케이크에는 베이킹파우더 같은 화학 팽창제가 사용된다. 베이킹파우더가 발명되기 이전에는 거품 낸 달걀흰자나 효모가 사용되었다. 일부 레시피는 아직 이들에 의존하기도 한다.

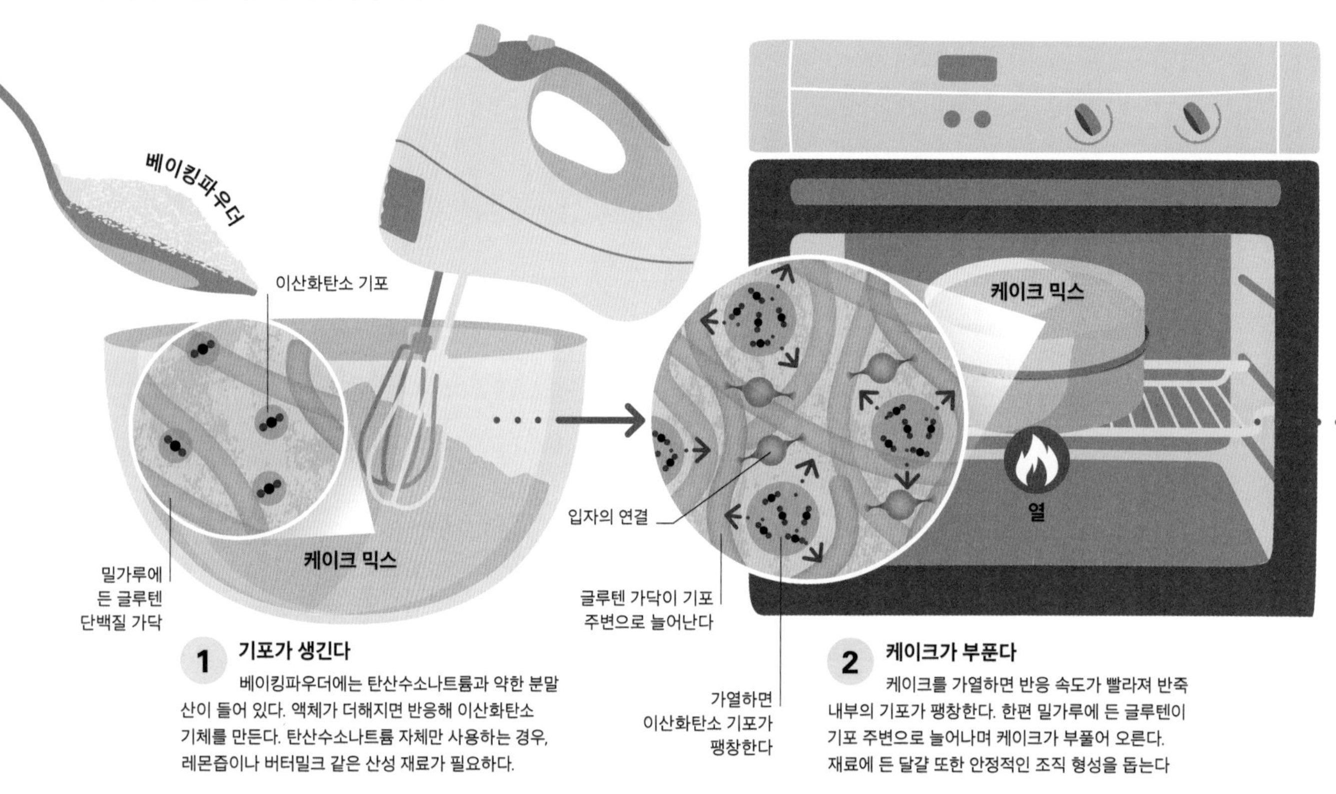

1 기포가 생긴다

베이킹파우더에는 탄산수소나트륨과 약한 분말산이 들어 있다. 액체가 더해지면 반응해 이산화탄소 기체를 만든다. 탄산수소나트륨 자체만 사용하는 경우, 레몬즙이나 버터밀크 같은 산성 재료가 필요하다.

2 케이크가 부푼다

케이크를 가열하면 반응 속도가 빨라져 반죽 내부의 기포가 팽창한다. 한편 밀가루에 든 글루텐이 기포 주변으로 늘어나며 케이크가 부풀어 오른다. 재료에 든 달걀 또한 안정적인 조직 형성을 돕는다

디저트

많은 사람들에게 특별한 식사를 퇴폐적인 디저트로 끝내는 것보다 더 좋은 방법은 없다. 우리가 가장 좋아하는 특별식을 만드는 데는 놀랍도록 다양한 과학이 적용된다. 케이크를 완벽하게 부풀리는 방법부터 맛은 똑같으면서 더 건강한 방식으로 만들려는 시도까지 모든 것은 과학의 힘이다.

왜 디저트 배는 따로 있을까?

우리는 끊임없이 다양함을 추구하고, 그렐린이라는 호르몬은 배가 부른데도 단것을 더 먹도록 부추긴다. 당분은 위를 이완시켜 더 먹을 수 있는 공간을 만든다!

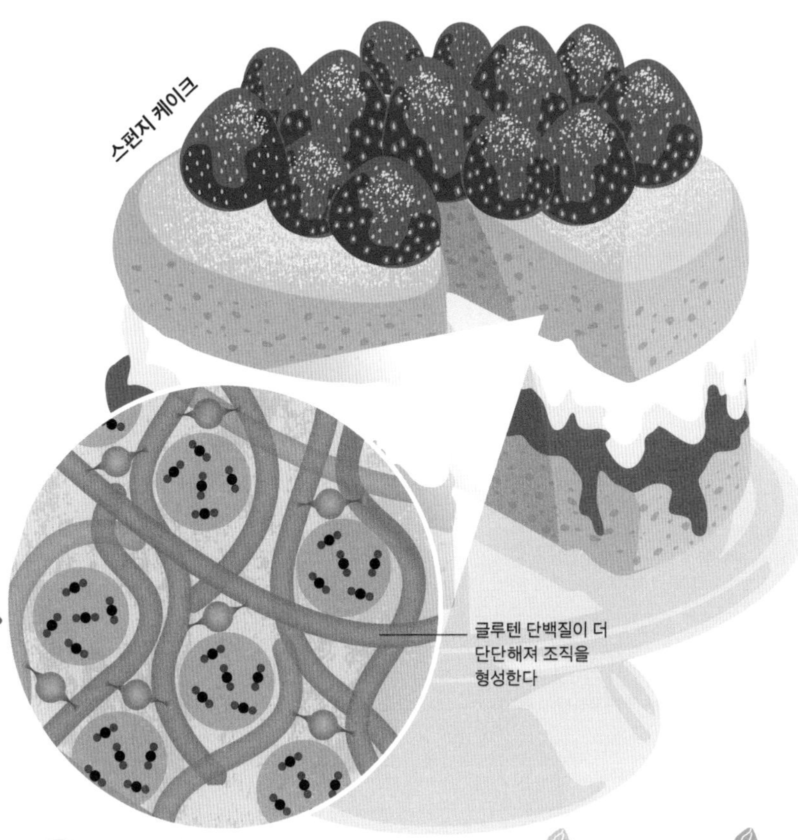

3 케이크 완성

반죽이 익으면서 케이크 조직이 단단해져 기포를 안에 가두어, 가볍고 보드라운 질감이 만들어진다. 글루텐프리 케이크의 경우에는 조직의 틀을 잡아 주는 늘어나는 단백질이 없으므로 이런 가벼운 질감을 얻기 어렵다.

녹지 않는 아이스크림

지방과 수분, 기포의 혼합물을 안정시키는 단백질을 실험하여 녹지 않는 아이스크림을 만들수 있게 되었다. 얼음 결정이 생기는 것도 막아 주기 때문에 아이스크림이 매끄럽고 부드러워져 저지방 디저트도 지방을 빼지 않은 크림만큼 부드러운 식감을 낸다!

건강한 디저트?

수많은 '건강 디저트'의 선택은 정제 설탕이나 버터를 '더 좋은' 재료로 대체하는 것이지만, 전체적인 당분과 지방, 칼로리는 여전히 높다. 생팔레오(palaeo) 브라우니(밀가루 없이 아몬드 버터로 만든 무설탕 브라우니)도 너무 많이 먹으면 체중이 늘 수 있다. 진정 건강하고 영양학적으로도 충만한 디저트는 오로지 저지방 무가당 요구르트를 곁들이고 견과류와 씨앗을 얹은 신선한 과일뿐이다.

대체 대상	대용품	더 건강할까?
정제 설탕	**꿀, 메이플 시럽, 코코넛 설탕**	천연 설탕에는 몸에 이로운 미량의 양양소가 들어 있지만, 여전히 혈당을 올리며 열량도 높다.
크림	**저지방 요구르트**	크림이나 버터를 저지방 요구르트로 대체하면 디저트의 칼로리와 포화지방을 크게 줄일 수 있다.
설탕	**인공 감미료**	인공 감미료는 혈당을 올리지 않으므로 당뇨병 환자에게는 유용하다. 장기적인 소비의 효과에 대해서는 알지 못한다
일반 밀가루	**글루텐프리 밀가루**	글루텐 알레르기나 소화 장애를 겪지 않는 한, 글루텐프리 밀가루로 바꾸어도 영양학적인 이득은 없다.

초콜릿

초콜릿은 전 세계인의 확고한 애호품이다. 원래 중앙아메리카에서 발명된 씁쓸하고 맛이 강렬한 음료였던 초콜릿은 1500년대 유럽으로 전해지며 당분이 첨가되었다. 새로운 가공 방법으로 오늘날 우리가 아는 단단한 바 형태의 초콜릿이 탄생하였다.

초콜릿에는 카페인이 들어 있을까?

그렇다. 초콜릿에 들어 있는 소량의 카페인은 코코아 고형분에서 나온다. 테오브로민(theobromine) 같은 다른 각성제도 들어 있다.

초콜릿 만드는 법

와인을 만들 때의 포도즙처럼, 코코아 열매는 가공 전에 발효를 거쳐야 풍미를 낼 수 있다. 대부분의 초콜릿에는 다른 재료가 더 들어간다. 밀크 초콜릿에는 우유와 설탕이 더해지며, 화이트초콜릿에는 코코아 고형분 없이 오로지 코코아 버터에 우유와 설탕, 종종 바닐라가 들어간다.

세계 최대 초콜릿 소비자 스위스 인은 연간 거의 9킬로그램을 먹는다

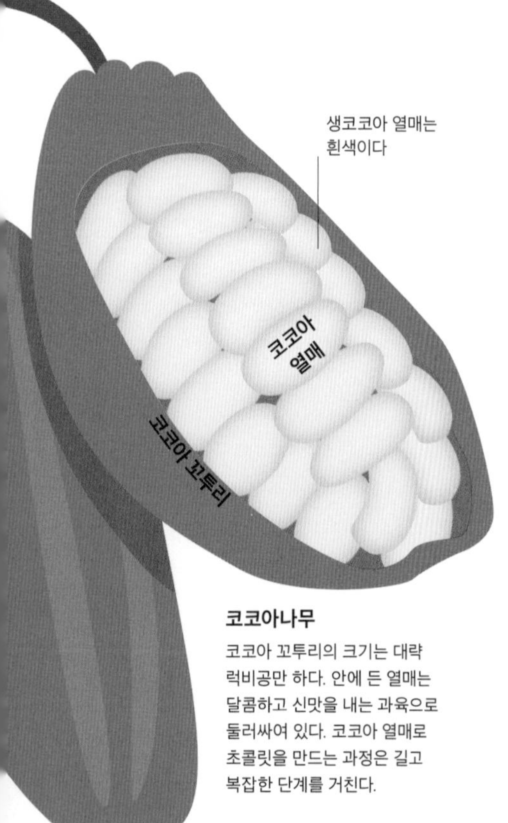

코코아나무

코코아 꼬투리의 크기는 대략 럭비공만 하다. 안에 든 열매는 달콤하고 신맛을 내는 과육으로 둘러싸여 있다. 코코아 열매로 초콜릿을 만드는 과정은 길고 복잡한 단계를 거친다.

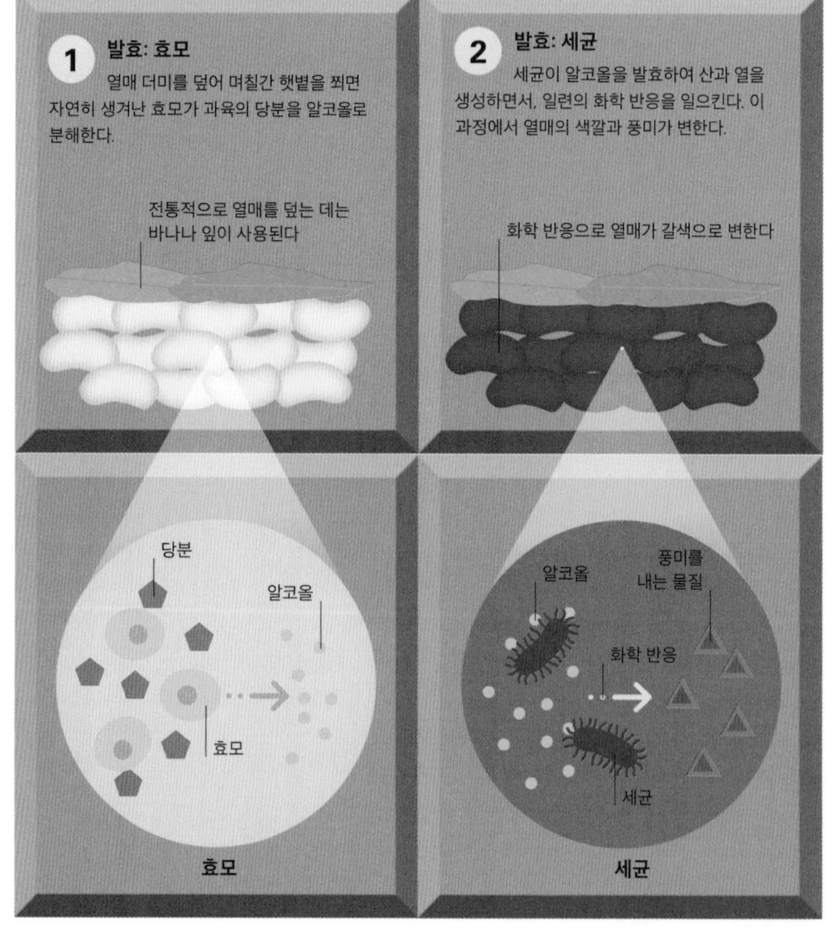

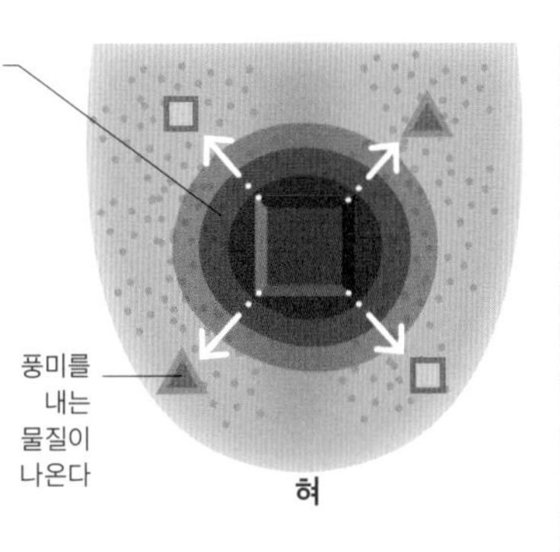

초콜릿과 쾌감

초콜릿을 먹으면 우리의 뇌는 기분 좋은 화학 물질을 배출해 물밀듯한 쾌감에 사로잡힌다. 연구 결과 이것은 초콜릿에 함유된 각성 성분 때문이 아니라 우리가 초콜릿을 탐하는 감각적인 경험 때문임이 드러났다. 이러한 경험의 가장 중요한 요인 중 하나는 놀랍게도 초콜릿의 맛이 아니라 특별한 녹는점이다.

녹이는 즐거움

초콜릿은 정확히 입안 온도에서 녹는 몇 안 되는 식품 중 하나이다. 이 때문에 초콜릿이 혀와 입안을 뒤덮어 감각적인 경험을 최고조로 높이며 풍미를 느낄 수 있다.

초콜릿과 건강

코코아에 들어 있는 항산화제는 일시적인 혈압 강하를 포함하여 여러 가지 건강상의 효능이 있다. 그러나 불행히도 대부분의 초콜릿에는 코코아가 많이 들어 있지 않고, 첨가된 당분과 지방은 초콜릿을 건강하지 못한 식품으로 만든다.

항산화제

3 로스팅

열매를 건조한 다음 풍미를 더 이끌어내기 위하여 로스팅한다. 화학 반응은 이 단계에서도 계속된다.

껍질째인 코코아 열매

4 키질과 갈기

키질(winnowing)이라고 부르는 과정에서 코코아 껍질을 제거한 다음 코코아 닙을 코코아액이라고 부르는 액체에 갈아 넣는다.

껍질 제거

코코아 닙

로스팅한 코코아 닙을 갈아 액체에 넣는다

액체

5 분리

액체는 코코아 고형분과 코코아 버터, 둘로 나뉜다. 이 둘은 따로 쓰일 수도 있고 다양한 초콜릿의 종류에 따라 재혼합하기도 한다.

액체

코코아 버터

코코아 고형분

여러 가지 결정 형태가 생겨나 울퉁불퉁한 구조를 이룬다

템퍼링 안함

한 가지 형태의 결정으로 윤기 있고 단단한 초콜릿이 탄생한다

템퍼링함

7 템퍼링

초콜릿을 식히는 온도를 신중하게 조절하는 것(템퍼링, tempering)이 올바른 결정 형태를 만드는 데 중요하다. 초콜릿 결정 모양이 뒤섞이면 초콜릿은 울퉁불퉁하고 윤기가 없으며 너무 쉽게 녹는다.

완벽하게 템퍼링된 초콜릿은 색깔도 일정하다

6 콘칭

콘칭(conching) 기계가 코코아 고형분과 코코아 버터, 기타 재료를 함께 섞으며 알갱이를 부숴 매끄러운 질감으로 만든다.

사탕

단순해 보일지 모르지만 사탕을 만드는 것은 섬세한 과정이다. 물에 녹인 설탕 혼합물에 무엇을 넣을지 신중하게 조절하고 온도 설정을 어떻게 하는지에 따라, 부드러운 것, 쫄깃한 것부터 딱딱한 것, 잘 깨지는 것까지 광범위한 질감이 결정된다.

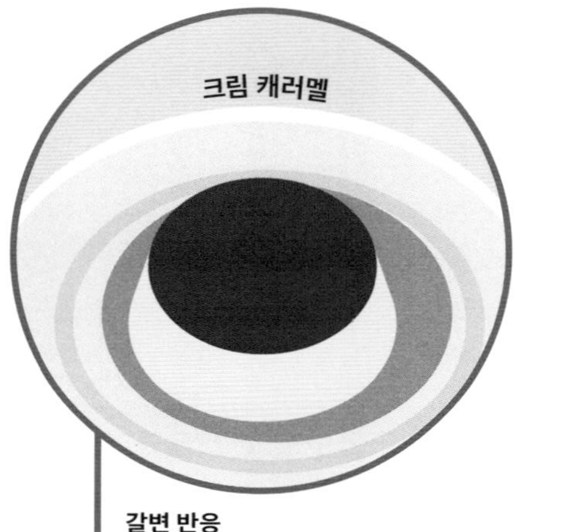

갈변 반응

고온에서 모든 수분이 증발되면 설탕은 캐러멜화하면서 더 진하고 더 풍미가 좋은 입자로 다양하게 분해된다.

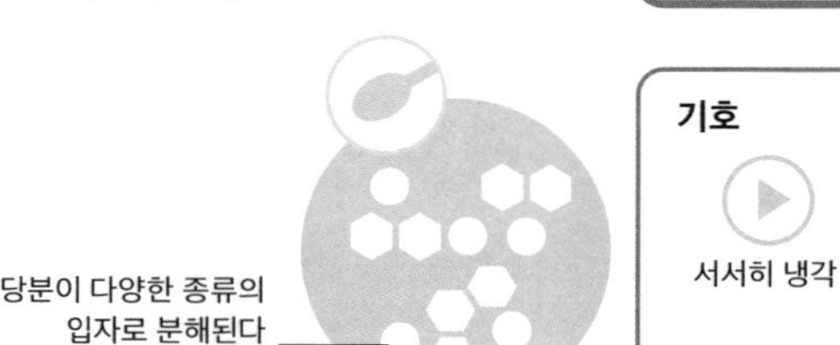

°C 200 190 180 170

°F 400 380 360 340

얼음 사탕

서서히 냉각

중간 온도까지 용액을 가열한 다음 아주 서서히 냉각하면 막대기나 끈 주변에 큰 결정이 생긴다.

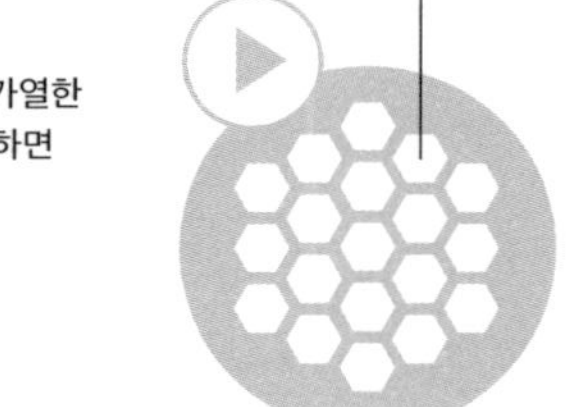
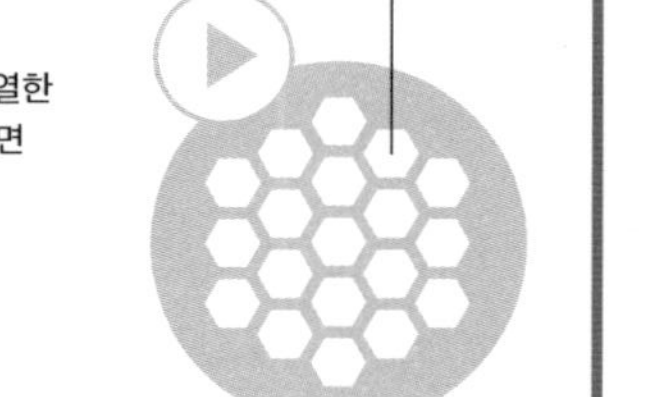

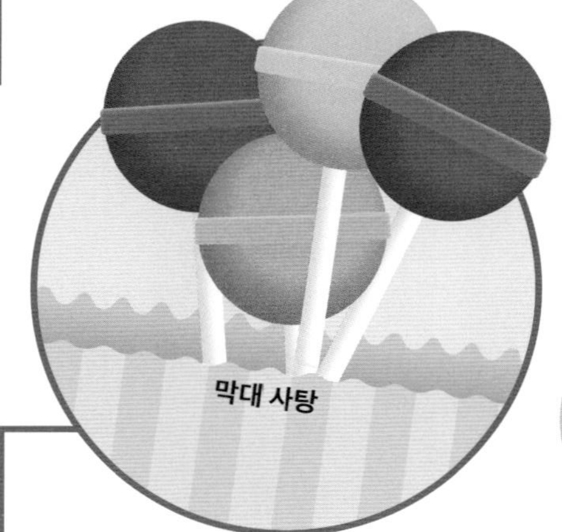

빠르게 냉각

중간 온도까지 용액을 가열한 다음 신속하게 냉각하면 결정이 형성되지 않는다. 대신에 유리알처럼 맑고 깨끗한 외형에 단단하고 깨지기 쉬운 질감의 막대 사탕과 단단한 사탕이 탄생한다.

신속한 냉각은 포도당 입자가 서로 멀리 떨어져 있다는 의미이다

포도당

솜사탕

솜사탕은 먼저 설탕 용액을 만들지 않고 설탕 자체를 녹여 만드는 방식이 독특하다. 뜨겁게 녹인 설탕을 미세한 회전 노즐로 분사한다. 강한 힘으로 생겨난 설탕의 긴 줄이 즉시 냉각되어 무정형 상태가 되면서 입안에서 녹는 섬세한 솜사탕이 탄생한다.

기호

서서히 냉각 | 빠르게 냉각 | 냉각하는 동안 젓기

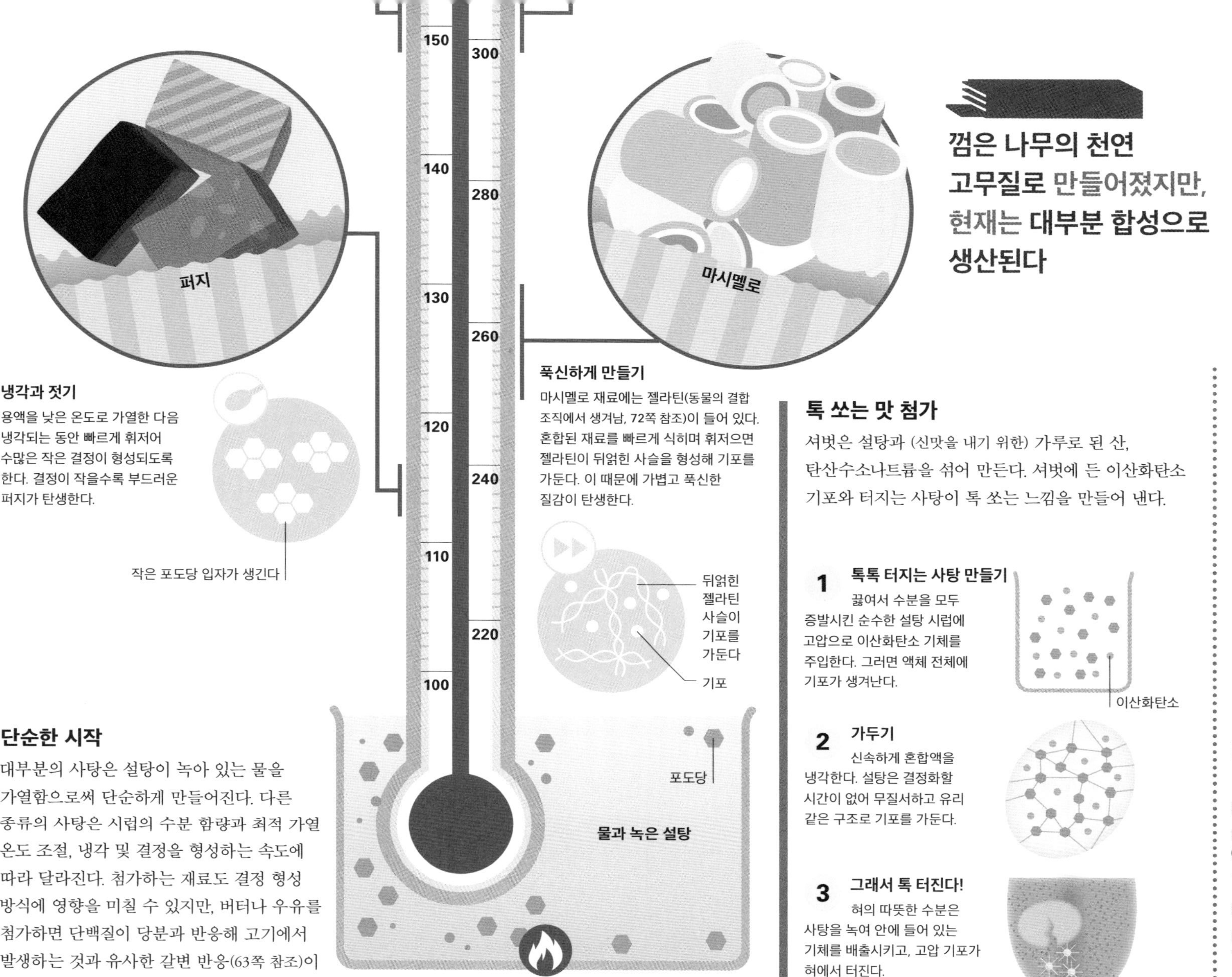

껌은 나무의 천연 고무질로 만들어졌지만, 현재는 대부분 합성으로 생산된다

냉각과 젓기

용액을 낮은 온도로 가열한 다음 냉각되는 동안 빠르게 휘저어 수많은 작은 결정이 형성되도록 한다. 결정이 작을수록 부드러운 퍼지가 탄생한다.

폭신하게 만들기

마시멜로 재료에는 젤라틴(동물의 결합 조직에서 생겨남, 72쪽 참조)이 들어 있다. 혼합된 재료를 빠르게 식히며 휘저으면 젤라틴이 뒤얽힌 사슬을 형성해 기포를 가둔다. 이 때문에 가볍고 폭신한 질감이 탄생한다.

톡 쏘는 맛 첨가

셔벗은 설탕과 (신맛을 내기 위한) 가루로 된 산, 탄산수소나트륨을 섞어 만든다. 셔벗에 든 이산화탄소 기포와 터지는 사탕이 톡 쏘는 느낌을 만들어 낸다.

1 톡톡 터지는 사탕 만들기

끓여서 수분을 모두 증발시킨 순수한 설탕 시럽에 고압으로 이산화탄소 기체를 주입한다. 그러면 액체 전체에 기포가 생겨난다.

2 가두기

신속하게 혼합액을 냉각한다. 설탕은 결정화할 시간이 없어 무질서하고 유리 같은 구조로 기포를 가둔다.

3 그래서 톡 터진다!

혀의 따뜻한 수분은 사탕을 녹여 안에 들어 있는 기체를 배출시키고, 고압 기포가 혀에서 터진다.

단순한 시작

대부분의 사탕은 설탕이 녹아 있는 물을 가열함으로써 단순하게 만들어진다. 다른 종류의 사탕은 시럽의 수분 함량과 최적 가열 온도 조절, 냉각 및 결정을 형성하는 속도에 따라 달라진다. 첨가하는 재료도 결정 형성 방식에 영향을 미칠 수 있지만, 버터나 우유를 첨가하면 단백질이 당분과 반응해 고기에서 발생하는 것과 유사한 갈변 반응(63쪽 참조)이 일어나 캐러멜 사탕에 풍미를 선사한다.

대체 식품

인류의 주요 식품 공급원에 대한 지속적인 압박과 대체 식품에 대한 필요가 높아지고 있다. 과소평가되었던 기존 식품을 더 활용하고, 완전히 새로운 식품 공급원을 개발함으로써 그런 압박감을 완화할 수 있을 것이다.

과소 평가 식품

현재 비교적 소수의 식물과 동물이 전 세계 식량의 대부분을 제공하고 있지만, 일부 지역이나 문화권에서만 식용되는 것 중에는 더 널리 활용 가능한 품종이 많다. 어떤 경우에 이것은 먹기에 적합한 것은 무엇인가, 보기에 역겹다고 생각되는 것은 무엇인가와 같은 문제에 관한 문화적 기준을 극복해야 한다는 의미일 수도 있다. 예를 들어 많은 서양 국가에서 혐오스럽다고 생각되는 애벌레나 귀엽다고 여겨지는 반려동물처럼 말이다.

포유류와 조류

말, 캥거루, 타조, 명금류, 기니피그, 개는 일부 문화권에서 식용이지만 다른 나라에서는 의구심의 시선으로 바라본다. 서남아시아와 아프리카 일부에서는 쥐고기도 주요 식품이다.

벌레와 유충

벌레와 유충은 영양가가 높다. 저지방인 경우가 많고 일부 문화권에서는 단백질 공급원으로 귀하게 여긴다. 잘 알려진 예로 오스트레일리아의 꿀벌레큰나방의 애벌레가 있다.

곤충

곤충은 이미 여러 사람들이 먹고 있으며(246~247쪽 참조) 단백질을 만드는 곤충의 놀라운 효율 때문에 더 광범위한 활용을 위한 매력적인 선택지가 되고 있다.

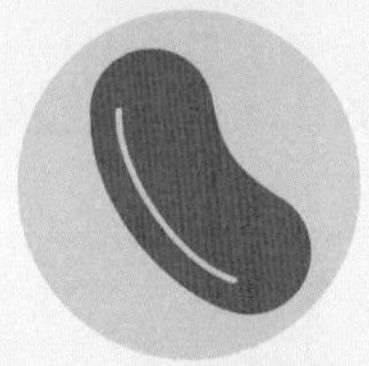

콩류와 덩이줄기

콩류와 덩이줄기는 이미 널리 식용되고 있지만, 아프리카의 얌 콩과 오카(oca) 덩이줄기 등, 영양소도 풍부하고 귀중한 식품 공급원의 가능성이 있는 다른 종들이 많다.

배양육

세계 인구의 증가로 더 많은 고기를 포함한 더 많은 식량의 수요가 생겨났다. 동물의 고기는 땅, 사료, 물 등 많은 자원을 필요로 하고, 장기적으로 지속 가능한 해결책이 아니다(228~229쪽 참조). 한 가지 잠재적인 해결 방법은 동물의 근육에서 추출한 줄기세포를 시작점으로 실험실에서 고기를 기르는 것이다. 먹을 수 있는 최초의 배양육(cultured meat, 실험실에서 키운 샘플) 사례는 2013년에 발표되었다. 그러나 대규모로 '실험실 고기'를 만드는 기술적인 어려움은 아직 극복하지 못했으며, 따라서 배양육이 짧은 기간 안에 더 많은 육류 수요에 대한 해결책이 될 가능성은 없다.

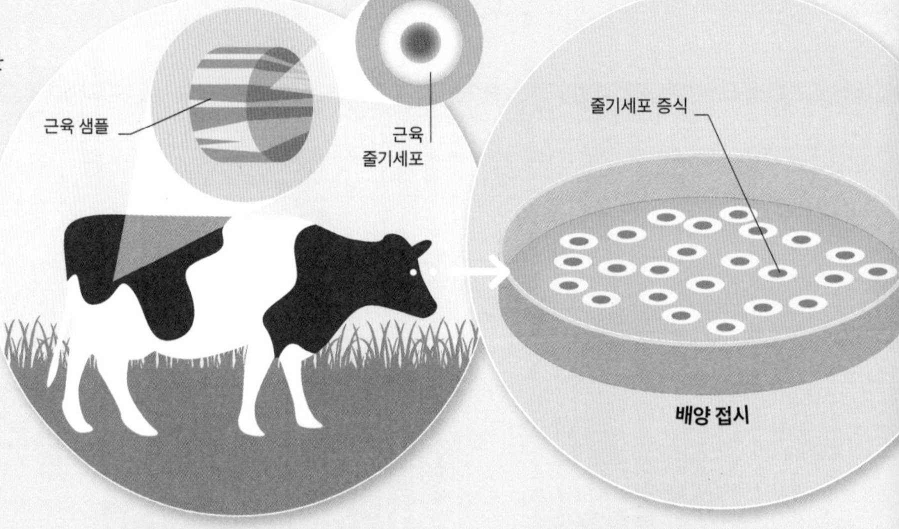

1 근육 샘플 확보

대개 소나 돼지의 근육에서 작은 샘플을 확보해, 샘플에서 줄기세포를 추출한다. 이 줄기세포를 배양해 고기로 기른다.

2 근육 줄기세포 배양

줄기세포를 배양 접시에 담아 증식할 수 있도록 영양분을 공급한다. 세포가 충분히 증식해 생명 반응 장치에서 더 많은 양의 고기로 자랄 수 있도록 하기 위함이다.

새로운 식품

인간의 식생활에 실질적으로 추가되려면 새로운 식품은 특정한 자질을 갖추어야 한다. 안전해야 하고, 영양소의 좋은 공급원이어야 하며, 생산하기 경제적이고, 이왕이면 생태 발자국도 작아야 한다. 과학자들이 이미 동물의 근육에서 고기 자체를 기르는 노력을 기울이고 있지만(아래 참조), 좋은 시작점은 루핀(lupin) 콩과 조류(algae) 같은 기존 식품을 활용하는 것이다.

섬유소를 식품으로 이용할 수 있을까?

인간은 섬유소를 소화할 수 없지만 과학자들은 셀룰로오스(섬유소의 주요 성분)를 녹말로 탈바꿈시켜 우리가 소화할 수 있도록 잠재적인 식품으로 활용하는 방법을 찾아냈다.

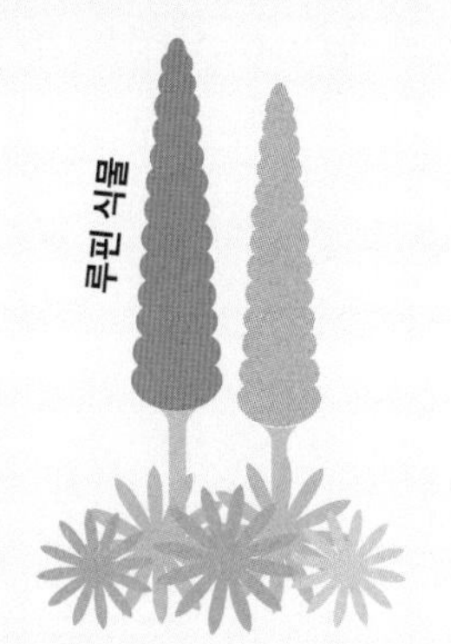

조류
해조류 같은 대형 조류는 아시아에서 인기 높은 음식이지만, 일부 미세 조류도 재배해 조류 가루 같은 식품을 만드는 데 활용되고 있다.

루핀 콩
루핀 콩은 이미 일부 요리의 재료로 사용되지만, 루핀 고기와 가루 등 합성 식물 단백질 제품을 만드는 원재료로도 활용하고 있다.

2만
전 세계적으로 식용 가능한 식물의 종수

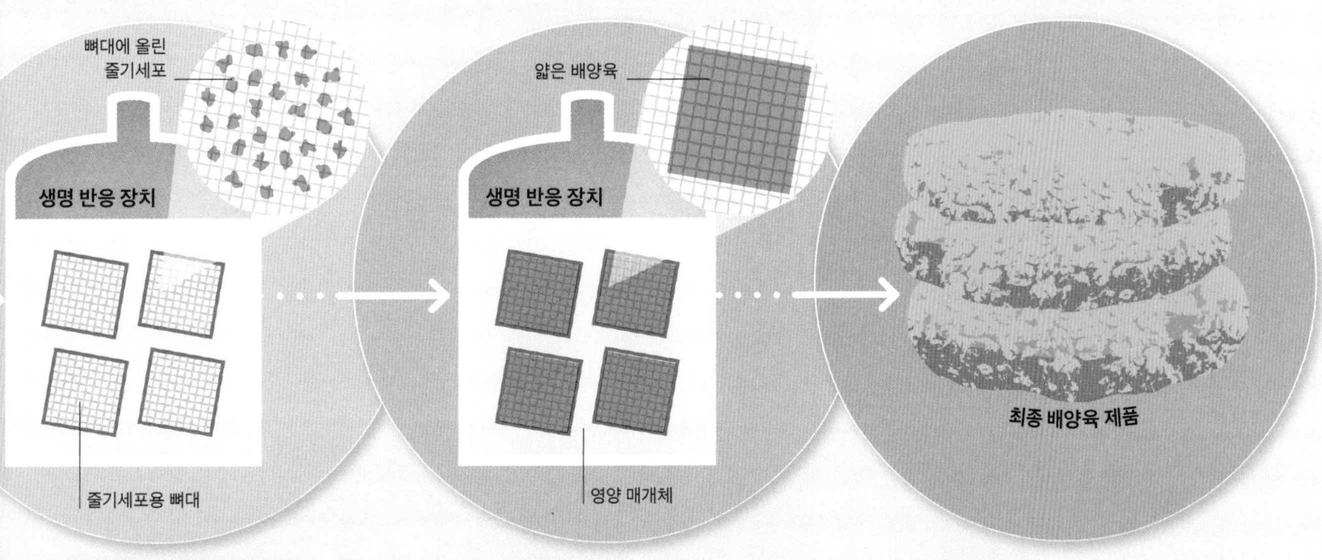

3 줄기세포를 뼈대에 고정
줄기세포를 뼈대라고 부르는 틀에 고정해 그 표면에서 자라도록 한다. 미생물에 의해 분해되고 먹을 수 있는 뼈대를 생명 반응 장치에 넣는다.

4 배양육 생성
생명 반응 장치의 영양액에 담긴 세포는 얇은 고기층으로 자라난다. 층은 매우 얇기 때문에(약 1밀리미터), 더 크고 먹을 수 있는 조각으로 커지려면 가공이 필요하다.

5 배양육 가공
생명 반응 장치에서 얇은 배양육 층을 꺼내 두툼한 조각으로 가공한다. 색소와 풍미, 지방 등의 첨가물을 혼합하여 천연육 같은 생김새와 맛을 내는 고기로 성형한다.

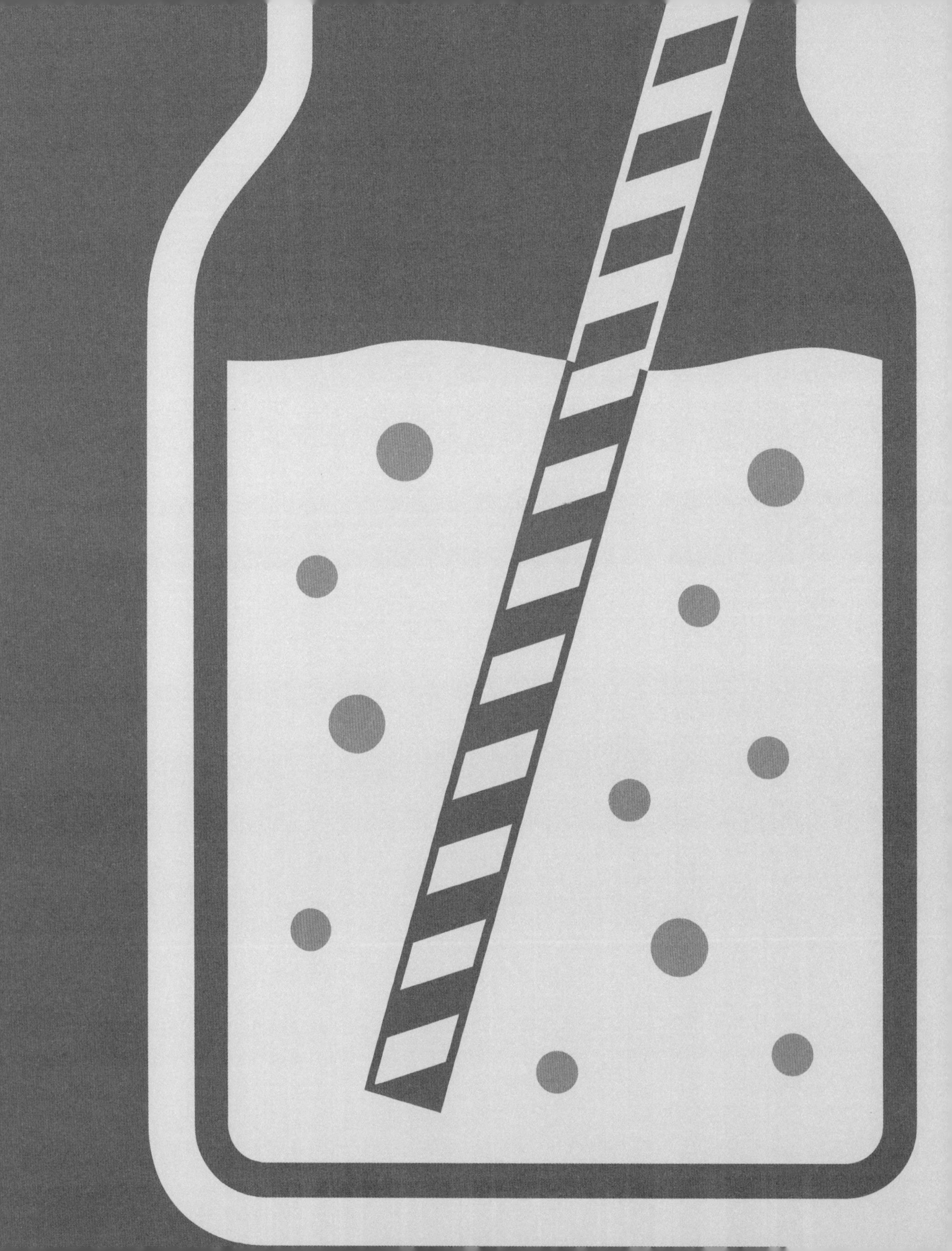

무엇을 마실까?

먹는 물

깨끗하고 안전한 수돗물은 위대한 문명의 성취이다. 판매용 생수의 인기가 점점 더 높아지고 있지만 환경에 미치는 영향이 염려될 뿐만 아니라 포장된 먹는 물이 건강에 이롭다는 확고한 증거도 없다.

전해질이란?

식품학에서 전해질은 용해된 무기질이나 소금을 가리킨다. 인체의 조직과 세포가 정상적인 기능을 하려면 나트륨, 칼륨, 염화물 같은 전해질이 필요하다.

수돗물의 처리

물을 처리하는 목적은 흙과 찌꺼기, 독성 화합물, 미생물을 제거해 인간이 소비하기에 안전한 물을 만드는 것이다. 자세한 처리 과정은 물의 기준에 따라 지역마다 다르지만 대부분 여기 제시된 단계를 포함한다.

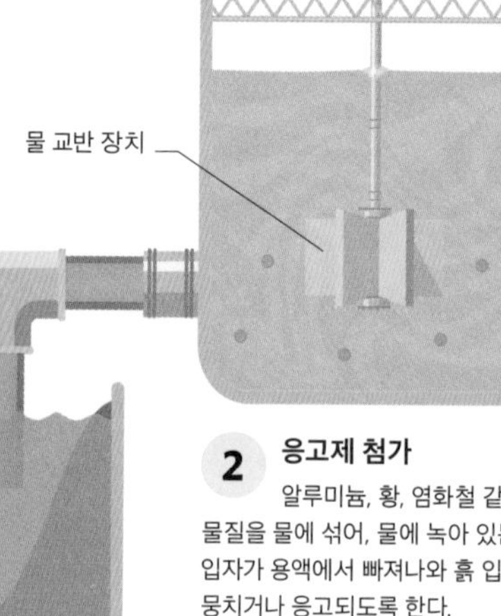

응고제

저수지

1 수원에서 공급된 물

인간이 소비하기 위한 물은 호수, 강, 저수지, 시추공에서 끌어온다. 대형 찌꺼기와 유기물은 나중 처리 단계에서 관을 막을 수 있기 때문에 미리 체로 거른다.

2 응고제 첨가

알루미늄, 황, 염화철 같은 화학 물질을 물에 섞어, 물에 녹아 있는 불순물 입자가 용액에서 빠져나와 흙 입자와 서로 뭉치거나 응고되도록 한다.

대형 입자 덩어리

침전물 층

3 침전

살짝 섞어 응고된 입자 찌꺼기가 더 큰 덩어리로 뭉치는 응집이라고 알려진 과정이 진행된다. 이런 덩어리는 탱크 바닥에 가라앉아(침전) 침전물의 층을 이루는데, 이것을 분리해 비료로 활용할 수 있도록 처리한다.

수돗물

선진국에서 수돗물의 흙과 미생물, 독성 오염 물질은 철저히 제거된다. 또한 마시고 요리하기에 지속적으로 안전한지 엄격한 테스트를 거친다. 사실 이 테스트에는 판매용 생수보다 더 엄격한 기준이 적용된다. 안전성을 확인할 뿐만 아니라 물의 처리 과정에서 관이 부식되지 않도록 물의 산성과 알칼리성을 조절하는 과정도 검사한다. 건강 증진을 위해 수돗물에 특정 물질을 첨가하는 경우도 있지만(예를 들어 충치 감소를 위한 불소) 그러한 첨가물은 지역 법규에 따라 달라진다.

미네랄 워터

미네랄 워터는 전통적으로 온천이나 샘 같은 천연 수원에서 마셨던 물이다. 오늘날에는 수원에서 병에 담아 판매용으로 보급하는 경우가 더 흔하다. 물에 녹아 있는 무기질의 함량이 높은 경우가 많지만 반드시 건강상의 효능이 있는 것은 아니며, 일정 성분 요소를 함유해야 하고 처리 과정 없이도 마시기에 안전해야 한다. 샘물 또한 천연 수원에서 나온 물이지만 성분은 다양하며 여과나 처리를 거쳐야할 수도 있다.

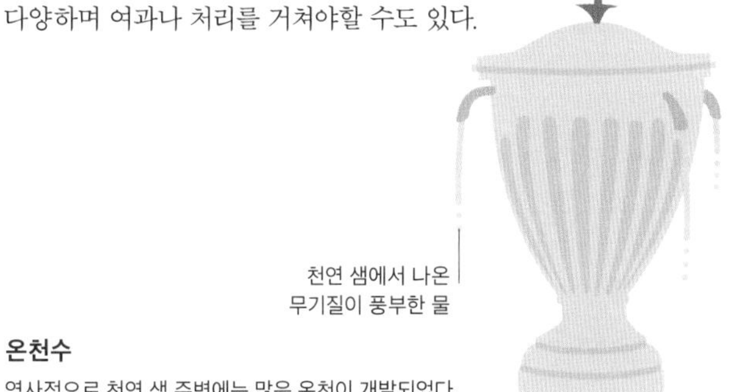

온천수 분수

온천수

역사적으로 천연 샘 주변에는 많은 온천이 개발되었다. 온천의 광천수를 마시거나 그 물에 목욕을 하면 건강에 이롭다고 여겨졌다.

판매용 생수

판매용 생수는 반드시 샘이나 기타 천연 수원에서 가져온 물은 아니다. 판매용 생수 가운데 상당수는 수도관에서 나온 것이며, 일부는 어떠한 처리 과정도 거치지 않는다. 판매용 생수는 대개 플라스틱 병에 담겨 팔리는데, 포장 과정에서 환경 문제가 생긴다. 병을 만드는 데 에너지와 자원이 필요하고, 사용 후 쓰레기도 많이 생기기 때문이다.

병에 담긴 에너지

판매용 생수를 생산하는 데 드는 에너지 비용 중 극히 소량만 물을 처리하고 병에 담는 데 이용된다. 대부분은 병을 만들고 판매를 위해 운송하는 데 사용된다.

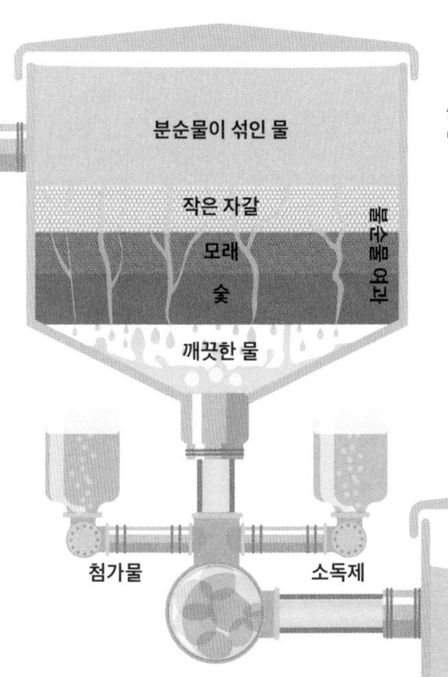

4 여과
점점 입자가 작아지도록 자갈, 모래, 숯의 순으로 쌓은 여과 장치에 물을 통과시켜 남은 불순물 입자와 미생물을 제거한다.

350억
미국에서만 연간 버려지는 플라스틱 생수 병의 수

5 소독 및 저장
산성이나 알칼리성을 띠지 않도록 화학 물질을 첨가해 남은 미생물을 제거한다. 이제 물은 급수를 위해 저장된다.

6 상수도관으로 물 공급
상수도관으로 가정과 상업 시설에 수돗물이 공급된다. 수돗물이 납 관으로 공급되는 경우 납이 물에 침출되는 것을 막기 위한 첨가물을 넣기도 한다.

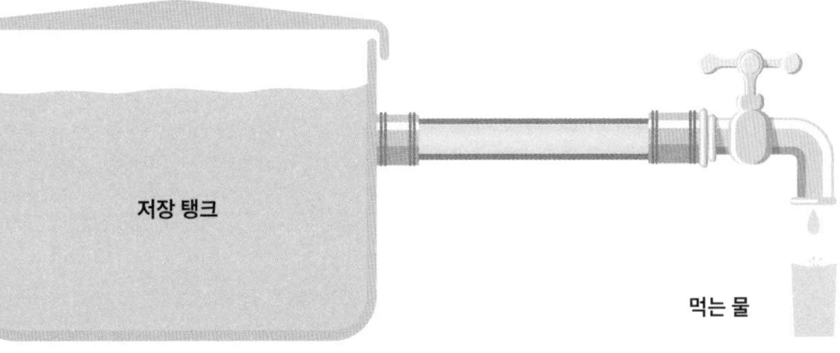

커피

매일 전 세계에서 20억 잔 이상의 커피가 소비된다. 고유한 각성제 성분, 풍부한 풍미와 향으로 사랑받는다.

베리에서 콩으로

커피는 커피나무과 식물에 속하는 관목의 열매 안에 든 콩을 로스팅해 갈아 우려낸 것이다. 일단 나무에 매달린 열매가 익으면, 열매를 따서 그 안에 들어 있는 콩만 남기고 과육을 제거한다. 때로는 과육을 제거하기 전에 햇빛에 건조해 발효되도록 내버려 두기도 한다. 또 다른 방법은 먼저 대부분의 과육을 제거한 뒤 커피콩을 발효하는 것이다. 그런 다음 세척해 건조한다.

아라비카와 로부스타 커피의 차이점은?

카페인이 2배 많은 로부스타 커피보다 아라비카 커피가 더 섬세하고 달콤한 풍미를 갖고 있지만 더 천천히 자라기 때문에 가격도 더 비싸다.

1 수확

커피나무가 5년 이상 자라면 열매를 수확할 수 있다. 열매는 초록색에서 빨간색으로 익으면 딴다.

2 가공

익은 열매는 바깥 껍질과 과육, 속껍질을 제거하는 가공을 거친다. 마지막 결과물은 초록색 생콩이다.

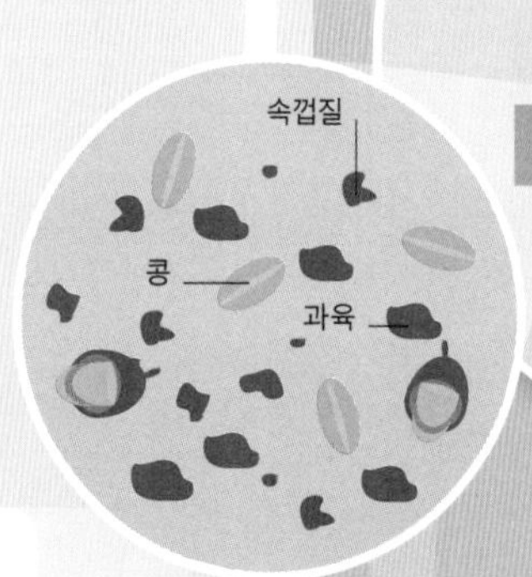

커피콩 가공

3 로스팅

초록색 콩을 (대부분 대형 드럼통에서) 로스팅해 독특한 커피 향과 맛을 낸다.

드럼 로스팅

카페인은 얼마나?

찻잎에는 커피콩보다 카페인이 더 많지만(찻잎 2~3퍼센트, 커피콩 1~2퍼센트), 커피는 끓이는 과정에서 홍차보다 더 많은 카페인이 추출된다. 일반적인 커피 한 잔에는 홍차에 들어 있는 20~50밀리그램보다 많은 50~100밀리그램의 카페인이 들어 있다. 커피 분말에서 추출되는 카페인의 양은 끓이는 방법에 따라 극단적으로 달라진다.

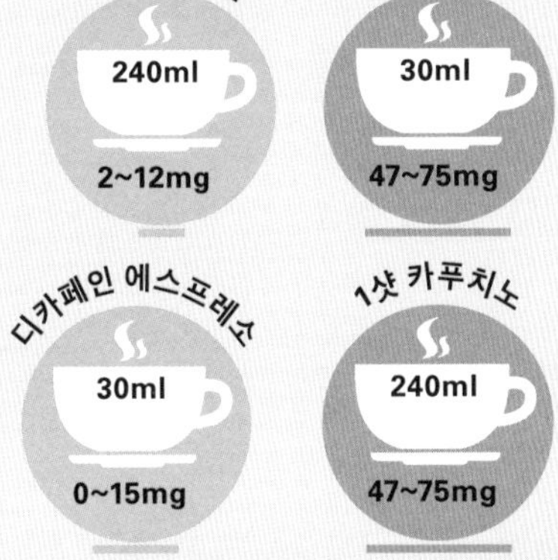

메뉴별 카페인

커피는 오래 추출할수록 더 많은 카페인이 배출된다. 에스프레소 방식은 뜨거운 물을 고압으로 원두 가루에 통과시켜, 카페인을 많이 배출하지 않으면서 깊은 풍미의 휘발성 기름을 응집한다.

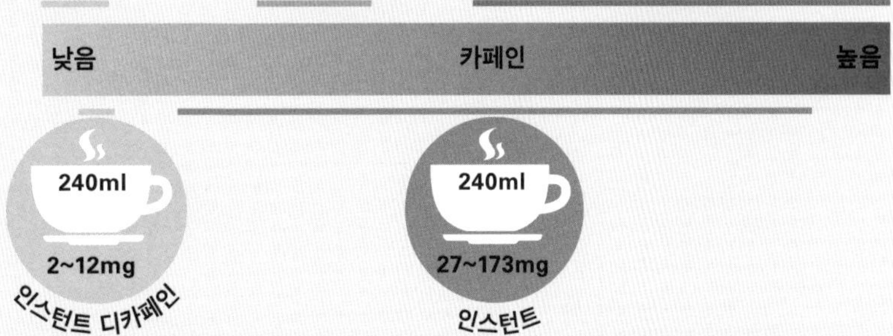

2015년에 생산된 커피 900만 톤

카페인이 인체에 미치는 영향

카페인은 세계에서 가장 널리 소비되는 정신활성물질(정신 작용에 변화를 주는 물질)이다. 카페인의 효과는 적당한 양(50~300밀리그램, 1일 권장 제한량은 400밀리그램)을 섭취했을 때 나타난다. 각성 효과, 에너지, 집중력 등을 높이는 효과 등이 그것이다. 다량을 섭취하면 불안증과 불면증 같은 부정적인 효과로 이어질 수 있다.

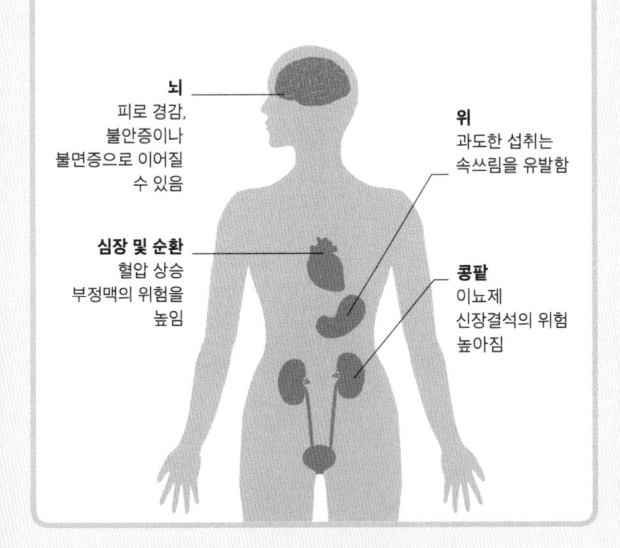

인스턴트 커피 만드는 법

인스턴트 커피는 커피를 추출한 뒤 분말로 건조하여, 간단히 물을 부으면 곧바로 먹을 수 있게 가공한 것이다. 인스턴트 커피를 만드는 방법에는 두 가지가 있다. 액상 커피를 미세한 노즐을 통해 뜨겁고 건조한 공기 중으로 분사하여 초미세 입자가 빠르게 분말로 건조되도록 하거나, 액상 커피를 냉동한 다음 제립기(과립으로 만드는 장치 — 옮긴이)를 거친 후, 냉동 상태에서 곧바로 수분을 얼음에서 기체로 배출시키는 냉동 건조 방법이다.

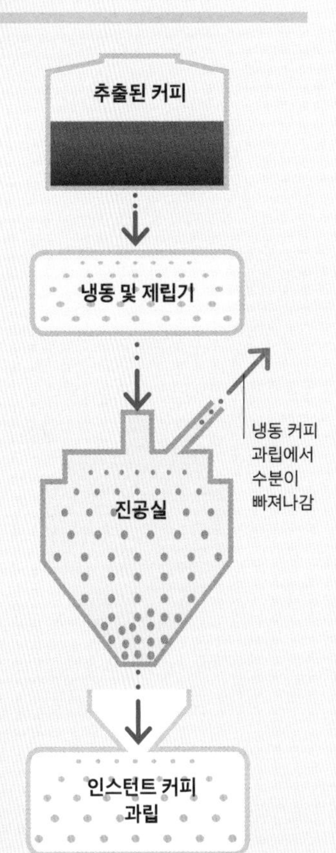

냉동 건조 커피

모든 유형의 인스턴트 커피는 제조 과정에서 풍미와 카페인을 잃지만, 냉동 건조 방법은 향기 물질을 좀 더 보존한다.

차

세계에서 가장 인기 높은 추출 차는 수천 년을 거슬러 올라가는 풍성한 역사를 갖고 있으며 풍부한 영양소의 보고이기도 하다. 홍차부터 백차까지 수많은 종류의 차가 있다.

차에는 커피보다 카페인이 덜 들었을까?

차는 커피보다 카페인 함량이 높지만, 보통 우려내는 과정에서 카페인이 더 적어진다. 커피 한 잔에 175밀리그램인데 비해 차 한 잔의 카페인 양은 50밀리그램이다.

주요 종류

차의 종류는 찻잎을 땄을 때의 성숙도와 가공 과정의 정도 및 기간에 따라 결정된다.

백차

새순이나 어린잎을 따서 효소가 작용하지 못하도록 수증기로 쪄 살짝만 발효되도록 한 뒤 건조한다.

황차

성숙한 잎을 팬에 볶아 가볍게 비벼 건조시킨 뒤, 가열 후 부분적으로 발효해 좀 더 건조한다.

녹차

성숙한 잎을 수증기로 찌거나 팬에 볶아 효소의 작용을 차단해 전혀 발효가 일어나지 않도록 한 뒤 잎을 비벼 건조한다.

홍차

성숙한 잎을 시들게 한 뒤 비벼서 몇 시간 동안 발효(혹은 산화)하도록 내버려 두었다가 불에 익혀 건조한 완전 발효차.

우롱차

절반 발효차라고 부르는 이 차는 시든 성숙한 잎을 짓찧어 단시간 발효시킨 뒤 팬에 볶아 건조해서 만든다.

보이차

흑차라고도 부르는 보이차는 황차처럼 가열 및 비비기를 한 뒤에 2차 발효를 거치는데, 그 기간이 더 길다.

허브차

허브차는 허브, 향신료, 과일 추출물을 뜨거운 물에 우려내어 만든다. '진짜' 차와 구분하기 위하여 허브차는 탕약(tisane)이나 인퓨전(infusion)으로 부르기도 한다. 뜨겁거나 차게 마시는 허브차에는 카페인이 없다.

차의 종류

차는 차나무(*Camellia sinensis*, 정원에 심는 동백나무와는 다르다.)의 잎을 건조해 우려낸 물을 가리킨다. 성숙한 잎을 건조해 만든 기본적인 차가 녹차이다. 찻잎 세포에서 빠져나온 효소가 단순 페놀을 좀 더 복잡한 페놀로 바꾸면서 더 진한 차가 생산된다. 이 과정을 흔히 오해하여 발효라고 부른다.

38%

세계 최대 차 생산국인 중국에서 재배되는 차의 비율

차 한 잔에는 무엇이 들었을까?

녹차에는 색깔도 없고 쓰지만 떫지는 않은 카테킨이라는 페놀이 풍부하게 들어 있다. 홍차 생산 과정에서 잎을 비비고 짓찧는 동안 효소가 배출되고 산화로 인해 대부분의 카테킨이 테아플라빈(theaflavin)으로 바뀌면서 홍차의 약간 쓰고 떫은 풍미가 생긴다. 차에는 카페인과 테아닌(theanine), 플라보노이드, 사포닌, 비타민, 무기질도 들어 있다.

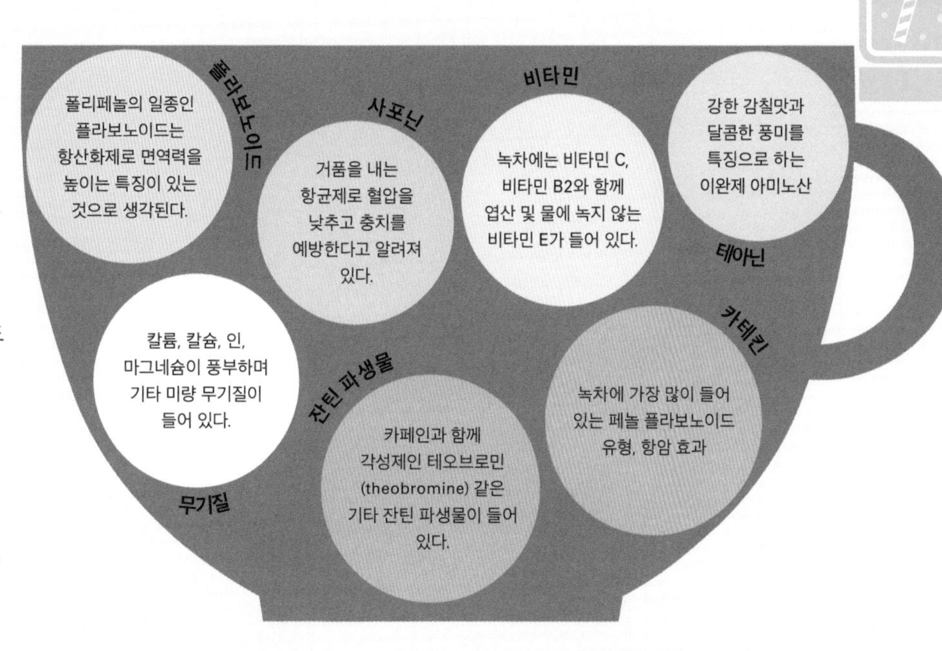

녹차

녹차의 색깔은 찻잎의 엽록소에서 나온다. 찻잎이 가공을 거의 거치지 않기 때문에 색소가 보존되고, 진한 페놀 성분에 가려지지도 않는다.

물, 우리는 시간, 온도

완벽한 차 한 잔을 우려내는 것은 예술이자 과학이다. 결과물은 pH 5에 가까운 약산성이어야 하므로, 적당히 무기질이 들어 있는 중성수로 시작하는 것이 최선이다. 많은 지역의 경우 수돗물보다는 미네랄 워터가 더 나을 수도 있다. 입자가 큰 풍미 물질은 고온에서 천천히 새어 나오므로, 녹차의 경우 온도가 낮은 물을 사용해 떫은 물질의 추출을 제한한다.

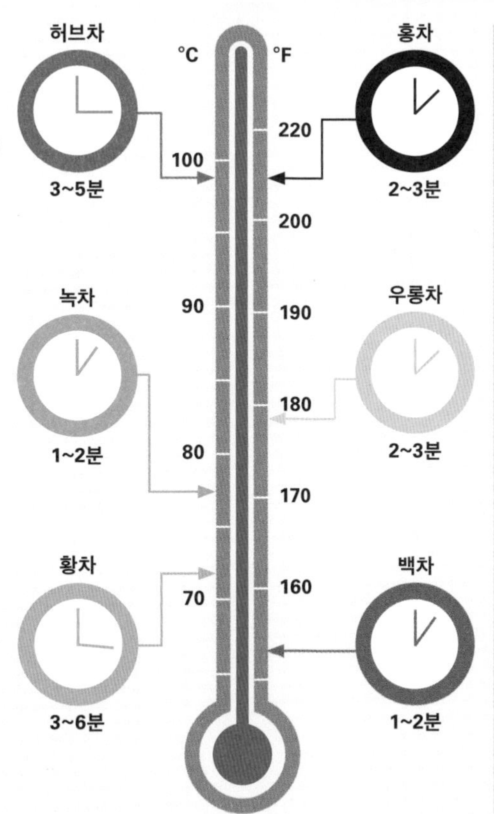

최적의 조건

종류가 각기 다른 차는 특정한 물의 온도와 침출 시간을 적용해 준비하는 것이 최선이다.

몸 식히기

뜨거운 음료는 땀의 배출량을 늘려 더운 날에 실제로 몸을 식히는 데 도움이 된다. 음료 때문에 몸속 중심 온도는 올라가지만, 순수 효과는 열 손실이다.

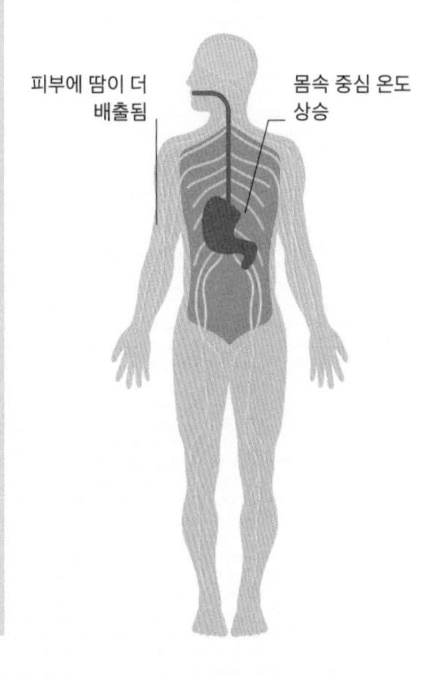

과일 주스와 스무디

가장 뜨거운 다이어트 유행 풍조 중 하나는 건강한 재료를 추출하고 갈아서 손쉽게 마실 수 있는 음료를 만드는 것이다. 주스와 스무디를 권장할 만한 많은 이유가 있지만, 광고 뒤에는 잠재적인 단점들이 감추어져 있다.

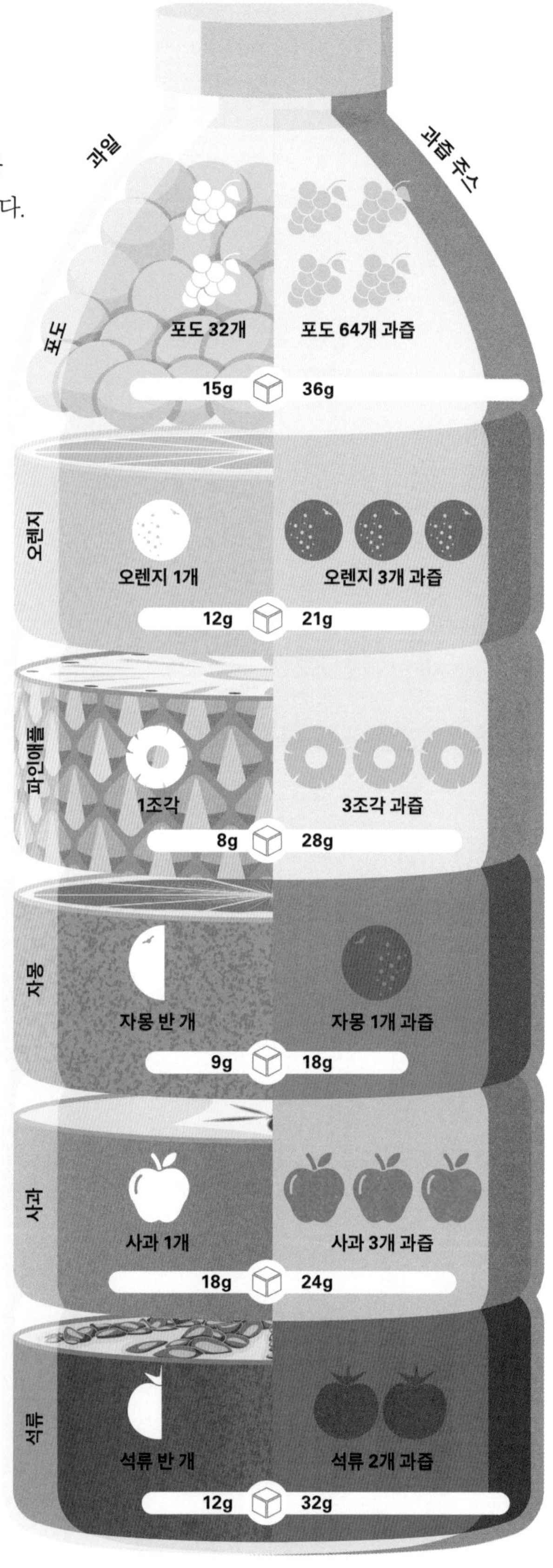

과일과 채소 vs 주스

주스는 흔히 과일과 채소의 건강 효능을 담았다고 자랑하지만, 사실 주스는 원료가 되는 식품의 원형과는 엄청난 차이가 있다. 주스로 만들면 몸에 좋은 과일과 채소의 불용성 섬유소가 제거될 뿐만 아니라, 식감도 사라지며 특히 채소의 경우 실제로 치아 청소 작용을 하는 식물의 조직이 제거된다. 과일 주스는 다량의 과일에 들어 있는 모든 당분이 훨씬 더 작은 부피로 농축되므로 결과적으로 당분 함량이 매우 높다. 유리된 당분은 입안에서 즉각 세균과 만나 충치 발생의 원인이 된다.

고체인가 액체인가?

작은 오렌지 주스 한 병에는 거의 중간 크기 오렌지 3개에 해당하는 과당이 몽땅 들어 있다. 3개면 대부분의 사람들이 먹는 오렌지 양보다 많다. 게다가 섬유소 함량은 매우 적다.

기호

 통째로 먹은 과일의 비율

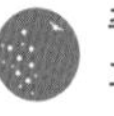 주스 병에 든 과일의 비율

 당분

농축 주스보다 생과일 착즙 주스가 더 나은가?

농축 주스의 영양가는 차이가 없다. 그러나 당분이 첨가되면 칼로리가 높아지고 충치의 위험이 있다.

스무디

모든 재료를 혼합한 스무디는 주스와 달리 자연 식품의 섬유소가 남아 있기 때문에 종종 건강 식품으로 홍보된다. 실제로 영양학적으로는 장점과 단점이 모두 있다. 장점은 과일과 채소 섭취가 늘어나고, 재료를 갈면 세포벽이 해체되어 더 많은 영양소가 배출된다는 것이다. 다른 한편, 다량의 당분을 빠르게 섭취할 가능성이 있다. 상점에서 구입한 스무디에는 당분이 첨가되었을 가능성이 높다.

장점

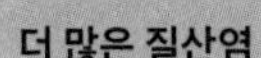

더 많은 질산염

초록 채소로 만든 스무디에는 인체의 혈관을 확장하여 혈압 강하에 도움을 주는 질산염이 많이 들어 있다.

더 많은 과일과 채소

스무디의 도움을 받으면 과일과 채소를 하루 5개 섭취하라는 목표를 더 쉽게 달성할 수 있다. 그러나 전체 식사를 대체하기보다는 보충제로 활용하는 것이 더 좋다.

더 많은 피토케미컬

스무디에 과일과 채소를 통째로 넣으면 섬유소 섭취량과 섬유소에 붙어 있는 피토케미컬의 양을 높일 수 있다.

단점

혈당 급상승

재료를 혼합하면 혈당 지수가 높아져 인체가 당분을 더 빨리 흡수한다. 스무디에 초록 채소를 더하면 이런 단점을 보완할 수 있다.

충치

과당의 홍수와 함께 몸에 좋은 섬유소 질감이 사라져 충치 위험이 높아진다. 물로 입안을 헹구면 이것을 피하는 데 도움이 된다.

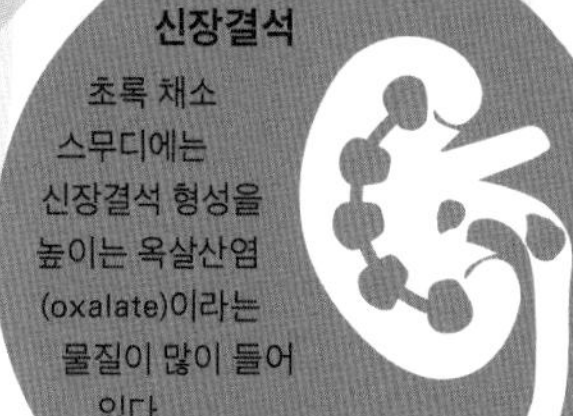

신장결석

초록 채소 스무디에는 신장결석 형성을 높이는 옥살산염(oxalate)이라는 물질이 많이 들어 있다.

스무디 센스

만드는 방법을 달리 해 스무디의 단점을 반전시킬 수 있다. 시금치나 셀러리 같은 초록 채소를 더하면 효능이 배가될 뿐만 아니라, 혈당 급상승 같은 단점도 줄일 수 있다.

과일 주스 vs 탄산음료

과일 주스는 일반적인 탄산음료나 에너지 음료보다 건강하지 않을 수도 있다. 특히 어린이의 경우 매일 마시면 비만과 당뇨로 이어질 만큼 다량의 당분이 들어 있다.

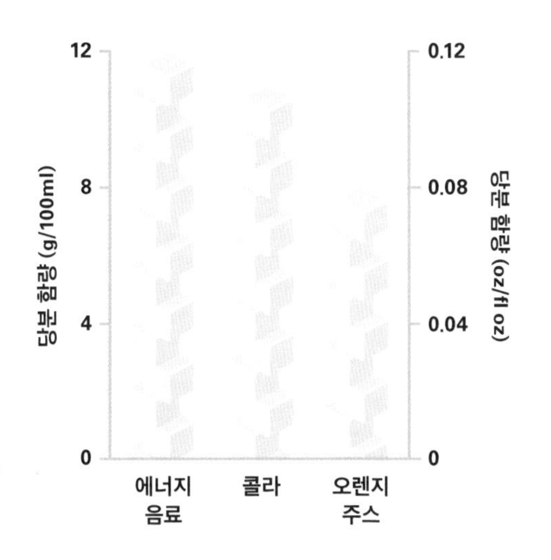

음료의 당분 함량

에너지 음료에는 놀라울 정도의 당분이 들어 있다. 일반적인 콜라 캔 하나에 약 7스푼의 당분이 들어 있는데, 오렌지 주스도 크게 다르지 않다.

혼합 수프

고형 음식을 물과 함께 먹었을 때보다 수프를 먹는 것이 포만감을 더 준다는 주장을 뒷받침하는 연구가 하나 이상 존재한다. 이것은 혼합 수프가 위에 더 오래 머물면서 그렐린, 즉 '배고픔호르몬'의 방출을 막아 식욕이 억제된다는 의미이다.

탄산음료

식생활에서 주기적으로 탄산음료를 즐기는 사람들이 많다. 주로 물로 이루어져 있지만 탄산음료에는 상당한 양의 당분이 들어 있고, 여러 가지 건강 문제를 일으킬 가능성이 있다.

탄산음료에는 무엇이 들어 있을까?

대부분 탄산음료는 당분으로 만든 '단순한 시럽'과 물에서 시작된다. 그런 다음 '완성된 시럽'의 이름에 따라 특정한 순서로 다른 재료들이 첨가된다. 그러고 나서 물로 희석하고 탄산을 주입한 뒤 병(혹은 캔)에 담는다. 어떤 음료의 경우에는 다른 원료들을 먼저 병에 담은 후 밀봉 직전에 탄산을 주입하기도 한다.

첨가물

탄산음료의 첨가물은 주로 색소와 향미 증진제이지만, '톡 쏘는 맛'을 더하기 위한 산(구연산과 인산)과 방부제, 유화제, 항산화제도 들어간다.

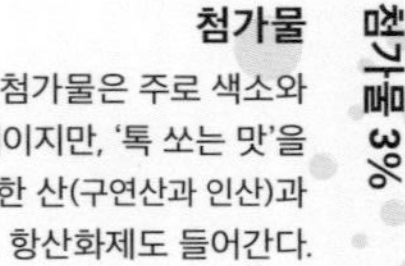

당분

일반적인 탄산음료에는 12퍼센트까지 당분이 들어간다. 330밀리리터 용량의 일반 탄산음료의 경우, 이것은 대략 설탕 9티스푼에 해당한다. 다이어트 탄산음료에는 일부나 전량이 인공 감미료로 대체된다.

압축

음료에 탄산을 넣는 것은 고압으로 액체에 이산화탄소 기체 기포를 주입해 액체에 녹도록 함으로써 가능해진다. 압력이 사라지면 이산화탄소는 다시 기체 기포를 만들어 낸다.

기포 함유

이산화탄소는 계속 압축된 상태이기 때문에 용해된 채로 유지된다. 녹아 있는 이산화탄소 일부는 탄산이 된다.

기포 느낌

병을 열면 압력이 사라져 이산화탄소가 다시 기체로 변한다. 액체에 든 탄산은 '톡 쏘는' 맛을 선사한다.

슈퍼사이즈 음료

1970년대 저렴한 설탕 대용품이 도입되면서 청량음료가 특대 사이즈로 커졌다. 이전에는 음료가 190밀리리터 병으로 출시되었으나 현재 표준 크기 캔의 용량은 330밀리리터이다. 결과적으로 사람들은 종종 음식보다 음료에서 더 많은 열량을 섭취하게 된다.

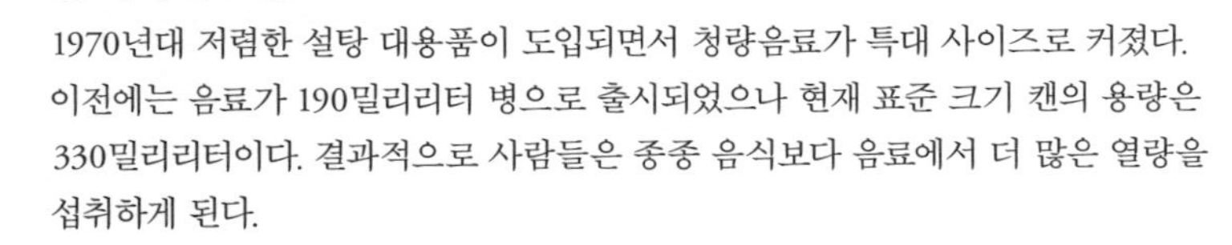

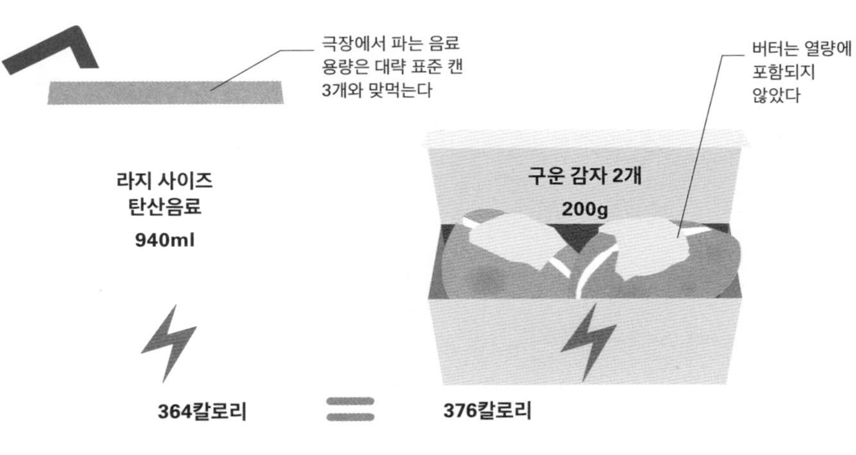

고도의 부식성 재료를 싣고 다니므로 탄산음료 운송 트럭에는 위험 경고 표시를 부착해야 한다

충치 우려

탄산음료의 당분만 건강에 나쁜 것이 아니다. 탄산음료에는 구연산, 탄산, 인산의 세 가지 산이 들어 있다. 이들의 평균 pH는 2.5로 위산보다 약간 더 강하다. 이들 산은 치아의 에나멜을 부식해 미생물의 공격에 노출시켜 결과적으로 썩게 만든다.

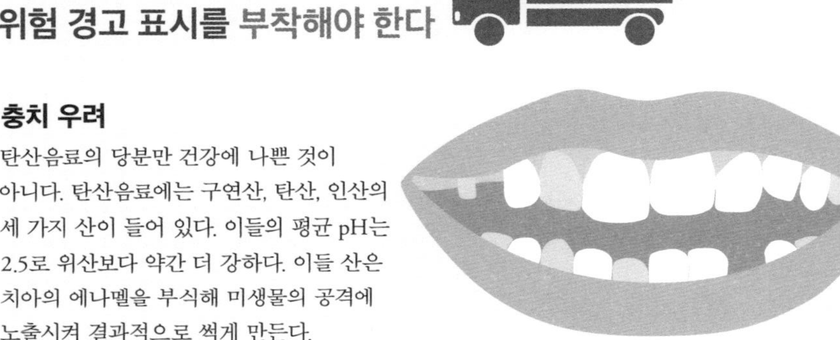

치아 변색과 부식
탄산음료의 당분은 플라그 형성을 도와 치아의 변색과 부식을 낳는다.

물 85%

물
물은 탄산음료의 대부분을 차지한다. 대개 상수도로 공급되는 물은 고형 입자와 미생물을 제거하기 위하여 여과 및 처리 과정을 거쳐 당분과 첨가물을 섞는다. 그 이후 액체에 탄산을 주입한다.

독이 든 강장제

탄산음료는 탄산이 함유된 온천수가 건강하다는 공공연한 믿음을 바탕으로 만들어진 자양 강장제에서 시작되었다. 콜라는 1886년 금지법 이전까지는 포도주와 코카인의 혼합 음료로 시작되었다. 그 후 포도주가 소다수로 대체되었고, 코카인은 중독성이 문제가 되기 시작한 1904년까지 계속 사용되었다.

에너지 음료

제조업체들의 호언장담은 에너지 음료 시장의 성장을 폭발적으로 이끌었다. 청량음료와 건강 보조제 사이에서 에너지 음료는 자신들의 호언장담을 뒷받침하느라 고군분투 중이다.

단백질 셰이크는 식사를 대체할 수 있는가?

단백질 셰이크는 균형 잡힌 식생활의 일부로 효과적인 식사 대용품이 될 수 있지만, 완벽한 식사에 들어 있어야 하는 필수적인 비타민과 무기질이 부족하다.

에너지 음료의 종류

에너지 음료란 에너지를 북돋아 준다고 주장하는 청량음료이다. 대개 카페인과 당분 함량이 높고, 전해질(보통 혈액에 녹아 있는 나트륨 같은 무기질 이온)이 들어 있는 경우도 있다. 특정 아미노산과 허브 추출물, 기타 재료를 넣어 건강 효능을 주장한다. 시장은 무설탕 음료 종류와 농도별 음용 형태에 집중한 음료 등으로 다양하게 나뉘어 있다. 알코올과 함께 마시면 과섭취 위험과 탈수 위험이 높아진다.

구아라나 씨에는 커피콩보다 2배 많은 카페인이 들어 있다

판결

카페인과 함께 대부분 당분이 잔뜩 들어 있는 에너지 음료는 규제를 받지 않는다. 제공량 당 200밀리그램, 혹은 그 이상의 카페인(매우 진한 커피 한 잔에 든 카페인의 양이 180밀리그램 정도)을 담을 수 있으며, 열량도 400칼로리나 된다.

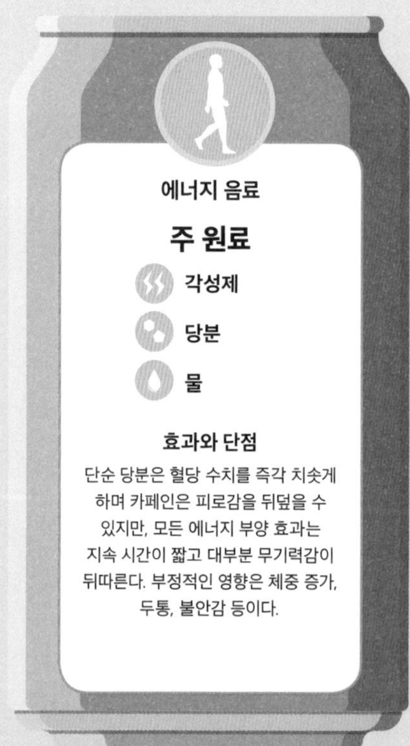

에너지 음료

주 원료

- 각성제
- 당분
- 물

효과와 단점

단순 당분은 혈당 수치를 즉각 치솟게 하며 카페인은 피로감을 뒤덮을 수 있지만, 모든 에너지 부양 효과는 지속 시간이 짧고 대부분 무기력감이 뒤따른다. 부정적인 영향은 체중 증가, 두통, 불안감 등이다.

진정한 효능?

운동 이전과 중간, 이후에 스포츠 음료가 몸에서 만드는 전해질 수치는 각각 다르다. 그러나 지구력을 요하는 운동선수가 아닌 일반인들은 전해질 수치가 낮거나 저장된 에너지가 고갈된 상태에서 달릴 가능성이 없기 때문에, 스포츠 음료가 물보다 더 좋은 효능을 발휘하는 일이 드물다.

스포츠 음료

주 원료

- 전해질
- 당분
- 물

주장 효능

땀으로 손실되는 전해질을 대체하고, 장시간 운동으로 빼앗긴 저장 에너지를 채우기 위하여 만들어진 스포츠 음료는 체력을 향상시키고 탄수화물을 기본으로 하는 운동선수의 저장 에너지가 바닥나지 않도록 돕는다.

신체 자극

에너지 음료에는 종종 카페인이나 타우린, 구아라나, 에페드린(ephedrine, 일부 국가에서는 제한됨), 인삼 등이 들어 있는데 모두 각성제 역할을 한다. 카페인은 아드레날린 배출을 자극해, 인체 대사 과정에서 에너지를 방출할 때 나오는 화합물인 아데노신(adenosine)이 보내는 '피로' 신호를 차단함으로써 각성 효과를 낸다. 에페드린 역시 각성제이지만, 고혈압과 불규칙한 심박동 등 위험한 부작용이 있다.

구아라나

구아라나(guarana) 나무의 씨는 커피콩보다 카페인이 많지만, 더 천천히 카페인을 배출한다고 한다. 심장을 자극하는 테오브로민과 테오필린(theophylline)도 들어 있다.

카페인과 스포츠

카페인은 근육의 지구력을 높이고, 인체에 저장되는 탄수화물 에너지인 글리코겐 생성을 촉진한다. 아드레날린 수치가 높아지면 혈액이 심장과 근육으로 빠르게 이동해 에너지 생성을 자극한다. 아드레날린은 통증과 피로도 감지를 느리게 한다.

효과가 있을까?

근육량을 높이도록 고안된 단백질 셰이크는 근육 형성에 필요한 아미노산을 제공한다. 현실적으로는 오로지 고도의 보디빌더들의 경우에만 식생활에서 쉽게 얻을 수 있는 양 이상으로 단백질이 필요하다. 과도한 단백질 섭취는 콩팥 손상과 골다공증의 원인이 된다.

단백질 셰이크

주 원료

- 단백질 가루
- 향미 증진제
- 인공 감미료

무엇을 제공할까

단백질 셰이크는 단백질이 풍부하게 들어간 건강 보조 음료로, 가장 흔하게는 유장(치즈를 만들고 남은 우유 단백질)으로 만들지만 우유의 카세인, 콩, 달걀, 헴프, 쌀, 완두콩으로도 만든다. 칼로리가 높다.

결론

스포츠 음료와 마찬가지로 에너지 젤 역시 마라톤 선수처럼 지구력을 요하는 운동선수 이외에는 효능을 얻을 가능성이 없다. 다른 모든 일반인에게는 체중 증가와 당뇨병의 위험에 대한 암시와 함께 공허한 칼로리만 제공할 뿐이다.

에너지 젤

주 원료

- 전해질
- 아미노산
- 첨가물

제품 분석

고농축 시럽 형태의 젤인 이 음료는 대단히 휴대성이 높은 형태의 에너지 보충제로, 끊임없이 체중을 최소로 유지해야 하는 고도의 지구력 운동 선수를 위해 고안되었다. 카페인과 기타 각성제가 들어 있는 경우도 있다.

알코올 음료

알코올 음료에는 에탄올(가장 단순한 형태의 알코올을 부르는 화학명)이 들어 있다. 알코올은 대부분 곡물(맥주 172~173쪽 참조)이나 포도(포도주 170~171쪽 참조)를 발효해 만든다. 더 순수한 형태의 알코올은 증류로 만든다.

알코올은 독인가?

상당량의 알코올은 뇌 기능을 저하시키고 위를 자극하며 탈수 현상을 일으키고 체온과 혈당 수치를 낮춘다. 즉 독이다.

에탄올 같은 휘발성 물질이 증발한다

끓이기

2 알코올 증발

에탄올은 78.4도에서 끓기 때문에, 물을 남겨 둔 채 먼저 증발한다. 독성이 매우 강한 메탄올을 비롯해 혼합액에 들어 있는 다른 화합물도 휘발성이 있으면 함께 증발한다.

3 응결

증류 과정에서 증발되어 나온 각기 다른 성분들은 냉각 파이프를 통과하면서 응결된다.

냉각 파이프

냉각기

증류액 수집

증류

알코올은 우선 당분이 많이 든 식물의 즙을 발효하여 만든다. 증류는 좀 더 순수한 형태의 알코올을 만들기 위해 이용하는 방식이다. 혼합액의 다양한 성분은 각기 다른 온도에서 끓기 때문에 혼합액을 가열하면, 일부 물질이 다른 물질보다 먼저 끓어오른다. 이것을 포집해 따로 응결시키면 순도 95~98퍼센트의 알코올을 얻을 수 있다.

4 증류

증류기를 빼내어 먼저 냉각기를 통과한 더 가벼운 휘발성 물질(컨제너, congener)을 제거한다. 컨제너를 소량 남겨 두면 고유한 풍미를 낸다. 증류액은 희석해 소비한다(166~167쪽 참조).

메탄올

맨 먼저 나오는 가장 가벼운 알코올. 독성이 강해 증류 과정에서 내다 버린다.

에탄올

모든 알코올 음료의 주요 성분 알코올

부탄올

구조가 지방산과 유사해 일부 증류주에 기름 같은 특성을 부여한다.

모으는 통

1 발효액 가열

알코올을 만들기 위해 1차로 포도(브랜디를 만드는 경우)나 곡물(위스키를 만드는 경우)을 발효시킨다. 일단 발효가 끝나면, 발효액을 증류 장치나 증류기에서 가열한다.

알코올이 얼마나 들었을까?

적당한 음주 기준과 특히 표준 알코올 음료의 구성에 대한 기준은 나라마다 다르다. 미국에서는 표준 알코올 음료에 14그램의 알코올이 들어가지만, 오스트리아에서는 6그램, 일본에서는 19.75그램이 들어간다. 영국에서는 공식적으로 단위(1단위가 약 8그램의 알코올)로 나타낸다.

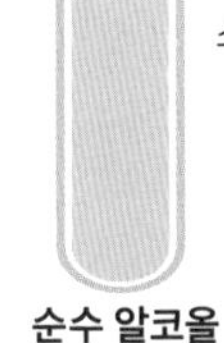
순수 알코올

칼로리 계산

1그램당 7칼로리인 알코올은 거의 지방만큼의 칼로리를 갖고 있다. 대부분의 술에는 당분도 들어 있기 때문에 칼로리가 더 높아진다. 아래 소개된 술에는 모두 미국 표준 음료 기준인 14그램의 알코올이 들어 있다.

맥주

증류주

포도주

증류주와 혼합액

알코올이 건강할 수도 있을까?

알코올과 건강 사이에는 모순이 존재한다. 알코올은 간질환과 암의 범위를 증가시키지만, 연구 결과 적당한 알코올 소비와 심장 건강 향상 사이의 관계가 입증되었다. 일부 전문가들은 회의적이지만, 어떤 사람들은 항산화제나 아산화질소가 혈류를 높이는 효과를 지적한다. 불안감이 덜해지고 사교성이 높아지는 것을 건강 효능과 연결시키기도 한다.

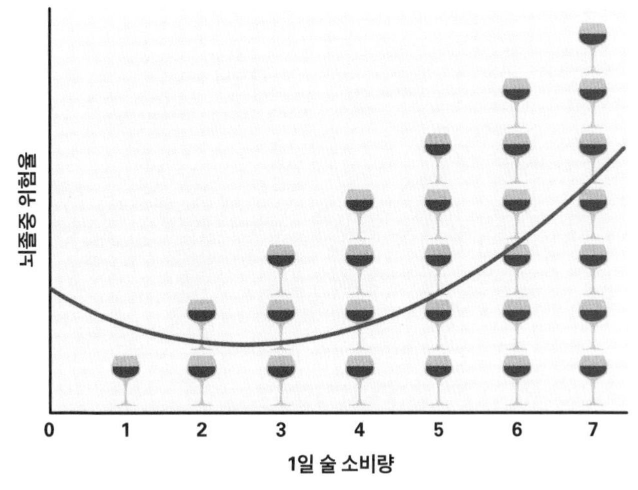

뇌졸중의 경우

소량의 알코올은 심장을 보호하는 효과를 내기도 한다. 2007년에 이루어진 연구는 뇌졸중 위험률(보라색 선)이 알코올 섭취량과 어떤 관계가 있는지, 그리고 적당한 음주는 뇌졸중 예방 효과가 있음을 보여 준다. 그러나 최근 다른 연구들은 이 결과에 대한 의혹을 제기했다.

적당한 알코올 섭취는 뇌졸중을 줄일 수도 있다

증류주

고대와 중세 선구자들이 처음 증류 기술을 선보인 이래, 증류주의 생산은 기본 재료를 농축된 알코올로 탈바꿈시킬 수 있는 연금술로 여겨졌다.

증류주인가 혼성주인가?

증류주는 발효 곡물액(164쪽 참조)을 증류하여 만든 알코올(에탄올)이다. 맥주는 부피 대비 알코올(ABV, alcohol by volume)이 3퍼센트에 불과하지만 증류주에는 20퍼센트 이상의 알코올이 들어 있고 일반적인 함량이 최소 40퍼센트이다. 혼성주는 단맛을 더하고 종종 향미증진제를 첨가한 증류주이다.

인기 있는 증류주

증류주는 원래 발효된 당분의 근원에 따라서, 희석하기 전 증류액의 순도에 따라서 달라진다. 증류액에 포함된 색깔 있는 불순물(컨제너)은 풍미를 선사한다.

알코올은 전 세계 모든 암 5퍼센트의 원인이다

음주의 위험

하루 한두 잔의 술이 심장 건강에 효능이 있다는 일부 연구 자료가 있지만(165쪽 참조), 적당한 음주도 암을 유발할 수 있다. 알코올은 구강암, 식도암, 간암, 유방암, 기타 장기 관련 암을 포함하여 9가지 암과 연관이 있다. 짐작되는 주 원인은 알코올의 분해 산물인 아세트알데히드(acetaldehyde)이다.

구강암

알코올 소비가 높을수록 입안에 생기는 암의 사례도 증가한다(1단위 = 순수 알코올 10밀리리터 또는 순한 술 한 잔). 암에 관한 한 안전한 음주량이란 존재하지 않는다.

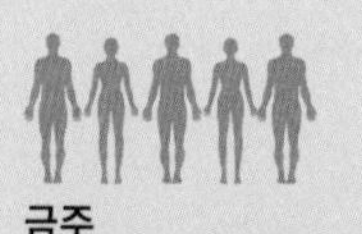

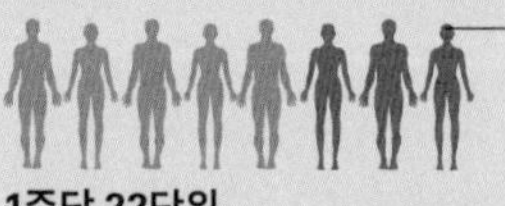

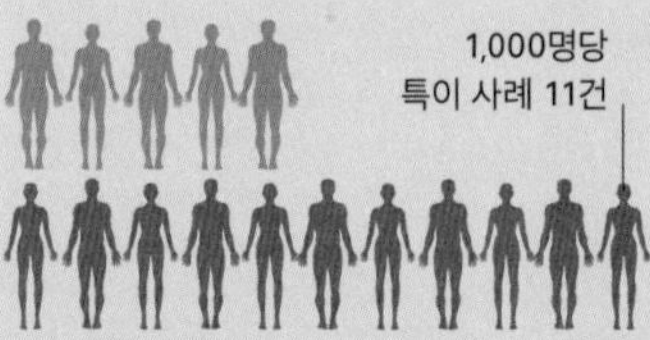

증류주는 포도주나 맥주보다 더 해로울까?

모든 형태의 알코올은 간에서 독성 물질로 분해되므로 몸에 해롭다. 증류주는 구강암과 더욱 밀접한 관련이 있으며 특히 흡연자에게는 더욱 그렇다.

주변에서 가장 저렴한 녹말을 이용해 만드는 것이 전통인 보드카는 대개 곡물로 만들지만 감자나 사탕무로 만들기도 한다. 매우 순도 높게 증류되면서 대부분의 향이 제거되므로 원재료는 별로 중요하지 않다.

보드카

위스키는 홉 없이 발효한 곡물, 주로 보리, 옥수수, 호밀이나 밀에서 증류되므로 필히 맥주로 만들어지는 술이다. 배럴 숙성은 완성된 술의 특징을 좌우한다.

위스키

카리브해 지역에서 설탕 산업의 부산물로 탄생한 기원을 갖고 있는 럼은 발효한 당밀에서 추출한다. 라이트 럼(light rum)은 높은 순도로 증류되지만 다크 럼(dark rum)에는 풍미를 내는 컨제너가 더 많이 들어 있다.

럼

알코올 남용

알코올과 (아세트알데히드 같은) 그 분해 산물은 여러 장기와 인체 조직에 독이 된다. 알코올을 10년 이상 장기적으로 남용하면 대부분의 인체 기관에 손상을 줄 수 있으며, 암(왼쪽 그림 참조), 간질환, 뇌졸중, 심장병, 뇌 손상, 신경 손상, 우울증, 발작, 통풍, 췌장염, 빈혈의 위험을 심각하게 높인다. 모두 60가지 질병이 알코올 남용과 관련이 깊다.

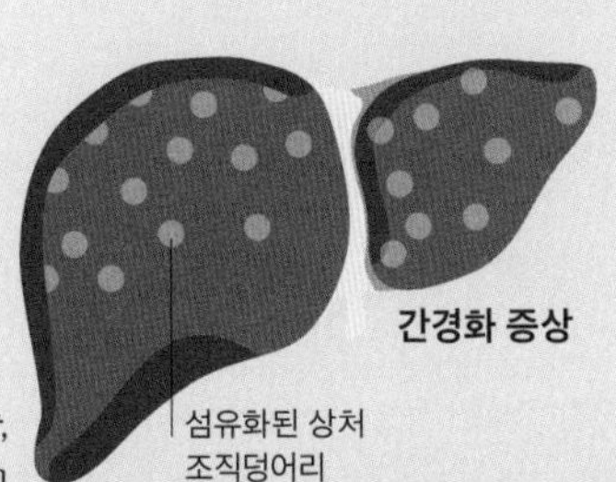

간 손상

알코올성 간경화에 걸린 간에서는 알코올의 분해 산물이 간을 손상시켜, 상처 조직과 축적된 지방이 점점 커지면서 간의 기능을 제한한다. 간경화는 치명적일 수 있다.

밀도 활용

물은 에탄올보다 밀도가 높기 때문에 알코올 성분이 많이 들어 있는 술은 물 위에 뜬다. 그러나 커피처럼 대부분의 음료는 물보다 무겁다. 기술 좋은 바텐더들은 각기 다른 음료의 밀도를 활용해 층이 생기는 칵테일을 만들어 낸다.

쿠앵트로
아이리시 크림 혼성주
커피맛 혼성주

B-52 칵테일

알코올과 인체

알코올은 몸에 매우 빠르게 흡수된다. 대부분의 음식과 음료와는 다르게, 술은 몇 분 이내에 혈류에 흡수된다. 간에서 알코올 1단위가 처리되는 데는 약 1시간 걸리며, 알코올 성분 제거를 위해 분해하는 과정에서 고도의 독성 물질이 만들어진다.

유전자와 알코올

일부 인종 집단은 몸속에 아세트알데히드에 대한 내성이 강한 유전적 특성을 갖고 있다. 유전적 특성에 따라 불쾌한 메스꺼움과 홍조가 나타날 수도 있지만, 아예 술을 끊게 하는 효과를 낳을 수도 있다. 유전자는 사람들의 알코올 의존증 경향 여부를 좌우하기도 한다.

알코올이 인체에 미치는 효과

알코올이 위에 들어가면 약 20퍼센트는 곧장 혈류로 침투되기 시작한다. 간과 뇌, 이자로 빠르게 전달되어 분해가 시작된다. 나머지는 장을 지나며 흡수된다. 알코올은 우선 아세트알데히드로 분해되었다가 다시 아세테이트로 변하며, 마지막으로 이산화탄소와 물로 변해 제거된다. 아세트알데히드는 고도의 독성을 갖고 있어 세포 손상의 원인이 되며, 특히 간은 한 번 손상되면 복구할 수 없다.

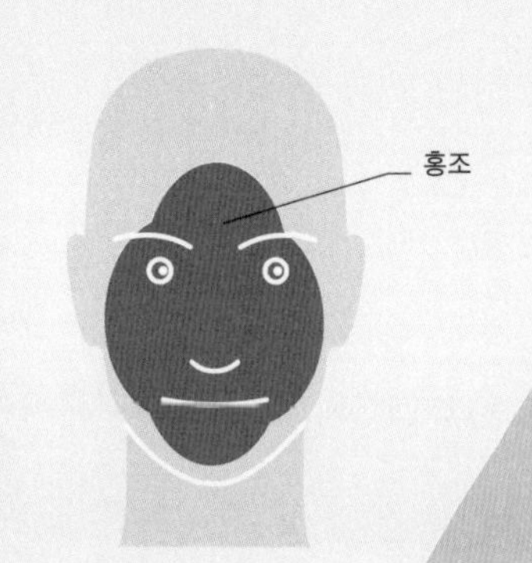

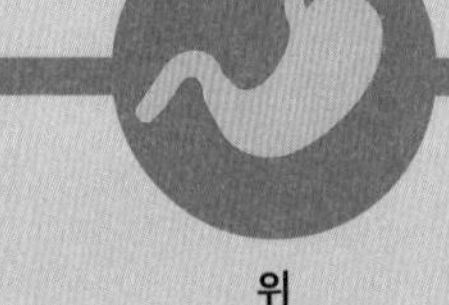

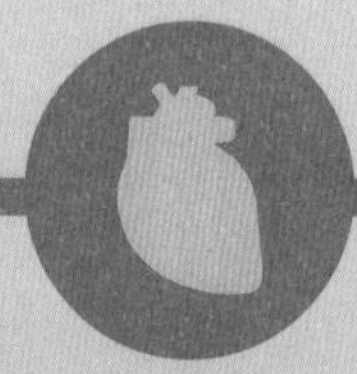

마시기

강한 알코올과 접촉하면 입과 목구멍, 식도의 내벽세포가 손상되어 해당 부위의 암을 유발할 수 있으며 특히 흡연가는 위험하다.

위 자극

알코올은 위를 자극해 다량의 위산을 분비시킴으로써 위의 내벽을 자극해 반복되면 궤양으로 이어진다.

더운 느낌

알코올은 혈관을 확장시켜 더운 느낌을 준다. 이것은 일시적인 혈압과 맥박 수 강하의 원인이 된다. 작은 혈관들은 터질 위험이 있다.

지방간

반복적으로 술을 마시면 간세포에 염증이 생겨 상처가 난다. 지방이 세포 사이에 저장되어 간이 제대로 기능하기 어려워진다.

술의 영향력

알코올은 정신에 작용하는 약물이다. 소량은 진정제 역할을 하지만, 거리낌과 불안감을 줄여 즐거운 기분을 일으킨다. 다량 섭취하면 급성 중독과 인사불성, 무의식에 이르게 된다.

포도주 한 잔 (250밀리리터)의 알코올을 인체에서 분해하려면 약 3시간 걸린다

혈중 알코올 0.03g/ml
기분이 들뜨고 거리낌이 사라지며 즐거운 느낌

혈중 알코올 0.08g/ml
판단력, 시력, 균형 감각, 말투에 영향을 받기 시작

혈중 알코올 0.2g/ml
운동 능력과 정신 기능 상실

혈중 알코올 0.3g/ml 이상
급성 알코올 중독, 사망 위험 매우 높음

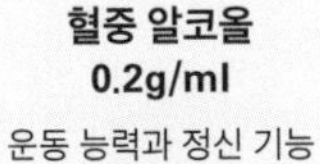
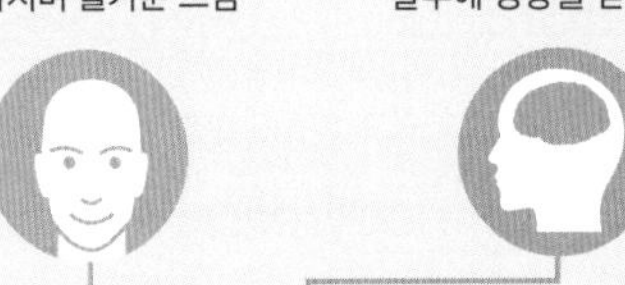

혈중 알코올 0.12g/ml
신체 조절 및 판단력 손상

혈중 알코올 0.3g/ml
의식을 잃을 가능성 있음. 병원 치료 필요

혈중 알코올 수치
술을 마시면 혈액 내 알코올 농도가 높아진다. 그러면 신체적, 정신적 조절 능력을 점점 상실하게 된다

알코올의 역풍

숙취는 모든 알코올이 대사된 이후에 비로소 시작된다. 피로, 현기증, 메스꺼움, 두통 등 대표적인 증상은 24시간 지속될 수도 있다. 흔히 탈수 탓에 그런 효과가 나타난다고 여기지만, 진범은 컨제너(종종 술에 고유한 풍미와 색감을 선사하는 발효의 부산물)인 것으로 보인다. 숙취가 면역체계의 반응 때문이라고 주장하는 일부 전문가들도 있다.

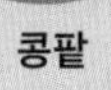

탈수
술을 마신 지 20분 만에 알코올은 소변 생성을 증가시킨다. 과도한 음주는 갈증과 탈수로 이어질 수 있다.

정신 미약
어떤 알코올은 뇌에서 분해되어 즉각 영향을 미친다. 정신적, 신체적 기능 조절이 점점 더 어려워진다.

호흡 곤란
음주는 호흡 장애를 일으키는 구토의 위험을 높이고 산화질소 수치에 영향을 미치는데, 둘 다 폐 감염의 원인이 될 수 있다.

알코올 의존증
알코올을 과도하게 섭취하면 사교상 술을 마시던 사람도 알코올 의존증 환자가 될 수 있다. 인체는 알코올에 대한 물리적인 내성을 개발하며 심리적으로도 술을 끊기가 어려워진다. 금주는 음주로 인한 부작용만큼 나쁜 금단 증세를 낳는다.

샴페인을 마시면 왜 빨리 취할까?

탄산수와 증류주를 섞은 칵테일과 마찬가지로, 샴페인에 들어 있는 기포는 인체에서 알코올이 더 빠르게 혈류로 흡수되도록 돕는다.

포도주

최근 수십 년간 포도주는 잠재적으로 건강에 유익하다는 대중의 인식을 얻었다. 일부 전문가들은 하루에 적포도주 한 잔을 마시면 심장병과 기타 심혈관 질환의 위험을 낮춘다고 주장한다. 대체 포도주의 어떤 점이 건강에 이롭다는 것일까, 그리고 정말 적포도주가 더 좋을까?

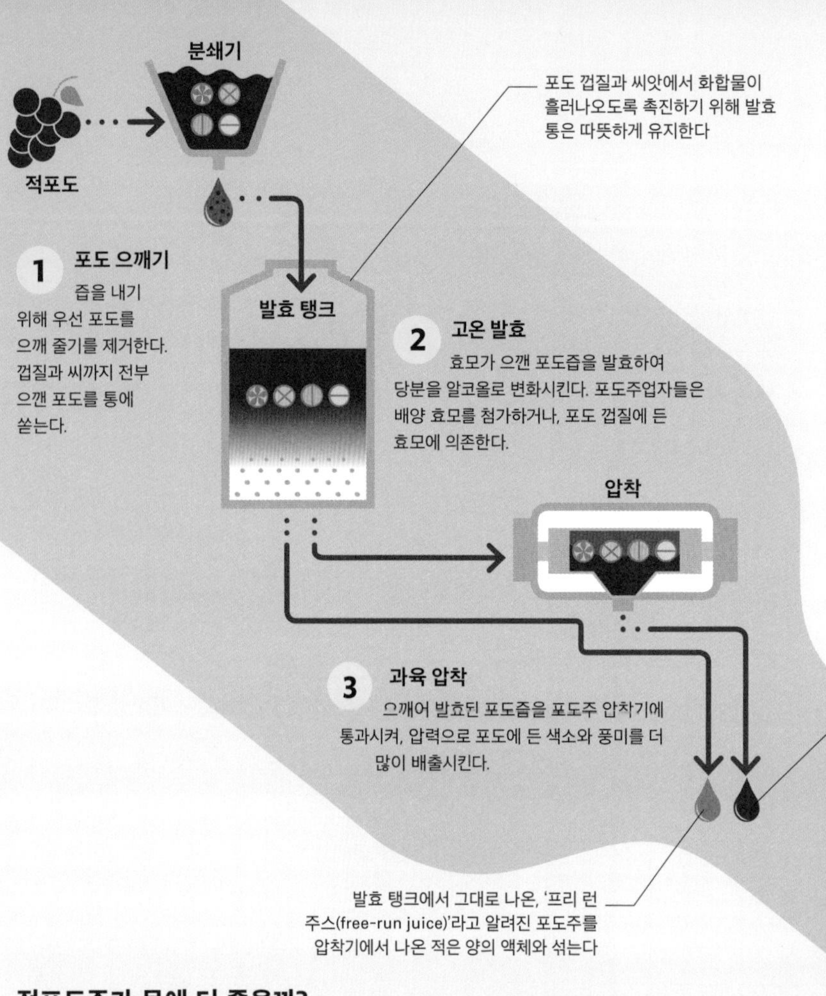

포도주에 함유된 화학 물질

프로시아니딘(procyanidin)
어린 적포도주의 쓴맛을 내게 하는 일종의 타닌 성분인 프로시아니딘은 동맥의 내벽에 작용해 심혈관의 건강을 향상시킬 수 있다.

레스베라트롤(resveratrol)
설치류에 실험한 결과 이 피토케미컬은 혈당을 낮추고 항암(다량 투여시) 효과를 보였다.

플라보놀(flavonol)
동물 실험에서 항산화 및 항암 효과를 보였으나, 적포도주에 든 양은 매우 적다.

안토시아닌(anthocyanin)
인체는 이런 항산화제를 매우 빠르게 대사하므로, 활성화만 된다면 미량으로 효과를 낼 수 있을 것이다.

적포도주가 몸에 더 좋을까?

적당한 포도주가 건강에 효능을 낼 수 있다는 가능성에 대한 관심은 1990년대에 최고조를 이루었다. 당시 미국 기자들은 프랑스 인들이 영국이나 미국 같은 고지방 식생활을 하는 다른 나라 사람들에 비해 더 오래 살고 심장동맥 관련 심장 질환에서도 더 자유롭다는 사실에 주목했다. 백포도주와 달리, 포도 전체를 껍질째 발효하여 타닌, 플라보노이드, 안토시아닌이라고 부르는 색소에 이르기까지 광범위한 화합물을 포함하고 있는 적포도주에 관심이 집중되었다. 과학자들은 이들 성분이 지닌 치료 효과를 여전히 연구 중이다.

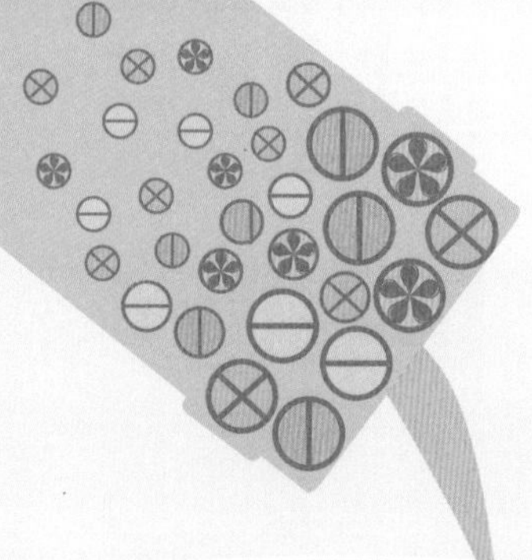

비밀 성분

적포도주를 만드는 과정 덕분에 적포도주 한 잔에는 포도 껍질과 씨앗 추출물이 모두 들어간다. 인간의 건강에 이로운 것이 둘 중 무엇인지는 명확하지 않다. 레스베라톨이라는 화학 물질이 실험실 생쥐에게 효능을 보이기는 했지만, 포도주로 마셔서는 얻기 어려운 양으로만 가능한 결과였다. 타닌 성분이 강한 포도주에 들어 있는 프로시아니딘이 좀 더 전도유망한 후보자이다.

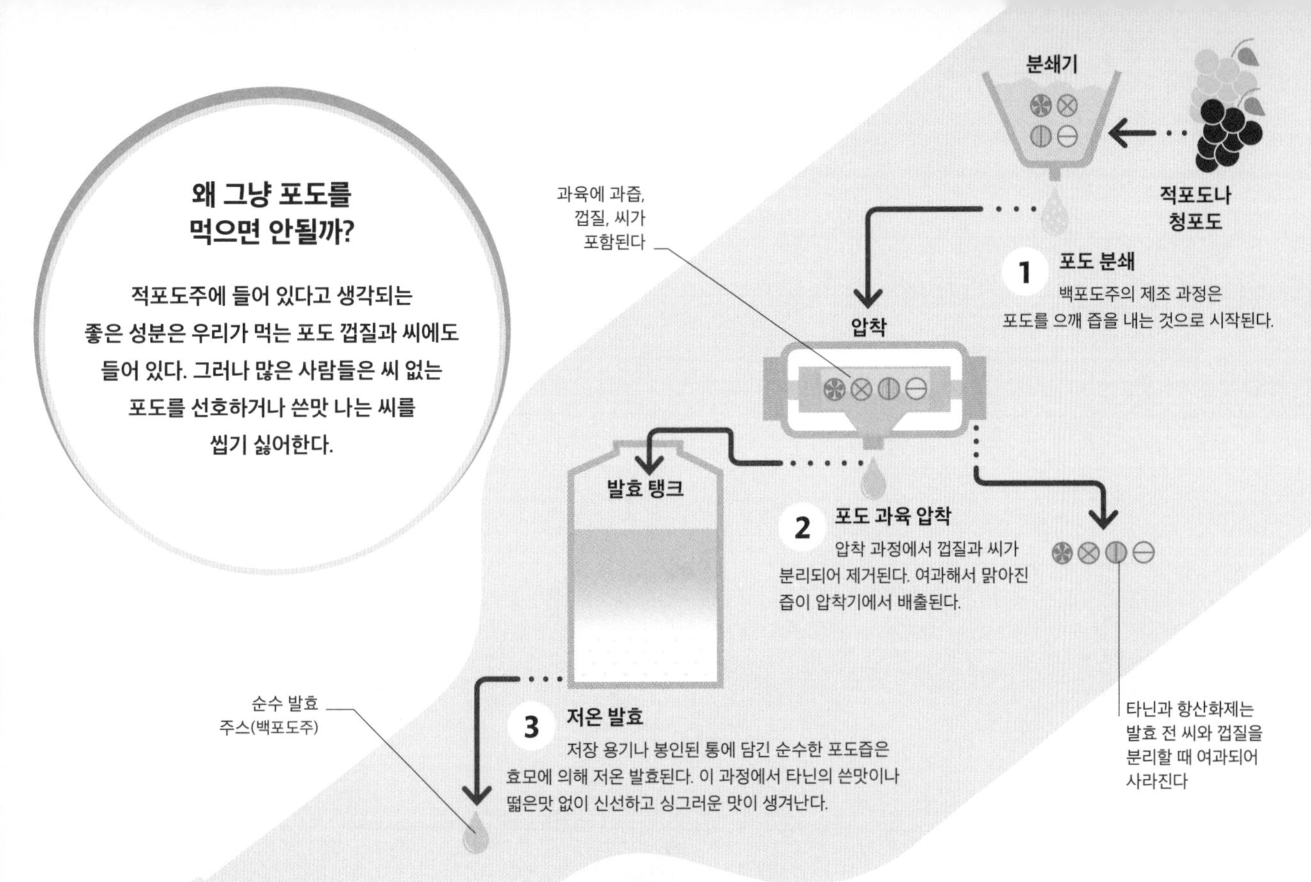

왜 그냥 포도를 먹으면 안될까?

적포도주에 들어 있다고 생각되는 좋은 성분은 우리가 먹는 포도 껍질과 씨에도 들어 있다. 그러나 많은 사람들은 씨 없는 포도를 선호하거나 쓴맛 나는 씨를 씹기 싫어한다.

포도주는 기원전 2200년 이집트 파피루스에 기록으로 남아 있는 가장 오래된 제약 비법 성분이다

약간은 원하는 대로

백포도주는 발효 전에 포도 껍질과 씨앗이 제거되므로, 적포도주에 든 피토케미컬이 부족하다. 그러나 전문가들은 적포도주의 건강 효능이 과대평가되었음을 지적하고 있고, 역설적이게도 일부 연구에서는 사실상 포도주에 들어 있는 알코올 자체가 건강에 이롭다는 사실을 확인했다(166~167쪽 참조). 그게 사실이라면, 백포도주를 하루 한 잔 마셔도 효능을 얻을 수 있을 것이다.

딱 한 잔뿐

포도주 음주량은 장소에 따라, 유행에 따라 달라지므로 본인이 적당히 마시고 있는지 알기 어렵다. 큰 잔으로 한 잔은 750밀리리터들이 병의 3분의 1에 해당하며, 당분과 알코올의 형태로 200칼로리 이상의 열량을 함유하고 있다. 현대적인 생산이 도입되면서 과일을 나무에서 더 오래 숙성하도록 내버려 두어 당분이 더 많아졌고, 결과적으로 더 많은 칼로리와 더 많은 알코올이 담긴 포도주가 탄생하여, 알코올 함량은 최근 들어 더 높아졌다.

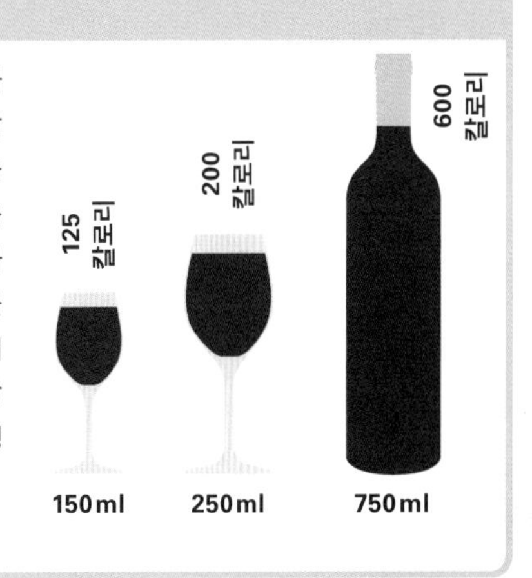

맥주

아마 인류가 최초로 만든 술인 맥주는 세계에서 가장 널리 생산되고 소비되는 알코올 음료일 것이다. 현재 우리가 접할 수 있는 어마어마한 종류의 맥주에는 이런 경향이 반영되어 있다.

맥주는 왜 색유리 병에 담아 판매될까?

갈색이나 색이 있는 유리병은 맥주를 상하게 하는 자외선을 차단한다. 그러한 변질 과정은 '스컹크 냄새(skunking)' 혹은 '일광취(light struck)'로 알려져 있다.

양조

양조는 곡물에 든 당분의 유동성에 좌우된다. 첫 과정은 맥아 제조로부터 시작된다. 곡물에 싹을 틔워, 곡물에 저장되어 있는 녹말을 당분인 엿당으로 바꾸는 것이다. 양조업자들은 기본이 되는 곡물에 홉(맥주에 씁쓸한 맛과 강렬한 풍미를 선사하는 꽃) 같은 향미 증진제를 첨가하고 그런 다음 효모로 발효시킨다. 완성된 맥주는 일부 효모와 함께 대형 나무통에서 계속 숙성되도록 저장하거나, 효모 없이 병이나 작은 통에 담아 보관한다.

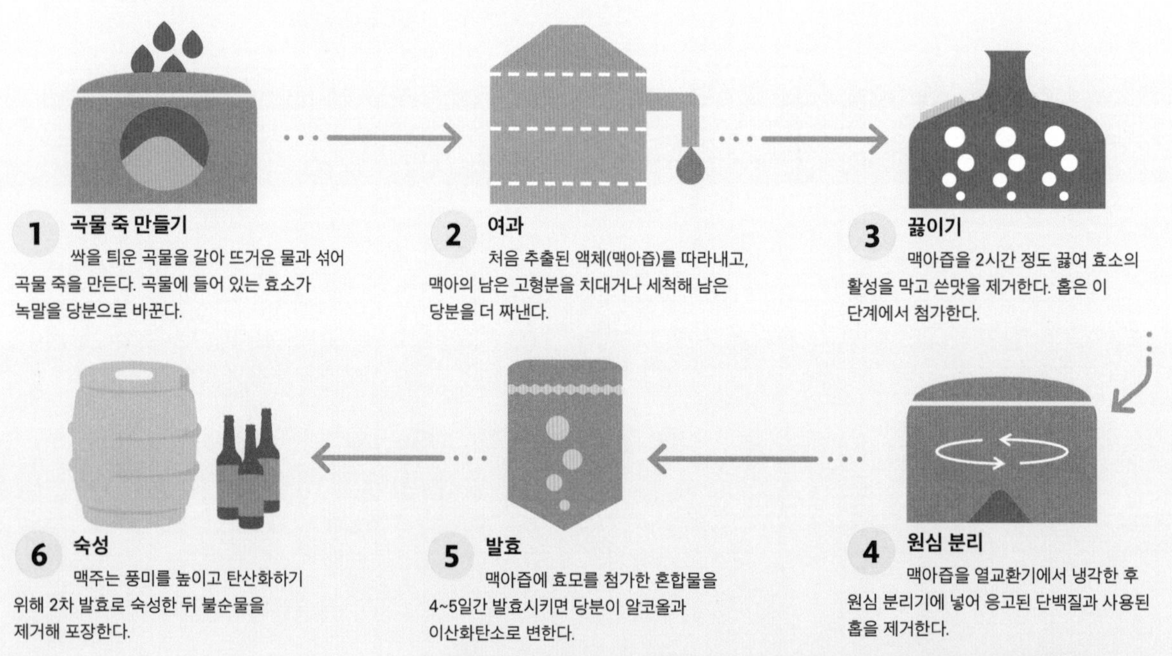

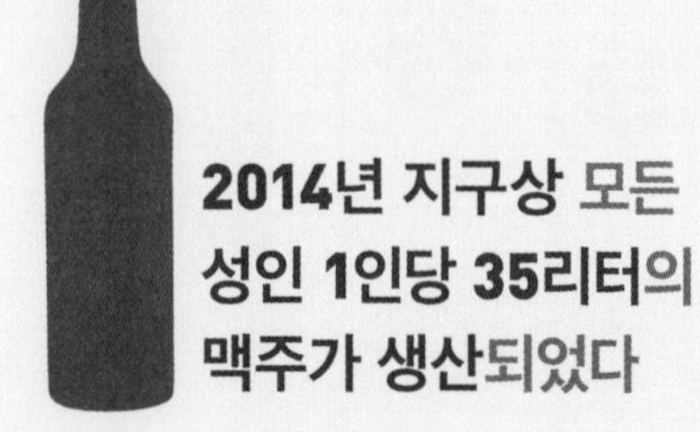

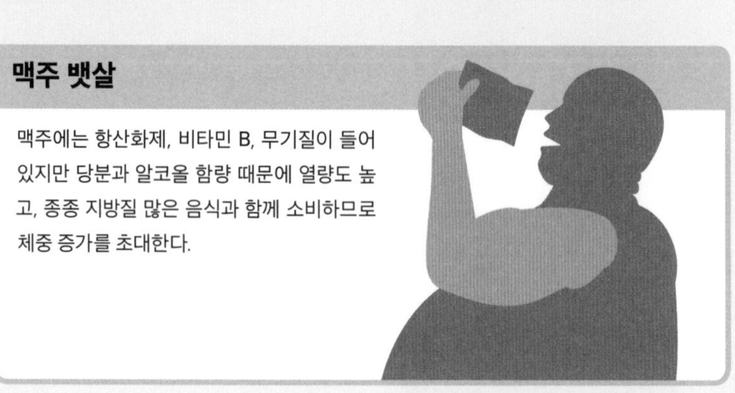

맥주의 종류

맥주는 역사가 길어 세계 각지에서 수많은 종류와 제조법이 개발되었다. 양조업자들은 종종 손쉽게 구할 수 있는 주식 곡물을 이용하기 때문에 유럽과 북아메리카 맥주는 보리나 밀로 만들어졌고, 아프리카와 아시아에서는 수수, 기장, 쌀로 맥주를 만들었다. 남아메리카와 아프리카 일부에서 옥수수나 카사바 뿌리로 맥주를 만들 때에는, 곡식을 씹어서 인간의 타액에 든 효소로 양조 과정을 돕기도 했다.

주요 맥주 종류

서양식 맥주의 기본적인 2종류는 표면으로 떠오르는 효모로 발효시킨 '상면 발효 맥주' 에일과, 아래로 가라앉는 효모로 발효시킨 '하면 발효 맥주' 라거이다. 상면 발효는 더 빠르고, 결과물의 색깔과 풍미, 과일향도 더 진하다.

라이트 라거(light lager)
맥아를 덜 사용해 양조한다. 알코올 함량은 비슷하고 칼로리는 더 적으면서 묵직함과 풍미는 약한 맥주를 만들기 위해, 발효된 맥아에서 당분을 더 많이 알코올로 전환한다.

라거(lager)
차가운 환경에서 하면 발효해 원래는 통에 담아 서늘한 저장고에 보관했다.('라거'는 독일어로 '저장'이라는 의미) 4~5퍼센트의 알코올을 함유한 깔끔하고 경쾌한 맛의 맥주이다.

밀 맥주(wheat beer)
흔히 화이트 맥주로 알려진 이 상면 발효 맥주는 보리에 비해 밀의 비율이 높아 거품이 더 많고 탁하며 시큼한 맛과 과일 맛을 내는 경향이 있다.

에일(ale)
홉과 과일 맛이 도드라지는 강한 느낌의 상면 발효 맥주. 라거보다 색감도 더 진하고 거품도 풍부하다. 더 강한 맛을 내지만 일반적으로 알코올 함량은 라거와 비슷하다.

흑맥주(stout)
에일의 한 종류로, 더 진한 갈색과 풍부한 풍미를 내기 위해 가끔 싹을 틔우지 않은 보리를 활용한다. 진한 색과 거품을 오래 유지하는 것으로 알려진 흑맥주에는 3~6퍼센트의 알코올이 들어 있다.

거품 내기

맥주잔 위에 뜨는 거품은 맥주의 향과 풍미가 전해지는 것을 돕는다. 맥주에 거품이 생기는 이유는 탄산이 들어 있고 비교적 단백질 함량이 높아 기포가 터지지 않기 때문이다. 거품을 내고 유지하는 것은 맥주의 산도와 알코올 함량, 심지어 사용하는 술잔의 종류에 따라서도 다양하게 좌우된다.

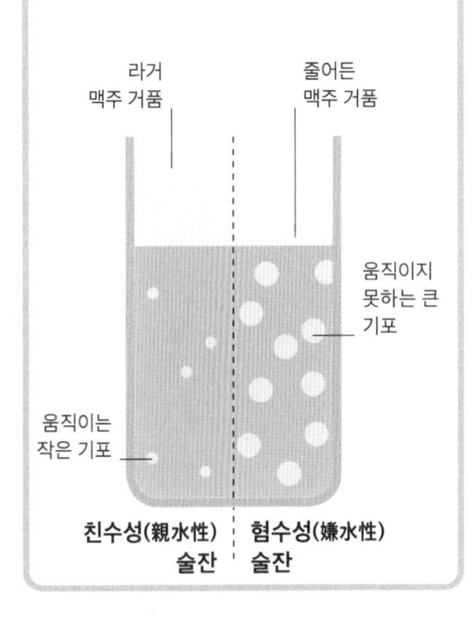

식습관의 과학

균형 잡힌 식생활

건강하고 균형 잡힌 식생활을 해야 한다는 것은 누구나 잘 알지만, 정확히 그게 무슨 의미일까? 전 세계의 영양 지침도 제각각이다.

정부 지침

자국민들이 좋은 음식을 선택하도록 돕기 위해 영양에 관한 정부 지침을 제시하는 나라들이 많다. 이러한 지침은 과학적 연구를 기반으로 하지만, 각 나라별로 구현하려는 목표는 조금씩 다르다. 어쨌든 국가 평균과 너무도 동떨어진 수준이라 아무도 거들떠보지 않는 식생활을 권장하는 것은 의미 없을 것이다. 대부분의 나라에서 통곡물과 풍부한 과일 및 채소를 기본으로 하고 당분과 소금, 지방을 제한하는 식생활을 권장하지만, 실제 지침은 나라마다 다르다. 단백질의 다양한 공급원까지 정확한 품목을 제시하는 나라가 있는가 하면, 유제품의 권장 비율은 극단적으로 차이가 난다.

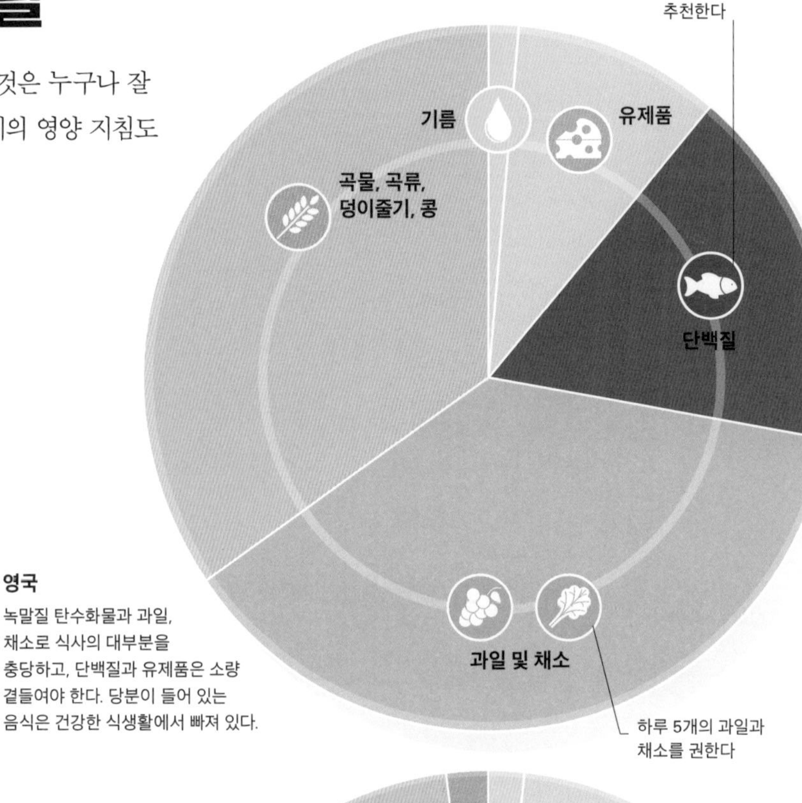

영국

녹말질 탄수화물과 과일, 채소로 식사의 대부분을 충당하고, 단백질과 유제품은 소량 곁들여야 한다. 당분이 들어 있는 음식은 건강한 식생활에서 빠져 있다.

미국의 영양 지침은 현재 하루 평균 설탕 소비량인 22티스푼 대신 10티스푼 미만을 먹도록 권고한다

물 섭취량

영국의 하루 물 권장량은 6~8잔이다. 물, 차, 커피, 우유, 무설탕 청량음료 모두 포함한 양이다. 과일 주스에는 당분이 많아 1일 허용량은 작은 잔으로 한 잔뿐이다.

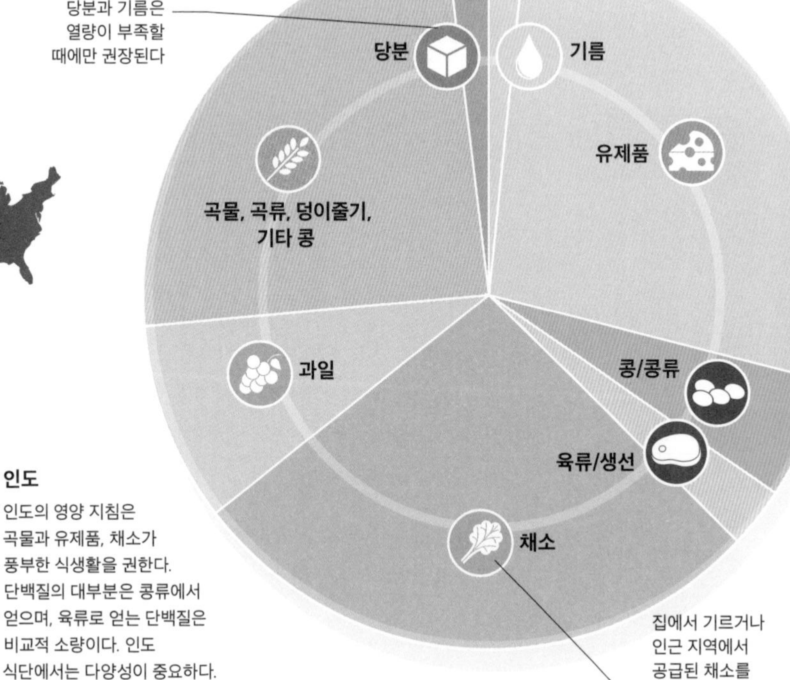

인도

인도의 영양 지침은 곡물과 유제품, 채소가 풍부한 식생활을 권한다. 단백질의 대부분은 콩류에서 얻으며, 육류로 얻는 단백질은 비교적 소량이다. 인도 식단에서는 다양성이 중요하다.

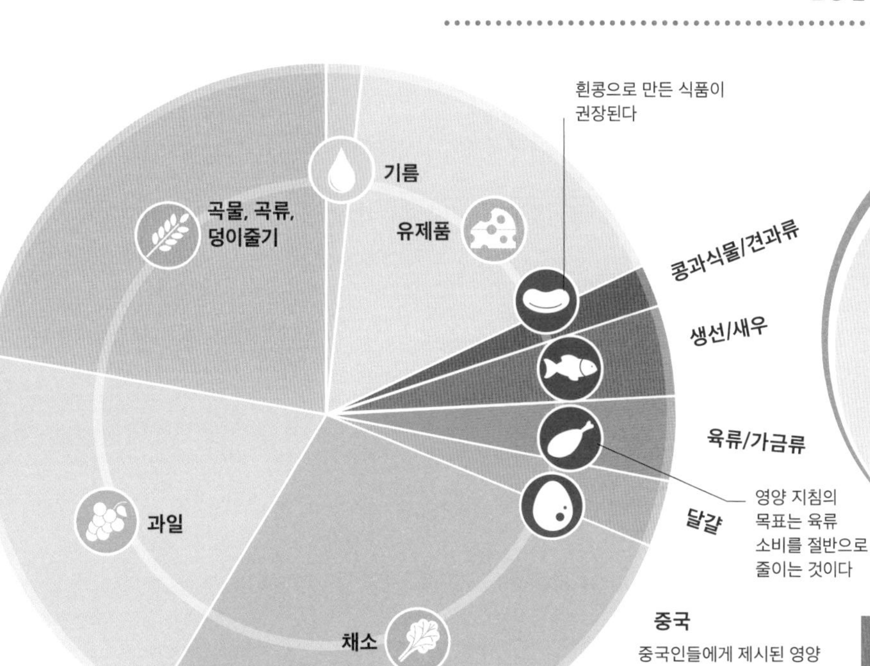

중국
중국인들에게 제시된 영양 지침의 초점은 곡류와 채소, 유제품, 소량의 단백질이다. 음식 쓰레기를 줄이라는 권장 사항도 포함된다.

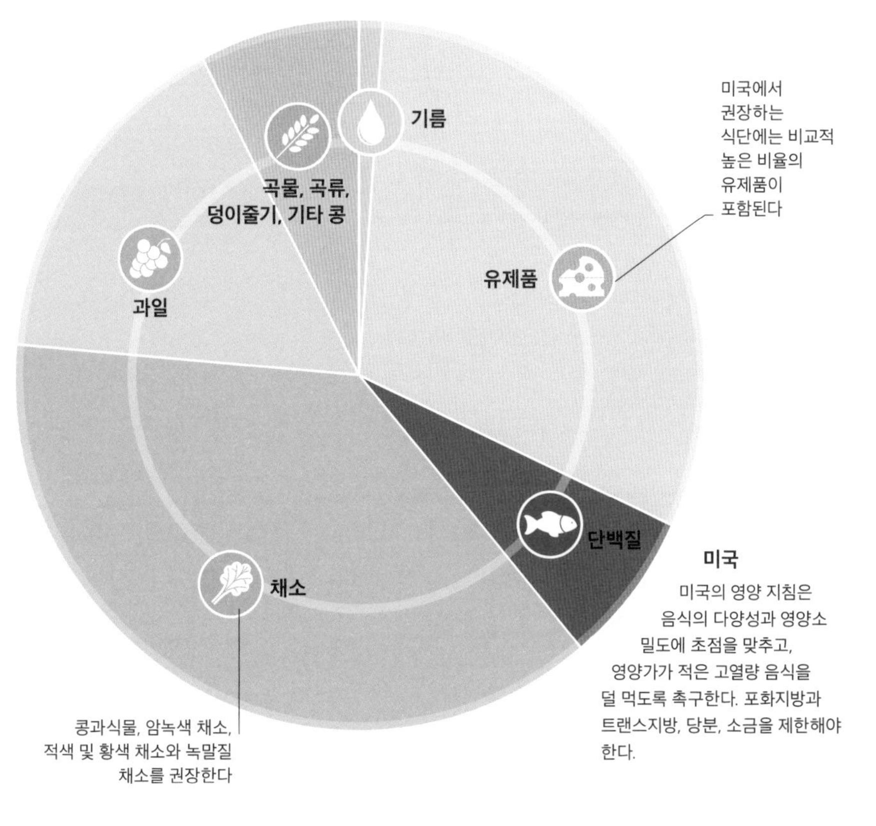

미국
미국의 영양 지침은 음식의 다양성과 영양소 밀도에 초점을 맞추고, 영양가가 적은 고열량 음식을 덜 먹도록 촉구한다. 포화지방과 트랜스지방, 당분, 소금을 제한해야 한다.

누구를 위한 지침일까?

균형 잡힌 식단은 어린이나 청소년뿐만 아니라 모든 사람들에게 해당되지만, 총 섭취 열량은 나이, 성별, 활동 수준에 따라 달라져야 한다.

그래픽 영양 지침

주요 권장 식품군의 비율을 나타낼 때는 피라미드 도형을 이용하는 나라가 많다. 그러나 한국, 일본 등의 나라는 신체 활동이 좋은 식습관에 필수적인 보완책임을 일깨우는 그림을 접목한다.

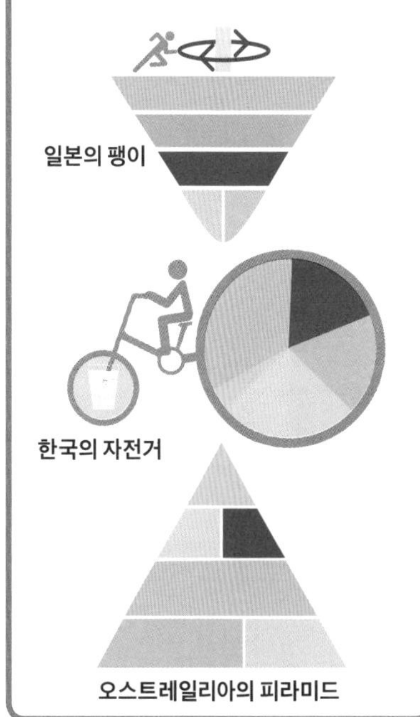

보조 식품이 필요할까?

종합 비타민이나 기타 영양 보조 식품을 매일 규칙적으로 섭취하는 사람들이 많지만, 정말 몸에 꼭 필요할까? 건강 전문가들은 동의하지 않는다.

그렇다

많은 전문가들은 보조 식품이 유익하다고 주장하며 적어도 일부 사람들에게는 꼭 필요할 뿐만 아니라, 딱히 유익함을 기대할 수 없는 사람들이라고 하더라도 먹어서 해로울 것은 없다고 이야기한다. 좋은 영양소를 보장하는 '안전망'으로 생각할 수 있겠다.

해로울 것은 없음

각 영양소의 권장 섭취량을 심각하게 넘어서지 않는 한, 종합 비타민제를 먹어서 해롭다는 증거는 없다.

특정 집단에게는 이로움

더러는 특정 비타민의 효험이 확인된 집단이 있다. 특히 어린이에게는 비타민 A, 비타민 C, 비타민 D가 이롭고, 임신한 여성에게는 엽산이 좋다. 대규모 인구를 대상으로 한 연구에서는 이런 효과가 나타나지 않는다.

대비 차원

건강한 식생활로도 가끔은 한두 가지 영양소가 부족할 수 있다. 비타민 보조제는 뜻밖의 결핍을 예방하는 '안전망' 기능을 할 수 있을 것이다. 비타민을 챙겨먹는 사람들은 영양 불균형을 덜 겪지만, 그것은 그들이 건강한 식생활을 유지하는 경향이 있기 때문이다.

열악하거나 제한된 식생활에 도움

많은 사람들은 신념이나 질병 때문에, 혹은 음식을 얻기 어렵거나 단순히 식성이 까다롭다는 이유로 열악하거나 제한된 식생활을 한다. 이런 경우 종합 비타민은 필수 영양소를 적절하게 섭취하도록 돕는다.

정확한 조건에 맞게 맞춤 가능

남성, 여성, 각기 다른 사람들의 나이와 활동 수준에 따라 필요한 영양소도 달라진다. 맞춤 보조제는 사람들이 속해 있는 집단의 필요 조건에 맞춰 제공된다. 완벽한 영양 균형을 위해 식생활을 변화하는 것보다는 보조 식품 섭취가 더 쉬울 것이다.

비타민 D

우리 몸에서 칼슘 흡수를 돕는 비타민 D는 뼈 건강의 핵심 요소이다. 우리가 먹는 음식에서 얻을 수 있는 비타민 D의 양은 소량에 불과하며 대부분은 태양의 자외선에 노출된 피부에서 생성된다. 그러나 모든 사람들이 햇빛을 충분히 쪼이지 못하기 때문에, 위도가 높은 지역에 사는 사람들은 보조 식품의 효능을 볼 수 있다.

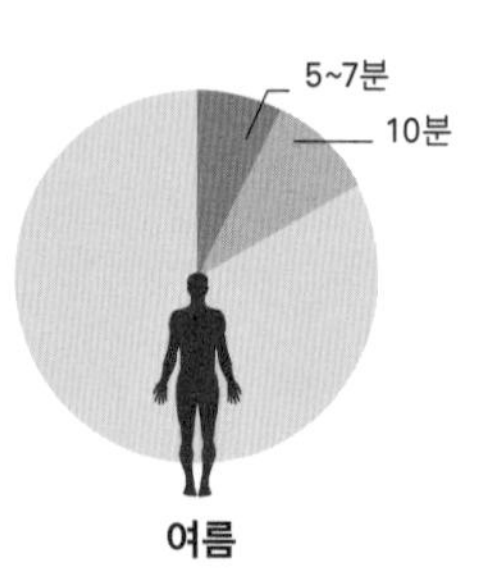

비타민 D 생성

몸에서 생성되는 비타민 D의 양은 나이, 체중, 피부색(피부색이 짙을수록 더 많은 햇빛이 필요하다.)뿐만 아니라, 자외선에 노출되는 정도에 따라 달라진다. 우리 피부가 받아들이는 햇빛의 양은 위도와 계절의 영향을 받는다.

기호

매일 요구되는 비타민 D 생성에 필요한 햇빛 노출 시간

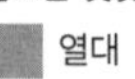 열대

 온대

천연이 항상 좋을까?

모든 '천연' 제품이 안전하고 이로운 건 아니다. 허브(약초)로 만든 수많은 보조 식품뿐만 아니라 천연 비타민조차도 불쾌한 부작용을 내거나 처방된 약물과 충돌할 수 있다.

종합 비타민

미량 영양소부터 종합적인 효능을 지닌 다양한 범위의 영양소를 한꺼번에 제공하는 보조 식품. 일부 비타민은 권장량보다 훨씬 많은 양이 함유된 제품이 있는가 하면, 빠져 있는 영양소도 많다. 간혹 비타민은 천연으로 들어 있는 음식과 함께 먹지 않으면 효과적으로 흡수되거나 처리되지 않는다.

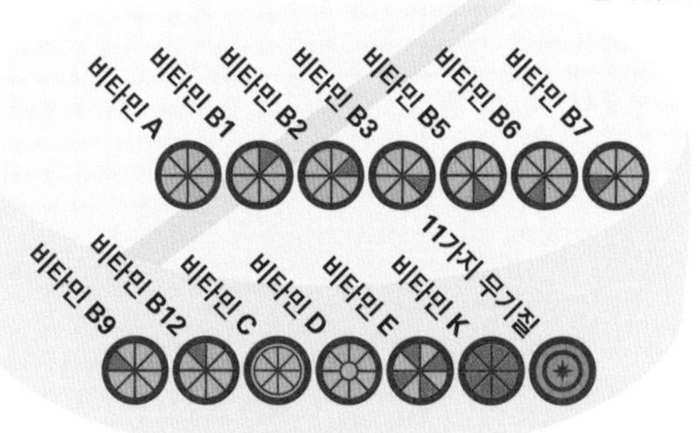

건강 보조 식품을 섭취하거나 대체 의학을 따르는 환자들 70퍼센트는 의사에게 알리지 않는다

엽산

비타민 B9로도 알려진 엽산은 콩류와 암녹색 잎채소, 감귤류에 많이 들어 있다. 임신한 여성들은 엽산을 많이 섭취하도록 권유받는데, 이것은 아기의 척추갈림증(척수와 척추에 이상이 생김) 위험을 줄이는 데 도움을 주기 때문이다. 최대한 건강한 식생활을 해도 충분한 엽산을 얻기 어렵기 때문에, 임신 초기의 모든 여성들뿐만 아니라 임신을 바라는 여성들에게도 보조 식품 섭취를 권장한다.

아니다

많은 전문가들은 보조 식품이 모든 사람들에게 이롭다는 생각을 인정하지 않는다. 그들은 대부분의 사람들에게 효능이 있다는 증거가 부족하다는 사실과 함께, 다량 섭취로 인한 해로움, 높은 비용을 지적한다.

일반인에게는 효능 없음

여러 연구 결과 건강한 사람들에게는 종합 비타민이 꾸준한 효능을 나타내지 못한다는 사실이 확인되었다. 특히 일반인의 심혈관 질환이나 노인들의 기억 향상에는 아무런 효과가 없었다.

해로움

일부 종합 비타민에는 해로울 정도로 각 비타민의 양이 과도하게 들어 있는 경우가 있다. 예를 들어 과도한 철분, 셀레늄, 비타민 A는 몸에 독이 될 수 있으므로 모든 건강 보조 식품은 어린이의 손이나 시선이 닿지 않는 곳에 두어야 한다.

과잉 섭취량은 처리되지 못함

비타민이나 무기질을 과도하게 섭취하면, 비록 해롭지는 않더라도 인체에 필요한 양을 넘어서기 때문에, 몸에서 노폐물로 인식해 배설해 버린다. 수용성 비타민은 저장했다가 나중에 쓸 수 없다.

엄격하게 규제되지 않음

많은 비타민은 약물이 아니라 일반 식품이나 보조 식품으로 법규 적용을 받는다. 따라서 안전성이 입증되어야 함에도 불구하고 성분과 질은 극적으로 달라질 수 있다. 또한 종종 정확히 상표에 표시되어 있는 효과만 얻으리라는 보장이 없다.

높은 비용

종합 비타민은 비싼 편인데, 많은 경우 차라리 몸에 좋은 섬유소가 들어 있는 신선한 과일과 채소로 식생활을 보완하는 데 비용을 쓰는 편이 더 낫다.

매일의 식사

세계적으로 너무도 보편화되어 있지만 하루 세 끼 식사를 권장하는 식습관에 과학적 근거는 없다. 과학자들은 다른 방식의 식습관이 인간을 더 건강하게 할 수 있는지 연구를 계속하고 있다.

야간 근무는 영양에 영향을 미칠까?

교대 근무 노동자들은 비만과 제2형 당뇨병, 기타 질환에 걸릴 위험이 더 높다. 부족한 잠이 더 높은 열량 섭취로 이어지거나, 교대 근무 활동이 직접적으로 인체의 일상적인 리듬에 영향을 미치기 때문일 것이다.

아침 식사는 왕처럼 먹어라?

아침 식사는 종종 하루 중 가장 중요한 식사로 여겨지는데, 과연 그럴까? 아침 식사를 하는 사람들은 BMI 수치가 더 낮은 경향이 있고(즉 체지방량이 더 적다는 의미이다. 190쪽 참조), 아침 식사를 거르는 사람들은 비만, 심장병 및 기타 관련 질환의 위험이 더 높은 경향을 보이는데, 그것은 아마도 오전 중 허기가 심해질 때 건강하지 못한 간식을 추가로 소비하기 때문일 것이다. 그러나 최근 연구 결과는 이를 반박하며, 아침 식사를 거르는 사람들은 결국 전체 열량을 더 적게 섭취하기 때문에 나쁜 영향을 받지 않는다고 주장한다. 아침 식사를 거르면 단식 기간도 늘어나기 때문에 그 또한 몸에 이로울 수 있다(200~201쪽 참조).

아침 식사

푸짐한 아침 식사

아침을 푸짐하게 먹으면 점심 식사 이전까지 간식의 유혹을 떨치는 데 도움이 되지만, 전체적인 열량 섭취를 줄이는 데 도움이 되는지는 불명확하다.

6시 8시 10시

가벼운 아침 식사

가볍게 아침 식사를 하거나 끼니를 완전히 거르면, 밤사이 단식 시간이 더 길어져 몸에 이로운 효과를 가져올 수 있다. 그러나 식사를 할 때 덜 건강한 음식을 선택할 확률도 높아진다.

아침 식사

간식

건강하지 못한 음식을 간식으로 먹기 쉬워 결국 체중 증가로 이어질 수 있지만, 건강하고 양도 조절된 간식이 몸에 나쁘다는 증거는 없다.

간식

간식 먹기

정해진 식사 시간 사이에 간식을 엄격히 제한하는 것보다 끼니 사이에 자주 소량의 음식을 먹는 게 건강에 더 이로운지를 확인하기란 어렵다. 확실한 것은 간식이 종종 열량은 높고 미량 영양소는 적다는 점이다. 그러나 좋은 간식을 선택할 수도 있다. 과일과 견과류는 더 좋은 식생활에 기여한다.

냉장고 습격

많은 나라에서 전통적이고 사교적인 식사 풍습은 점점 드물어지는 반면 한밤중에 냉장고를 습격해 여러 가지 간식을 먹는 습관은 늘어나고 있다.

스페인 리듬

스페인과 아메리카 대륙의 스페인어권 나라에서는 사람들이 하루 세 끼 식습관과 전혀 다른 식사 패턴을 따른다. 점심 식사가 가장 푸짐하지만, '세나(cena, 저녁 식사)'를 워낙 늦게(때로는 자정에) 먹기 때문에 간격을 메우느라 별도의 작은 끼니인 '메리엔다(merienda)'를 먹는다. 음식을 조금씩 접시에 담아내는 타파스를 저녁 식사 전에 먹기도 한다.

타파스

미국인 53퍼센트 이상은 적어도 일주일에 한 번, 12퍼센트는 늘 아침을 거른다

저녁 식사는 거지처럼 먹어라?

오래된 속담은 우리에게 가벼운 저녁 식사를 하라고 이른다. 식사는 매 24시간마다 온몸에서 벌어지는 대사 과정인 생체 시계에 확실히 영향을 미친다. 간과 지방세포에서 작동되는 생체 시계 과정은 늦은 저녁 식사로 방해를 받아 몸 전체의 리듬과 충돌을 일으킬 수도 있다. 밤참을 먹은 다음날 혈압과 혈당 수치를 조절하는 인체의 기능에 영향을 미치는 낮잠이 뒤따르는 이유도 이것으로 설명할 수 있을 것이다.

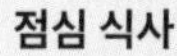

점심 식사

푸짐한 점심 식사

하루 중 더 이른 시간에 더 많은 열량을 섭취할수록 허기를 줄이고, 더 쉽게 체중을 감소하는 데 도움이 된다는 일부 증거가 있다.

저녁 식사

가벼운 저녁 식사

생쥐 실험 결과 혈당은 하루 내내 다양하게 변동한다는 사실이 밝혀졌다. 이것은 하루 중 활동량이 적은 저녁 시간에 가볍게 식사하는 것이 더 좋다는 의미이다.

14시 16시 18시 20시 22시

점심 식사

가벼운 점심 식사

책상에 앉은 채로 먹는 점심처럼 주의가 산만한 식사는 체중 증가로 이어질 가능성이 있다. 식사를 하면서 주의를 기울이지 않으면 과식을 하거나 나중에 간식을 먹게 될 확률이 높다는 의미이다.

저녁 식사

푸짐한 저녁 식사

노동과 삶의 패턴이 달라지면서 저녁 식사 시간도 늦어졌다. 따라서 몸의 자연스러운 리듬이 깨져 건강에도 손상을 줄 수 있다.

체중 증가 요법

대부분 사람들이 체지방을 줄이려고 애쓰는 반면, 스모 선수들은 씨름 한판 대결에서 이기려면 몸의 중심을 낮춰 중력에 의존해야 하기 때문에 특별히 체중을 늘여 거대한 체격을 만드는 것을 목표로 매일 식이 요법과 운동을 병행한다. 스모 선수들은 공복에 훈련을 하는 것으로 시작해 점심 때 어마어마한 양의 식사를 한 뒤 낮잠을 잔다. 과학자들이 그 이유를 알아내지는 못했지만, 스모 선수들의 식이 요법은 체중 증가에 성공적이다.

오전 8시 식사 준비

오전 11시 엄청난 식사

스모 규칙

스모 선수들은 식생활이 엄격히 통제되는 '도장'에 소속된다. 그들은 단백질이 풍부하고 따뜻한 '창코나베(chankonabe)'라는 찌개 요리를 손수 만들어 엄청난 양의 밥과 함께 먹는다. 점심 식사 이후 긴 낮잠은 섭취한 열량이 몸에 지방으로 저장되기를 부추기기 위함이다.

오전 5시 훈련

정오 긴 낮잠

서양 식단

'서양' 식단이라는 용어는 현재 세계적으로 보편적인 가공 식품 위주의 식생활을 의미하게 되었지만, 원래는 미국과 유럽에서 비롯된 식단을 뜻한다.

서양 풍습

대부분의 서양 식사는 개인별로 음식을 한 접시에 담아내고, 접시를 다 비울 것을 기대한다. 식사는 단백질(보통 고기)에 곁들인 채소, 탄수화물을 기본으로 한다. 메인 코스 뒤에는 종종 달콤한 디저트가 뒤따르고 달콤한 음료 또한 자주 소비된다. 최근 경향은 가족이 함께 하는 식사에서 벗어나 간식과 포장된 즉석 음식을 먹거나 TV 앞에서 먹는 쪽으로 옮겨 가고 있다.

각자 1접시

음식의 양은 식사 초반부에 분배되고, 접시를 깨끗이 비우는 것은 무례한 행동이 아니다. 이 때문에 식사가 진행되면서 인체의 배부름 신호에 적절히 반응하기 어려울 수도 있다.

단백질이 주재료

식사의 중심은 단백질이어서, 대개 고기를 올리거나 가끔 생선을 낸다. 곁들이는 재료들은 풍미를 보완하기 위해 선택한다.

서양식 식생활

현대 서양 식단에는 포화지방과 소금, 당분, 오메가 6 지방산(136쪽 참조)이 많고, 오메가 3 지방산과 섬유소가 부족하다. 따라서 비만, 심장병, 제2형 당뇨병, 대장암 발병률과 관련이 깊다. 일부 연구에 따르면 서양식 식단이 기타 암을 비롯해 천식 및 알레르기 같은 염증성 질환과 자가 면역 질환 또한 일으킬 수 있다고 한다.

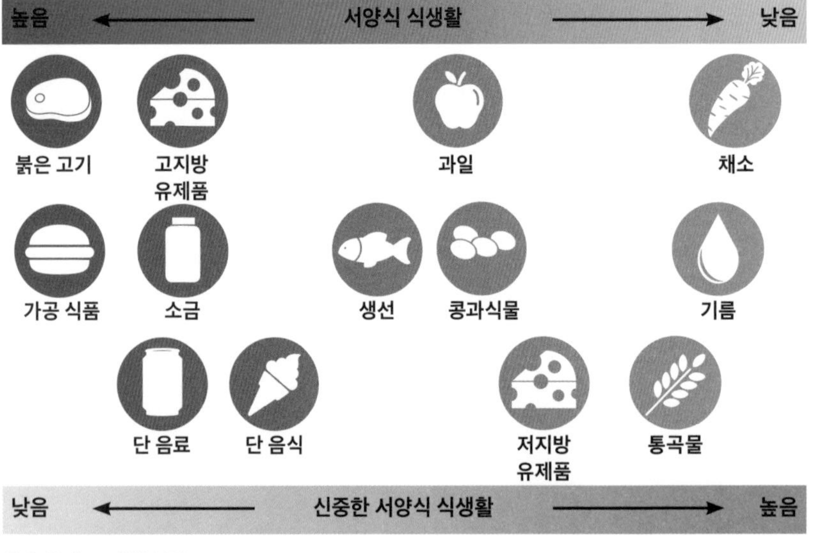

좋은 식단 vs 나쁜 식단

모든 서양인들이 열악한 식사만 하는 건 아니다. '신중한' 식생활은 붉은 고기와 가공 식품, 설탕, 소금이 덜 들어가고, 통곡물과 채소, 과일, 기름에 중점을 둔다. 건강 유지에 광범위한 효과를 보이는 지중해 식단(183쪽 참조)과 제7일 안식일 재림교인들의 채식 식단 등을 예로 들 수 있다.

곁들임용 채소

채소는 종종 요리에 필요하지만 단백질에 비해 지루한 구색 갖추기로 여겨지며, 간단히 삶거나 쪄서 곁들인다. 다른 종류의 채소는 대개 따로 조리한다.

지중해 식단 피라미드

지중해식 식사는 통곡물과 콩, 채소, 올리브유를 기본으로 한다. 생선, 과일, 유제품, 포도주가 적당량 포함되며, 고기와 단맛 나는 요리는 이따금씩 즐기는 편이다.

고기

치즈
요구르트
포도주
생선, 과일

통곡물
콩 및 채소
올리브유

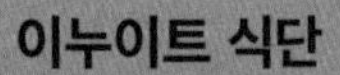

지중해 식단

지중해 연안 사람들이 따르고 있는 지중해 식단은 전문가들은 '지중해식'이라고 부르는데, 이는 세계에서 가장 건강한 식단 중 하나로 여겨진다. 연구에 따르면 이 식단은 제2형 당뇨병과 고혈압, 심장병, 뇌졸중, 알츠하이머의 위험을 낮춘다. 올리브유의 사용은 염증 반응과 콜레스테롤 수치를 줄이고 뇌를 보호하는 주요인이다.

주식은 빵이나 감자

빵과 감자는 가장 전통적인 탄수화물 식품이지만, 쌀과 파스타도 흔하다. 이들은 식사의 중요한 부분을 구성한다.

찬 음료

보통 차가운 음료가 식사와 함께 제공된다. 포도주, 물, 탄산 청량음료, 주스 등이 모두 일반적이다. 당분이 들어 있는 음료는 식사 안에 감추어진 열량을 많이 높일 수 있다.

이누이트 식단

이누이트 족과 북극해 지역 사람들의 전통적인 식생활에는 생선과 바다 포유류가 풍부하게 포함되어 있다. 그러나 식물성 식품 섭취를 늘릴 기회가 거의 없으므로, 세계에서 가장 제약이 심한 식단 중 하나이기도 하다. 극지방 사람들이 생존할 수 있었던 이유는 내장육과 충분한 비타민이 들어 있는 고래 껍질을 씹어 먹기 때문이다.

바다표범

일각고래

세계적으로 제2형 당뇨병 환자는 2030년까지 2배로 증가할 것이라고 예측된다

동양 식단

동양 식단은 일본의 스시부터 인도의 카레에 이르기까지 매우 다양하다. 대부분의 서양 요리에 비해 그러나 향신료와 강한 풍미를 선호하고, 육류의 비중이 적다는 점은 공통적이다.

채소 요리

정성스럽게 조리 및 양념된 채소는 당당히 하나의 요리로 취급되어 생선이나 고기를 주재료로 한 요리와 동등한 가치를 지닌다. 단순히 식사 단백질 부분에 곁들여 나오는 역할이 아니다.

동양 풍습

각각 차이는 있지만 아시아 요리는 서양 요리와 구분되는 뚜렷한 유사성을 갖는다. 우선 채소는 곁들이는 역할 정도가 아니라 식사의 중요한 요소로 주목받는다. 또 다른 점은 주 곡물을 쌀에 의존한다는 사실이다. 풍미와 재료는 종종 균형을 이루기 위해 선택되며, 서양 요리에 비해, 단맛과 신맛, 짠맛과 매운맛 등 서로 상이한 풍미가 어우러지는 경우가 더 많다.

젓가락

밥공기

차

국

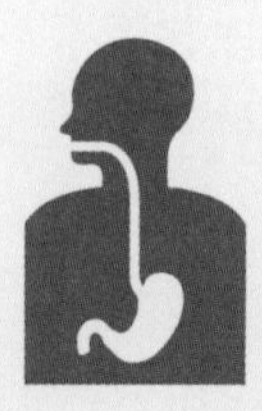

다른 문화권과 달리 중국인들은 소화를 돕는다고 생각해 식사의 맨 마지막에 수프를 낸다

녹차는 정말로 몸에 좋을까?

매우 많은 양을 마시면, 녹차에 든 유효 성분이 항산화, 소염, 항균 역할을 하므로, 체중을 조절하고 지방을 연소하며 혈당 수치를 조절하는 것으로 생각된다.

뜨거운 음료나 국

국이나 수프, 소스, 차 등 액체 형태의 요리는 식사의 중요한 부분이다. 차가운 음료는 덜 일반적이다. 간혹 차가운 음료가 소화액 생성을 늦추고 희석한다는 인도 아유르베다의 가르침을 따르기 때문일 수도 있으나, 과학적인 근거는 없는 믿음이다.

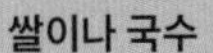

쌀이나 국수

쌀은 대부분의 아시아 국가에서 재배되므로, 식사는 보통 쌀이나 국수를 기본으로 한다. 겉껍질을 남겨 둔 현미보다 흰쌀(혹은 도정미)이 더 선호된다.

계속 덜어 먹는 그릇

식사 내내 함께 먹는 요리를 개인 접시나 공기에 여러 번 반복해서 덜어 먹는 것이 일반적이다. 많은 문화권에서 음식을 약간 남겨, 배불리 먹었으니 주인의 대접이 융숭했음을 표하는 것이 예의이다.

오키나와 식단

일본 오키나와 섬에 사는 많은 주민들은 100세나 그 이상까지 날씬한 몸매와 건강을 유지한다. 과일과 채소(주식인 자색 고구마 포함)가 많고 정제 곡물과 포화지방, 소금, 당분이 적은 저열량 식단과 함께 활동적인 공동체 중심의 생활 방식이 그 원인으로 생각된다.

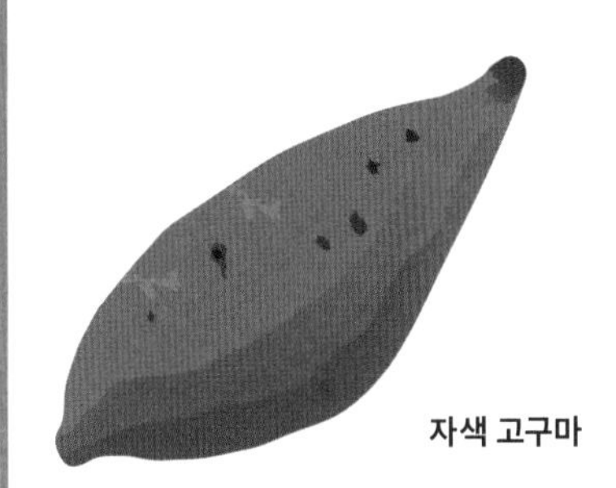

자색 고구마

고위험군

남아시아 인을 포함하여 일부 아시아 민족들은 흡연과 식단 같은 다른 위험 요인들을 감안하더라도 다른 민족에 비해 심혈관 질환에 걸릴 가능성이 더 높다. 동양에서도 서양 음식의 인기가 점점 더 높아지고, 더 많은 아시아 인들이 북아메리카와 유럽으로 이주하면서 이들 고위험군 인구에 속하는 사람들의 경우 비만과 관련 질환이 증가하는 추세이다.

유전자가 원인

심장병 발생 빈도는 남아시아 사람들이 서양 식단의 위험에 좀 더 민감하다는 사실을 시사한다. 전문가들은 그들의 DNA 코드 안의 무엇인가가 고지방, 저섬유소 음식에 대한 그들의 반응에 영향을 미치는 것이라고 짐작한다.

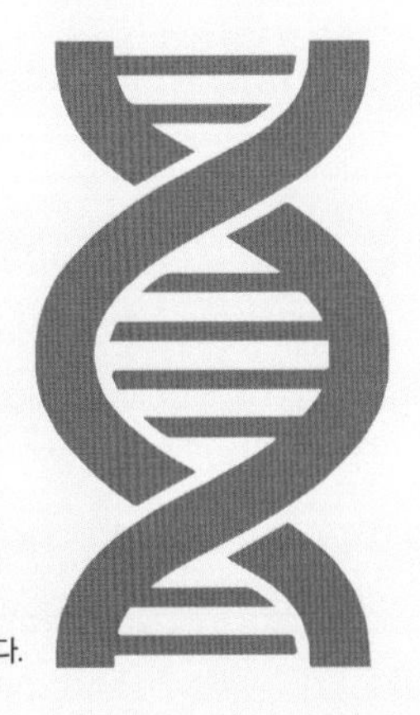

종교와 윤리

세계 곳곳의 많은 사람들은 맛과 건강만을 기준으로 식단을 선택하는 것이 아니라, 윤리적이나 종교적인 신념을 바탕으로 식생활을 유지한다. 율법에 정해진 교리를 따르든 스스로 정한 몇 가지 지침을 지키든, 우리는 각자 소비하는 음식과 음료의 종류를 통하여 개인의 믿음을 표현한다.

기독교인은 모든 음식을 허용할까?

아니다. 일부는 종교적인 식생활 원칙까지 철저히 따른다. 모르몬교는 사순절 40일간 알코올과 카페인을 금하며, 기독교인은 속죄의 뜻으로 사치스러운 음식이나 음료를 스스로 거부한다.

종교를 바탕으로 한 식생활

대부분의 종교에서 음식과 식습관은 신앙적 경건함과 집단 정체성을 함께 표현하는 중요한 역할을 한다. 종교별로 유사한 관행이 공통적이지만, 대부분은 어떤 종류의 음식과 음료를 소비해도 되는지의 여부를 정해 둔 각각의 고유한 원칙이 있다. 짐승 도축을 포함해 음식 준비를 위한 지침도 따라야 한다. 일부 종교의 경우 연중 특별한 주간이나 시기는 식생활에서도 각별한 중요성을 지닌다.

종교			허용	
이슬람교	이슬람 율법에 부합하는 먹거리를 이른바 '할랄(halal)'이라고 부르는데, '허락된'이라는 뜻이다. 짐승은 이슬람 교인이 아주 예리한 칼로 단번에 목을 베어 죽여야 한다. 라마단을 준수하는 사람들은 라마단 기간 동안 낮에는 음식을 먹거나 마시지 않는다.		 꼬리지느러미와 비늘 있는 생선, 일부 권한에 따라 새우도 가능	 닭고기와 기타 조류(맹금류 제외)
유대교	'코셔(kosher)' 식품은 유대교의 식생활 율법을 따른다. 코셔 짐승은 아주 예리한 칼로 단숨에 목을 베어 도살해야 한다. 유월절 축제 동안 유대인들은 부풀린(효모로 발효시킨) 빵을 먹는 것이 금지된다.		 꼬리지느러미와 비늘 있는 생선	 닭고기와 기타 조류(맹금류 제외)
불교	비폭력에 대한 신념 때문에 불교 신자들은 종종 채식주의자거나 비건인 경우가 많은데, 이는 문화권 별로 차이가 있다. 일부 불교 승려들은 음식을 탁발하여 얻기 때문에 자신들을 위해 살해한 것이 아닌 한 타인에게 받은 고기도 먹을 수 있다.		 유제품	
힌두교	힌두교는 모든 존재에 대한 비폭력 개념을 신봉하므로 힌두교 식생활은 대체로 채식이다. 그러나 고기와 동물성 식품을 먹는 힌두교인들도 많으며, 식단의 지역적 차이가 존재한다.		 유제품	

자이나교

자이나 교인들은 비폭력을 골자로 하는 고대 종교 원칙을 따른다. 그들은 길에서도 모든 생명체를 해치지 않도록 피해 다니며, 매우 엄격한 유제품 채식주의(lacto-vegetarian, 유제품은 먹되 달걀을 삼가는) 식단을 실천한다. 양파와 마늘을 먹지 않고, 수확할 때 반드시 죽일 수밖에 없는 뿌리채소도 먹지 않는다.

윤리적 식생활

우리의 윤리적 신념은 어떤 음식을 먹고 어떤 방식으로 공급된 식품을 선택하느냐에 영향을 미친다. 대부분의 채식주의자들은 동물을 죽이는 것이 비윤리적이라 믿기 때문에 고기를 먹지 않는다. 마찬가지로 많은 사람들은 먹거리를 선택할 때 생산 과정을 둘러싼 문제에도 윤리적 관심을 표명한다.

동물 복지

어떤 사람들은 공장식으로 사육된 고기나 달걀, 혹은 비인간적으로 생산되었다고 여겨지는 고기나 동물성 식품을 먹지 않는다.

환경

사람들은 환경 파괴의 최대 주범인 붉은 고기를 삼감으로써 토지 사용과 지구 온난화 관련 문제를 공론화한다.

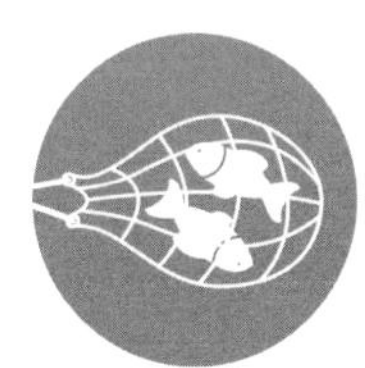

지속 가능성

생선의 종류에 따라 먹지 않는 것과 같은 일부 식품에 대한 기피는 개체 수를 회복하도록 도와 자원 고갈을 늦출 수 있다.

쓰레기

버려진 음식물로 살아가는 사람을 뜻하는 '프리건(freegan)'을 포함해 사람들은 음식 폐기물 문제에 윤리적 관심을 갖는다.

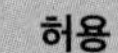

허용	금지
 되새김질을 하는 우제류 동물 (소, 염소, 양, 사슴)  할랄 원칙에 따라 도살되어 허용된 동물	 할랄 원칙에 따라 도살되지 않은 동물  돼지고기, 조개류, 비늘 없는 생선  피  알코올
 되새김질을 하는 우제류 동물 (소, 염소, 양, 사슴)  코셔 원칙에 따라 도살되어 허용된 동물	 코셔 원칙에 따라 도살되지 않은 동물  돼지고기, 조개류, 비늘 없는 생선  피  비유대교인이 만든 포도주나 포도 제품  고기와 유제품을 함께 먹는 경우
 채소, 과일, 대부분의 식물성 식품	 대부분의 동물  마늘 등 강한 풍미를 지닌 자극적인 음식  알코올
 채소, 과일, 대부분의 식물성 식품	 대부분의 동물  달걀  쇠고기(육식을 하는 사람들도 특별히 금지됨)  돼지고기(육식을 하는 사람들도 특별히 금지됨)

채식주의자와 비건

채식주의자와 채식 관련 식단은 보통 동물 복지에 관한 문제의식과 육식이 환경에 미치는 영향, 혹은 건강상의 장점 때문에 선택된다. 덜 엄격한 부분채식주의자인 페스카테리언(pescatarian)은 생선을 먹으며, 플렉시테리언(flexitarian)은 이따금씩 식단에 고기나 생선을 포함한다.

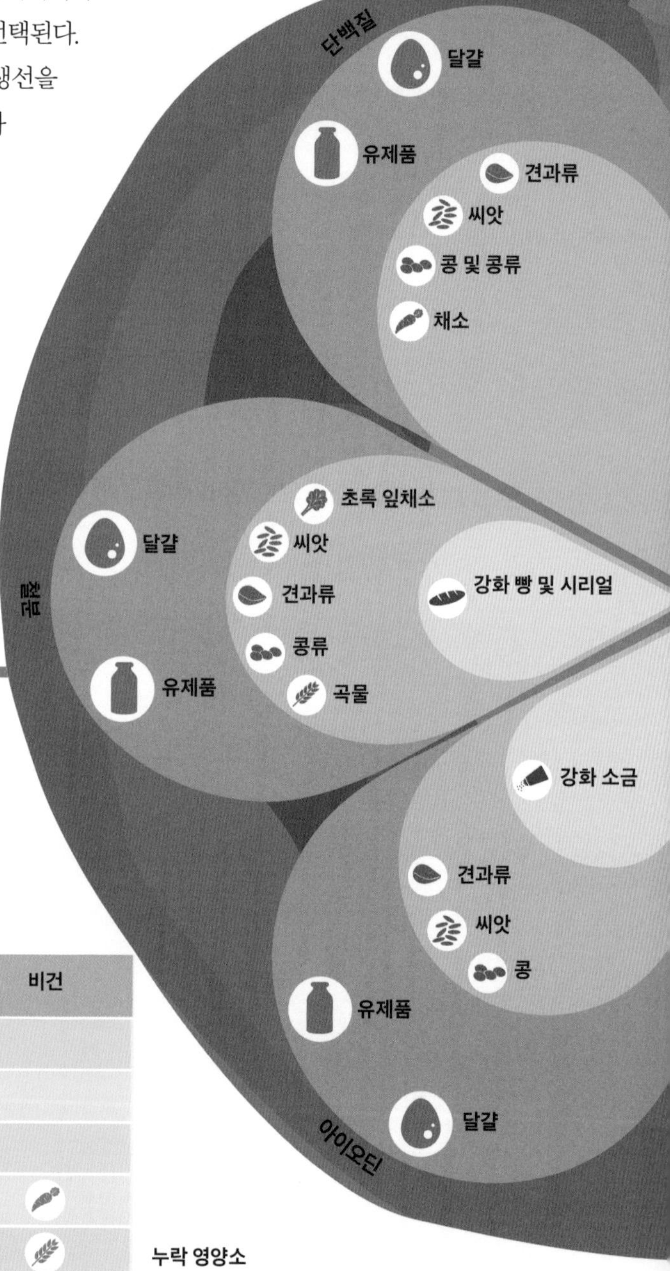

영양소

자연 식품 채식주의 식단이라면 모든 필수 영양소를 얻을 가능성이 있지만, 비건의 경우에는 인체에 필요한 모든 영양소를 얻기 위해서는 일부 가공 식품이나 강화 식품을 활용해야 한다. 예를 들어 비타민 B12의 믿을 만한 천연 공급원은 오로지 고기와 동물성 식품뿐이며, 비건 제품에는 비타민 D가 매우 드물어 강화 식품을 이용할 수밖에 없다.

다양성의 차이

채식주의자들은 고기나 생선을 먹지 않지만 달걀과 유제품 같은 동물성 식품은 먹는 사람들이 많다. 인도에서 달걀은 채식으로 보지 않지만 유제품은 권장된다. 비건은 꿀을 포함해 동물에서 비롯된 제품은 그 어느 것도 먹지 않는다.

음식 종류	채식주의자(서양인)	채식주의자(인도인)	비건
달걀	●		
유제품	●	●	
꿀	●	●	
채소	●	●	●
곡물	●	●	●
과일	●	●	●
견과류 및 씨앗	●	●	●
콩 및 콩류	●	●	●

누락 영양소

채식주의 식단에서는 특별히 주의를 기울여야 하는 영양소가 몇 가지 있다. 식물에 들어 있는 철분과 아연은 고기에 들어 있는 것보다 흡수가 더 어려운 형태로 되어 있기 때문에 더 많이 섭취해야 하며, 생선을 먹지 않고서는 필수적인 오메가 3 지방산을 충분히 얻기 어렵다.

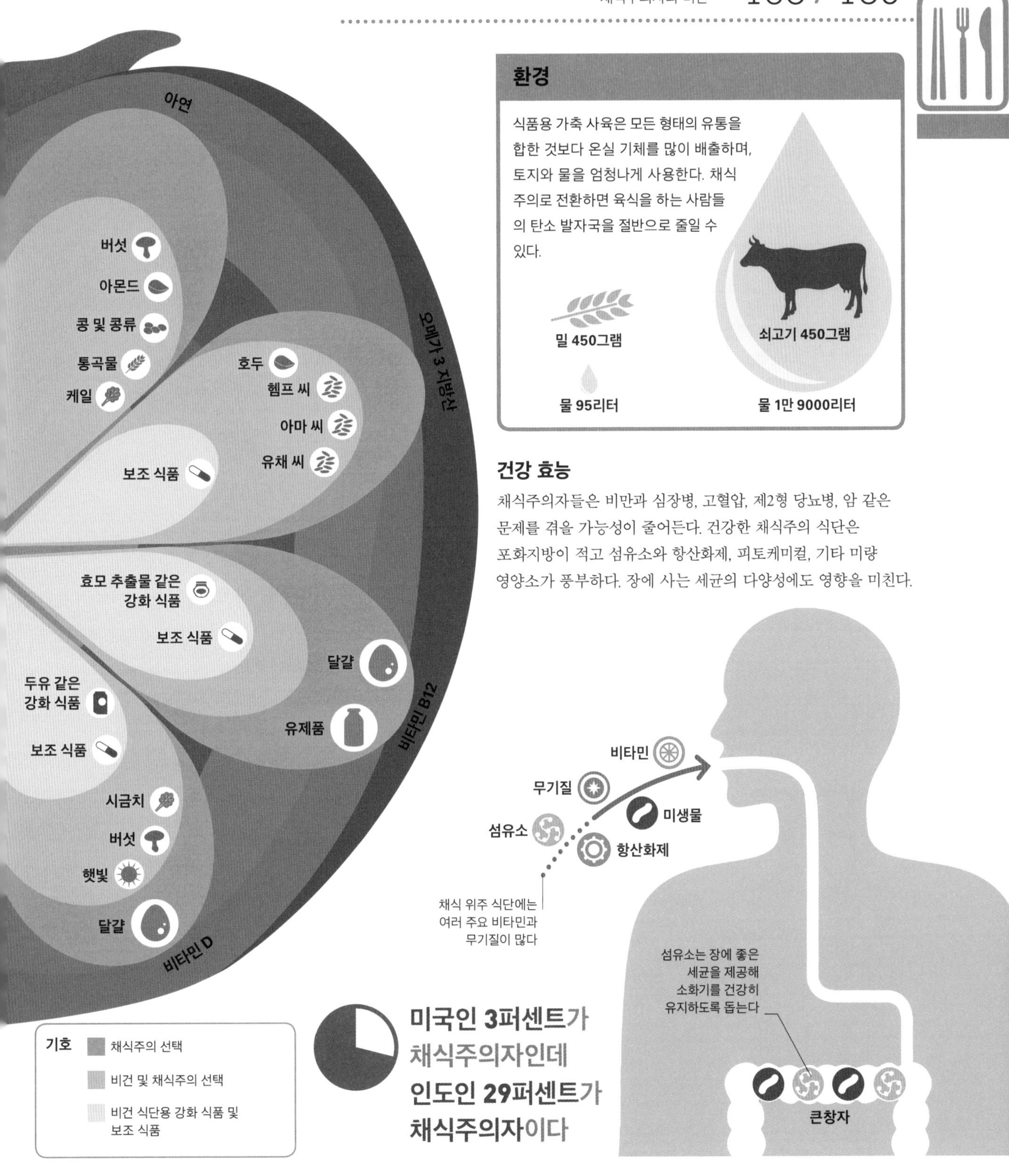

환경

식품용 가축 사육은 모든 형태의 유통을 합한 것보다 온실 기체를 많이 배출하며, 토지와 물을 엄청나게 사용한다. 채식주의로 전환하면 육식을 하는 사람들의 탄소 발자국을 절반으로 줄일 수 있다.

건강 효능

채식주의자들은 비만과 심장병, 고혈압, 제2형 당뇨병, 암 같은 문제를 겪을 가능성이 줄어든다. 건강한 채식주의 식단은 포화지방이 적고 섬유소와 항산화제, 피토케미컬, 기타 미량 영양소가 풍부하다. 장에 사는 세균의 다양성에도 영향을 미친다.

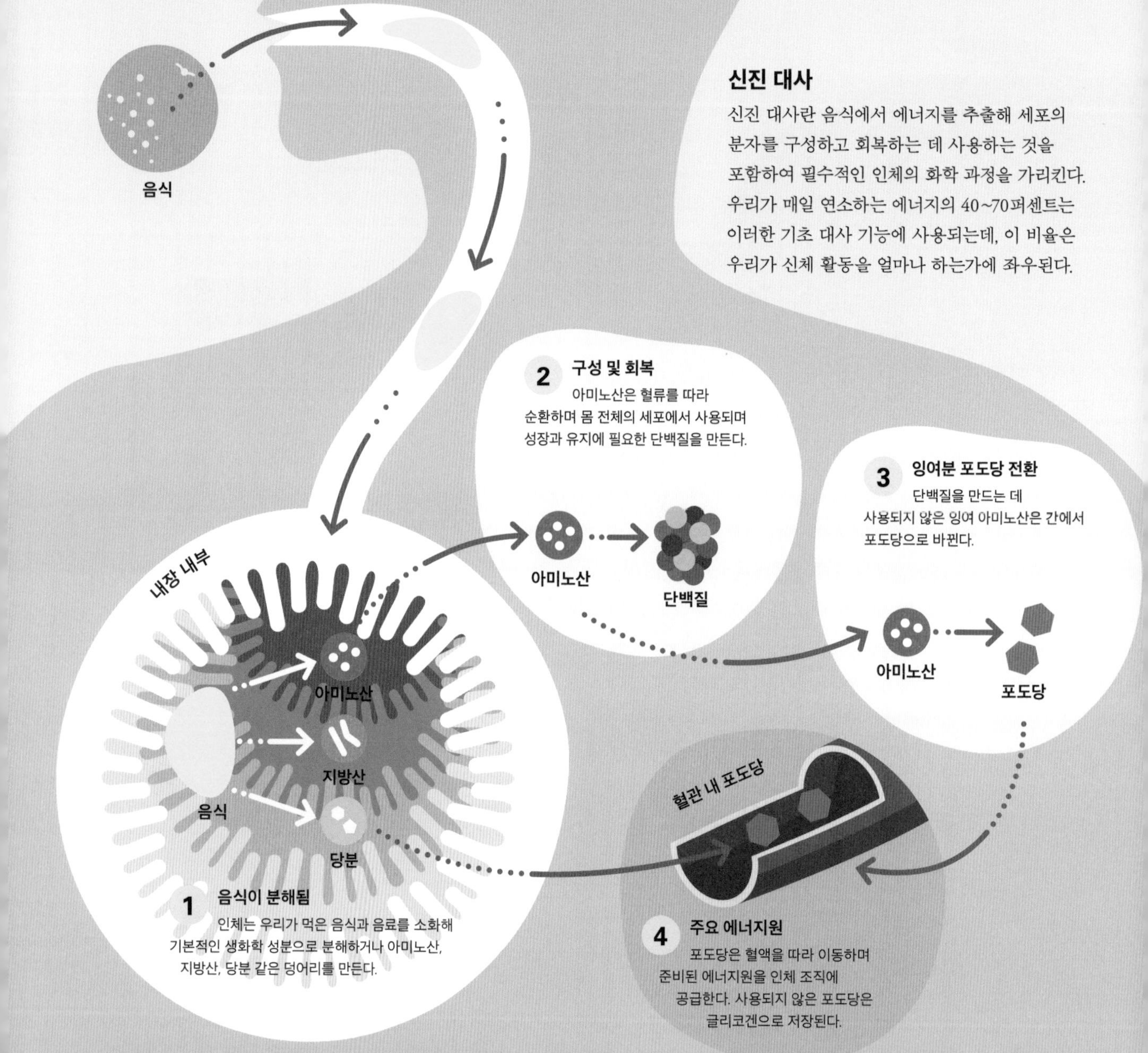

신진 대사

신진 대사란 음식에서 에너지를 추출해 세포의 분자를 구성하고 회복하는 데 사용하는 것을 포함하여 필수적인 인체의 화학 과정을 가리킨다. 우리가 매일 연소하는 에너지의 40~70퍼센트는 이러한 기초 대사 기능에 사용되는데, 이 비율은 우리가 신체 활동을 얼마나 하는가에 좌우된다.

에너지 수지 균형

인체가 에너지를 처리하는 방식은 에너지 수지 균형이라는 용어로 이해할 수 있다. 우리가 음식을 통하여 얻은 에너지의 양과 활동 수준에 따른 소비량은 우리 몸에 남는 지방 저장량을 결정한다.

체질량지수(BMI)는 킬로그램 단위 체중을 미터 단위 신장으로 단순히 나눈 수치이다

체온 유지를 위해 지방 연소

최근 과학자들은 일부 성인들의 경우 체온 유지를 위해 몸에 저장된 갈색 지방을 태운다는 사실을 발견했다. 이전까지는 아기들만 갈색 지방을 갖고 있다고 생각되었다. 또한 과학자들은 온도가 떨어진다거나 하는 환경 변화에 따라 에너지 연소 상태로 전환 가능한 베이지색 지방도 발견하였다. 연소 가능한 이들 지방을 장기간 유지하는 방법을 찾는다면 비만 치료에도 도움이 될 것이다.

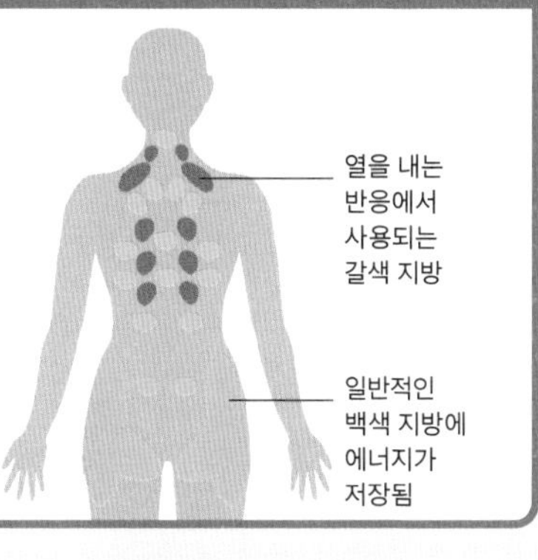

신진 대사가 느려지면 체중이 늘까?

과체중과 날씬한 사람들의 신진 대사 사이에는 차이점이 발견되지 않았다. 차이가 있다면 신체 사이즈가 커질수록 대사율이 올라간다는 것이다.

체중 감소

음식을 먹지 않으면 인체는 저장된 에너지를 이용한다. 우선 활용 가능한 혈액의 포도당을 모두 써 버린다. 간에 저장된 글리코겐을 분해하면 포도당은 다시 보충된다. 글리코겐이 떨어지면, 인체는 지방 저장소로 눈을 돌린다. 따라서 체중 감소를 위한 유일한 방법은 오랜 기간 에너지 부족, 즉 섭취 열량보다 더 많은 열량을 소모하는 상태로 있는 것이다. 그러나 이것을 장기간 너무 심하게 하면, 인체가 에너지를 얻으려고 근육을 분해해 아미노산을 방출하므로 근육 손실이 따른다.

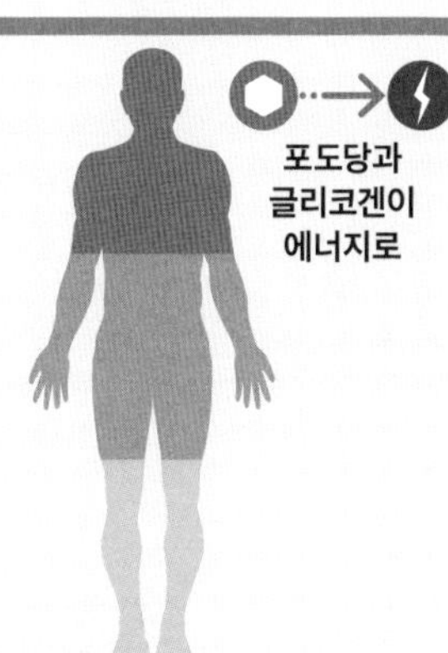

포도당 연소
포도당이 충분히 몸에 공급되면, 다 소모될 때까지 1차 에너지원으로 포도당을 이용한다.

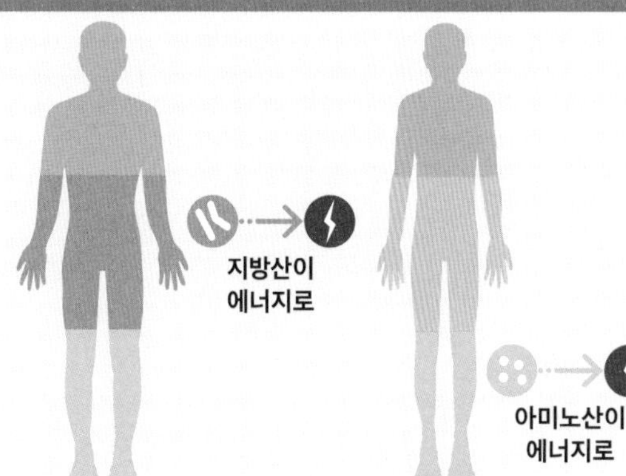

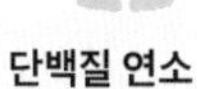

지방 연소
연소할 포도당이 몸에 충분하지 않으면 그제야 저장되어 있던 지방을 연소한다.

단백질 연소
굶으면 몸은 에너지를 얻기 위해 극단적인 처방으로 아미노산을 활용한다.

체중 증가

신진 대사와 운동에 쓰는 열량보다 더 많은 열량을 섭취하면, 인체는 일단 잉여 에너지를 글리코겐으로 저장했다가 이어 지방으로 비축한다. 지방은 피부 아래(피하지방)와 복부 장기 주변(내장 지방)에 저장된다. 비만 관련 질병의 원인은 내장 지방이다. 또한 백색 지방세포는 음식 섭취에 영향을 미치고 인슐린 분비와 민감성(216~217쪽 참조)을 좌우하는 호르몬 및 호르몬과 유사한 입자(14~15쪽 참조)를 생성한다.

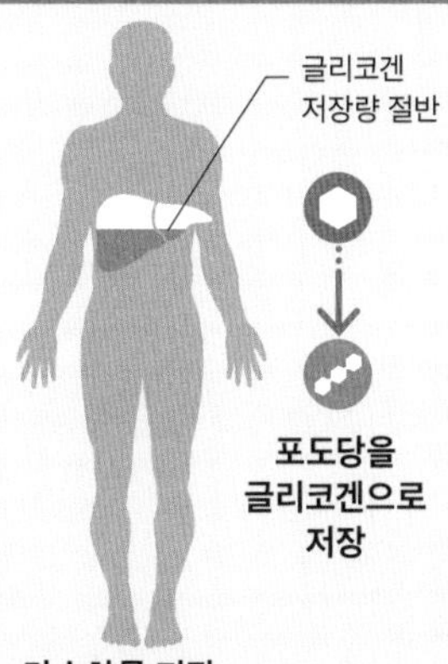

탄수화물 저장
몸에서 에너지로 사용하지 않은 여분의 포도당이 있으면, 간세포의 작용으로 글리코겐이라고 부르는 복합 탄수화물로 저장된다.

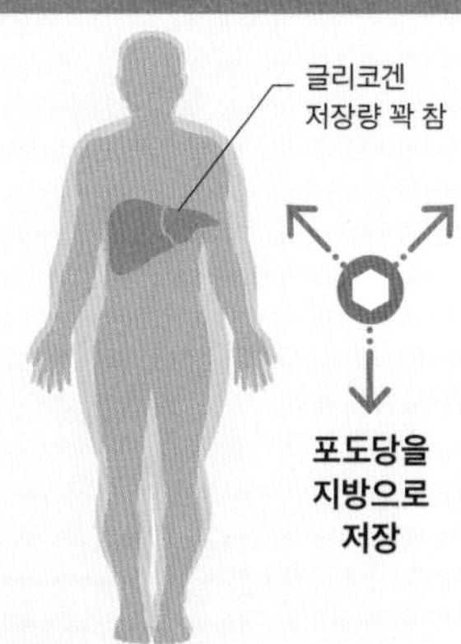

지방 저장
간의 글리코겐 저장 용량이 꽉 차면 섭취된 모든 잉여 열량은 지방으로 전환되어 온몸에 저장된다.

식생활과 운동

운동이 날씬한 몸매를 지켜 준다는 것이 일반적인 믿음이지만 최근 연구 결과는 의혹을 제기한다. 여러 측면에서 운동은 분명 우리 몸에 이롭지만, 헬스장을 찾는다고 해서 실제로 허리둘레를 줄이는 데 큰 도움을 얻지 못할 수도 있다.

운동의 효과

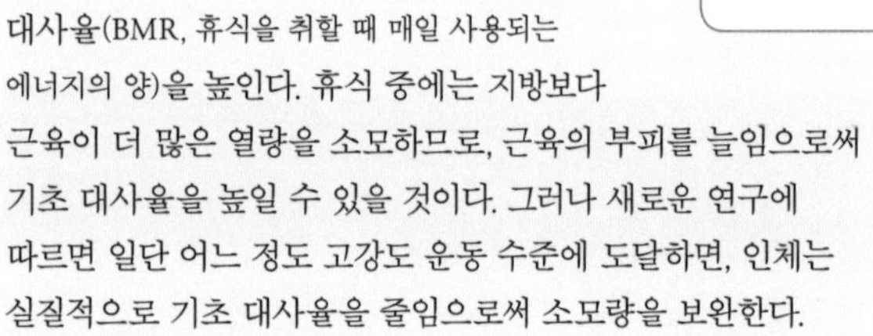

운동은 체중 감량에 도움이 되며 특히 일정한 체중 유지에 좋지만 기대한 만큼 큰 효과는 없을지 모른다. 단기적으로 운동은 기초 대사율(BMR, 휴식을 취할 때 매일 사용되는 에너지의 양)을 높인다. 휴식 중에는 지방보다 근육이 더 많은 열량을 소모하므로, 근육의 부피를 늘임으로써 기초 대사율을 높일 수 있을 것이다. 그러나 새로운 연구에 따르면 일단 어느 정도 고강도 운동 수준에 도달하면, 인체는 실질적으로 기초 대사율을 줄임으로써 소모량을 보완한다.

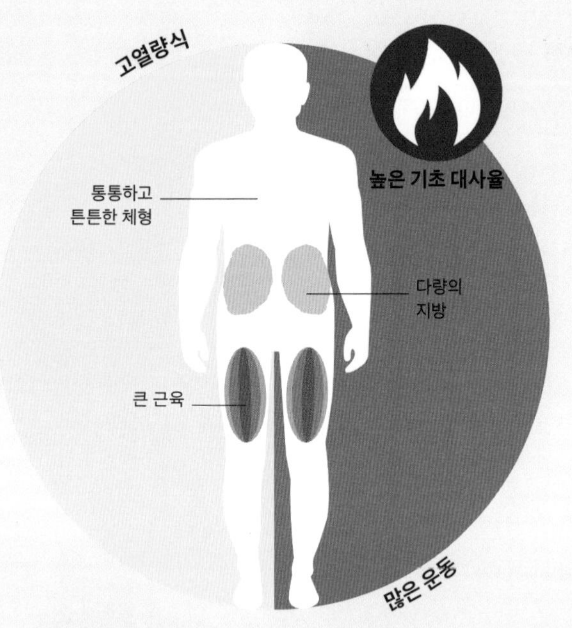

고열량식, 많은 운동

합리적인 수준으로 운동을 하면 강한 근육과 높은 기초 대사율을 갖게 될 가능성이 높다. 그러나 고열량식을 계속 병행하면 여전히 지방이 저장되어 과체중이 된다.

고강도 운동

고강도 인터벌 트레이닝(high-intensity interval training, HIIT)은 다른 운동보다 체지방을 더 줄이는 것으로 보이지만 그 이유는 명확하지 않다. 한 연구에 따르면 같은 열량을 연소했을 때, HIIT는 일반 운동보다 피하지방을 9배나 더 줄였다. 역설적이지만, HIIT 이후 유산소(지속적인 저강도) 운동과 무산소(고강도) 운동 둘 다에 대한 신체 적합성도 높아졌다.

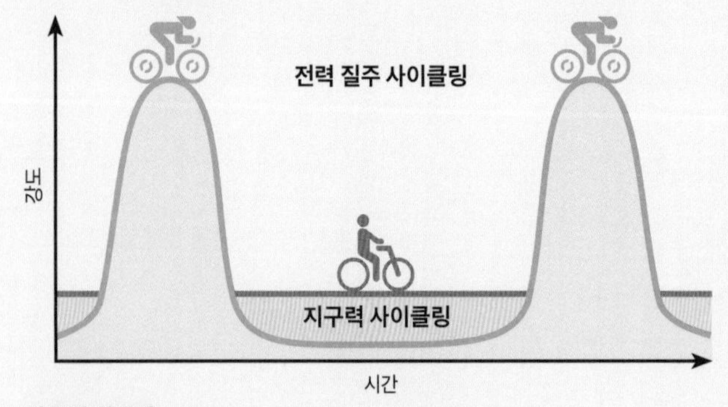

강도의 최고점

HIIT는 단기간에 전력을 다해 하는 운동이다. 예를 들어 단 10초간 전속력으로 페달을 밟았다가 다음번 전력 질주를 반복하기 전 휴식을 취한다.

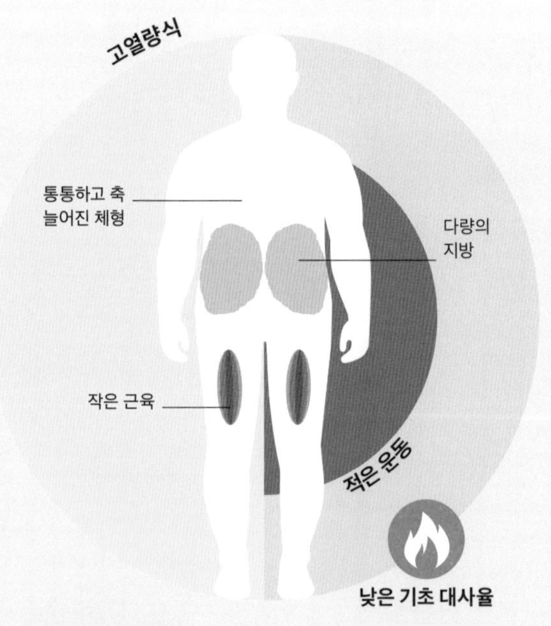

고열량식, 적은 운동

연소 열량보다 훨씬 더 많은 열량을 섭취하면 빠르게 체중이 늘고 지방이 축적된다. 운동을 많이 하지 않으면 근육이 덜 발달하고 기초 대사율이 낮아질 가능성이 높다.

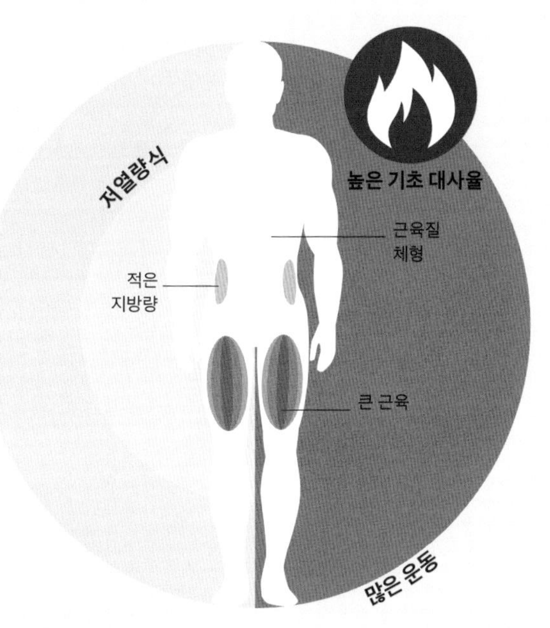

저열량식, 많은 운동

운동 강도를 높이면서 전체적인 열량 섭취를 줄이는 것은 가장 효과적인 체중 감량법이다. 저장되는 지방을 소모함으로써 근육을 보존하고 몸매를 바꾸는 데도 도움이 된다.

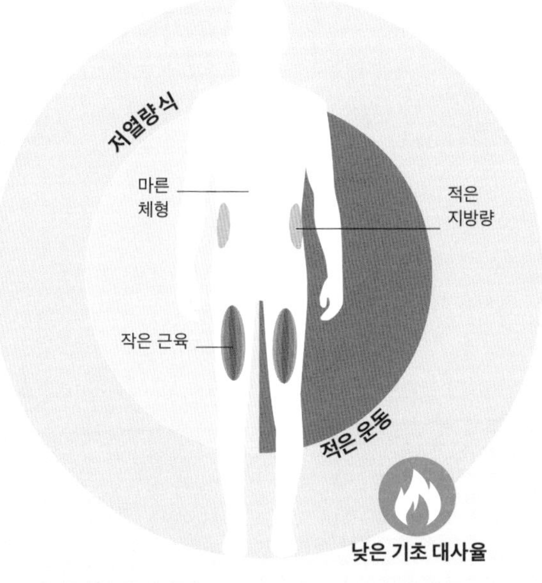

저열량식, 적은 운동

비교적 활동량이 적은 사람이 저열량식을 하면 건강한 체중을 유지할 수 있다. 그러나 운동으로 얻는 수많은 건강상의 이득은 누리지 못한다.

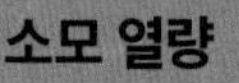

소모 열량

적은 열량을 연소하는 데에도 엄청난 운동이 필요하다. 예를 들어 완만한 속도로 15분간 걷기는 작은 사과 하나에 해당하는 열량을 연소할 뿐이다. 따라서 운동의 강도만으로는 열량 부족 상태에 이르기가 상당히 어렵다.

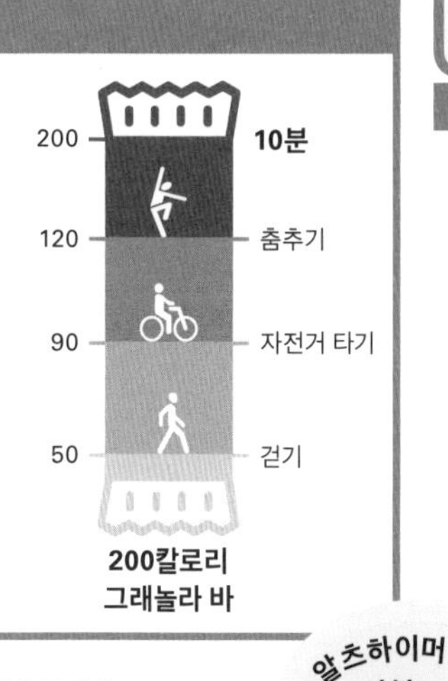

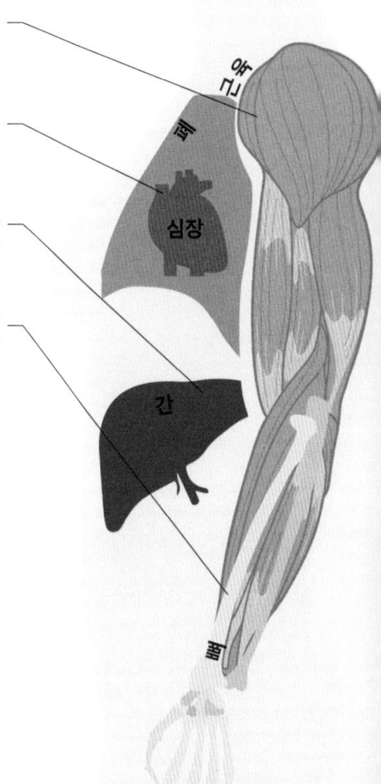

광범위한 건강 효능

규칙적인 운동은 우리가 과거 생각했던 것만큼 체중 감량에는 큰 도움이 되지 않을지 몰라도 여러 가지 건강상의 효능을 제공한다. 체중 감량과는 상관없이 운동은 제2형 당뇨병이나 뇌졸중, 심장마비의 위험을 줄이고 혈압을 낮추며 콜레스테롤 수치를 향상시킨다.

열량 계산

우리가 먹는 음식의 열량 계산은 체중 유지의 기본 전략이다. '열량 조절' 식생활이 먹는 양을 감시하는 유용한 방법이기는 하지만, 열량 성분만으로 먹거리를 선택해서는 곤란하다. 최상의 건강 상태 유지를 위해서는 여전히 모든 식품군을 포함한 균형 잡힌 식생활을 해야 한다.

저지방이 곧 저열량을 의미할까?

저지방식은 전체적인 열량을 줄이려는 경향을 갖고 있으므로 체중 감량에 도움이 될 수 있다. 그러나 많은 저지방 제품에는 더 많은 당분과 소금이 첨가되어, 꼭 더 건강한 선택을 의미하지는 않는다.

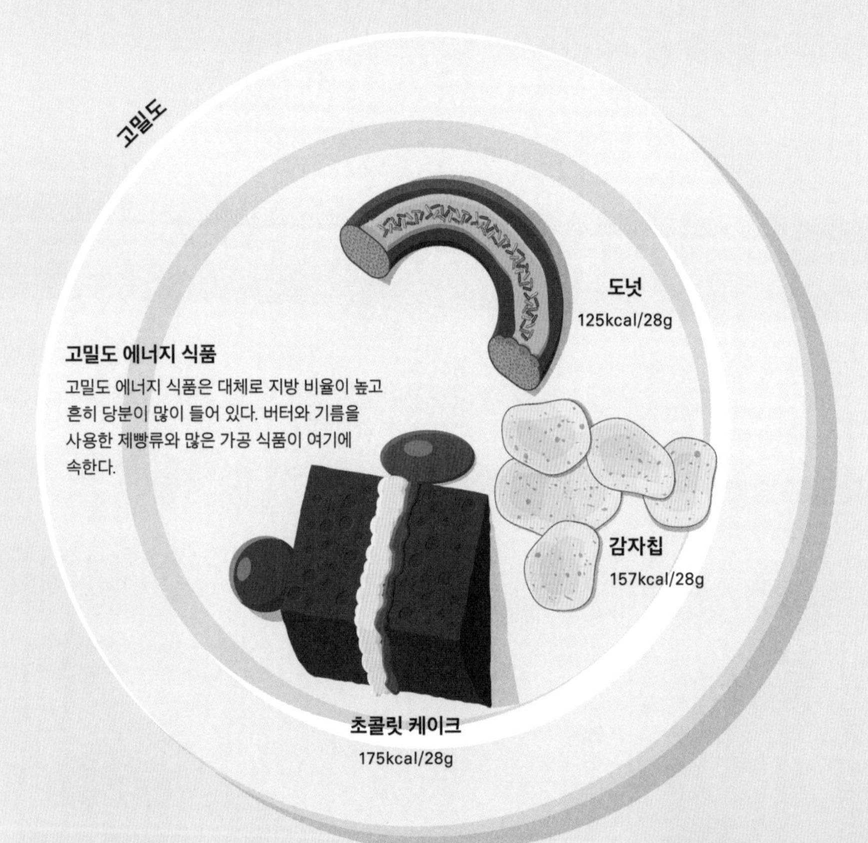

중간 밀도

페퍼로니 피자
74kcal/28g

중간 밀도 에너지 식품

이런 음식은 지방과 탄수화물, 단백질 사이에 좀 더 균형이 잡혀 있다. 일부 과일과 녹말질 채소 역시 여기에 속한다.

에너지 밀도

음식의 에너지 밀도는 단위 중량당 들어 있는 에너지의 양으로, 보통 1그램당 칼로리(kcal/g)로 나타낸다. 에너지 밀도가 높은 음식은 에너지 밀도가 낮은 식품보다 1그램당 더 많은 열량을 낸다. 음식의 에너지 밀도는 지방과 탄수화물, 단백질, 섬유소, 수분의 비율에 따라 결정된다. 지방은 1그램당 9칼로리, 탄수화물과 단백질은 둘 다 1그램당 4칼로리, 알코올은 1그램당 7칼로리의 열량을 낸다. 섬유소와 수분은 에너지를 제공하지 않으며 단지 형태와 부피만 유지할 뿐이다.

자기 절제

일본 오키나와 사람들이 실천하는 식습관인 '하라 하치 부(hara hachi bu)'는 대략 번역하면 '배가 80퍼센트 찰 때까지 먹으라'는 의미이다. 오키나와 사람들은 세계 최고 수준의 100세 인구 비율로 이름이 높은데, 음식에 대한 그들의 접근 방식은 이러한 결과에 분명 큰 역할을 한다. '하라 하치 부' 원칙은 접시가 완전히 빌 때까지 음식을 먹는 전통적인 서양 식습관과 대조된다.

열량이란?

음식의 열량은 음식에 들어 있는 에너지를 측정하는 단위이다. 음식의 개념으로 열량이 널리 사용되고 있지만 현재 과학자들은 에너지 단위로 줄(joule)을 주로 사용하며, 음식의 양에는 킬로줄(kilojoule, kJ)을 사용한다. 음식의 1칼로리(kcal)는 4.184킬로줄로 환산된다. 지역에 따라 식품 상표에는 이 두 단위 중 하나를 사용하거나 둘 다 표기한다.

열량 측정

식품의 열량은 산소 중에서 냉동 건조 샘플을 태움으로써 측정한다. 열량가는 식품을 둘러싸고 있는 일정량의 물이 온도를 높인 발열량을 측정하여 얻는다.

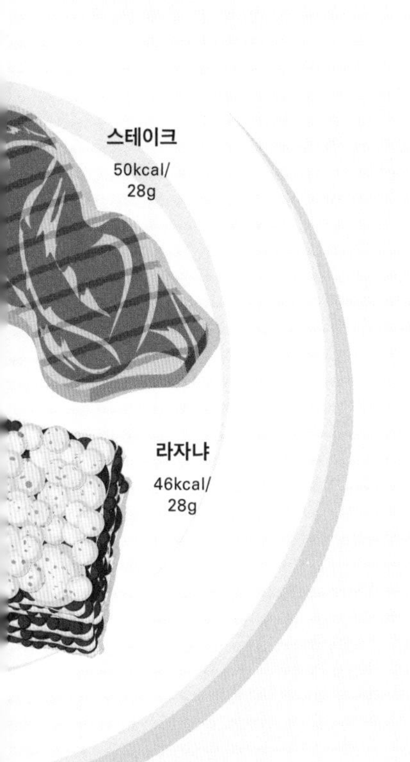

저밀도 에너지 식품

지방은 적지만 섬유소와 수분 비율이 높은 이런 식품에는 대부분의 채소와 콩류, 현미 등이 속한다. 저밀도 에너지 식품은 부피가 크고 포만감이 더 오래 가는 경향이 있다.

흡수되는 열량

우리 몸은 모든 음식을 똑같이 받아들이지 않는다. 어떤 음식은 다른 음식에 비해 소화하기가 더 어려운데, 이것은 음식에 함유된 열량을 모두 추출하지 못한다는 의미이다. 더욱이 개인차가 있으므로, 똑같은 음식을 먹더라도 어떤 사람의 소화기관은 다른 사람에 비해 더 많은 열량을 추출할 수도 있다.

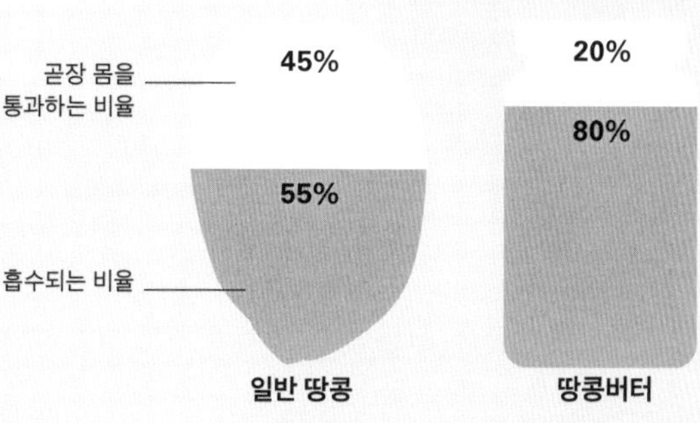

다양한 흡수율

땅콩을 구성하는 많은 식물성 세포는 인체 장기를 통과하는 동안 분해되지 않는다. 소화 불가한 세포벽 안에 영양소가 남아 있다는 뜻이다. 그러나 땅콩버터의 경우, 가공으로 인체를 위한 소화 과정이 이미 시작되어 더 많은 열량이 추출된다.

저탄수화물 식단

'저탄수화물' 식단의 신봉자들은 탄수화물 섭취를 제한하면 체중 감소에 도움이 되고 변덕스럽게 혈당 수치가 오르내리는 부작용을 피할 수 있다고 주장한다.

지방 연소

인체 혈류 내의 포도당 양을 줄이면 강제로 대체 에너지원을 쓰도록 할 수 있다. 지속적으로 포도당이 부족하면 몸이 매우 높은 비율로 저장된 지방을 태우는 상태인 케토시스(ketosis) 상태로 이끌 수 있다.

작용 원리

저탄수화물 식단에서는 지방과 단백질이 탄수화물 대신 열량과 에너지의 주공급원 역할을 한다. 혈장과 인슐린 수치를 낮게 유지함으로써, 저장된 지방을 연소하도록 인체를 훈련할 수 있다는 주장이다. 또한 저탄수화물 식단은 단백질 함량이 높기 때문에, 단백질이 더 오래 포만감을 주어 음식을 더 적게 먹도록 해주며, 끼니 사이에 먹는 간식도 줄어들어 전체적인 열량 섭취량이 낮아진다.

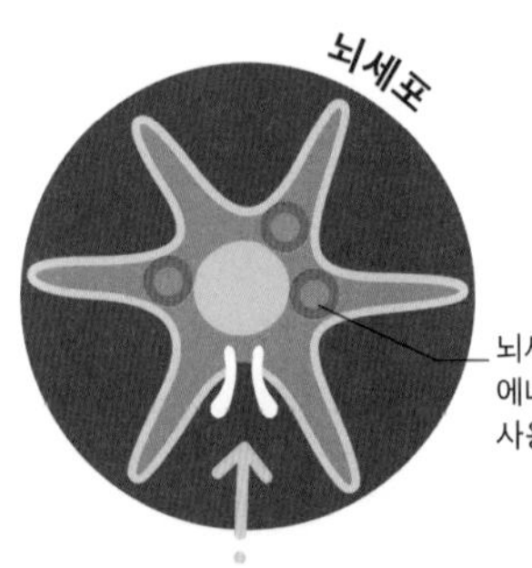

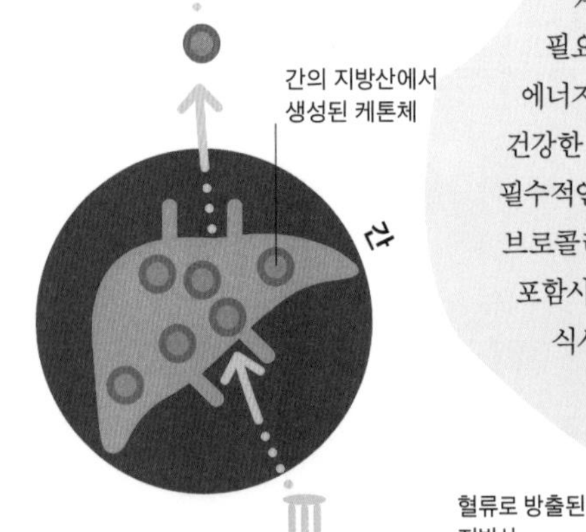

무엇을 먹을 것인가?

주요 식품군 중 하나를 크게 줄여 다이어트를 계획하는 사람은 그것을 보완하는 식단 전략이 필요하다. 단백질이 풍부한 음식과 천연 지방은 에너지 공급원으로서 탄수화물을 대체할 수 있지만, 건강한 소화 작용과 좋은 콜레스테롤 수치 유지에 필수적인 섬유소가 부족한 경우가 있다. 식단에 브로콜리, 콜리플라워, 양상추 같은 채소를 넉넉히 포함시키면 섬유소 섭취량을 높여 미량 영양소를 얻고 식사량의 부피를 늘이는 데 도움이 된다.

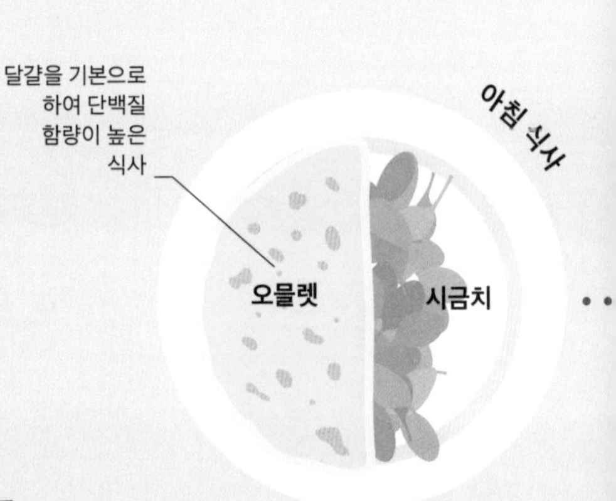

일일 식단

단백질이 풍부한 음식과 함께 부피가 큰 저탄수화물 채소를 먹으면 매 끼니마다 파스타, 빵, 밥, 달콤한 음식 등 탄수화물이 풍부한 음식을 제한하기가 비교적 쉽다.

2 케토시스 상태

다른 조직과 달리 뇌는 지방산을 에너지원으로 사용하지 못한다. 따라서 혈중 포도당 양이 적어지면, 간은 지방산을 케톤체(kotone bodies, 뇌세포를 위해 에너지를 제공하는 입자)로 전환한다.

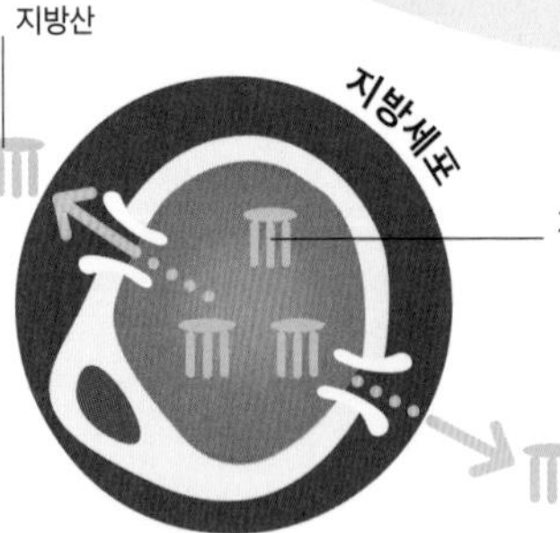

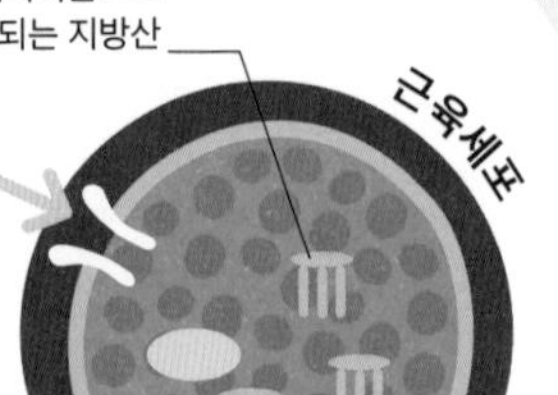

1 지방산 방출

혈중 포도당의 양이 건강한 수준으로 유지되면, 인슐린 수치도 낮게 유지된다. 이러한 낮은 인슐린 수치는 지방세포에서 지방산이 혈류로 방출되도록 하여, 대부분의 세포에서 지방산을 에너지로 사용한다.

저탄수화물 식단은 단기간에 당뇨병 환자들의 혈당 수치 조절에 도움을 줄 수 있다

저탄수화물 식단에 대한 사회적 합의는?

대부분의 의료 기관에서 체중 감량을 위한 저탄수화물 식단의 효과를 인정하고는 있으나, 장기적인 건강 전략으로 권하는 경우는 거의 없다.

제한된 식품

일부 저탄수화물 식단은 매우 제한적이어서, 파스타와 빵처럼 두드러지게 탄수화물이 풍부한 음식을 금할 뿐만 아니라 적어도 처음에는 다른 여러 가지 음식의 섭취도 제한한다. 모든 과일, 완두콩과 옥수수 같은 단맛 나는 채소도 금지 음식에 속한다. 퀴노아와 귀리를 포함한 통곡물은 물론이고 감자와 땅콩호박, 당근, 파스닙, 비트 등 기타 녹말질 채소 및 렌틸 콩도 제한된다. 그러나 이들 식품 중 상당수는 건강한 식단에 필수적인 섬유소와 비타민, 무기질의 주요 공급원이다.

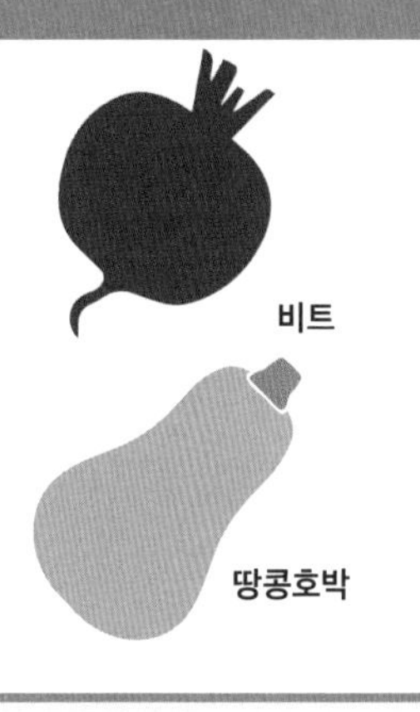

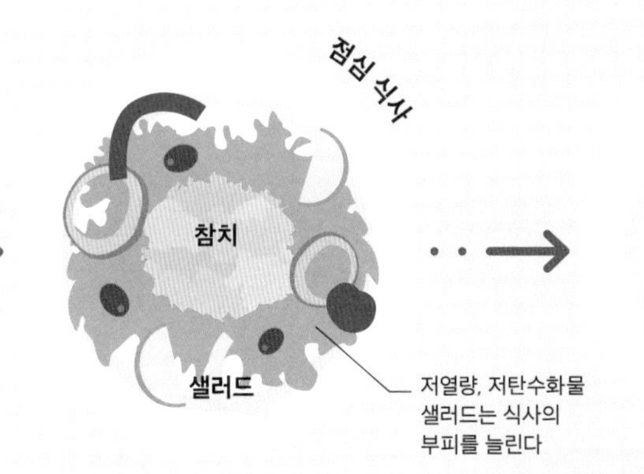

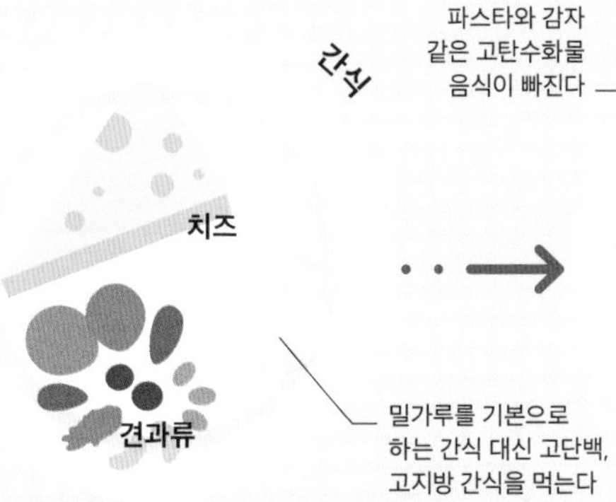

저녁 식사
저녁 식사에 파스타와 감자 같은 고탄수화물 음식이 빠진다
닭 가슴살
브로콜리
콜리플라워

고단백 식단

용어의 정의상 저탄수화물 식단은 종종 고단백 식단이기도 하다. 중간 강도의 고단백 식단은 표준 권장량(총 열량의 약 15퍼센트) 이상으로 단백질 섭취를 늘인다. 탄수화물을 포함한 다른 식품군도 허락한다. 좀 더 극단적인 고단백 식단은 탄수화물 섭취를 엄격하게 제한한다. 일부는 고지방 섭취를 권장하기도 한다.

	장점	단점
중간 강도 고단백 식단	• 단백질이 포만감을 더 오래 느끼게 해 끼니 사이에 간식을 먹을 가능성이 줄어든다. • 체중 감량 중 고단백 식사를 하면 근육보다 지방의 양을 더 빼는 데 도움을 줄 수 있다. • 단백질은 소화시키는 데 더 많은 에너지가 필요하기 때문에 열량의 일부가 연소된다.	• 이런 식단이 체중 감량에 도움이 되는지의 여부에 관한 연구 결과가 제각각이다. • 고기 등 단백질이 든 음식은 종종 값이 비싸다. • 동물성 단백질을 너무 많이 먹으면 심장병과 일부 암의 발병 위험을 높일 수 있다.
극단적인 고단백 식단	• 단백질이 포만감을 더 오래 느끼게 해 배고파질 가능성이 낮다. • 고기, 치즈, 버터 등 인기 높은 여러 식품이 제한되지 않는다. • 상당수의 극단적인 식단은 열량 계산을 할 필요가 없다.	• 매우 제한적인 식단은 지키기가 어려우며 특히 사교 생활에 어려움을 겪을 수 있다. • 식품군을 누락하면 필수 비타민과 무기질이 부족할 수 있다. • 동물성 단백질에 의존하면 심장병과 일부 암 등의 질병 위험이 높아질 수 있다. • 콜레스테롤 수치가 높아질 수 있다. • 콩팥이 더 많은 단백질을 처리해야 하므로 콩팥 질환이 악화될 수 있다. • 열량이 제한되지 않으면 효과가 없을 수도 있다.

고섬유식

1980년대 데니스 버킷(Denis Burkitt) 박사가 전통적인 아프리카 전원 식생활의 효능을 풍성한 섬유소 섭취와 연관시킨 이후 F-플랜 같은 고섬유식이 인기를 끌었다. 대중의 관심이 탄수화물 줄이기로 옮겨 가면서 유행이 잦아 들었지만, 다시 인기가 높아지고 있다.

섬유소를 첨가한 식품은 천연 섬유소가 풍부한 식품만큼 이로울까?

제조업자들은 시리얼과 빵, 요구르트, 기타 제품에 섬유소를 첨가할 수 있다. 천연 섬유소보다 다양하지는 않지만 인공 첨가 섬유소도 거의 비슷한 건강상의 효과를 지닌다.

고섬유식의 장점

체중 감소 계획의 일환으로 선택하는 고섬유식은 섬유소를 늘이고 열량을 줄인다. 풍부한 채소와 통곡물을 먹는 데 중점을 두는 식단이므로, 건강한 식생활에 관한 정부 지침과도 맞아 떨어지고 많은 영양사들도 권장한다. 금지 음식은 없으며, 음식 섭취로 비만, 당뇨, 기타 인슐린 저항성 관련 질병의 위험을 줄일 수 있다. 그러나 어떤 사람들에겐 고섬유식이 매력 없는 식단이어서 오래 지속하기 어려울 수도 있다. 물 섭취량을 늘리지 않으면 잠시 변비에 걸릴 가능성도 있다.

무엇을 먹을 것인가

고섬유식에는 다량의 과일과 채소(가능하면 껍질 포함), 통곡물, 견과류, 씨앗, 콩, 콩류가 포함되어야 한다. 통곡물 빵과 아침 식사용 고섬유 시리얼로 먹거리를 바꾸면 쉽게 섬유소 섭취량을 늘릴 수 있을 것이다.

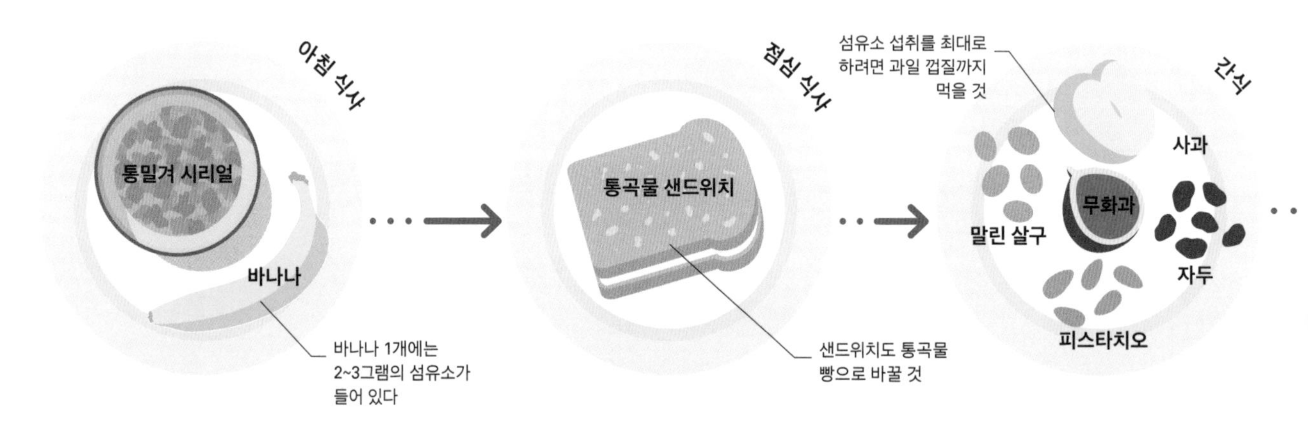

한 연구에 따르면 아무것도 바꾸지 않고 단순히 식단에 섬유소만 첨가해도 체중이 감소했다!

고섬유 식품

잘 알려진 고섬유 식품은 중량당 섬유소 비율이 5퍼센트(브로콜리)부터 15퍼센트(렌틸 콩)에 이르기까지 광범위하며, 통밀 파스타와 아보카도, 완두콩도 고섬유 식품에 포함된다. 그러나 이 모든 식품을 무색하게 하는 일인자는 37퍼센트의 섬유소가 함유되어 있고 그 4분의 3이 수용성인 치아 씨앗이다. 치아 씨를 물에 적시면 걸쭉한 죽처럼 변하는 것은 바로 이 때문이며, 디저트로 활용하기에도 농도가 적당하다.

물에 적신 치아 씨는 젤 상태가 된다

작용 원리

섬유소는 다양한 방식으로 체중 감량을 돕는다. 쉽게 소화되지 않으므로 열량을 많이 제공하지 않지만, 부피가 커 배부름을 쉽게 느끼게 한다. 또한 고섬유 식품은 많이 씹어야 하기 때문에 좀 더 천천히 먹어야 하고, 따라서 과식하기 전에 몸의 상태를 완전히 파악할 수 있다. 섬유소가 풍부한 음식은 위에서도 천천히 이동해 포만감을 더 오래 줌으로써 건강하지 못한 간식을 좀 더 쉽게 자제할 수 있다. 수용성 섬유소(24쪽 참조)는 식후 혈당 급등(sugar rush)을 완화해 인슐린 저항성(216~217쪽 참조)을 피할 수 있도록 돕는다.

위

수용성 섬유소는 몸이 콜레스테롤을 사용하고 배출하도록 부추겨, 심장병의 위험을 줄인다. 위에서 액체와 섞이면 걸쭉한 젤을 형성한다. 따라서 당분이 혈류로 배출되는 것을 늦춰 저섬유 탄수화물을 먹었을 때 흔한 혈당 급등을 피할 수 있다.

위

음식은 몇 시간 동안 위에서 휘저은 상태가 된다

작은창자

수용성 섬유소는 작은창자에서 당분 흡수를 늦춘다

위에 들어 있는 음식

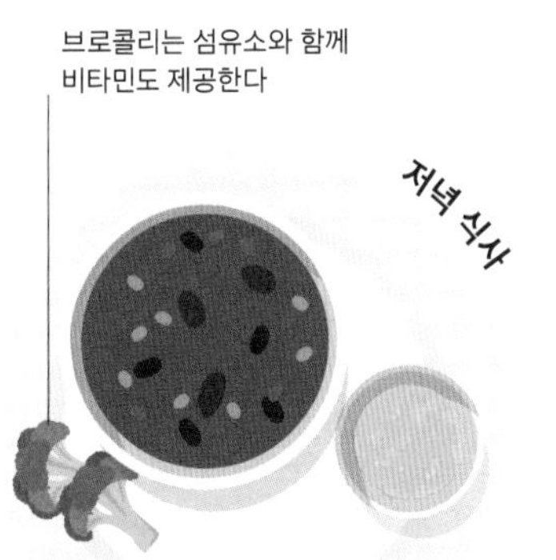

5가지 콩을 넣은 칠리와 불거 휘트(Bulgar wheat) 시리얼, 브로콜리

섬유소의 큰 입자는 세균의 발효에 의해 분해된다

발효로 생성된 기체

큰창자

큰창자

장에 생겨난 세균 장벽

내장의 접힌 내벽

세균에 의해 생성된 짧은 사슬 지방산

혈류

비타민 K와 비타민 B 등 발효 산물이 혈류로 유입된다

규칙적인 배변

섬유소는 대변의 부피를 늘리고 무르게 하여 창자를 빠져나가는 시간을 줄임으로써 장을 건강하게 유지한다. 그러면 변비 예방에도 도움이 된다. 또한 섬유소는 프리바이오틱스(prebiotic)로, 몸에 좋은 장 세균의 먹이가 된다는 뜻이다. 이러한 세균은 큰창자의 끝부분인 잘록창자의 세포 건강 유지에 도움을 주는 부산물을 생성해, 잘록창자 환경을 더 강한 산성으로 만들어 질병을 일으키는 세균을 예방한다. 또한 좋은 장 세균은 비타민 B와 비타민 K를 생성해 나중에 몸에 흡수되도록 한다.

잘록창자

섬유소는 위와 작은창자를 거치는 동안 비교적 형태 변화가 없지만, 잘록창자에서는 세균에 의해 몇몇 종류가 발효된다. 이 과정에서 당혹스러운 기체가 생성되기는 하지만, 일부 비타민과 짧은 사슬 지방산 같은 몸에 이로운 부산물도 만들어 낸다. 시간이 지나면 장이 고섬유 식생활에 적응해 부글거림이 줄어든다.

간헐적 단식

금식은 전통적으로 많은 종교 식생활의 일부였지만 최근 과학자 집단에서 더 많은 관심을 기울이기 시작했다. 간헐적 단식은 체중 감량에 도움이 될 뿐만 아니라, 다른 건강상의 이로움을 얻을 수 있는 잠재성을 지녔다.

금식 기간에 운동을 해야 할까?

금식하는 동안 운동을 하면 더 많은 지방이 연소된다는 사실이 입증되었다. 그러나 금식 기간에는 가벼운 운동으로 제한하는 것이 좋다.

일반적인 금식

간헐적 단식은 금식 기간과 비금식 기간을 연속적으로 실시한다. 5 : 2 단식의 경우, 일주일에 5일(식사하는 날)은 평소대로 먹지만 연속적이지 않은 2일 동안에는 열량 섭취를 상당히 줄인다. 격일제 단식의 경우 하루는 원하는 만큼 뭐든 먹고 다음날은 금식하는 방식이다. 엄격한 식사 시간표에 따라 매일 정해진 시간(대개 8~12시간) 동안에만 음식을 먹는 단식도 있다.

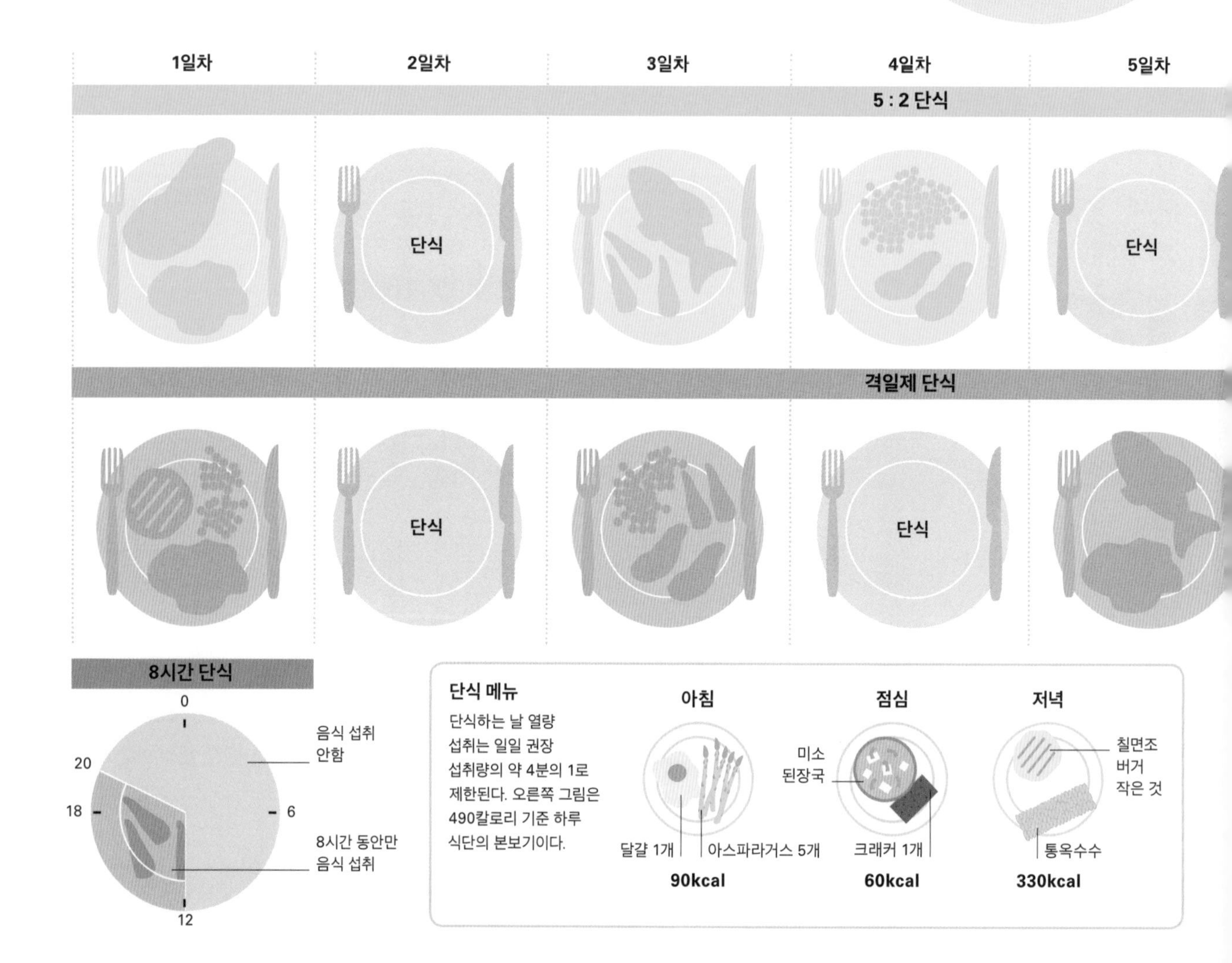

몸에 좋을까?

간헐적 단식이 체중 감량에 좋다는 증거는 주로 동물 실험에서 나온 것이다(아래 참조). 그러한 결과가 인간에게도 적용된다면, 간헐적 단식은 비만을 예방하는 효과를 나타내 건강상의 효능을 널리 홍보할 수 있을 것이다. 그러나 단식에 관한 임상 연구는 매우 드물고 결과도 서로 엇갈려, 아직은 단식의 부정적인 잠재 영향을 알지 못한다.

장점	단점
규칙이 단순해 따르기 쉽다.	단식하는 날에는 극단적인 허기와 두통, 피로감을 느낄 가능성
특별한 음식이나 보조제가 필요 없다.	기분이 급변하고 짜증을 낼 위험
건강에 이로울 가능성	장기적인 효과는 아직 모른다.
다소 융통성이 있다. 매주 같은 날 단식을 할 필요가 없다.	단식하는 날 저혈당의 위험이 치명적인 수준에 이를 수도 있다.
일부 사람들의 경우 활력이 증가했다는 보고	일부 사람들의 생활 방식과 맞지 않을 수 있다.
식비 감소	장기간 지속하기는 어려울 수 있다.
단식하는 날에는 식사 준비에 드는 시간이 자유로워짐	단식이 건강하지 못한 식탐으로 이어질 수 있다고 믿는 사람들도 있다.

6일차

7일차

단식

풍요과 기근

활용 가능한 다양한 단식 요법 중 여기 소개된 세 끼 그림은 가장 인기 많은 식단에 속한다. 단식은 상당한 집중을 요하며, 일부 생활 방식과는 맞지 않을 수도 있지만 사람들이 단식을 하는 정도는 차이가 많다. 어떤 사람들은 500칼로리 단식 요법(왼쪽 그림 참조)을 따르지만 어떤 사람들은 하루 300칼로리로 제한하거나 심지어 물 이외에는 아무것도 먹지 않는 경우도 있다.

잠재적인 건강 효능

동물의 경우에는 단식으로 인한 건강 효능을 뒷받침하는 증거가 점점 많아지고 있다. 혈압과 인슐린 민감성, 일부 만성 질환 위험에 보인 긍정적인 효과 때문에 일부 과학자들은 단식이 인간에게도 비슷한 건강 효능을 나타낼 잠재력이 있다고 믿기에 이르렀다.

인슐린 민감성 향상
인슐린 민감성이 향상되면 인체에서 탄수화물을 포도당으로 전환하는 과정을 더욱 효율적으로 도와 비만과 당뇨의 위험을 줄인다.

혈압 강하
단식은 생쥐의 혈압을 낮추었으며, 고열량 식단을 먹였을 때에도 혈압을 일정하게 유지했다.

항암 효과
각각 따로 적용하거나 화학 요법과 병행했을 때, 단식은 생쥐의 일부 암 성장과 전이를 늦추는 것으로 확인되었다.

뇌 질환에 도움
단식은 인공으로 알츠하이머와 파킨슨병을 앓게 만든 생쥐의 인지 기능 저하를 늦추는 것으로 확인되었다.

암 위험 감소
단식을 한 생쥐는 암에 걸릴 위험을 나타내는 세포의 증식이 상당히 감소했다.

뇌 건강 향상
열량 제한 식단을 먹인 생쥐는 뇌의 신경세포 재생이 향상되었으며 늙은 생쥐의 인지 능력도 좋아졌다.

세포 저항력 향상
단식을 한 생쥐의 심장과 뇌세포가 심장마비와 뇌졸중으로 인한 손상에 좀 더 저항력을 갖게 되었다.

디톡스

최근 음료와 건강 보조 식품, 심지어 샴푸에 이르기까지 광범위한 제품이 우리 몸을 정화하여 독소를 제거할 수 있다는 '디톡스' 물질로 팔려 나가는 유행이 번지고 있다. 그러나 그러한 주장을 뒷받침할 만한 과학적 증거는 없다.

천연 제품으로 과연 디톡스가 될까?

동물 연구에서 고수가 중금속 배출에 도움을 줄 수 있다는 증거가 매우 제한적으로 확인되기는 했지만, 중금속 중독은 심각한 문제여서 의학적인 치료가 필요하다.

디톡스 주장

디톡스 신봉자들은 특정한 식이 요법을 따르거나 특정 제품을 사용하면, 알코올과 카페인, 담배, 지방, 당분 등의 물질에 노출되면서 우리 몸에 쌓였던 독소를 배출하는 데 도움을 줄 수 있다고 주장한다. 디톡스가 우리 건강을 향상시킨다는 것이다.

디톡스 방법

관련 산업은 다수의 디톡스 방법과 제품들을 양산해 냈다. 식이 요법과 단식, 보조 식품뿐만 아니라 관장(灌腸) 같은 외과적인 과정도 포함된다.

독소란?

다량 섭취하면 몸에 해로운 물질은 많다. 심지어 물도 그렇다. 그러나 간과 콩팥을 중심으로 인체는 효율적인 체계를 잘 갖추고 있어, 매일 해로운 잉여 화합물을 중성화하거나 배출한다. 디톡스 옹호자들이 주장하는 것처럼 독소가 몸에 축적되지는 않는다. 몇 가지 예외는 있다. 지방에 용해되는 일부 위험한 화합물은 오랜 세월에 걸쳐 우리 몸의 지방 저장소에 축적될 수 있다. 그러한 물질에 노출되는 것은 피해야 한다.

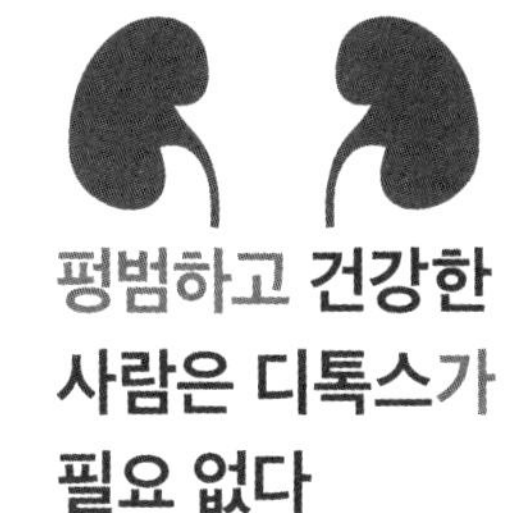

평범하고 건강한 사람은 디톡스가 필요 없다

POPS

잔류성 유기 오염 물질(POPs)은 페인트와 잉크, 식품의 농약 잔류물에서 나올 수 있다.

아이오딘

필수 영양소이기도 한 아이오딘은 다량으로 몸에 들어오면 독이 될 수 있으며, 특히 신장병이 있는 사람들은 취약하다.

유독성 금속

생선에는 수은을 포함한 중금속이 들어 있을 수 있다. 먹이 사슬로 누적되므로 포식자 생선은 중금속 수치가 높을 가능성이 있다.

디톡스의 현실

우리 몸은 원치 않는 물질을 먹었을 때 대부분 제거할 수 있는 복잡한 체계를 갖추고 있다. 따라서 '디톡스'라는 용어가 정말로 타당성이 있는지 의아하다. 주류 의학계는 디톡스 개념이 마케팅을 위한 미신에 지나지 않으며 돈과 시간 낭비라고 여긴다.

제품	주장	현실
허브 차	허브 차는 몸 밖으로 독소를 배출하는 데 도움을 준다.	이뇨 효과가 있어 소변을 더 많이 보게 만들 수 있다. 외형상 '배출'의 효과처럼 보인다.
보조 식품	과학적으로 고안된 비타민 배합으로 인체의 디톡스 기관에 활력을 불어 넣는다.	일부 비타민 결핍의 경우 가치는 있겠지만, 해독 효과에 대해서는 증거가 없다.
슈퍼 푸드	마늘 같은 일부 식품은 몸에 독소가 쌓이는 것을 막는 데 도움이 된다.	전반적인 건강에 필수적인 비타민과 무기질의 양이 많이 들어 있을 가능성은 있다.
디톡스 패치	디톡스 패치는 피부 밖으로 독소를 배출시킨다.	독소가 피부로 배출될 수 있다는 개념을 뒷받침할 만한 증거는 없다.
열량 제한	단식이나 저열량 식단은 디톡스와 체중 감량에 도움을 준다.	인체 기능에 필요한 영양소를 거부하면 심각한 건강 이상을 낳을 수 있다.
완하제	완하제는 잘록창자 세척에 도움을 줄 수 있다.	주기적으로 사용하면 의존증이 생겨, 약물 없이 노폐물을 배출하는 일이 어려워질 수 있다.

관장

곧창자를 통해 잘록창자에 액체(종종 허브 혼합액이나 커피를 사용)를 주입해 한동안 두었다가 배출시키는 관장은 잠재적으로 위험한 행동이다. 옹호자들이 뭐라고 주장하든, 잘록창자는 세척할 필요가 없으며, 그런 처치를 하다가 장 내벽에 구멍이 나면 심각한 합병증으로 이어질 수 있다. 관장으로 인한 감염으로 사망하는 사람도 있다.

다이어트의 모든 것

2014년 세계 보건 기구(WHO) 보고서가 전 세계 성인의 39퍼센트가 과체중이나 비만이라고 지적한 후, 다이어트는 큰 인기를 누리며 필수적으로 여겨지고 있다. 그러나 그토록 수많은 다이어트 방법 가운데, 건강하고 효과 있는 다이어트 방법이라고 과학적으로 입증된 것은 무엇일까? 일부 방법은 명확한 의견 일치가 이루어졌지만, 일부는 여전히 판단 유보 중이다.

생활 방식 선택

'다이어트'라는 말은 종종 단기적인 변화나 일정 시간 동안 식습관을 대폭 조절하는 것을 논할 때 사용된다. 흔히 그런 방식으로 체중 감량에 성공할 수도 있지만 장기적인 생활 방식을 바꾸지 않으면 그 결과를 유지할 가능성은 높지 않다. 실제로 다이어트를 시도했다가 과거의 식습관으로 돌아가면, 빠진 체중은 거의 확실하게 원상태로 회복된다. 줄어든 체중을 지속적으로 유지하기 위해서는 건강한 선택을 평생 습관으로 삼아야 한다.

2025년까지 전 세계인의 비만 비율은 남성 18퍼센트, 여성 21퍼센트에 도달할 것이다

속성 다이어트의 효과는?

확실한 저열량 식단을 따르면 빠르게 체중을 줄일 수 있지만, 심지어 아무것도 먹지 않는다 해도 일주일에 지방을 약 1.5킬로그램 이상 빼는 것은 본질적으로 불가능하다.

다이어트	목표는 무엇인가? 작용 원리는?
저열량	체중 감량의 기본 원칙은 사용 열량보다 적은 열량을 섭취하는 것이다. 꼼꼼히 열량을 계산하면 확실한 도움을 받을 수 있다.
저지방	지방은 열량이 높으므로, 먹는 양을 줄이면 총 섭취 열량이 줄어들어 체중 감량이 촉진된다. 과거에는 이 방법이 콜레스테롤을 줄이고 심장병 위험을 낮추는 데도 도움을 준다고 생각되었다.
심한 저열량	열량 섭취를 극단적으로 줄이는 심한 저열량 다이어트는 단기간에 신속한 체중 감량을 하기 위해 고안되었다.
저탄수화물	저탄수화물 다이어트는 탄수화물이 지방만큼 쉽게 저장된다고 주장한다. 탄수화물을 충분히 줄이면 몸이 케토시스 상태로 접어들면서 비축된 지방을 연소하기 시작하므로 체중 감소로 이어진다.
낮은 혈당 지수(GI)	혈당 지수(GI)는 음식이 얼마나 혈당을 빨리 오르게 하는지를 측정한다. 혈당 지수가 낮은 음식은 더 오래 포만감을 느끼도록 해, 몸에서 너무 많은 인슐린(지방 저장을 촉진함)을 생성하지 않도록 막아 준다.
고섬유식	섬유소는 쉽게 배를 불리고 장시간 포만감을 주어 우리가 먹어야 한다고 느끼는 양을 줄여 준다. 상당 부분은 소화되지 않으므로, 많은 열량을 제공하지도 않는다.
지중해식	지중해 연안 사람들은 장수하며 건강한 인생을 누린다. 그와 같은 건강을 얻으려는 바람으로 그들의 식생활을 모방하려는 사람들이 많다.
구석기 시대	인류는 구석기 시대 이후 진화하지 않았으므로, 농사로 생산된 먹거리를 소화할 수 없다는 것이 이 다이어트법 옹호자들의 주장이다. 조상들의 식생활을 따라 하면 우리도 더 건강해질 것이라고 주장한다.
간헐적 단식	하루 중 특정한 시간이나 일주일에 며칠 동안 열량 섭취를 제한함으로써, 총 섭취 열량을 낮추고 지방 연소를 도와 체중 감량을 목표로 하는 접근 방식이다.
깨끗한 먹거리	'자연 식품'을 바탕으로 한 접근 방식으로, 깨끗한 먹거리 다이어트는 더 나은 양질의 식생활을 누리고, 더 오래 포만감을 느끼며, 소비하는 먹거리에 대해 좀 더 생각할 수 있도록 모든 '가공된' 식품을 피하라고 조언한다.
알칼리	일부 음식이 산을 생성하는 효과를 갖고 있기 때문에 몸이 pH를 유지하느라 힘겹게 일을 해야 한다고 주장한다. 알칼리를 생성하는 음식을 먹어 그러한 인체의 압박을 해소하고 건강 향상을 목표로 한다.
매크로바이오틱	인근 지역에서 생산된 제철 식품을 균형 있게 섭취하는 것에 중점을 둔다. 엄격한 지침을 따르기보다는 사람마다 다양한 음식을 먹도록 권한다.
혈액형	이 다이어트법을 따르는 사람들은 각기 다른 혈액형이 우리가 음식을 소화하는 방식에도 영향을 미친다고 주장한다. 최대한 건강을 유지하기 위해서는, 혈액형에 맞는 먹거리를 먹어야 한다는 주장이다.

완벽한 실패

끈질기게 인기를 끌고 있는 다이어트 요법 중 하나는 양배추 수프 다이어트이다. 일주일간 저열량 수프(기타 다른 것은 거의 먹지 않음)를 먹는 이 방법에 대하여 많은 전문가들은 일시적인 미봉책이라고 비판하며, 감소된 체중은 지방이 아니라 수분임을 지적한다. 이것은 줄어든 열량 섭취 때문에 몸이 에너지를 얻으려고 저장된 글리코겐을 연소하기 때문이다. 글리코겐에는 수분이 들어 있는 덕분에 글리코겐을 사용하면 '물 무게' 또한 빠져나가지만, 수분은 빠르게 복원된다.

무엇으로 구성되는가? 먹어야 하는 음식, 혹은 피해야 하는 음식은?	효과가 입증되었는지?
금지 음식은 없지만 비율을 조절해야 하며 에너지 밀도가 낮은 음식이 선호된다.	그렇다. 열량 섭취를 줄이는 것은 확실히 체중을 줄이는 방법이지만 먹는 것을 모두 꼼꼼히 확인해야 하므로 지속하기 어려울 수 있다.
이 다이어트를 하는 사람들은 치즈와 요구르트 같은 제품을 저지방 제품으로 바꾸고 지방 없는 살코기를 먹는다. 기름이나 스프레드 같은 고지방 음식 섭취는 제한된다.	저지방 제품은 종종 당분 함량이 높아 포만감을 유지하지 못할 수도 있다. 열량을 제한하기 위한 방법이기는 하지만, (올리브유와 등푸른생선에 들어 있는 불포화지방 같은) 일부 지방은 건강을 위해 필요하다.
일부, 혹은 모든 음식을 '영양적으로 균형 잡힌' 저열량 즉석 음료나 수프, 에너지바로 대체한다. 그 밖에 다른 음식도 건강하고 저지방이어야 한다. 제품이 매우 고가인 경우가 많다.	처음에는 빠르게 체중이 줄지만, 다이어트 제품에는 일반 음식의 많은 장점들이 부족하다. 장기간 지속할 수 없으며, 식습관이 달라지지도 않으므로 다이어트를 중단하면 체중이 종종 원상태로 돌아간다.
빵, 파스타, 곡물, 녹말질 채소는 금지된다. 일부 극단적인 경우, 다이어트 초기에는 많은 과일과 채소도 금지된다. 단백질과 지방은 제한 없이 먹는다.	에너지 밀도가 높고 과식하기 쉬운 정제 탄수화물을 제한하는 것은 합리적이지만, 과일과 채소를 금하는 것은 결코 현명하지 못하다. 단기간에 체중 감량을 도울 수는 있지만 장기적 결과는 확실하지 않다.
통곡물은 일반적으로 흰색인 정제 곡물보다 혈당 지수가 낮기 때문에 통곡물 제품을 권장한다. 혈당 지수 수치는 탄수화물만 갖고 있으므로 지방과 단백질은 제한이 없다.	혈당 지수가 낮다고 해서 항상 건강한 먹거리는 아니다. 가령 감자튀김은 삶은 감자보다 혈당 지수가 낮다. 하지만 이 다이어트는 비만과 제2형 당뇨병 같은 관련 질환을 예방하고 치료하는 데 도움을 줄 수 있을 것이다.
통곡물 시리얼과 과일, 채소(특히 껍질 포함)는 섬유소의 좋은 공급원이다. 일반적으로 가공 식품에는 섬유소가 부족하며, 지방과 단백질에는 섬유소가 없다.	고섬유식 다이어트는 체중 감량에 도움을 줄 수 있으며, 특정 암의 위험을 줄이고, 콜레스테롤 수치를 낮추며 좋은 장내 세균을 증식하는 등 기타 건강에 좋은 효능도 많이 갖고 있다.
전통적인 지중해 식단은 신선한 채소와 통곡물, 올리브유, 마늘, 몇몇 생선, 과일, 포도주에 중점을 둔다. 당분, 붉은 고기, 가공 식품은 제한된다.	올리브유가 광범위한 노화 관련 질환을 예방한다는 사실이 일부 입증되었다. 식물성 식품을 기본으로 한 고섬유 식단으므로 이 다이어트는 좋은 선택이다.
대부분의 곡물과 유제품은 금지되지만 풍부한 고기와 초록 잎채소, 견과류를 섭취한다. 가공 식품과 소금, 당분 또한 피해야 한다.	가공 식품을 덜 먹고 채소를 더 많이 먹는 것은 좋지만, 인류 대부분이 곡류를 소화하는 데 문제가 있다는 증거는 없다. 인류의 조상도 한 가지 특정한 식생활만 유지하지는 않았으며, 우리는 더 많은 다양한 먹거리에 적응해 왔다.
추종자들은 보통 일부 시간에만 먹고, 정해진 날이나 시간에는 극단적으로 열량을 제한한다. 제한이 매우 심한 일부 식이 요법의 경우, 단식하는 날에는 500칼로리만 허락된다.	단식이 건강에 이롭다는 증거가 많아지고 있다. 단식하지 않은 날에는 음식을 제한하지 않는 것이 현대인의 바쁜 일상과 잘 맞아떨어져, 많은 사람들이 이 다이어트로 체중 감량에 성공한다.
치아 씨, 고지 베리, 유기농 케일 등 고가의 '슈퍼 푸드'에 중점을 둔다. 일반 설탕은 금지되지만, 꿀, 메이플시럽, 코코넛 설탕은 괜찮으며, 집에서 가공한 음식도 허용된다.	일부 원칙(더 많은 과일과 채소를 섭취하고, 정제 탄수화물과 당분, 소금을 줄이라는)은 건전하지만, 일부 조언은 비논리적이다. 꿀에 들어 있는 당분은 정제 설탕만큼이나 몸에 나쁘다.
몸을 더 알칼리성으로 만들기 위하여 레몬수를 추천한다. 과일과 채소를 권장하며, 고기, 유제품, 대부분의 곡물은 금지된다.	혈액의 pH는 철저히 조절된다. 산성 혈액은 심각한 질병을 의미하며, 레몬수를 마시는 정도로는 도움이 되지 않는다. 그러나 이 다이어트법이 신선한 과일과 채소에 중점을 둔 점은 훌륭하다.
통곡물, 채소, 콩을 권장한다. 유제품, 달걀, 고기, 열대 과일, 가지속 채소(토마토와 가지 포함)는 피해야 한다.	푸드 마일리지와 고기 섭취를 줄이는 데는 유용하지만, 이 다이어트법을 열성적으로 따르는 사람들은 일부 건강한 먹거리를 빠뜨리게 된다. 지방과 당분을 제한하고 채소와 통곡물에 중점을 두므로, 체중 감량에 도움을 줄 수 있다.
혈액형군이 갈라져 진화된 시기와 당시 인류의 조상들이 먹은 먹거리에 대한 개념을 기본으로 삼는다. O형은 고기가 풍부한 '구석기' 식단, A형은 채식주의 식단을 먹어야 하며, B형은 더 많은 유제품을 섭취할 수 있다.	혈액형이 우리가 음식을 소화하는 방식에 영향을 미친다거나 이 다이어트법이 건강을 향상시킨다는 증거는 없다. 각각의 혈액형 집단이 갈라져 진화된 시기에 대한 이론도 유전자 증거로 오류가 입증되었다.

알레르기

알레르기는 보통 무해한 물질에 대하여 인체가 보이는 과도하게 민감한 면역 반응이다. 음식 알레르기는 좀 불편한 정도에서 목숨을 위협하는 수준까지 광범위하고 다양한 증상의 원인이 된다.

알레르기 작용 원리

음식 알레르기가 있는 사람들은 특정 종류의 음식에 들어 있는 특정 단백질에 노출되면 몸의 면역체계가 부적절하게 반응한다. 화학 물질 생성이 촉발되어 혈류로 들어가 신체의 여러 부분을 자극하거나 염증을 일으킨다. 음식 알레르기는 가려움이나 습진 등 피부 질환과 메스꺼움, 설사 등의 소화기 질환을 일으킬 수 있다. 또한 심각한 알레르기는 천식 증상이나 치명적일 수도 있는 전신 반응(아나필락시스, anaphylaxis)의 원인이 되기도 한다.

영국 성인의 1~2퍼센트와 어린이 8퍼센트는 음식 알레르기가 있다

땅콩

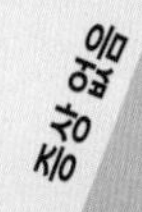

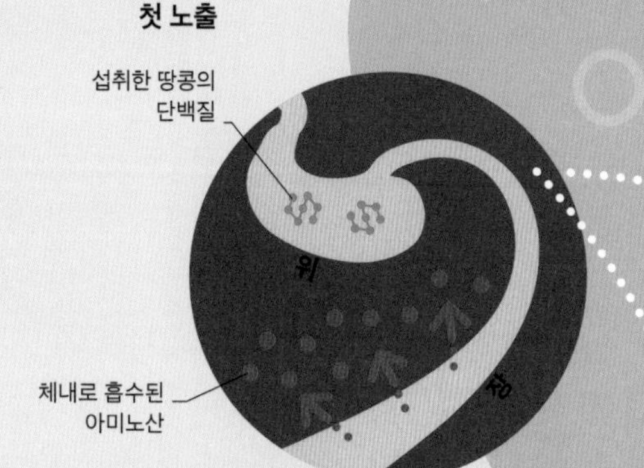

1 단백질이 흡수됨

문제의 음식(여기서는 땅콩)을 섭취하면 그 안에 들어 있는 단백질이 아미노산으로 분해되어 장을 지나며 흡수된다. 노출은 피부 접촉이나 호흡으로도 가능하다.

면역세포

면역세포에서 생성된 항체

2 항체 생성됨

땅콩에 알레르기가 있다면 인체의 면역세포는 특정 알레르기에 해당되는 특정 항체를 생성한다. 항체는 혈류를 따라 이동한다.

항체가 비만(肥滿)세포에 결합됨

비만세포

3 비만세포

항체가 비만세포라고 불리는 백혈구세포의 표면에 달라붙어 민감해진다. 이 단계에는 알레르기 증상이 없지만 세포는 두 번째 노출을 겪을 준비를 한다.

증가하는 알레르기

선진국에서는 음식 알레르기가 증가하고 있지만 과학자들도 그 이유를 집어내지 못한다. '위생 가설'로 알려진 대중적인 믿음 한 가지는 우리 아이들이 옛날만큼 박테리아 같은 병원균을 많이 접하지 않고 있다는 사실이 아이들의 면역체계 발달에 영향을 미쳤으리라는 것이다. 또 다른 이론은 식생활과 항생제, 위생 등 현대의 생활 방식이 우리의 장내 세균을 방해한다는 것이다. 장의 미생물들이 인체의 면역체계를 조절한다는 것은 우리도 잘 알고 있는 사실이므로, 그러한 훼방 때문에 우리의 면역세포가 자극을 받아 알레르기를 일으키는 데 영향을 미칠 수도 있을 것이다.

세균

이어지는 노출

알레르기 진단법

음식 알레르기를 진단하려면 환자의 자세한 병력을 검토하고 특정 음식에 대한 항체를 알아보기 위한 피부 반응 검사나 혈액 검사가 이용된다. 음식 차단 실험과 플라세보(placebo) 효과 확인을 위한 블라인드 음식 테스트도 효과적이지만, 신중한 감독 하에 실시해야 한다.

피부 반응 검사

의심되는 알레르기 유발 항원 미량을 의료진이 환자의 피부에 주사하여, 붓는 정도와 붉은 발진의 형태로 알레르기 반응을 확인한다.

부어오른 입술

치료법 선택

알레르기에 대한 주된 치료법은 문제의 음식을 피하는 것이지만 그것이 항상 쉽지는 않다. 심각한 경우, 극소량의 알레르기 유발 항원으로도 반응이 일어날 수 있다. 알레르기 반응 증상을 예방하고 누그러뜨리기 위해서는 약물이 사용된다. 건초열 같은 가벼운 알레르기에는 수용체가 히스타민 화합물과 결합하는 것을 막아 주는 항히스타민제가 도움이 된다.

자가 주사기

응급 치료법

심한 알레르기가 있는 사람들은 응급 치료를 위해 아드레날린이 들어 있는 자가 주사기(스프링이 장착된 주사기)를 2개 갖고 다닐 필요가 있다. 아드레날린은 혈관을 좁혀 혈압을 낮추고 부종을 줄여 준다.

부어오른 목구멍

비만세포

항체와 결합된 단백질

땅콩

부어오른 손

증상 발현

4 단백질이 항체와 결합됨

이어지는 노출 단계에서는 비만세포가 단백질 알레르기 유발 항원을 인식하여, 비만세포에 붙어 있는 항체와 결합한다. 그러면 탈과립(degranulation)이라 부르는 과정이 시작된다.

극단적인 경우에만 해당

비만세포

히스타민 같은 화합물이 생성됨

전신에서 알레르기 반응

전신에서 화합물이 생성됨

복통

6 아나필락시스

아나필락시스라고 알려진 심각한 알레르기 반응은 매우 짧은 시간에 전신에 효과가 퍼져, 목구멍 부종, 심한 천식, 혈압 저하 등의 극단적인 증상이 복합적으로 나타난다. 응급 치료가 필요하다.

5 비만세포에서 화합물 발생

비만세포가 탈과립하면서 히스타민과 기타 화합물을 혈액으로 방출한다. 인체에 여러 가지 알레르기 증상을 일으키는 것이 바로 이 화합물의 영향이다.

불내증

불내증은 인체가 음식의 어떤 성분을 소화할 수 없을 때 발생한다. 면역체계를 악화시키지 않는다는 점에서 알레르기와는 다르다. 사람들은 다양한 음식에 불내증을 가질 수 있으며, 태어날 때부터 내성이 없거나 나중에 살아가며 민감해지는 경우도 있다.

젖당 불내증

가장 흔한 불내증 유형이다. 젖당을 분해하는 소화효소인 락타아제가 부족하기 때문에 발생한다. 이 효소가 없으면 젖당이 잘록창자에 있는 세균에 의해 분해된다.

불내증의 원인은?

불내증은 영양소를 분해하는 데 도움이 되는 특정 소화효소가 없는 경우 발생할 수 있다. 간혹 인공 첨가물이나 천연 화합물, 독소 등 음식의 일부가 불내증을 일으키기도 한다. 증상은 종종 음식을 먹은 지 몇 시간 이후 나타나며 며칠씩 지속될 수도 있다. 경우에 따라 다양한 증상이 나타나지만, 대개 메스꺼움, 부종, 발작, 설사 등이 동반된다. 드물게는 위염을 앓거나 항생제를 투약한 이후에 일시적인 불내증이 발생하기도 한다.

갈락토오스

포도당

진단

불내증은 증상이 한참 있다 나타나고 한 가지 이상의 불내증이 동시에 존재할 수도 있기 때문에 진단이 어렵다. '배제 식이 요법'은 환자에게 잠재적으로 문제의 소지가 있는 음식을 몇 주간 식단에서 제외하고 증상이 나아지는지 보도록 권한다. 그 음식을 다시 접했을 때 증상이 재발하면 불내증으로 진단한다.

음식

배제 시기

재도전 시기

증상

내성

시간

내성 기르기

문제가 되는 음식을 장기간(몇 주에서 몇 달까지) 제외하면, 내성이 생기는 경우가 있다. 소량의 음식으로 재도전하면 내성이 생겨 시간이 갈수록 증상이 누그러질 수 있다.

생배양균

연구에 따르면 생배양균(세균)이 들어 있는 요구르트는 세균이 인체를 위해 미리 젖당을 분해하기 때문에 젖당 불내증 증상 완화에 도움이 된다.

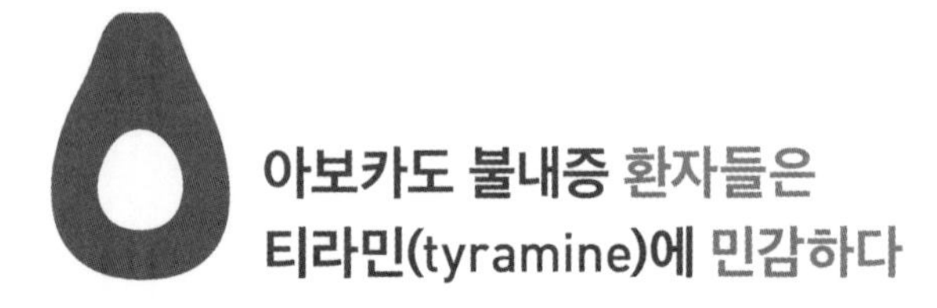

작은창자

락타아제효소

젖당

1 작은창자의 젖당
작은창자 내벽의 세포가 젖당과 만나면 소화효소인 락타아제를 생성하기 시작한다.

2 락타아제에 의해 소화되는 젖당
락타아제는 젖당을 더 작은 2개의 당분, 갈락토오스와 포도당으로 분해한다.

3 갈락토오스와 포도당이 흡수된다
그러면 2개의 더 작은 당분 입자는 작은창자에서 혈액에 흡수된다.

칸디다란?

칸디다(*Candida*)는 천연으로 몸속에 사는 일군의 효모로, 대부분의 사람이 입과 질에 갖고 있다. 이 효모는 평범한 장내 세균의 일부로 장에서 살아가는 경우도 있다. 칸디다가 장에서 과잉 증식하면 과민 대장 증후군이 발생하는 것이라고 흔히 생각하지만, 연구 결과는 그 반대임을 시사한다. 과민 대장 증후군이 심해지면 장내 세균의 균형이 무너져 칸디다가 번성하는 요인이 된다. 이것은 과민 대장 증후군과 유사한 증상으로 이어지거나, 메스꺼움, 설사 같은 더욱 고질적인 음식 불내증으로 발전하여, 칸디다가 그러한 고통의 '원인'이라는 거짓 오명을 낳게 된 것이다.

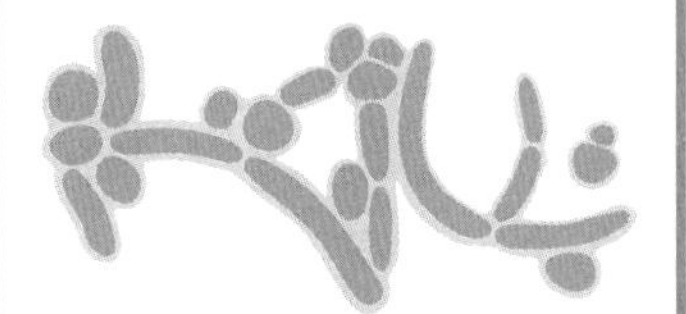
칸디다 효모

젖당 불내증은 왜 나중에 생기는 걸까?

락타아제 생성은 나이가 들면서 다양한 비율로 감소하므로, 유제품을 소화하는 인간의 능력은 나이가 들수록 줄어들 수 있다.

1 소화되지 않은 젖당
젖당에 불내증이 있는 사람들은 락타아제효소가 없어 젖당이 흡수될 수 없기 때문에 그대로 큰창자로 넘어간다.

2 세균 발효
젖당은 큰창자에 사는 세균에 의해 발효되어 그 과정에서 기체와 산을 만들어 낸다.

3 불편한 장
산은 내장으로 수분을 끌어들여 설사를 일으키고, 발효로 생겨난 기체는 복부 팽만과 불편함을 일으킨다.

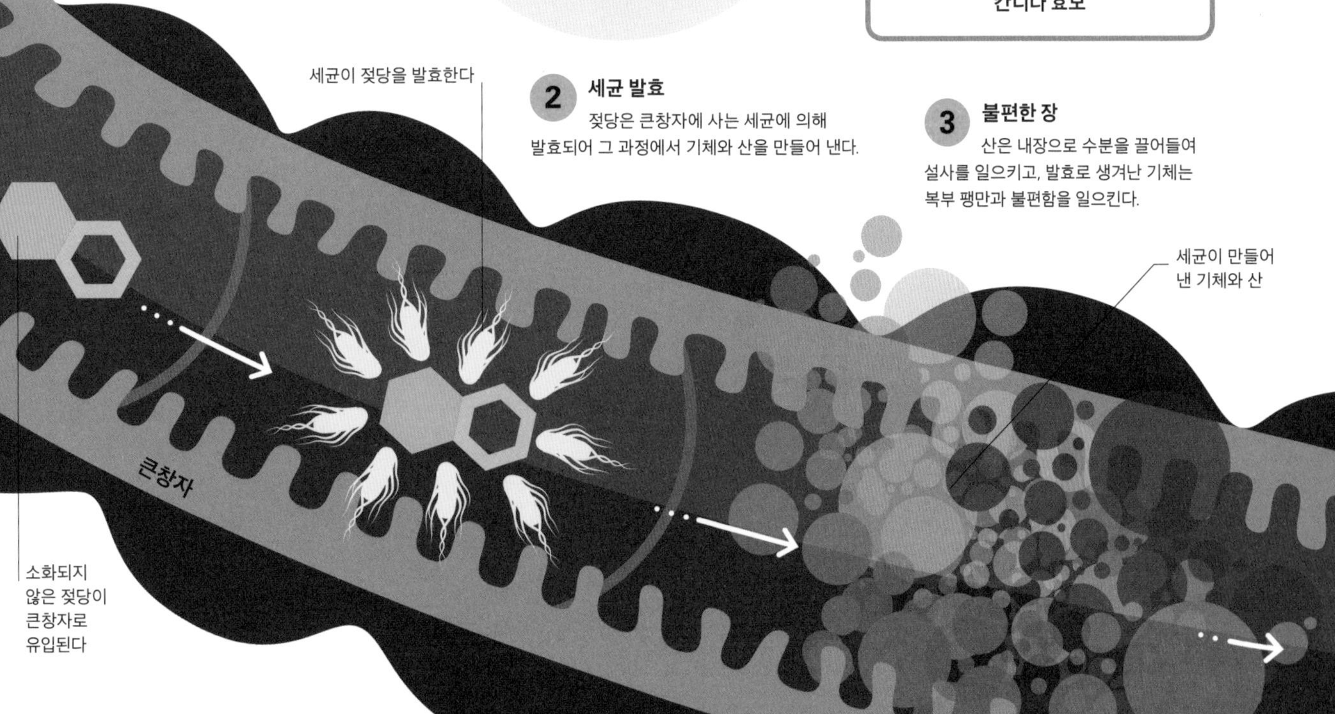

배제 식이 요법

음식 알레르기나 불내증으로 고생하는 사람들을 위한 유일한 치료는 종종 문제의 음식을 피하는 것뿐이다. 안타깝게도 이러한 방식은 특정 영양소의 결핍으로 이어질 수 있으므로 주의를 기울여야 한다.

알레르기와 불내증

특정 음식에 들어 있는 단백질에 면역체계가 거부 반응을 보이면 가려움증과 발진, 메스꺼움, 아나필락시스 쇼크 등 다양한 알레르기 증상으로 이어질 수 있다. 음식 알레르기는 어린이의 경우 20명당 1명꼴로 나타나지만 성인의 경우는 발생 빈도가 덜하다. 음식 불내증의 경우 증상은 특정 소화효소(젖당 불내증의 경우처럼)의 결핍으로 생기거나 음식에 들어 있는 화학 물질의 직접적인 작용으로 발생한다.

음식 알레르기는 지역마다 다양한데 아시아에서는 쌀 알레르기가 가장 흔하다

문제의 식품

영국과 유럽에서 판매되는 모든 포장 식품과 음료는 여기(오른쪽) 적혀 있는 성분을 하나라도 함유한 경우 상표에 정확히 내용을 기입해야 한다. 그러나 다른 나라의 경우 다른 종류의 성분을 문제 식품으로 지정한 경우가 더 흔하다.

유제품 영양소	대체 공급원
칼슘	초록 잎채소, 대체 강화 우유
아연	붉은 고기, 통곡물
비타민 B2	소간, 양고기, 아몬드
비타민 D	햇빛, 등푸른생선, 대체 강화 우유, 강화 시리얼

유제품 제한 식단

유제품을 제한다는 것은 귀중한 영양 공급원을 포기해야 한다는 의미이지만, 우유로 만든 제품을 콩이나 쌀, 견과류 유액으로 만든 대체품으로 바꾸는 것은 비교적 쉽다. 유제품에 들어 있는 칼슘과 아연, 비타민류를 대체할 식품은 많다.

나무 견과류

캐슈너트, 브라질너트, 개암, 호두, 아몬드는 나무 견과류지만 땅콩은 콩과 식물이다. 나무 견과류 알레르기가 있는 사람들은 보통 모든 견과류에 민감하다.

달걀

달걀은 특히 어린아이들의 경우 가장 흔한 음식 알레르기 유발 식품이다. 다행히도 대부분의 아이들은 두 자릿수 나이가 되면 달걀 알레르기에서 벗어난다.

겨자

상당히 드물기는 하지만 겨자 알레르기는 프랑스처럼 겨자(겨자 씨 포함)가 식생활에서 큰 부분을 자시하는 나라에서 더 흔하게 발견된다.

루핀

루핀은 땅콩과 같은 콩과식물에 속하며, 땅콩처럼 알레르기 유발 항원이 아나필락시스를 촉발할 수 있다. 루핀 가루와 씨는 종종 제빵과 파스타에 사용된다.

연체동물

가리비, 홍합, 대합, 굴, 문어, 오징어 등의 연체동물. 이들은 유럽 연합이 정한 알레르기 유발 식품 목록에 상당히 최근에야 비로소 추가되었다.

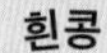

흰콩

흰콩은 가공 식품과 아시아 소스에 널리 사용된다. 흰콩에 대한 알레르기는 꽤 흔하며, 특히 영아들에게 많은데 증상은 대체로 심하지 않다.

우유

소(혹은 다른 동물)의 젖으로 만든 우유는 종종 가장 흔한 알레르기 유발 식품이며, 특히 어린이들의 경우가 많다. 알레르기와는 상관없는 젖당 불내증과는 구분된다.

땅콩

가장 흔한 음식 알레르기 중 하나인 땅콩 알레르기는 지난 몇 년 사이 어린이들한테서 증가하고 있다. 미량에만 노출되어도 잠재적으로 치명적인 아나필락시스에 이를 수 있다.

글루텐

밀, 호밀, 보리에 들어 있는 글루텐 불내증은 전 세계적으로 확대되고 있는데, 아마도 식생활의 서구화와 쌀을 밀가루 제품으로 대체한 때문인 듯하다.

생선

참치, 연어, 넙치 등의 생선은 어떤 사람들에게 심각한 알레르기 반응을 일으킬 수 있다. 비브리오균이 배출한 히스타민에 대한 신체 반응은 식중독이므로, 생선 알레르기와 혼동해서는 안 된다.

갑각류

가장 많은 사람들에게 심각한 알레르기 반응을 일으키는 것으로 생각되는 게, 바다가재, 새우에 대한 알레르기는 보통 성인이 되어서 나타난다.

참깨

참깨는 가루, 기름, 반죽의 형태로 식용된다. 비교적 일반적이지는 않지만 참깨 알레르기는 다른 음식에 알레르기를 보이는 사람들에게 더 흔하다.

아황산염

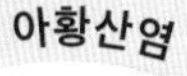

아황산염은 피클 제품이나 건조 식품, 알코올 음료 같은 제품의 방부제로 사용된다. 흔하지는 않지만 불내증은 천식과 유사한 증상을 보일 수 있다.

셀러리

셀러리액과 셀러리에 노출되면 아나필락시스 쇼크를 포함한 심각한 증상이 나타날 수 있다. 유럽 국가에 가장 흔하다.

글루텐이 풍부한 음식에 들어 있는 영양소	대체 공급원
섬유소	콩, 과일, 채소, 견과류
B군 비타민	현미와 퀴노아 등 글루텐이 들어 있지 않은 통곡물
비타민 D	햇빛, 등푸른생선, 대체 강화우유
엽산	초록 잎채소, 콩
철분	고기, 초록 잎채소
칼슘	유제품
아연	붉은 고기, 유제품
마그네슘	초록 잎채소, 견과류와 씨앗

글루텐프리 식이 요법

글루텐프리 식품은 다양하게 시판되고 있지만, 글루텐을 제외한 식생활은 영양 결핍 가능성이 있다. 섬유소, 비타민, 무기질 결핍을 해결하는 데 도움이 되는 자연 식품 및 미가공 식품이 많다.

식이 요법의 위험

배제 식이 요법은 특히 어린이의 경우 영양 실조로 이어질 위험이 있다. 어린이가 올바르게 균형 잡힌 단백질과 탄수화물, 지방, 필수 비타민과 무기질을 섭취하지 않으면, 성장과 발달에 영향을 받아 다양한 질병에 걸릴 위험이 높아진다. 알레르기가 있는 아이들의 부모는 자녀의 식생활에 빠져 있는 모든 영양소를 대체할 방법을 이해하는 것이 중요하다.

왜소 성장

여러 가지 복합적인 음식 알레르기가 있는 아이들은 평균적으로 또래의 다른 아이들보다 키가 작아, 식생활과 관련된 성장 문제를 겪고 있음을 보여 준다.

구루병

우유 알레르기 때문에 칼슘과 비타민 D 섭취가 부족한 아이들이 구루병(골연화증)으로 발전하는 경우가 확인되었다.

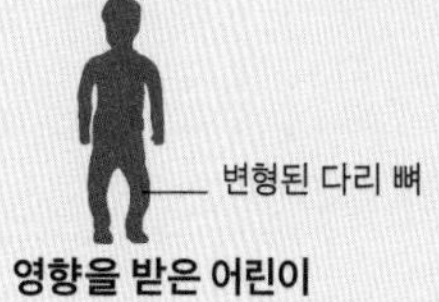

식생활과 혈압

일상생활의 다른 선택과 마찬가지로, 우리가 먹고 마시는 것들은 혈압에 직접적인 영향을 미친다. 고혈압은 장기적인 치료를 요하는 질병이며 심혈관 질환으로 이어질 수도 있다. 그러나 이 '침묵의 살인자'는 예방과 치료가 가능하다.

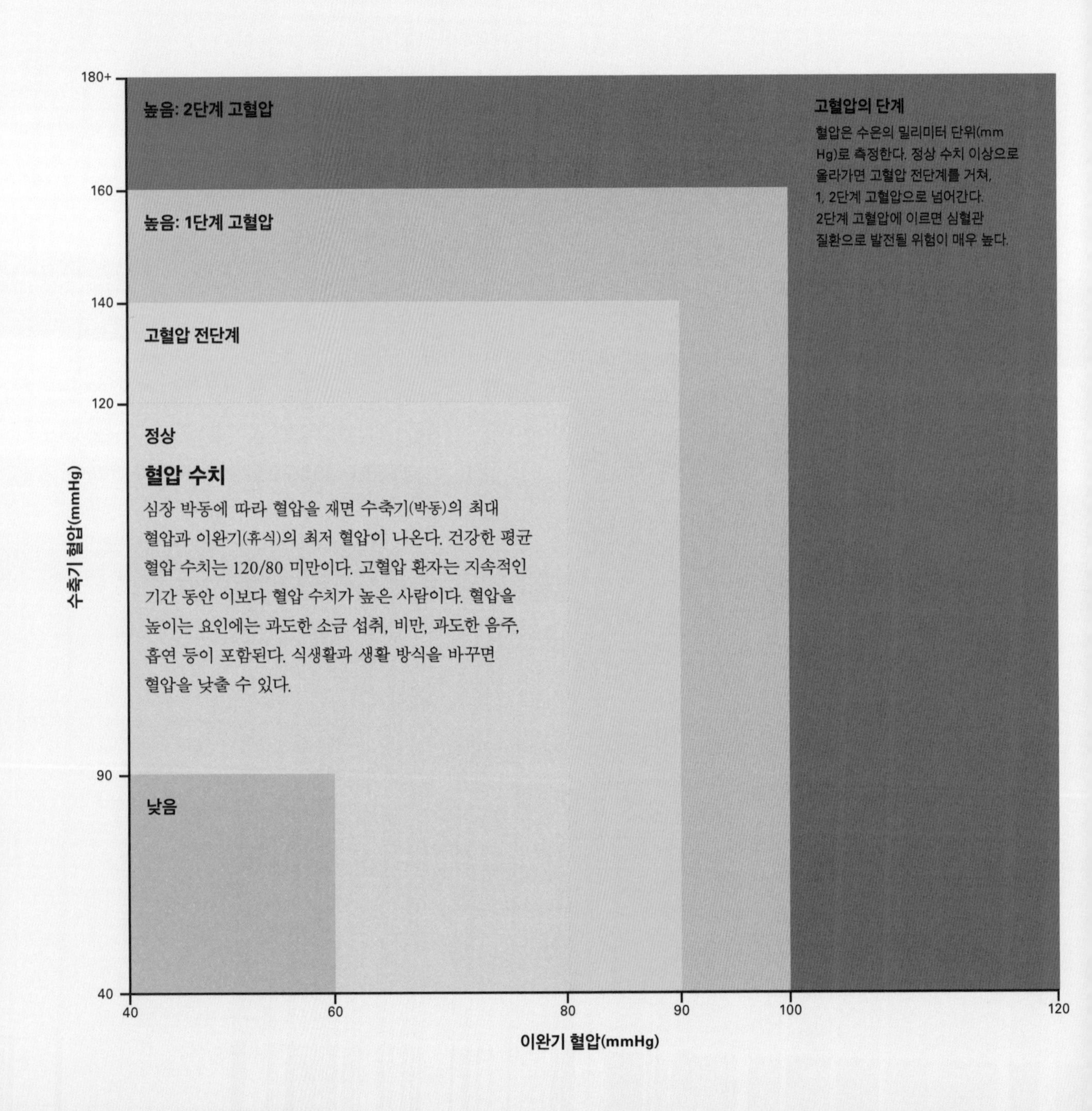

혈압 수치

심장 박동에 따라 혈압을 재면 수축기(박동)의 최대 혈압과 이완기(휴식)의 최저 혈압이 나온다. 건강한 평균 혈압 수치는 120/80 미만이다. 고혈압 환자는 지속적인 기간 동안 이보다 혈압 수치가 높은 사람이다. 혈압을 높이는 요인에는 과도한 소금 섭취, 비만, 과도한 음주, 흡연 등이 포함된다. 식생활과 생활 방식을 바꾸면 혈압을 낮출 수 있다.

고혈압은 왜 위험한가?

고혈압의 증상은 거의 드물지만, 치료하지 않고 그대로 두면 심장이 점점 커져 효율이 떨어진다. 혈관과 콩팥, 눈, 신체의 다른 부분들이 서서히 손상을 입게 된다. 혈압이 올라가면 동맥의 내벽이 더 두껍고 튼튼해져 동맥 혈관이 점점 좁아지면서 혈류가 느려지거나 아예 중단될 위험이 있다. 이것은 심장 발작과 심장마비, 뇌졸중의 위험을 높인다.

그래도 소금을 포기할 수 없다면?

일반 소금의 대체품을 활용할 수 있다. 이런 제품에는 보통 나트륨 대신 칼륨이 들어 있다. 그러나 칼륨을 너무 많이 먹으면 신장 질환자에게 위험할 수 있다.

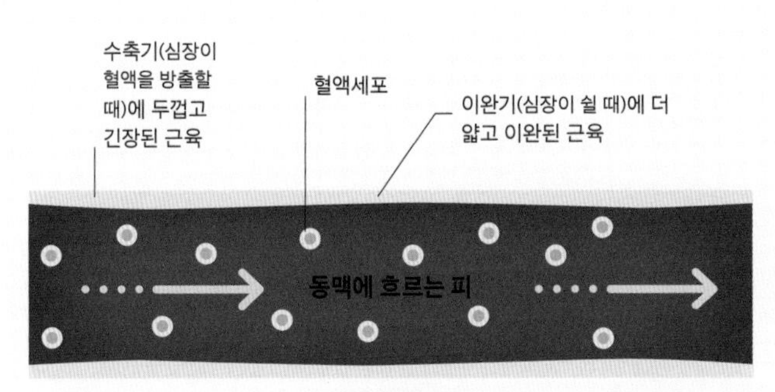

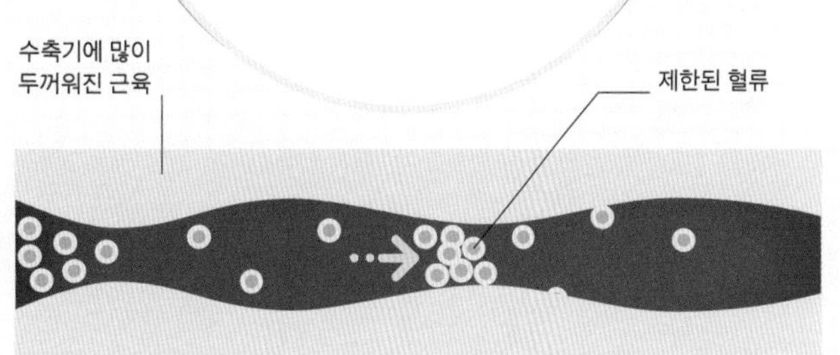

정상 혈압

만성 고혈압

건강한 동맥

정상 혈압은 심장이 펌프질로 혈액을 방출할 때 높아졌다가, 심장이 이완되면 낮아진다. 동맥 내벽의 근육은 리듬을 타듯 긴장과 이완을 반복하며 변동에 반응한다.

좁아진 동맥

혈압이 높으면 동맥은 압력을 지탱하느라 더 열심히 일을 해야 하므로, 내벽이 더욱 튼튼하고 두꺼워진다. 혈관이 점점 좁아지면 혈압은 더욱 올라간다.

식생활 해법

혈압을 낮추는 최선의 방법은 염분 섭취를 줄이고 건강한 체중을 유지하는 것이다. 소금에 들어 있는 나트륨이 위험한 성분이므로 저나트륨 소금으로 바꾸면 도움이 된다. 고혈압 방지를 위한 식생활 개선(Dietary Approaches to Stop Hypertension, DASH) 식이 요법은 미국에서 발의한 것으로, 소금과 포화지방, 알코올을 줄일 뿐만 아니라 더욱 폭넓게 과일과 채소, 통곡물을 더 많이 먹는 데 중점을 둔다. 체중 감량을 위해 고안된 것은 아니지만 끼니당 제공량을 줄이면 쉽게 체중도 줄일 수 있다. DASH 식이 요법은 혈압과 콜레스테롤을 낮추고 인슐린 민감성을 향상시키는 것으로 확인되었다.

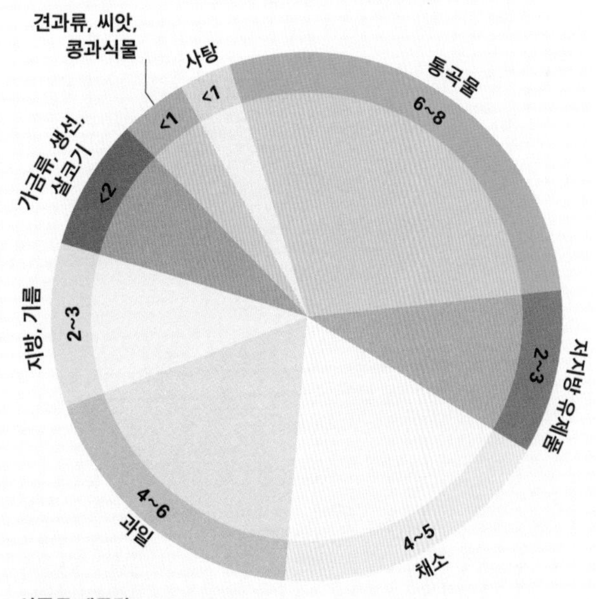

식품군 제공량

식이 요법은 매일 각 식품군을 얼마나 먹어야 하는지 섭취량에 대한 영양 지침을 제시한다. 견과류와 씨앗, 콩과식물의 경우, 권장 섭취량은 1주일에 4~5회 제공량이다. 사탕은 1주일에 5회 제공량 미만으로 먹어야 한다.

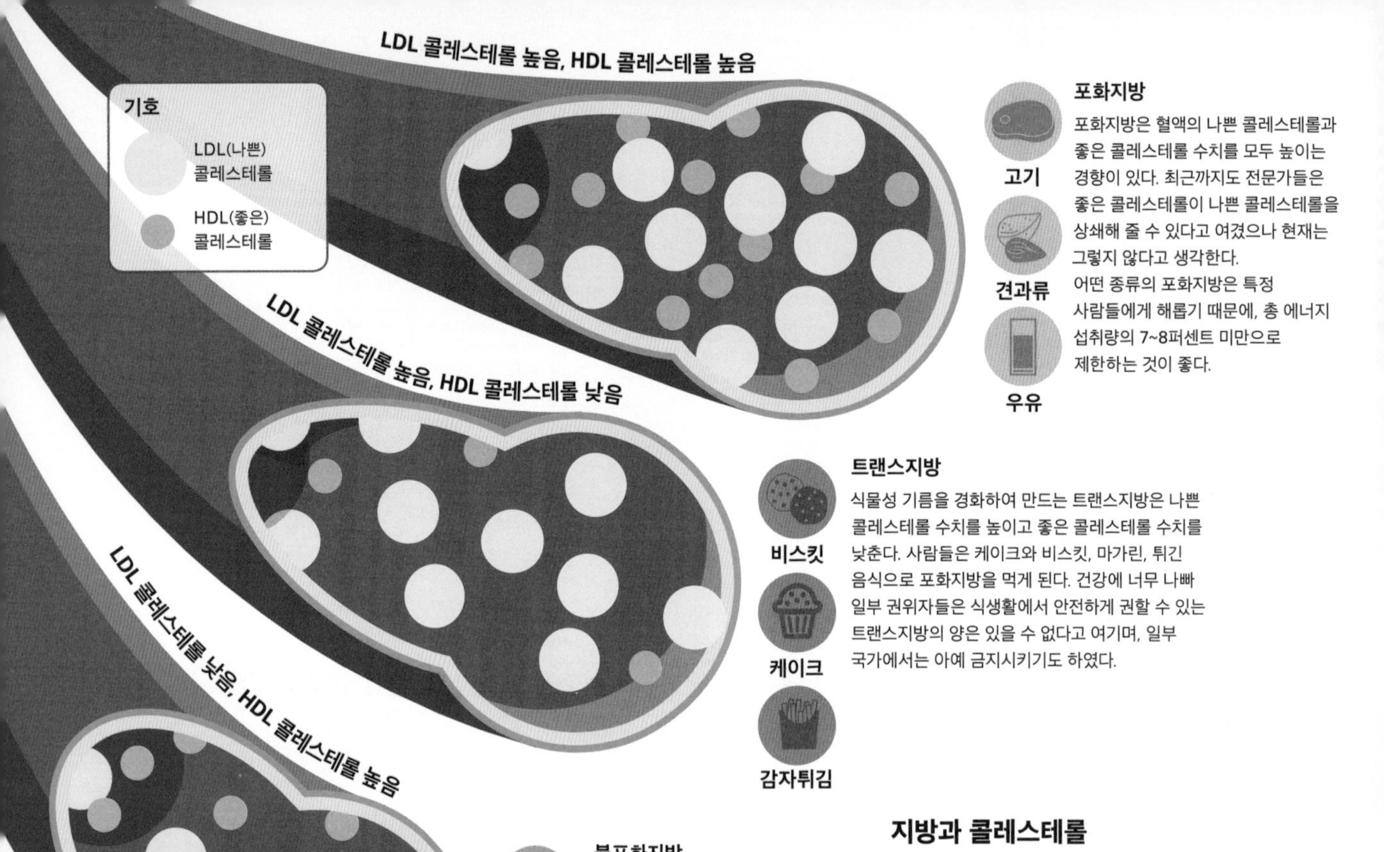

올리브유

아보카도

연어

불포화지방

불포화지방을 먹으면 나쁜 콜레스테롤 수치가 낮아지고 좋은 콜레스테롤 수치는 높아진다. 이것은 혈압 강하와 심장병 위험률 저하 등 광범위한 효능으로 이어진다. 올리브유는 단일불포화지방의 좋은 공급원이며, 콜레스테롤 수치를 낮추는 올리브유의 이로운 효과는 건강한 지중해 식단의 핵심인 듯하다.

지방과 콜레스테롤

지방은 우리 식생활을 구성하는 중요한 부분이지만, 어떤 지방은 다른 것들보다 더 건강에 이롭다. 각기 다른 종류의 지방을 먹는 것은 다른 종류의 혈중 콜레스테롤 수치에도 영향을 미쳐(30~31쪽 참조), 부정적인 결과와 긍정적인 결과를 낳는다. '나쁜' 콜레스테롤은 동맥 내벽에 지방을 축적하는 반면, '좋은' 콜레스테롤은 콜레스테롤을 간으로 옮겨 제거한다.

심장병과 뇌졸중

식생활은 선진국에서 주요 사망 원인인 심장병 발병에 중요한 역할을 한다. 몇몇 종류의 음식을 덜 먹고 다른 음식을 더 많이 먹음으로써, 우리는 높은 콜레스테롤 수치와 고혈압, 비만을 포함하여 심장병과 뇌졸중으로 이어지는 중요한 신체 조건을 바꿀 수 있다.

심장병은 되돌릴 수 있을까?

철저한 식이 요법을 실천하고 생활 방식을 바꿈으로써 심장병의 진행을 막고 심장으로 들어가는 혈액의 흐름도 좋아진 사람들이 있다.

콜레스테롤과 심장병

(과일과 채소에 들어 있는) 항산화제는 적게 먹고 콜레스테롤을 너무 많이 먹는 식생활을 유지하는 사람들은 동맥 내벽에 지방이 축적되는(동맥 경화) 결과로 이어질 수 있다. 동맥 내벽이 부풀어 두꺼워지면 인체는 이것을 염증 반응으로 받아들인다. 그러면 혈액의 흐름이 제한되어, 그 지점 이후의 조직에는 산소가 부족해진다. 심장 동맥에서 그런 일이 발생하면, 심장 조직의 괴사로 이어진다. 죽은 조직이 많아지면 심장 발작이나 심정지가 올 수 있다.

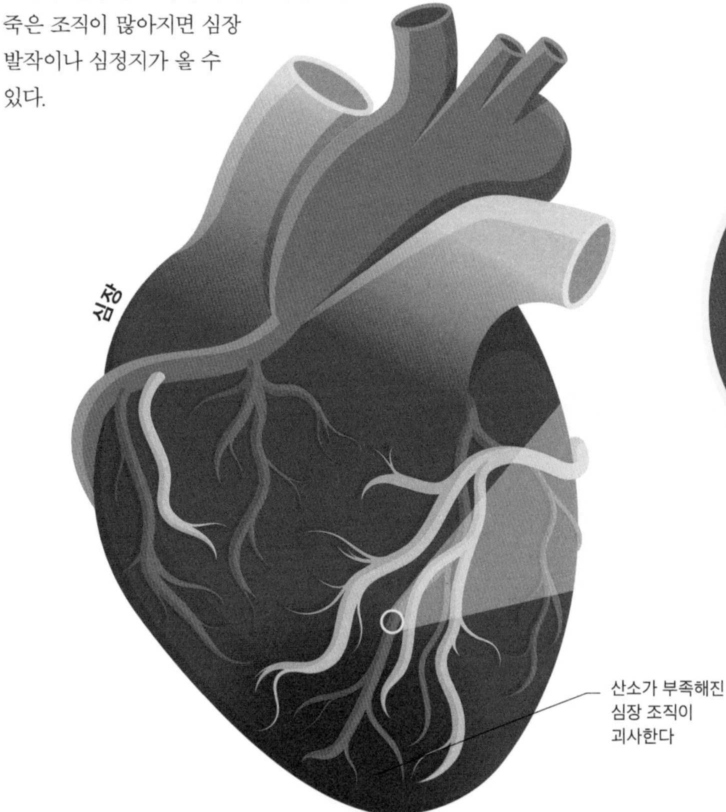

61만 명
매년 미국에서 심장병으로 사망하는 사람들의 수

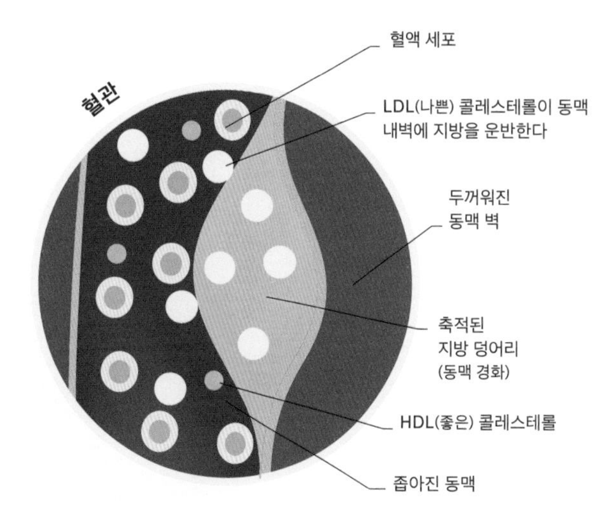

제한된 혈액 흐름

나쁜 콜레스테롤은 지방을 동맥 내벽으로 운반해, 축적된 지방이 덩어리를 이루면서 동맥이 좁아진다. 지방덩어리는 결국 파열되면서 혈관을 완벽하게 막아 버릴 수도 있는 혈전을 형성한다. 뇌에 혈액을 공급하는 동맥에 그런 혈류 중단이 생기면 뇌졸중이 일어난다.

심장과 뇌에 좋은 음식

특정 음식들은 혈액을 덜 끈적거리게 만들어 심장에 이로운 영향을 미친다. 오메가 3 지방산을 섭취하면 혈액의 '끈끈함'이 줄어들어 혈전의 위험이 감소한다. 마늘도 같은 효과를 갖고 있는 것으로 생각된다. 다른 음식은 혈관을 넓혀(팽창), 더 많은 피가 흐르도록 할 수 있다. 산화질소 생성을 돕는 초록 잎채소는 바로 그런 식으로 혈관을 이완시키는 것으로 알려져 있다. 적당한 알코올 섭취가 심장병과 뇌졸중의 위험을 줄일 가능성이 있는 것도 바로 이런 메커니즘 때문이다.

당뇨병

인슐린은 근육과 지방세포가 포도당을 흡수하도록 돕는 호르몬이다. 당뇨병은 이자가 인슐린을 생성하지 못하거나 세포가 인슐린에 둔감해질 때 생긴다. 세포에서 포도당을 흡수하지 못하면 혈당 수치가 위험할 정도로 높아질 수 있다.

제1형과 제2형

제1형 당뇨병은 이자의 인슐린 생성세포가 손상되어 인슐린을 거의, 혹은 완전히 만들어 내지 못한다. 제2형은 이자에서 인슐린이 생성되지만, 포도당을 흡수해야 할 근육과 지방세포가 호르몬에 반응을 하지 않는다. 제1형 당뇨병은 보통 생애 초기부터 시작되는 반면, 제2형 당뇨병은 나중에 발병하며 비만과 관련이 있다. 당뇨병 환자의 90퍼센트를 차지하는 제2형 당뇨병은 세계적으로 증가 추세이다.

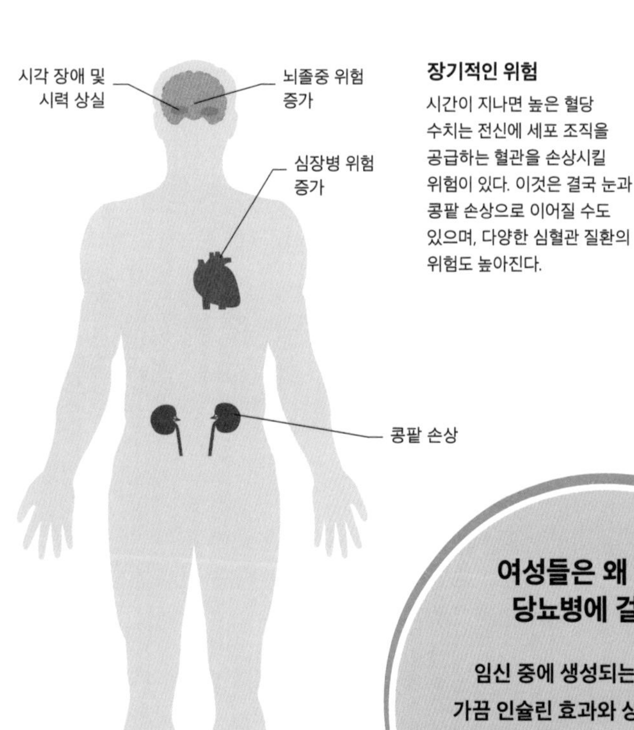

장기적인 위험

시간이 지나면 높은 혈당 수치는 전신에 세포 조직을 공급하는 혈관을 손상시킬 위험이 있다. 이것은 결국 눈과 콩팥 손상으로 이어질 수도 있으며, 다양한 심혈관 질환의 위험도 높아진다.

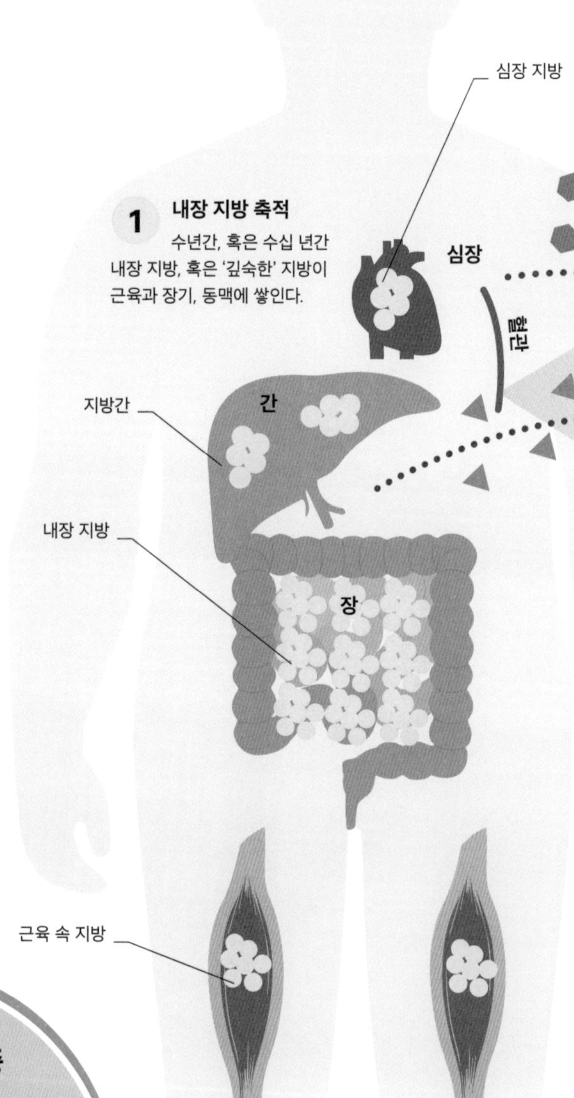

여성들은 왜 임신 중 당뇨병에 걸릴까?

임신 중에 생성되는 호르몬들은 가끔 인슐린 효과와 상충되어 임신성 당뇨병을 일으킨다. 대부분의 경우 이것은 일시적인 현상이다.

2 포도당이 인체로 유입
음식 속 탄수화물이 소화됨에 따라 포도당이 혈액으로 들어간다. 그러면 이자세포를 자극해 혈액으로 인슐린이 분비되도록 이끈다.

3 인슐린 작용 원리
혈중 포도당 수치가 높아지면 이자가 인슐린을 생성한다. 인슐린은 근육과 지방세포의 수용체를 자극하여, 세포막 통로를 열어 포도당이 유입되도록 한다.

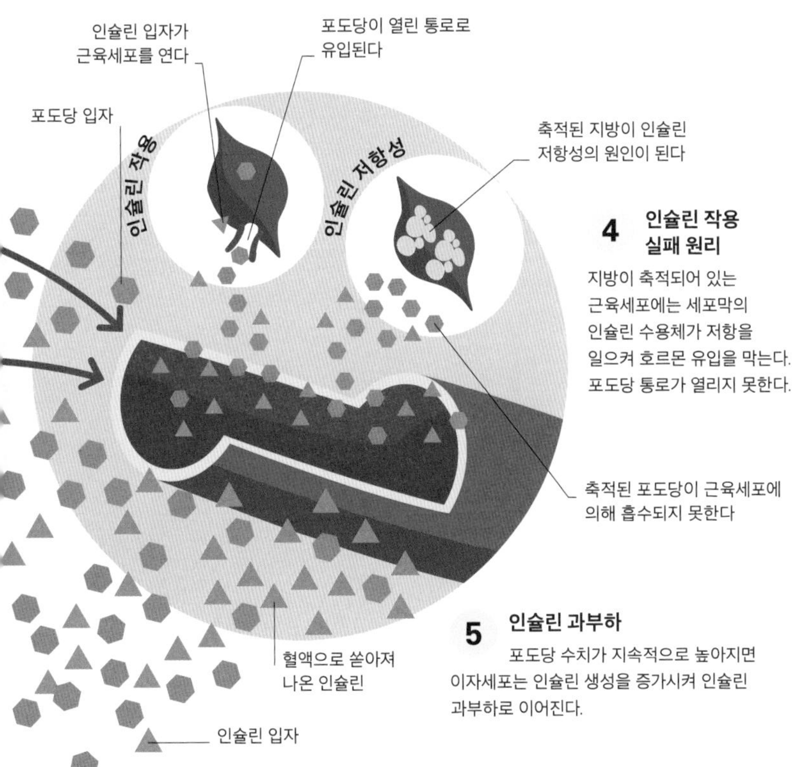

4 인슐린 작용 실패 원리
지방이 축적되어 있는 근육세포에는 세포막의 인슐린 수용체가 저항을 일으켜 호르몬 유입을 막는다. 포도당 통로가 열리지 못한다.

5 인슐린 과부하
포도당 수치가 지속적으로 높아지면 이자세포는 인슐린 생성을 증가시켜 인슐린 과부하로 이어진다.

비만과 인슐린 저항성

비만은 제2형 당뇨병의 최고 단일 예측 변수이다. 전 세계적으로 두 질환의 발병률은 거의 대유행 수준으로 높아졌다. 비만인 사람들은 대부분 겉으로 드러나는 지방 저장소에만 지방이 축적되는 것이 아니라 전신 곳곳에 숨어 있다. 전신의 지방은 인슐린에 대한 근육과 지방세포의 저항성을 높여, 아무리 인슐린 수치가 높아져도 세포가 반응을 보이지 않아 포도당을 흡수하지 못한다. 혈액 속에 당분이 너무 많이 쌓이면 혈액이 시럽처럼 끈적끈적해져 감염에 취약해질 수 있다.

세계 보건 기구는 향후 10년간 당뇨병으로 인한 전체 사망자 수가 50퍼센트 이상 증가하리라 예측한다

예방과 유지

체중 감량은 제2형 당뇨병을 예방하고 조절할 수 있는 최고의 방법이다. 지중해 식단이 혈당 수치를 안정시키는 데 도움이 된다는 사실이 입증되었으며, 몇몇 연구에 따르면 저탄수화물 식단, 저혈당지수 식단, 고단백 식단 역시 도움이 된다.

해야 할 것	하지 말 것
매일 녹말질이 없는 과일과 채소를 충분히 먹을 것	감추어진 탄수화물과 열량이 많은 가공 식품을 너무 많이 먹는 행동
식단을 짜 실천하고 혈당 지수에 친숙해질 것	혈당 수치의 급격한 상승 원인이 되는 과식
혈액을 희석하는 데 도움이 되는 물을 많이 마실 것	끼니를 거르거나 저혈당을 피하느라 불규칙하게 먹는 행동
감추어진 탄수화물, 특히 과일 음료에 든 당분을 조심할 것	과도한 음주는 혈당 수치를 지속적으로 높일 수 있음
건강한 지방 식품과 당분이 적은 대체 식품을 선택할 것	과도한 염분 섭취, 고혈압은 당뇨병 환자에게 흔한 증상

탄수화물 계산하기

제1형 당뇨병 환자와 제2형 당뇨병으로 약을 먹는 사람들은 끼니마다 먹는 탄수화물이나 간식에 들어 있는 탄수화물 양을 계산해야, 나중에 스스로 인슐린을 얼마나 투여할지 알 수 있다. 과도한 약물 투여는 혈당이 심히 낮아져 매우 위험한 상태인 '저혈당증'으로 이어질 수 있다.

암, 골다공증, 빈혈

우리가 선택해서 먹고 마시는 것들은 직접적으로 건강에 영향을 미치며 궁극적으로는 수명을 좌우한다. 일부 음식과 음료를 더 섭취하고 다른 종류를 절제함으로써 우리는 암과 골다공증, 빈혈 등으로 발전할 수 있는 신체 조건을 통제하여 질병의 위험을 줄일 수 있다.

암

암을 유발하거나 치유하는 원인으로 조명된 음식과 음료에 대한 결론은 끊임없이 엎치락뒤치락하는 듯하다. 그러나 과학적인 연구 결과에 대한 해석은 주관적일 수 있기 때문에, '증거'에 대한 주장도 종종 오해를 낳는다. 암은 대단히 광범위한 질병이며, 각 유형별로 원인과 치료법도 매우 다르다. 그럼에도 불구하고 광범위한 암으로 발전할 수 있는 위험을 줄이고 전반적인 건강 향상에 도움이 된다고 대부분의 과학자들이 믿고 있는 몇 가지 식생활이 있다.

전문가들은 건강한 식생활로 10가지 암 가운데 하나는 예방이 가능하다고 믿는다

이러한 연구 결과는 어디에서 나온 걸까?

여기 소개된 대부분의 연구 결과는 1990년대 중반 이후 유럽 인들의 식생활과 건강을 관찰해 온 EPIC 연구(암과 영양에 관한 유럽 전망 고찰 연구 — 옮긴이)에서 권하는 것으로 유럽 전역에서 50만 명 이상이 따르고 있다.

상처를 주거나 치유하는 음식

건강하고 균형 잡힌 식생활을 하면 암 발병률을 낮출 수 있다는 것이 합리적인 결론이다. 그러나 특정 음식과 음료가 특정 유형의 암을 예방하는 데 도움을 줄 수도 있지만, 반대로 암을 유발할 수도 있다는 강력한 과학적 증거가 점점 늘어나고 있다.

생선 기름과 오메가 3 지방

몇몇 연구 결과 오메가 3 지방산이 풍부한 생선 기름을 많이 먹으면 여성의 유방암 위험이 낮아진다는 결과가 입증되었다.

과일과 채소

다량의 과일 섭취는 상부 위장관 암의 발병 위험을 낮추고, 과일과 채소를 둘 다 많이 섭취하면 장기 암의 발병을 줄일 수 있다.

섬유소

섬유소 섭취를 늘이면 장기와 간을 포함한 암 발병 위험이 낮아진다. 섬유소는 지속적인 장의 활동을 도와, 암의 원인이 되는 물질이 축적되는 것을 예방한다.

암세포

가슴

위

포화지방

포화지방 섭취가 늘어나면 여성의 경우 특정 유형의 암 위험률 상승으로 이어진다는 일부 연구가 입증되었다.

알코올

적당한 음주의 경우에도 알코올은 몇 가지 암의 발병률을 높인다. 구강암, 후두암, 식도암, 간암, 유방암, 장기 암 등이 여기에 해당된다.

소금

소금 섭취는 위암으로 연결된다. 염분이 위벽을 손상시키거나, 암을 유발하는 기타 화합물에 위를 더 민감하게 만들기 때문인 듯하다.

붉은 고기와 가공육

장과 위에 암을 일으키는 원인으로 오랜 세월 비난 받아온 붉은 고기의 역할에 대하여 최신 연구에서는 의혹이 제기되었다. 그러나 가공육의 질산염은 여전히 암 유발 위험 요인으로 간주된다.

골다공증

뼈에 충분한 칼슘이 공급되지 못하면 점점 약해져, 골다공증이라고 부르는 상황이 되어 골절의 위험이 높아진다. 노인들에게 더 흔한 질병이지만, 골감소 과정은 훨씬 더 이른 시기에도 시작될 수 있다. 호르몬 수치가 주요 역할을 하는데, 열악한 식생활도 원인이 될 수 있다.

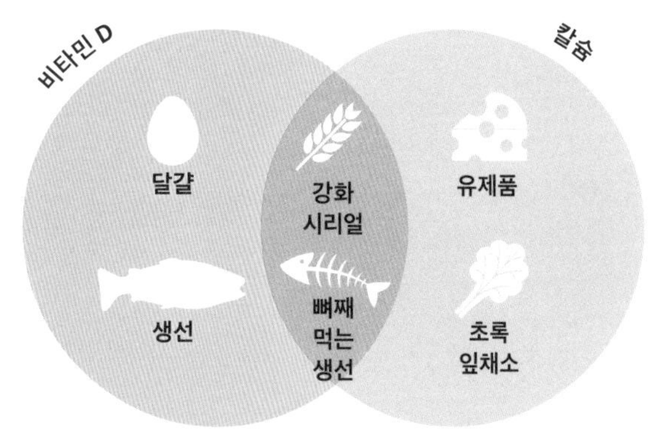

뼈 건강을 위한 음식

골다공증은 비타민 D와 칼슘이 풍부한 음식으로 구성된 건강한 식사를 하면 예방할 수 있다. 유제품과 생선, 초록 잎채소가 여기에 속한다.

빈혈

철분 부족성 빈혈은 몸에 철분이 모자라 건강한 혈액 순환에 필요한 적혈구가 생성되지 못할 때 발생한다. 비타민 B12나 B9(엽산) 부족은 적혈구세포가 너무 커져 제대로 기능하지 못하는 드문 형태인 대적혈구성(大赤血球性) 빈혈을 낳는다.

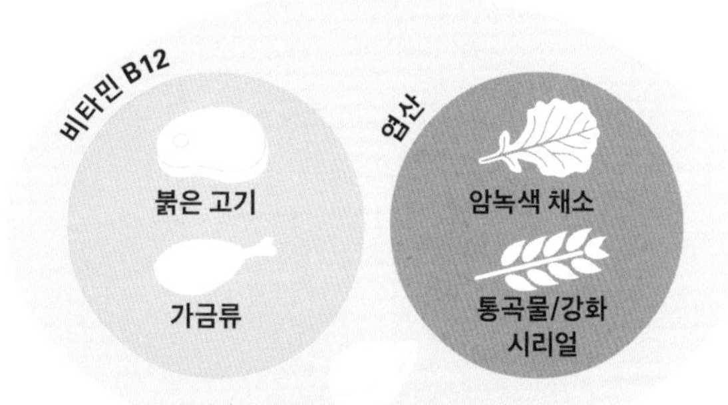

빈혈 예방

철분이 풍부한 식품뿐만 아니라 비타민 B12와 비타민 B9가 풍성한 음식을 식생활에 포함하면 빈혈을 예방할 수 있다.

임산부 영양식

임신 기간 중 여성과 아기의 건강에는 식생활이 중요한 역할을 한다. 잘 먹어야 태아가 건강하게 성장할 수 있으며, 산모의 몸도 출산에 가장 적합한 건강 상태로 유지할 수 있다.

즐겨야 할 음식

다양한 음식 종류를 제대로 균형 있게 섭취하는 것은 건강한 임신을 위해 필수적이다. 에너지 수준을 높게 유지하려면 예비 엄마는 통곡물 같은 비정제 녹말을 더 먹을 수 있다. 살코기와 유제품 등 단백질과 칼슘의 좋은 공급원은 아기의 성장과 발달을 뒷받침하는 데 필수적이다. 과일과 채소를 하루에 최소 5회 제공량 먹으면 엄마와 자라나는 태아가 최적의 건강을 유지하는 데 필요한 비타민과 무기질을 충분히 공급받는 데 도움이 된다. 또한 균형 잡힌 식생활은 임신 중 체중 증가 수준을 건강한 한계선 이내로 유지하는 데 도움을 준다.

엄마와 아기를 위해 좋은 음식

엄마와 태어나지 않은 아기의 건강에 이로운 특정 미량 영양소는 다양한 음식에 분포한다. 대부분의 경우, 관련 음식을 충분히 먹으면 자연스레 해결되지만 엽산(혹은 비타민 B9으로 알려진)처럼 일부 비타민과 무기질은 보조 식품 섭취를 권장한다.

망가니즈
수많은 다양한 식품에 들어 있는 무기질인 망가니즈는 자라나는 태아의 뼈와 연골, 결합조직 형성을 돕는다.

마그네슘
마그네슘은 태아의 뼈와 근육 발달을 돕고, 조기 자궁 수축 예방에 도움이 된다.

엽산
엽산(비타민 B9)은 태아의 발달에 필수적이다. 엄마에게 엽산이 부족하면 아기의 척추가 제대로 형성되지 못할 위험이 높아져 척추갈림증으로 이어진다.

구리
구리는 아기의 심장, 혈관, 혈액 세포, 뼈대, 신경체계 형성에 중요한 역할을 한다.

아이오딘
아이오딘은 뇌와 신경체계 성장과 발달에 중요하다. 결핍되면 인지 발달 장애의 원인이 된다.

태반
뼈
척추
척수
근육

기호

달걀	잎채소	캐슈너트	땅콩
빵	바나나	아보카도	우유
완두콩	버섯	치즈	흰콩
브로콜리	쌀	통곡물	과일

피해야 할 음식

평소 건강한 식생활의 일부로 즐겨 왔던 음식 중에서 몇몇은 임신 기간에 섭취하면 위험하다. 식중독의 위험이 평균보다 높다거나, 엄마로부터 뱃속의 아기에게 전달될 수 있는 특정 유기물이나 독소가 포함되어 아기의 발달에 영향을 미칠 수 있기 때문이다.

카페인
많이 먹으면 태아 저체중이나 유산으로 이어지므로 카페인 섭취는 제한된다.

간
간, 일부 소시지, 파테 요리에는 비타민 A가 많이 들어 있어 선천성 기형의 원인이 될 수 있다.

알코올
성장하는 아기에게 안전하지 못하다고 생각되므로, 예비 엄마는 완전히 음주를 삼가야 한다.

생선
오염 수준이 높은 대형 포식자 생선을 피해야 한다는 의미이며, 등푸른생선 섭취도 제한해야 한다.

연성 치즈와 블루치즈
저온 살균하지 않은 유제품에 든 리스테리아균 등에 노출되면 유산과 사산의 원인이 된다.

덜 익힌 고기
고기를 덜 익히면 태아에게 심각한 위협이 되는 세균이나 기생충 감염으로 이어질 수 있다.

수렵육
납이 들어 있는 총알로 사냥한 조류의 고기는 납중독 위험을 피하려면 삼가야 한다.

종합 비타민
태아에게는 독이 될 수 있는 비타민 A 함량이 높은 종합 비타민은 피하는 것이 최선이다.

칼슘
칼슘은 뼈와 치아 형성에 필수적인 무기질이므로 임신 중 식생활에 충분한 칼슘을 섭취하는 것이 중요하다.

철분
태반과 성장하는 태아는 둘 다 엄마의 철분 섭취를 많이 필요로 한다. 철분 섭취를 늘여서 태반과 태아의 새로운 혈액 세포에 충분히 공급해 주어야 한다.

뇌

콜린
최근에야 비로소 필수 영양소로 지정된 콜린은 뇌와 척추 발달에 중요하다. 엽산과 마찬가지로, 신경계 장애 위험을 줄인다.

임신성 당뇨

호르몬 변화나 단순히 임신으로 인한 신체 조건 때문에 발생하는 임신성 당뇨는 인슐린 효과가 상충되어 혈당 수치가 높아질 때 발생한다. 치료하지 않으면 아기가 너무 크게 자라 조산, 이상 분만의 위험이 높아진다. 혈당을 추적하고 식생활을 바꿔 치료한다.

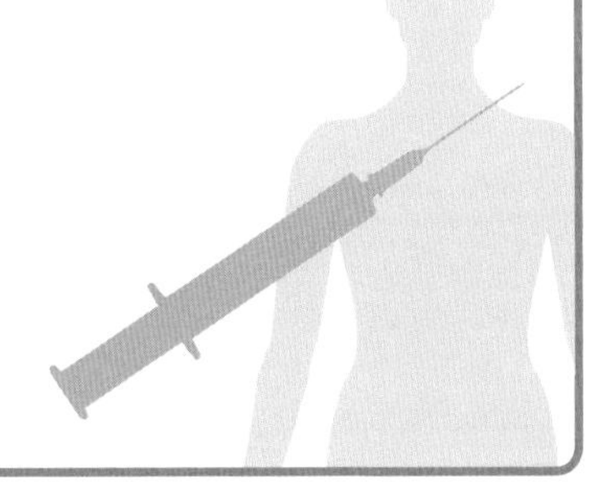

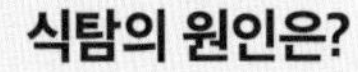

식탐의 원인은?

임신 중 많은 여성들은 식탐이나 음식 혐오를 경험한다. 극단적인 호르몬의 변화가 엄마의 입맛과 후각에 영향을 미치기 때문인 것으로 보인다.

임신한 여성들은 감염될 가능성이 훨씬 높다

한눈으로 보는 이유식

출생 이후 처음 몇 년간은 건강한 발달을 위해 영양이 중요하다. 영유아의 식생활에는 단백질과 지방, 탄수화물과 함께 뼈를 위한 칼슘과 비타민 D, 눈 발달을 위한 비타민 A를 포함한 비타민과 무기질이 골고루 갖추어져야 한다.

식생활은 광범위해야

비건이나 기타 제한식으로 키우는 아기들은 필수 영양소를 모두 얻고 있는지 신중하게 관찰해야 한다. 비건이나 채식 식단은 고기와 생선을 포함한 일반 식단보다 에너지 밀도가 낮기 때문에 충분한 열량을 섭취하는 것조차 어려울 수 있다. 풍부한 단백질 공급원과 함께 적정량의 비타민 B12, 철분, 비타민 D가 포함되어야 한다. 건강 보조 식품이 필요할 수도 있다.

아기

처음 6개월간 아기들은 필요한 거의 모든 영양분을 모유나 분유에서 얻지만, 모유를 먹는 아기들은 비타민 D가 추가로 필요할 수도 있다. 이 시기 이후에는 젖과 우유의 일부를 점차 고형식으로 대체한다. 퓌레로 만든 과일과 채소는 이유식 첫걸음으로 좋으며, 뒤이어 닭고기와 기타 단백질 공급원을 먹인다.

기호

- 우유와 유제품
- 기타 음식

산모는 출산 직후 며칠간 초유가 나오다가 이어 모유가 나온다

유동식

모유는 신생아를 위한 영양분이 적절히 균형 잡혀 있어, 아기의 면역체계를 향상시키고 장내 세균을 형성한다(25쪽 참조). 분유는 보통 소의 젖으로 만들지만, 모유와 좀 더 비슷하고 더 소화가 잘 되도록 유장 성분을 높이고 카세인 단백질을 줄인다.

출생~6개월

식사 때 물 1컵을 먹인다

퓌레로 만든 음식으로 시도한다

모유나 분유가 아직은 식생활의 주를 이룬다

첫 고형식

아기들은 종종 처음 맛보는 음식을 싫어하므로, 새로운 음식은 한 번에 한 가지씩 시도하고 부정적인 반응을 보이더라도 각 음식을 반복해서 접하게 하는 것이 좋다. 손으로 잡기 쉬운 음식을 주는 것도 아기가 스스로 먹는 것을 배우는 데 도움이 된다.

6~9개월

이제 고기, 생선, 유제품이 식생활의 일부를 형성한다

장 미생물의 변화

출생 후 1년 정도 되어야 아기의 장내 세균의 종류는 성인과 좀 더 비슷해지기 시작한다. 이 시기 이전까지는 아기에 따라, 아기가 노출된 세균 환경에 따라 장내 세균은 극단적인 차이를 보인다.

9~12개월

유아

모유와 분유에서 얻는 열량 비율이 줄어들면 유아는 수많은 다양한 음식을 접하려는 경향이 있다. 그러나 유아들의 식생활은 여러 가지 면에서 성인 식단과 달라야 한다. 예를 들어 섬유소가 너무 많으면 작은 위를 너무 빨리 채워 충분한 열량 섭취를 막을 위험이 있다. 또한 유아에게는 단백질(유제품 포함)이 특히 중요하다.

하루에 한 번 과일 주스를 끼니와 함께 줄 수 있다

아침 식사로 먹이는 시리얼은 한 끼니에 곡물과 유제품을 한꺼번에 공급하는 좋은 방법이다

늘어나는 필요

2~5세 유아를 위한 건강한 식단에는 3~4회 제공량의 녹말질 음식과 동량의 과일 및 채소, 2회 제공량의 단백질이 포함되어야 한다. 부분 탈지유와 기타 유제품(요구르트와 치즈 등)으로 전지 우유를 대체할 수 있다. 이들은 뼈 성장에 필요한 단백질과 칼슘의 좋은 공급원이다.

2~5세

어린이도 보조 식품이 필요할까?

아기와 유아들은 종종 필요한 모든 비타민을 모유와 우유, 음식으로 얻지 못한다. 6개월부터 5세 어린이들에게는 보통 비타민 A, 비타민 C, 비타민 D가 권장된다.

이제는 곡물 등 녹말질 음식이 식사의 일부가 된다

닭고기 같은 단백질을 포함한 식생활이 이어진다

전지 우유를 먹기 시작해도 된다

모유 대체품

1세 때부터 아기들의 장은 전지 우유에 함유된 다량의 카세인 성분을 소화할 수 있게 된다. 두유 같은 강화 대체품은 전지 우유보다 열량이 더 적으므로 섭취를 관찰해야 한다.

1~2세

어른들의 음식

5세가 되면 이상적인 어린이의 식단은 성인과 유사하게 다양해진다. 콩팥에 잠재적인 손상을 입힐 수 있는 소금은 제한되어야 한다. 이 시기의 어린이는 음식으로 충분한 열량을 얻을 수 있으므로 이제 저지방이나 탈지유가 좋다.

부분 탈지유 대용으로 저지방(1퍼센트) 우유를 시도해도 좋다

5세 이상

쌀로 만든 라이스 밀크는 비소 함량이 너무 높아 5세 이하 아동에게 주면 안 된다

제공량 크기

아동 비만이 높아지고 있으므로 1회 식사 제공량의 크기가 중요하다. 3~4세 미만의 유아에게 1회 제공량은 토스트 1조각, 귀리 15그램, 사과 반 개나 달걀 1개 정도이지만, 식사량은 활동 수준에 좌우된다.

섭식 장애

섭식 장애는 음식과 비정상적인 식습관 사이에 불건전한 상관관계가 형성되는 정신 건강 문제이다. 수백만 명에 달하는 사람들의 일상적인 삶에 엄청난 충격을 가하며 광범위하고 심각한 질환을 일으키는 원인이 된다.

섭식 장애는 보통 얼마나 오래 지속될까?

오스트레일리아에서 실시된 연구에 따르면 거식증과 과식증에 걸린 환자들의 평균 지속 기간은 각각 8년과 5년이었다.

3가지 주요 유형

거식증에 걸린 사람들은 스스로 뚱뚱하다고 믿어 가능한 한 저체중을 유지하기 위해 스스로 굶는다. 과식증은 거식증과 일부 같은 태도를 유지하지만, 폭식과 함께 토하거나 완하제 복용으로 배출하는 사이클을 번갈아 반복한다. 폭식은 강박적으로 엄청난 양의 음식을 먹는 것으로 종종 허기와는 상관없이 진행된다.

선진국 여성 100명 중 1명은 거식증을 겪는다

원인

섭식 장애는 보통 자신을 바라보는 개인의 시각이 부정적으로 왜곡된 증상인 신체 인식 장애와 어느 정도 관련이 있다. 이런 현상을 낳는 요인은 복합적이다.

낮은 자존감

자존감이 낮은 사람들은 종종 신체 이미지에 대해 부정적인 태도를 갖는다. 그 결과 자신의 몸을 귀하게 여기고 돌보는 것이 어려워지거나 체형을 변화시키려는 극단적인 욕구를 느낀다.

유전학

섭식 장애는 혈통을 따라 이어지는 경우가 많아, 유전적으로 물려받거나 음식에 대한 태도를 따라 배우면서 반복되는 듯하다. 섭식 장애가 있는 사람과 밀접한 관계가 있는 사람들은 자신도 발병할 가능성이 훨씬 높다.

문화

대중 매체에 드러난 미인의 전형에 날씬함이 강조되면서 이상적인 몸매에 대한 사람들의 생각이 왜곡되고, 자신의 가치를 외모로만 평가하도록 사람들을 부추겼다.

뇌: 수치심과 죄책감을 포함한 불안감

심장: 심장병과 심장 발작 위험이 더 높아짐

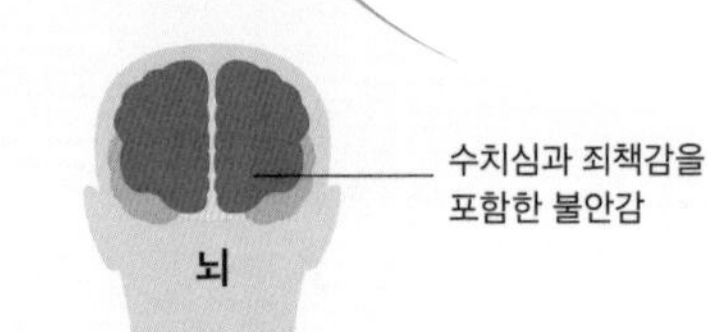

지방 조직: 늘어난 체지방량은 당뇨병으로 이어질 수 있음

이자: 췌장염과 당뇨병의 위험이 더 높아짐

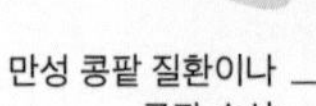

콩팥: 만성 콩팥 질환이나 콩팥 손상

뼈: 골관절염으로 진행될 위험이 높음

폭식

단시간에 다량의 음식을 먹으면 인체의 소화기에 엄청난 스트레스를 준다. 폭식으로 고생하는 사람들은 대부분 과체중이나 비만일 가능성이 높으므로, 심혈관 질환과 당뇨병 등의 건강 문제도 함께 겪게 된다.

여성에 대한 편견

섭식 장애는 남성보다 여성들에게 훨씬 더 흔하다. 이것은 여성들이 문화적 압력에 더 민감해 섭식 장애로 이어질 수 있다는 사실을 반영한다. 폭식의 경우 남성 환자의 비율은 거식증의 2배 이상이다.

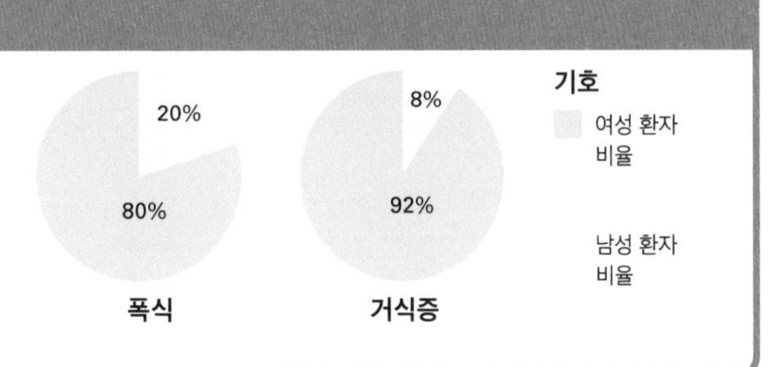

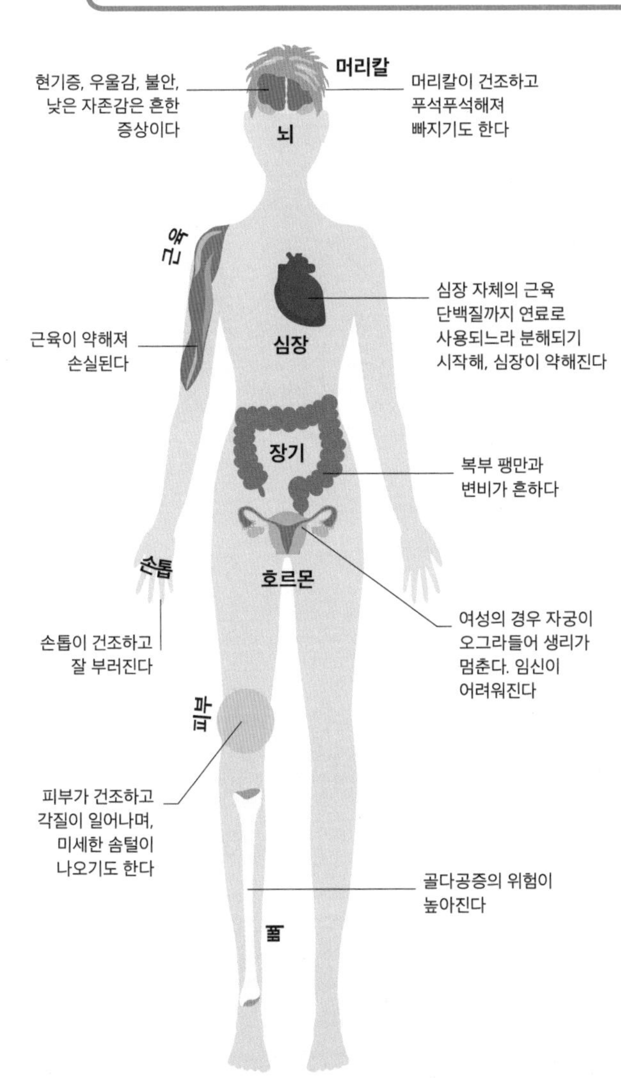

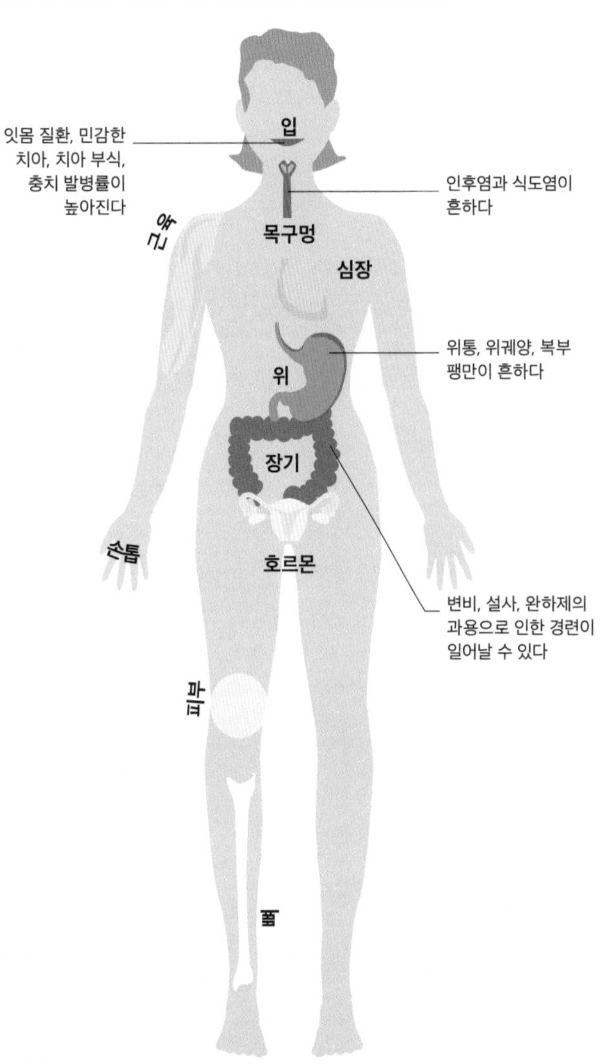

거식증

심각한 열량 제한과 필수 영양소 결핍은 몸에 엄청난 충격을 가해, 심각한 건강 문제를 일으킨다. 종종 그 영향은 회복이 불가능하기 때문에, 장기간 지속되는 거식증은 생명을 위협한다.

과식증

과식증 환자 일부는 정상 체중을 유지하는 경우도 있지만 잠재적으로 거식증과 관련된 건강 문제로 고통을 겪을 가능성이 높다. 뿐만 아니라 잦은 구토와 완하제 사용으로 인한 추가적인 문제도 겪을 위험이 있다.

지속 가능한
음식의 미래

세계 식량 공급

식량 생산의 규모와 효율은 기술적 진보와 더불어, 늘어난 인구에 대한 반향으로 지난 60년간 크게 향상되었다. 그러나 여전히 굶주리는 사람들이 존재한다. 점점 늘어나는 지구의 인구 가운데 더 많은 사람들이 풍요를 누리며 고기 맛을 더 많이 즐길수록 굶주림은 우리 곁을 떠나지 않을 것이다. 육식은 지구 자원량의 불균형을 초래한다.

생명공학

수확량이 많고, 가뭄에 강한 잡종 곡물 개발과 더불어 비료, 살충제, 제초제, 기타 생화학 물질을 다량으로 사용하면서 곡물 수확량이 극적으로 증가했다.

녹색 혁명

1960년대와 1970년대 폭발적인 세계 인구 증가 속에서, 세계 차원의 식량 공급과 수요 사이의 불균형에 대한 염려가 확산되었다. 스탠퍼드 대학교의 교수 폴 에를리히(Paul Ehrlich)의 1968년 베스트셀러 『인구 폭탄(*The Population Bomb*)』 같은 책들은 다가오는 기아 위기를 예측하였다. 녹색 혁명의 성공은 농업 생산성의 극적인 향상으로 이어졌다. 농업 설비의 진보와 생명 공학을 적용한 화학 물질 개발, 사회적 합의의 결과로 그러한 위기를 피하게 되었다.

설비 향상

대대적인 농업의 기계화(급수 설비 등)는 집약 농업을 가능하게 하여 수확량을 대규모로 늘이는 것이 가능해졌다.

사회 개발 계획

소규모 농가를 대규모로 통합하고 소규모 사업을 다국적 농업으로 확대하면서 세계적인 규모의 경제가 탄생해 수확량이 늘어났다.

육식의 증가

녹색 혁명에도 불구하고 인류는 여전히 식량 지속 가능성에 도전을 받고 있으며, 그 가운데 한 가지는 육식이다. 고기에 대한 세계적인 수요는 지난 50년간 5배로 늘어났다. 서구의 식생활에서 고기가 차지하는 비율은 약 30퍼센트로 안정적인 반면, 일부 개발도상국에서 육식 소비량은 폭발적으로 치솟고 있다. 가축 사육은 물과 토지, 사료, 비료, 연료, 쓰레기 폐기 능력 여부에 크게 좌우되며, 이들 자원에 대한 압력이 높아지고 있다.

세계의 고기 및 곡류 소비량

이 그래프는 현재 전 세계에서 소비가 증가하고 있는 고기와 곡류의 총량을 2020년까지 투사한 것이다.

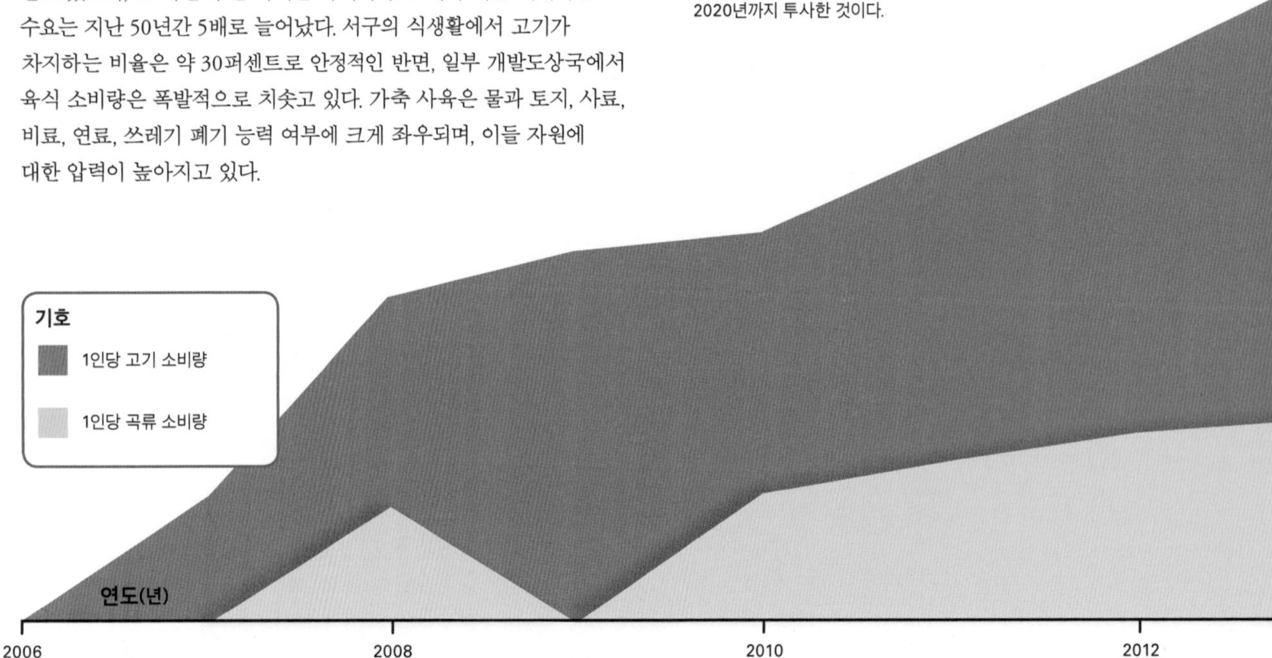

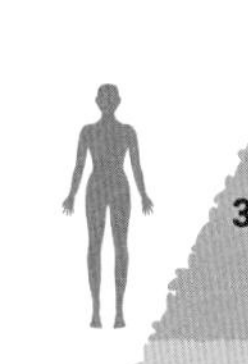

8억 명

세계에서 식량을 충분히 얻지 못하는 인구 수

가장 지속 가능한 유형의 식량은 무엇일까?

아마도 콩일 것이다.
콩은 질소를 토양으로 되돌려 주어,
화석 연료를 기반으로 하는
비료 수요를 줄이거나 없애 주며,
이산화탄소 배출도 낮춘다.

동물 사료

전 세계적으로 인간이 재배한 곡물 생산의 약 3분의 1이나 그 이상을 동물(주로 소)이 소비한다. 선진국의 경우 그 비율은 더욱 높아져, 약 70퍼센트의 곡물이 가축 사료로 이용된다.

동물을 먹는 경우 효율

미국에서 소는 가축용 사료(곡물)를 먹는다. 소 한 마리는 7킬로그램 이상의 곡물을 소비하여 체중을 1킬로그램 늘이며, 소 1킬로그램은 뼈를 발라내 정리한 고기 부위 약 400그램으로 바뀐다. 소에게 풀을 먹이면 좀 더 효율이 높아지지만, 단순히 우리가 식물만 먹는 것보다는 여전히 훨씬 덜 효율적이다.

식물을 먹는 경우 효율

7킬로그램의 곡물은 11명의 1끼 식사를 제공할 수 있다. 곡물 재배는 가축 사육보다 공간과 에너지, 노동력이 덜 든다.

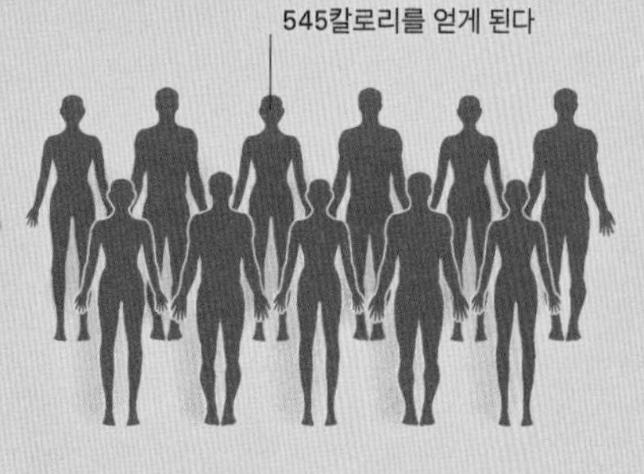

집약 농업과 유기농

기업형 대규모 집약 농업은 빠르게 늘어나는 인구와 보조를 맞추는 데 도움이 되었지만, 그 대가로 자연환경이 파괴되었다. 그에 대한 반발로 출현한 유기농 식품은 우리의 입맛과 양심, 건강에 호소한다.

집약 농업

1960년대 녹색 혁명은 농업 분야에서 생화학적 진보를 이루어(228쪽 참조), 농작물의 성장을 빠르게 하는 비료와 해충을 막아 주는 살충제 등의 방법으로 더 많은 수확량을 생산하는 데 도움을 주었다. 그러나 집약 농업은 주변 생태계에 심각한 영향을 미친다. 비료와 살충제는 물과 토양에 스며들어 야생 식물과 동물에게 영향을 줄 수 있다. 그뿐만 아니라 특정 식품에 살충제 잔류 성분(농작물에 뿌린 독성 화학 물질의 잔여물)이 남을 수도 있다는 염려가 존재한다.

햇빛

집약 농업

대규모 지역에서 농사를 짓게 되면 농부들은 농작물의 목표 수확량을 확보하기 위해 전체 토지에 비료와 살충제를 다량 뿌린다.

기호

살충제

비료

1 비료 유출

기업형 농장에서 사용한 과도한 비료는 빗물에 씻겨 밭을 벗어나 강과 호수로 흘러든다. 이는 야생 식물이 과잉 성장하는 원인이 된다.

2 녹조 현상

또한 유출된 비료는 녹조류 식물의 과잉 생장을 자극해, 녹조 현상이 일어난다. 이렇듯 무성한 녹조류 식물 증식은 호수 표면에 집중된다. 녹조 현상으로 호수의 모든 산소가 사용되어 수중 생태계를 완전히 파괴할 수도 있으며, 또한 호수 바닥에 닿는 햇빛을 차단한다.

호수 주변의 식물 과잉 성장

농작물

벌

살충제는 벌을 해칠 수 있다

비료 유출

녹조 현상

살충제 유출

지렁이

호수 바닥에 사는 식물은 햇빛을 받지 못해 죽는다

햇빛 차단

1 살충제 유출

살충제는 궁극적으로 우리가 먹게 되는 식물에 뿌려진다. 이런 화학 물질은 많은 농작물을 수정시키는 벌을 죽일 수 있다. 유출된 살충제는 빗물을 따라 호수로 흘러들어 그곳에 사는 무척추동물(지렁이 등)이 먹게 된다.

세계 인구의 40퍼센트는 질소 비료를 사용해 재배한 농작물에 의존한다

유기농 식품이란?

유기농 식품은 화학 비료와 살충제의 도움 없이 재배되어, 화학 훈증제의 가공을 거치지 않고 보관된 농작물이다. 대신 천연 대체품이 활용된다. 천연 비료인 거름을 뿌리고, 농작물을 해치는 진딧물 같은 해충 구제에는 무당벌레 등 천적을 이용한다. 유기농 식품을 규정하는 기준은 다양하다. 유기농 식품에는 살충제 잔류 성분이 훨씬 더 적을 가능성이 높으므로, 건강을 염려하는 사람들에게 매력적이다.

고기도 유기농이 가능할까?

가축에게 유기농으로 재배한 사료를 먹이고 밖에 풀어놓아 기르며, 성장 호르몬을 주지 않고 아플 때만 항생제를 준다면 고기도 유기농이 가능하다.

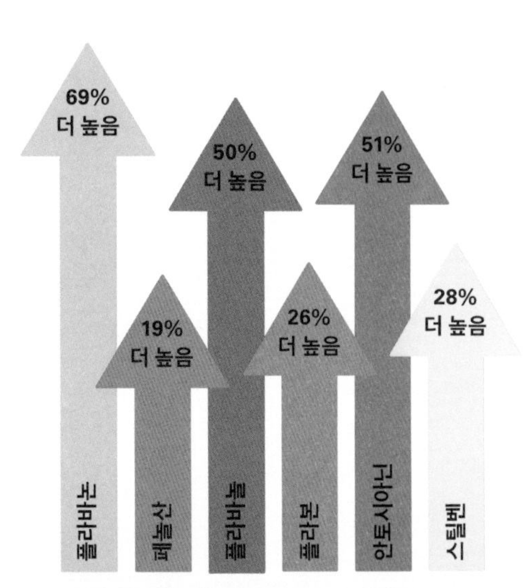

영양 차이

유기농 식품이 실제로 비유기농 식품보다 영양 면에서 우수한지의 여부에 대해서는 논란이 있고, 몇몇 연구는 그러한 주장에 의혹을 제기한다. 2014년에 실시된 연구 결과로는 유기농 제품에서 평균적으로 6종의 항산화제(110~111쪽 참조)가 더 많았고, 살충제 잔류 성분은 더 적었다.

2 먹이 사슬의 역공

먹이와 함께 동물 몸에 유입된 살충제는 먹이 사슬을 따라 축적된다. 지렁이 체내에는 소량만 존재하겠지만, 물고기가 지렁이를 많이 잡아먹으면 물고기 몸속에는 더 많은 살충제가 존재할 수 있다. 먹이 사슬의 꼭대기에 있는 동물, 심지어 인간의 몸에도 살충제가 다량 축적될 가능성이 있다.

유기농 식품의 가격

유기농 식품은 일반적으로 수확량이 적고 간접 비용이 더 높아 가격이 높다. 예를 들어 유기농 유제품은 일반 제품보다 수확량이 보통 3분의 1에 불과하므로, 이윤을 남기기 위해서는 유기농 제품의 가격을 올려야 한다. 또한 농업인 훈련을 위한 추가 비용과, 화학적인 훈증제 없이 농작물을 처리하고 보관하는 데 드는 추가 비용, 더 짧은 유통 기간과 그 결과로 인해 더 높아진 부패율과 관련된 비용 등이 포함되어야 한다.

동물 농장

집약식 가축 사육으로 고기 가격이 낮아져 더 많은 사람들이 고기를 먹을 수 있게 되었지만 윤리적인 문제를 생각해 보아야 한다. 집약 농장은 동물 복지 문제를 낳고 식품의 영양에도 영향을 미칠 수 있다.

살아가는 공간

암탉을 키우는 방식은 매우 다양하며 (233쪽 표 참조) 가축이 일생 동안 누리는 공간의 크기도 나라별로 다르다. 아래 수치는 텍사스 주 오스틴의 어느 농장에서 확인한 평균값이다.

집약식 가축 사육의 윤리성

대규모 집약식 축산농은 가축을 한정된 공간에 몰아넣고 키우는 방식(confined animal feeding operation, CAFO)의 폭발적인 증가로 이어졌다. 이런 공장식 농장에서 키우는 동물의 수는 엄청나게 많아 밀도가 높으며, 가축을 좁은 공간에 가둬 놓고 항생제와 호르몬 등 여러 가지 강화제와 첨가물을 넣은 곡물을 사료로 먹인다. CAFO 사육 방식은 빠르게 다량의 고기를 생산해 경제 발전에 도움이 되지만, 그 대가로 동물 복지와 영양가(71쪽 참조), 환경 문제를 심각하게 겪어야 한다. 집약식 농장에서 자라는 가축들은 살아 있는 동안 대부분 스트레스에 시달린다. 이러한 윤리적인 문제가 제기되어 동물 사육 방식에 일부 변화를 가져와 가축을 더 행복하고 건강하게 기르려는 움직임이 생겨났다.

개방 사육 암탉은 평균 1제곱미터의 공간에서 돌아다니며 밖으로 나가는 기회는 선택적이다

더 행복한 가축이 더 좋은 고기를 생산할까?

밖에서 돌아다니도록 허락된 소와 돼지 같은 가축은 일반적으로 스트레스를 덜 받으며, 자연에서 풀과 견과류를 먹고 자라 고기에 영양분이 더 많아진다.

풀밭에 풀어놓고 키우는 방사 닭은 평균 10제곱미터를 돌아다닌다

천연 먹이

나뭇잎과 견과류 등 천연 먹이를 먹고 자란 돼지는 일반적으로 더 건강한 오메가 3 지방산(136쪽 참조)을 많이 섭취한다. 이것은 방사 돼지의 고기에 오메가 3가 더 많이 들어 있다는 의미이다.

오메가 3 지방산

공장 사료

공장식 축사에서 자란 돼지는 건강하지 않은 복합불포화 오메가 6 지방산(136쪽 참조)이 함유된 옥수수 사료를 먹는다. 이런 지방산을 먹은 돼지의 고기에도 건강하지 않은 지방산이 들어 있을 가능성이 높다.

오메가 6 지방산

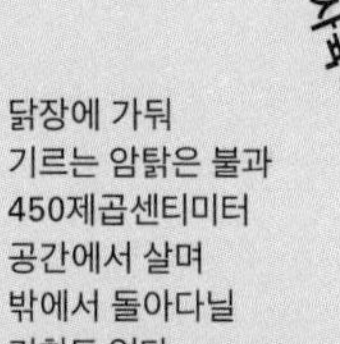

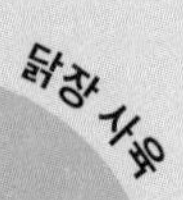

동물 사육의 유형

식품의 경우에는 혼란스러울 정도로 많은 용어들이 사용된다. 농장 사육 방식을 묘사하는 용어이지만, 상당수는 소비자가 짐작하는 의미와 상당히 다르다. 한 가지 범주 안에서도 다양한 변종 유형이 있을 수 있다. 개방 사육은 목가적으로 느껴지지만, 닭들은 여전히 밀도가 높은 공간에서 살아가며 일생 대부분을 좁은 닭장 안에서 지내다 매일 짧은 시간만 선택적으로 밖에 나갈 수 있을 뿐, 실제로 전혀 풀밭에 풀어놓지 않는 경우도 있다. 가축을 건강하고 양호한 환경에서 키우는 자발적인 농장 운영 체계가 존재하지만, 제품에 동물 복지 상표를 붙이려면 생산자들이 인증된 사육 계획에 합류하여 당국의 확인을 받아야 한다. 아래 실린 표는 쇠고기나 닭고기에 붙어 있는 가장 일반적인 상표에 대한 안내를 제공한다.

CAFO로 배출되는 기체는 168가지가 넘으며, 그중 일부는 위험한 화학 물질이다

용어	정의
개방 사육	개방 사육 기준은 단순히 바깥 공간으로 이어지는 통로의 여부(거리는 멀어도 상관없다.)이지만, 가축이 실제로 밖에 절대 못나가는 수도 있다. 닭은 밀도가 높은 공간에서 살 수 있고 부리 절단(쪼아댈 부리를 제거함)도 가능하며, 소 역시 높은 밀도에서 살 수 있다.
축사 사육	가축을 우리에 가둬 기르는 것은 아니지만 제한된 실내에서 높은 밀도를 유지하며, (닭의 경우) 보통 부리를 절단해 먹이를 찾아다니거나 풀을 먹는 것은 허락되지 않는다.
유기농	주로 유기농 사료를 먹였으며, 항생제와 호르몬 투여를 금했음을 나타낸다. 식품 자체가 유기농인 경우는 옥외 체류 시간과 닭의 부리 절단 금지 등 더 높은 복지 기준을 적용한다.
목초 사육	젖떼기 이후 가축은 풀만 먹도록 허용된다. 자연에서 풀을 먹고 자란 암소는 영양분이 더 많은 고기와 우유(89쪽 참조)를 생산한다.
방사 사육	목초 사육과 비슷하지만, 일부 곡물 사료도 허용된다. 가축은 야외에서 기르며 영양분이 농축된 사료 작물을 선택해 먹인다.

항생제 남용

일부 농장주는 밀도가 높은 환경에서 번성하는 질병 확산에 대한 예방 차원에서 감염되지 않은 가축에도 항생제를 먹인다. 가축이 병들어 성장 발달이 제한된 상황에서도, 예방 차원으로 처방한 항생제는 평균 체중 증가율을 높여 더 많은 고기 생산으로 이어진다. 그러나 무분별한 항생제 남용은 가축과 인간 모두를 위협하는, 항생제에 내성이 있는 세균 확산을 낳는다. 이런 세균은 이로운 세균보다 훨씬 강해져, 우리로서는 막아 낼 도리가 없는 '슈퍼박테리아'가 될 수도 있다.

공정 무역

농장에서 식탁까지 식품이 유통되는 복잡한 고리의 각 단계를 소수의 거대한 다국적 기업이 차지하고 있다. 강력한 기업은 이윤 분배를 최대화하기 위하여 영향력을 행사하고, 개발도상국에 사는 식품 생산자는 계속 가난하게 살아간다. 공정 무역은 농장주와 기업인을 함께 도울 수 있다.

다른 대안이 있을까?

일부 커피 로스팅 업자들은 공정 무역의 대안으로 구매자와 일대일로(직접 무역) 협상을 시도하는데, 이런 거래를 하는 데는 공정 무역 인증 비용 회피를 포함하여 다양한 이유가 있다.

공정 무역이란?

공정 무역의 원칙은 거래를 하는 곳이라면 언제든 적용할 수 있다. 그러나 공정 무역 상표를 제품에 붙이려면 반드시 제품의 공급망이 엄격한 지침을 따르는지 확인할 수 있는 인증 체계에 해당 기업이 가입을 해야 한다. 농장주와 노동자들에게 공정한 비용을 지불하는지, 개발도상국에 있는 농장주들이 세계 시장에 제품을 판매할 기회가 주어지는지도 확인 내용에 포함된다. 공정 무역 제품은 소비자들에게 공급망 반대편에 있는 농장주를 도울 기회를 제공한다. 공정 무역을 지원하는 기구들은 전 세계 수백만 명의 농장주들과 손을 잡고 일을 하며, 특히 과일, 설탕, 코코아, 차, 커피를 생산하는 농장이 많다.

농장

1 농장주와 일부 노동자들은 공정 무역 인증 농장(혹은 대규모 플랜테이션)에서 바나나를 재배한다. 공정 무역 제도에 따라 그들에게 필요한 재료가 공급된다.

협업

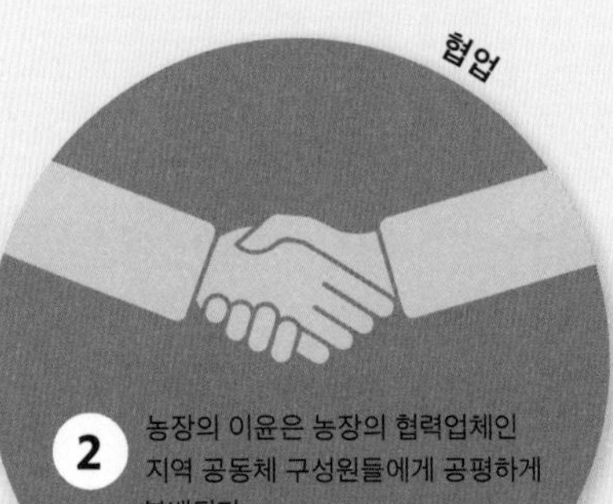

2 농장의 이윤은 농장의 협력업체인 지역 공동체 구성원들에게 공평하게 분배된다.

수입업자

3 공정 무역 수입업자는 이윤을 앗아가는 중간 유통업자의 수를 최소로 줄인다. 생산자들과 윤리적인 투자자들이 유통에 영향을 미칠 수도 있다.

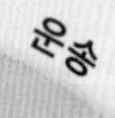

운송

4 바나나의 운송은 소매업자, 특히 대형 슈퍼마켓의 운송망과 협업하여 조직된다.

보관

5 약 14도에서 보관된 바나나는 유통 기간이 늘어난다. 이것은 계절과 환경, 경제 사정이 변동되어도 농장주가 꾸준히 제품을 파는 데 도움이 된다.

슈퍼마켓

6 이제 대부분의 슈퍼마켓에 공정 무역 제품이 구비되지만, 공정 무역 제품을 더욱 확대시킬 수 있는 주요 추진력은 소비자의 선택과 압력이다.

세계적인 생산자

전 세계 식품 공급의 대다수는 비교적 소수 대기업이 장악하고 있다. 그들은 생산과 유통을 감독하여 대부분의 이윤을 얻는다. 이것은 그들이 소비자의 취향에 영향을 미쳐 수요를 창출해, 깨뜨리기 어려운 순환 고리를 만들고 있다는 뜻이다.

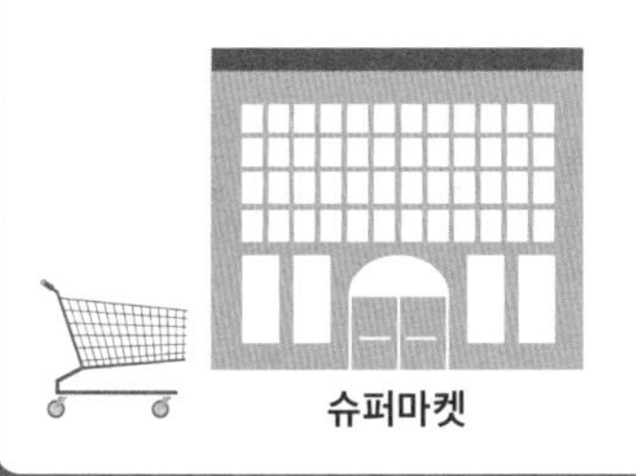

에콰도르에서 재배해 유럽 연합에서 팔리는 바나나

가격 600원

가격 1250원

노동자 5.6%

농장주 14%

공동체 2.4%

인증업자 4%

운송 18%

관세 6%

수입업자 9%

소매업자 41%

공정 무역 바나나

노동자 6.25%

플랜테이션 소유주 25%

운송 33%

관세 12.5%

숙성업체 14.6%

소매업자 8.65%

일반 바나나

공정 무역 바나나에 비해 두 배나 많은 노동자들이 이 비용을 나누어 갖는다

대규모 농장 소유주에게 지급되는 비율이 높다

일반적으로 거래되는 바나나 노동자 수에 비하면 그 절반 인원에게 이 비용이 분배된다

농장주에게 지급되는 비율이 높다

운송과 선적비로 드는 비율이 낮다

관세로 내는 비용이 더 낮다

수입업자에게 지급하는 비율이 더 낮다

소매업자에게 지급되는 비율이 높다

운송과 선적비로 드는 비율이 높다

EU 관세로 내는 비율이 높다

공정 무역 바나나

지역 공동체에 배당하는 비율과 공정 무역 인증 기구를 위한 비용을 제하더라도, 공정 무역 바나나 가격의 상당 부분은 농장주와 노동자들에게 지급된다. 소매업자는 공정 무역 바나나에서 경제적인 이득을 얻음으로써 공정 무역을 촉진하는 인센티브로 작용한다.

일반 바나나

일반적인 경로로 생산된 바나나의 가치 중 농장 노동자에게 전해지는 부분은 거의 없다. 생산자와 소비자 사이에 다수의 중간 단계가 개입되어(각각의 단계도 다시 나뉨), 바나나가 대규모 농장에서 식탁에 오르기까지 몇 주일이 걸린다.

식품 사기극

식품은 항상 수요가 있지만, 돈이 만들어지는 곳에는 속임수를 쓸 기회가 있게 마련이다. 식품 사기극은 대부분의 사람들이 상상하는 범위를 넘어, 인류의 건강을 심각하게 위협하는 수준으로 자행되고 있다.

식품 사기극이란?

식품 사기극은 원료 대체, 희석, 원산지 속임, 인위적인 제품 강화, 상표 오류, 절도 및 재판매, 상표 위조, 오염된 식품의 의도적인 유통 등 여러 형태로 발생 가능하다. 범죄 규모는 유례가 없을 정도로 확대되었지만, 이러한 시도 자체는 수백 년간 지속되어 왔다.

말고기 스캔들

2013년 DNA 확인 결과 햄버거와 즉석 식품 라자냐 등 몇몇 가공 식품에 들어간 다짐육이 쇠고기가 아니라 실제로는 말고기였음이 드러났다. 복잡한 공급망은 고기의 원산지 확인을 어렵게 만들었다.

희석

우유는 가장 흔하게 범죄에 이용되는 식품 중 하나이다. 유장과 식물성 기름 같은 저가의 첨가물로 우유를 희석하면 사기꾼들의 돈이 절약된다. 여러 공급처에서 가져온 우유를 섞어 이용하는 복잡한 공급망은 사기극을 더욱 쉽게 만든다.

원료 대체

소비자뿐만 아니라 소매업자조차 귀한 제품을 확인하기 어려운 경우, 사기꾼들이 더 값싼 대체품으로 바꿔치기 하기가 쉽다. 참치와 와규 쇠고기라고 공급되는 식품의 많은 부분이 실제로는 다른 제품이다.

상표 오류

제품의 원산지를 기반으로 더 귀한 취급을 받는 상품들이 있다. 뉴질랜드산 마누카 꿀은 엄청난 프리미엄이 붙기 때문에 마누카 꿀이 아닌 제품에 가짜 상표를 잘못 붙이는 경우가 흔하다.

원치 않는 첨가물

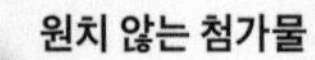

가장 치명적인 범죄는 부피를 늘이거나 당국의 테스트를 속이기 위하여, 혹은 더 비싼 성분의 대체품으로 원치 않는 첨가물을, 때로는 심지어 독성이 있는 첨가물을 넣는 경우이다. 예를 들어 깎은 잔디, 색소를 입힌 톱밥, 심지어 모래 같은 불순물을 차에 넣기도 한다.

미끄러운 사업

2014~2015년 조사에서 이탈리아 국민이 소비한 대부분의 올리브유는 국내에서든 국외에서든 생산자를 확인할 수가 없었다. 값싼 기름을 수요 많은 올리브유로 둔갑시켜 부족분을 공급했을 가능성이 높다.

1조 7000억 달러

2015년 전 세계적으로 식품업계에서 벌어진 식품 범죄 비용(약 2000조 원)

이탈리아 인은 상표가 정확한 국내 생산 올리브유를 1만 4000톤 소비했다

국내 소비량 1만 4000톤

이탈리아는 상표가 정확한 외국산 올리브유를 10만 톤 수입했다

40만 7000톤에 달하는 공급량 공백을 설명해 줄 올리브유 공급업자는 존재하지 않는다

수입 10만 톤

식품 사기극을 피하려면 어떻게 해야 할까?

구입 제품의 공급망을 유심히 살필 수는 있겠지만, 공급망이 길면 시간이 많이 걸릴 수 있다. 개인적으로 아는 믿음직한 공급자에게 구매하는 것이 해결책일 것이다.

올리브유 사기극

수요와 공급 수치가 맞아떨어지지 않을 때는, 사기극이라는 정황 증거가 성립된다. 여기에 해당하는 사례가 이탈리아의 올리브유이다. 이탈리아 인들은 올리브유를 가장 많이 소비하는 국민이지만, 국내 생산량은 그러한 수요에 턱 없이 모자라는 형편이며 특히 대다수는 수출된다. 수입된 10만 톤을 감안해도 소비된 50만 톤의 절반도 설명이 되지 않는다. 2014~2015년 시장 분석 결과 저질 기름에 엑스트라버진 올리브유로 상표를 잘못 붙인 것으로 확인되었다. 사기꾼들은 색소와 향을 첨가해 속임수를 성공시킬 수 있었던 것으로 보인다.

가짜 생선?

2013년 오세아나(Oceana) 해양 보호 단체에서는 DNA 분석을 활용해 미국에서 판매되는 생선이 상표에 적힌 품종과 일치하는지 표본 조사를 실시했다. 표본의 약 3분의 1이 상표에 표기된 것과 다르다는 결과가 드러났다. 예를 들어 28종의 생선이 붉은돔으로 판매되고 있었다.

미국에서 식품 사기 적발을 위해 조사한 해산물은 2퍼센트에 불과하다

공급 공백 40만 7000톤

이탈리아 인들은 52만 1000톤의 올리브유를 소비했다고 믿는다

총 소비량 52만 1000톤

음식물 쓰레기

전 세계적으로 버려지는 식품의 양은 오늘날 지구에서 굶주리고 있는 사람들 전부를 손쉽게 먹여 살릴 수 있을 정도의 양이다. 처리하는 데 비용이 들고 환경을 파괴하는 식품 폐기물은 식품 생산 과정의 모든 단계에서 발생할 수 있다.

식품 폐기물의 영향

식품은 생산과 공급의 각 단계에서 버려지며, 이는 선진국과 개발도상국 모두에게 영향을 미치는 문제이다. 식품 폐기에는 비용이 들고, 식품 가격 상승을 부르며, 환경에 미치는 영향은 심각하다. 매년 식품 폐기물에서 30억 톤의 온실 기체가 대기로 배출된다. 식품을 생산하고 유통하는 데 낭비되는 물과 에너지, 공간은 전혀 먹거리와 연결되지 않으며, 전 세계 농지의 28퍼센트는 폐기될 작물을 재배하는 데 쓰인다. 식품 폐기물이 썩으면 강한 온실 기체인 메탄이 발생한다.

인류 소비를 위해 전 세계에서 생산되는 먹거리의 3분의 1은 버려진다

쓰레기 줄이는 법

개개인도 쓰레기를 최소화하는 데 도움을 줄 수 있다. 식단 짜기, 미리 음식 준비하기, 남은 음식 냉동이나 재사용, 적게 자주 쇼핑하기, 유통 기한이 얼마 남지 않은 식품 구입하기, 여러 개 묶음 제품보다 낱개 제품 구입하기, 못 생긴 과일과 채소 구입하기(슈퍼마켓이 그런 식품을 퇴출하지 않도록) 등의 단계가 포함된다.

100%

식품은 언제 폐기되는가

이 표는 토지에서 생산된 식품이 각 단계별로 얼마나 버려지는가를 나타낸다. 이 수치는 세계 평균이다. 개발도상국에서는 냉장 및 보관 시설이 부족해 더 많은 식품이 부패하기 때문에 유통 과정 초반부터 더 많은 쓰레기가 발생하는 반면, 선진국에서 대부분의 쓰레기는 유통의 마지막 단계에 더 많이 발생한다. 사람들이 식품을 구매하고 폐기할 여유가 더 있기 때문이다.

67%

-11.5%

5 소비

특히 선진국에서 음식물 쓰레기의 상당 부분은 소비 단계에서 발생한다. 구입한 이후, 혹은 음식으로 준비한 이후에도 식품을 버린다.

-4%

78.5%

4 유통 및 시장

소매업자들은 소비자가 구매하지 않은 식품을 폐기하며, 심지어는 미학적으로 소비자의 구미에 맞지 않는 식품도 퇴출시킨다.

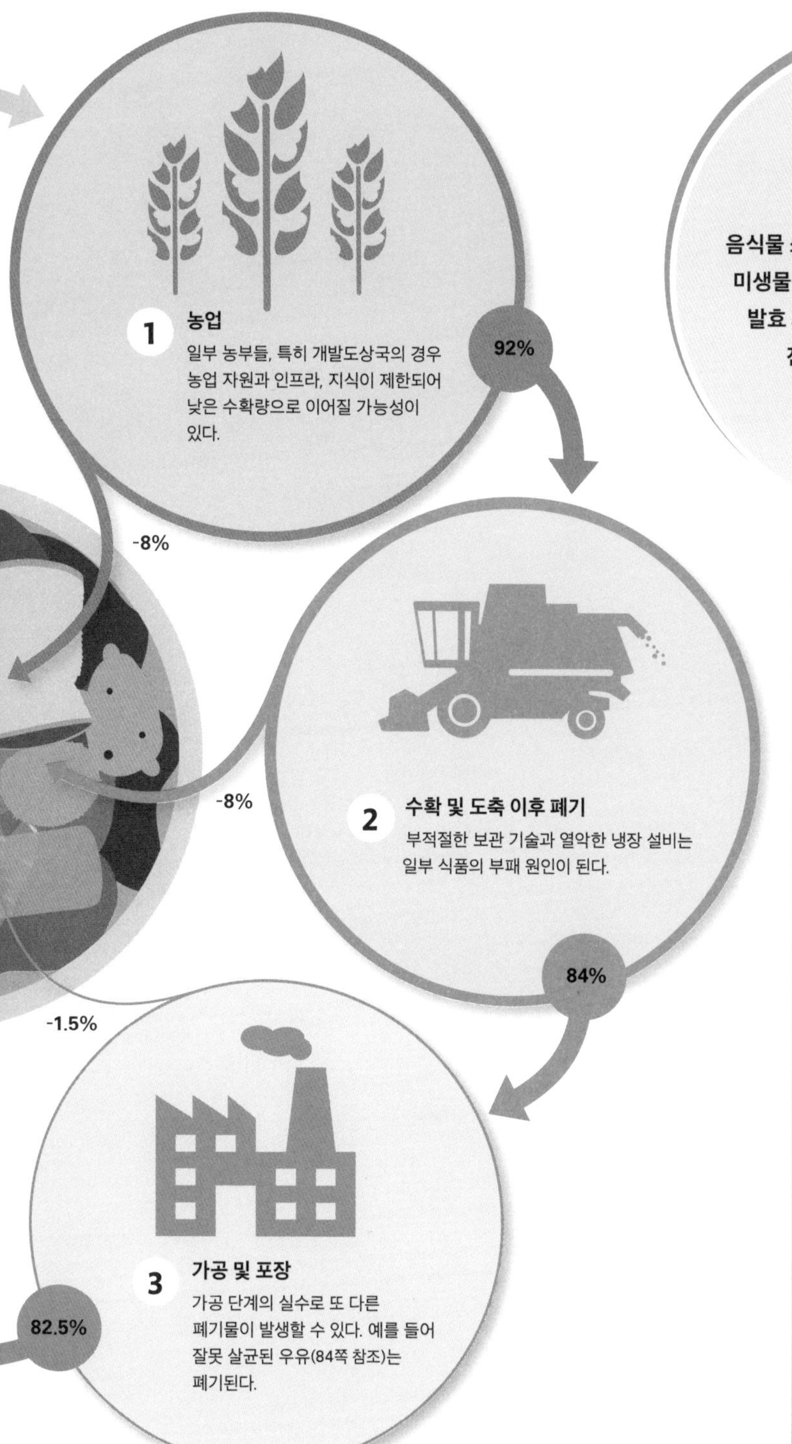

음식물 쓰레기도 재활용 가능할까?

음식물 쓰레기는 토양 개량제로 활용하거나, 미생물을 이용해 퇴비로 발효시킬 수 있다. 발효 과정에서 배출되는 기체는 포집해 전기를 발생하는 데 활용한다.

어떤 음식이 버려질까?

음식물 쓰레기의 가장 큰 원인은 부패이다. 유통 기한이 짧거나 쉽게 상하는 식품은 가장 많이 버려지는 경향이 있다. 쉽게 손상되는 과일과 채소, 뿌리, 덩이줄기 식물이 가장 많이 버려지며, 유통 기한이 짧은 생선과 해산물이 그 뒤를 잇는다. 버려지는 육류는 적지만, 육류를 생산하는 데 더 많은 땅이 사용되고 그 때문에 자연 서식지가 파괴되므로, 육류 폐기물이 환경에 미치는 영향이 더 크다.

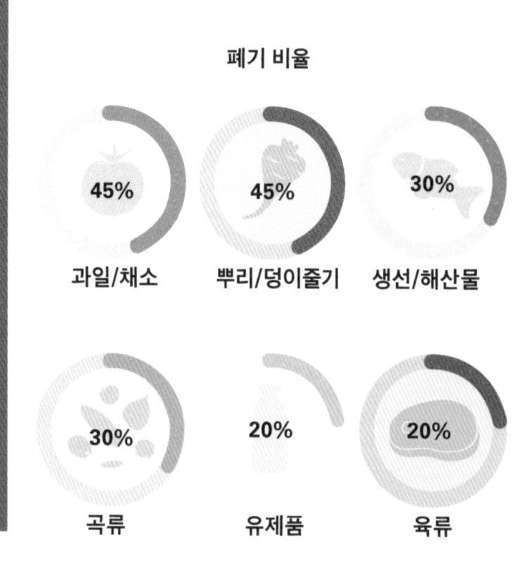

푸드 마일리지

최근까지만 해도 식생활은 계절과 지역의 제한을 받았지만, 현대식 운송업의 발달로 구매자들은 시기에 상관없이 어떤 식품이든 살 수 있게 되었다. 하지만 환경에 지불해야 하는 대가는 얼마일까?

지역 vs 세계

인근 지역에서 생산된 식품을 먹자는 운동은 기업형 농업이 환경에 미치는 영향을 줄이려는 노력을 바탕으로 한다. 이 운동의 가장 두드러진 목표는 생산지에서 시장까지 식품을 장거리 운송하면서 발생하는 오염을 줄이는 것이다. 사실 푸드 마일리지의 진정한 영향을 따지는 것은 어렵다. 예를 들어 인근 지역 공급자가 집까지 배달해 주는 지역 특산물을 먹는 쪽이 슈퍼마켓까지 걸어가서 해외에서 대량으로 운송된 식품을 사는 것보다 탄소 배출이 더 많을 수 있다.

과녁 식생활

인근 지역 식품 먹기 운동을 지지하는 사람들은 환경에 남기는 발자국을 줄일 수 있도록 소비자들이 식품의 생산 지역을 떠올릴 수 있는 이 단순한 안내도를 만들었다. 정중앙에는 자기 집 정원이나 창가 화분에서 기를 수 있는 식품이 놓이고, 차츰 바깥 원으로 갈수록 해당 식품을 식생활에 덜 포함시킨다.

미국에서 먹는 식품의 15퍼센트 이상이 수입된다

계절성

현대인의 음식 소비에서 푸드 마일리지가 증가하는 주된 요인은 제철이든 아니든 상관없이 연중 내내 음식을 요구하는 것이다. 예를 들어 과일은 어느 영토이든 자연히 계절적인 제한이 있게 마련이지만, 공급업자들은 머나먼 곳에서 식품을 수입하거나, 다량으로 과일을 저온 저장(실제로 수많은 '신선한' 사과는 여러 달 전에 수확된다.)함으로써 이러한 자연의 제약을 넘어선다.

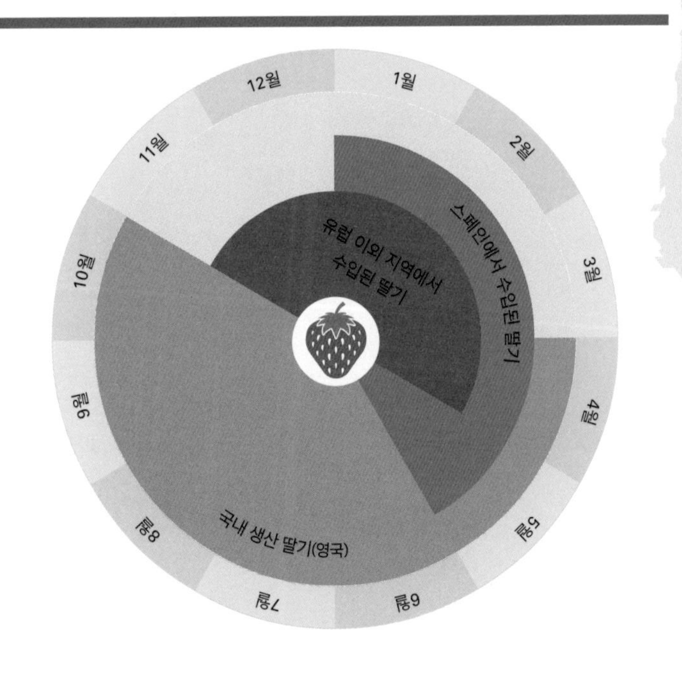

영국 딸기

영국 딸기 재배업자는 국내 생산 기간을 엄청나게 늘렸지만, 공급업자는 여전히 나머지 다섯 달간 진열대를 채우기 위해 수입에 의존한다.

만두 재료 원산지 찾기

요리 한 접시를 만드는 데 들어간 운송비를 계산하는 한 가지 방식은, 요리에 관련된 모든 재료를 한눈에 보여 주는 '식품 유역(foodshed)'(강물의 유역 구분과 같음.)을 확인하는 것이다. 홍콩(중국)에서 만들어진 쇼마이(새우와 돼지고기로 만든 찐만두) 같은 가공 식품은 국가를 넘나드는 복잡한 식품 유역을 갖고 있을 가능성이 있다.

기호
쇼마이 재료의 원산지와 이동 경로

 돼지고기
 새우
 쌀
 만두피용 밀
 참기름

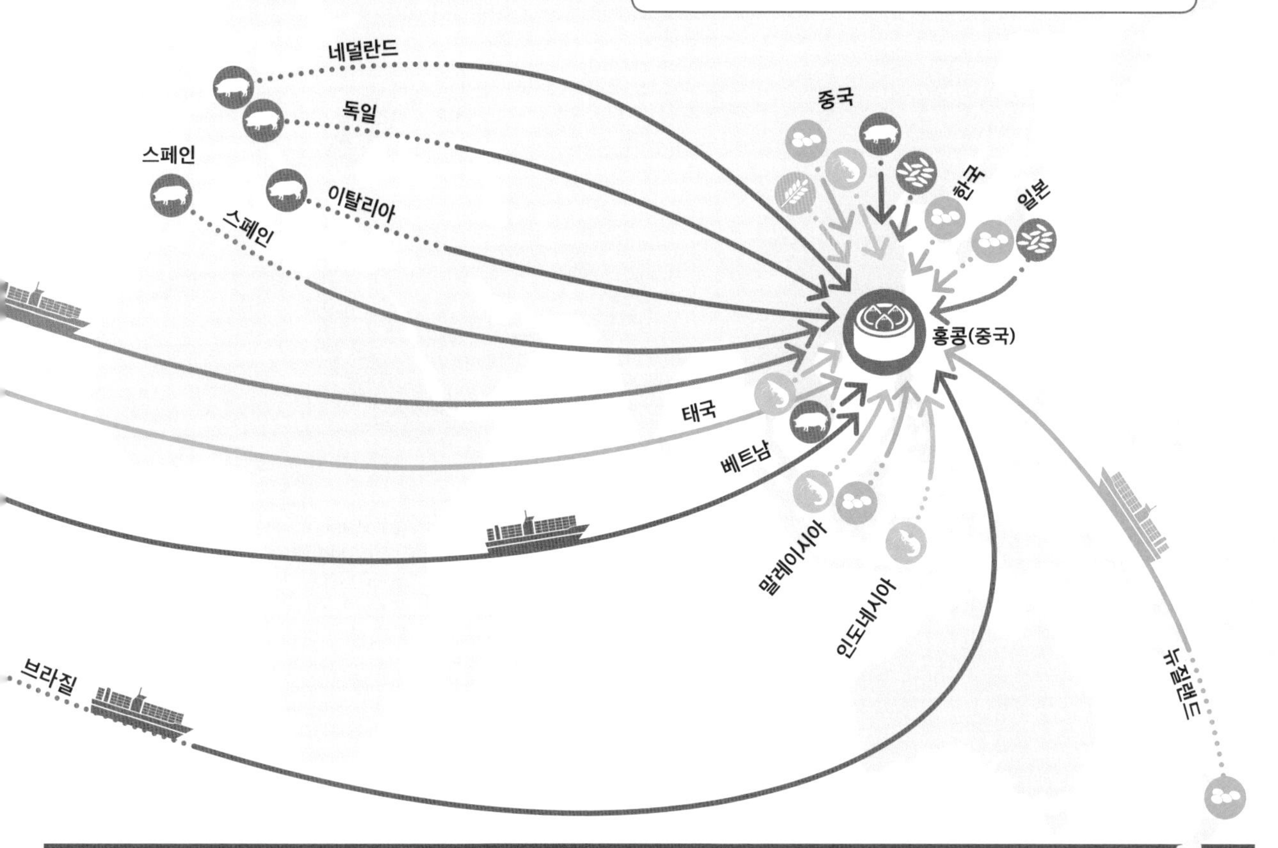

푸드 마일리지는 정말 중요할까?

몇몇 전문가들은 푸드 마일리지가 식품 생산에 가장 중요한 부분이라는 사실에 의혹을 제기한다. 식품 관련 에너지 사용에 운송비가 차지하는 비율이 3.6퍼센트에 불과하다는 조사 결과도 있다. 원산지보다는 먹는 식품의 성격이 환경에 더 큰 영향을 미친다. 비건은 육식을 하는 사람들에 비해 탄소 발자국이 극적으로 적은데, 고기를 생산하는 데 훨씬 더 많은 에너지가 들어가기 때문이다. 인근 지역 생산품을 먹자는 운동은 사실 푸드 마일리지를 최소로 하는 것보다는 오로지 기업식 농업을 표적으로 삼는다.

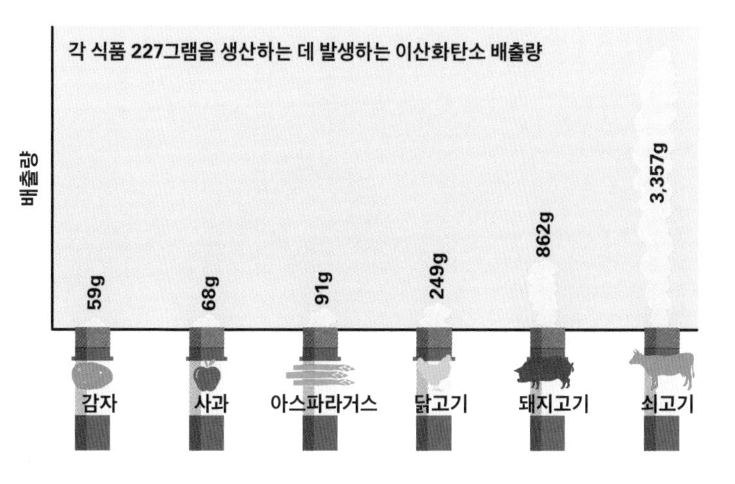

유전자 변형 식품

유전자 변형 식품, 혹은 간단히 GM 식품을 둘러싼 홍보와 잡음과 의도적으로 오해를 불러일으키는 정보는, 식품 생산과 농업 분야에 등장한 이 새로운 개척자의 위험과 장점을 짚어 보는 데 꼭 필요한 합리적인 토론을 어렵게 한다.

상표에 GM 식품을 표기해야 할까?

이것은 맹렬한 논란의 주제이다. 지지자들은 표기를 해야 소비자들에게 더 넓은 선택과 규제 기회를 준다고 이야기하지만, 비판자들은 소비자들이 합리적인 선택을 할 만큼 충분한 정보를 모른다고 주장한다.

GM 식품이란?

유전자 변형 식품은 유전 공학 기술을 이용해 특정 유전자를 바꾸거나 조작한 농작물을 의미한다. 전통적인 품종 교배도 한꺼번에 수백, 수천 가지 유전자를 혼합하지만, 그것은 세대를 거치며 개량이 이루어진다. 새로운 기술은 단일 표적 유전자를 정해 한 가지 종에서 전혀 상관없는 다른 유기체로 변화시키는 것이 가능해 가령 세균에서 식물을 만들기도 한다. 그런 변화는 전통적인 식물 교배로는 얻을 수 없는 결과이다.

GM 식품

상업적으로 이용 가능한 GM 식품은 8가지이다. 옥수수, 흰콩, 목화(면실유 제조용), 카놀라(역시 기름 원료), 땅콩호박, 파파야, 사탕무(설탕용), 알팔파(동물 사료용).

유전자 주입

어느 한 종의 바람직한 유전자를 새로운 종에 이식한다. 바실러스 투린지엔시스(*Bacillus thuringiensis*) 균에서 얻어낸 살충 성분 생성 유전자를 옥수수 DNA에 주입하여, 자체적으로 살충 성분을 만드는 옥수수를 생산한다.

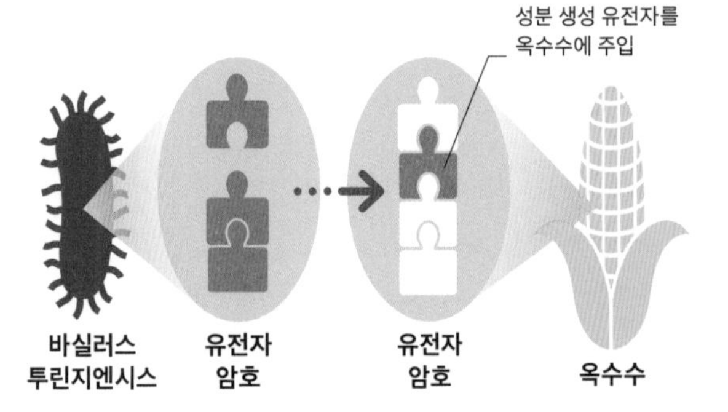

유전자 억제

또 다른 방법으로는 유기물의 유전자가 스스로 발현하지 못하도록 유전자를 중단하는 조작도 가능하다. 토마토 같은 일부 과일은 물러지는 유전자를 중단시켜 신선도를 오래 유지할 수 있다. 이 방법은 덜 흔하다.

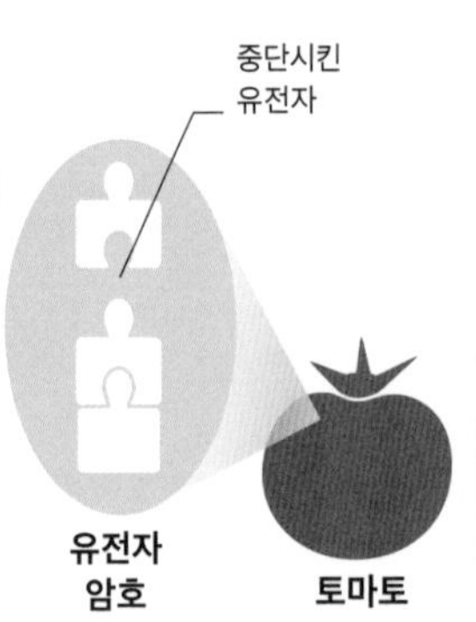

왜 만들어졌을까?

GM 식품은 더 많은 작물이 해충과 질병에 잘 견뎌, 결과적으로 수확량을 높이기 위하여 만들어졌다. 제초제에 강한 작물 덕분에 농부들은 더 효율적으로 잡초를 죽이도록 제초제를 사용할 수 있게 되고, 유전자를 조작해 작물의 영양을 더 강화할 수도 있다.

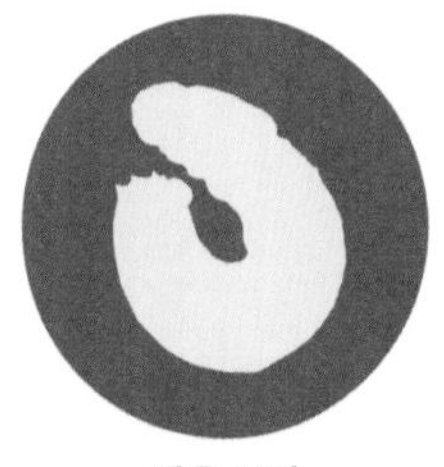

해충 조절

농작물의 질병 관리

잡초 관리

영양 변화

GM 논란

GM 식품을 반대하는 의견과 운동이 문화적인 추세임에도 불구하고, GM 식품이 인간의 건강에 위험을 가한다는 주장을 제대로 뒷받침하는 증거나, 과학적으로 믿을 만한 대규모 연구는 없었다. 논리적인 반대론은 GM 식품이 사전 협의에 의한 허용과 장기적인 예상 결과 없이 대중을 상대로 대규모 건강 실험을 시행한다는 주장이다. 새로이 조작된 유전자가 야생종 작물에 주입되어 확산되면 환경에 어떤 영향을 미칠지도 알려져 있지 않다. 그러는 가운데 식품 업계는 논란이 잠잠해지기를 기다리지 않고 움직여, GM 식품은 미국 같은 국가에서는 흔하게 찾아볼 수 있다.

좋을까, 나쁠까?

지지자들은 GM 식품에 잠재적인 진정한 장점이 있다고 주장하지만, 생물학과 환경, 경제적 측면에서 생각해 보아야 할 염려는 존재한다. 여기 찬성과 반대 주장 일부를 소개한다.

찬성

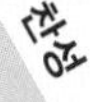

비건을 위한 선택

유전자만 있으면 식물에도 고기와 유제품 성분(비타민 B12 같은)을 넣을 수 있다. 이것은 비건을 위한 새로운 유제품 가능성을 열어 줄 수 있을 것이다.

더 적은 화학 물질

해충에 잘 견디고 빠르게 자라는 GM 작물은 곧 살충제와 비료를 사용할 필요가 줄어든다는 의미이므로 환경에도 이롭다(230~231쪽 참조).

세계적 수요

세계 인구 증가로 인한 수요 급증과 변화하는 요구를 만족시키기 위해서는 영양분을 강화하고, 어렵고 변화무쌍한 환경 조건에 적합한 작물을 만들어 낼 필요가 있을 것이다.

반대

질병 위험

일부 GM 작물은 단일 재배(유전적으로 동일한) 품종인데, 이러한 유전적 유사성은 똑같은 감염성 질병에 똑같이 취약할 수도 있다는 의미이다.

더 많은 화학 물질

GM 작물이 잡초를 죽이는 화학 물질에 더 잘 견디도록 교배되었다면, 농부들은 더 많은 제초제를 거리낌 없이 사용할 테고, 농장 주변에 살고 있는 천연 식물까지 모두 죽여 광범위한 환경 문제를 줄줄이 일으킬 수도 있다.

기업의 힘

GM 식품은 유전적으로 조작된 유기체(genetically modified organisms, GMO)를 이용하여 생산되며, 일반적으로 특허를 출원해 매년 재배철마다 새로 종자를 구입해야 한다. GMO 농산물은 소수의 주요 다국적 기업의 통제를 받는다.

미국에서 판매되는 흰콩, 옥수수, 목화, 카놀라, 사탕무 90퍼센트에 유전자 변형이 적용되었다

바다에서 식탁까지

부분적으로는 생선의 건강 효능에 대한 인식이 높아지면서, 생선의 인기는 그 어느 때보다 높다. 그러나 만족할 줄 모르는 세계인의 입맛 때문에 한때는 무한한 바다 자원으로 여겨졌던 해양 생물이 거의 고갈되기에 이르렀으며 종종 생태계에 심한 타격을 입힌다. 생선 양식과 지속 가능한 어업은 이러한 문제에 대한 해결책을 제시할 수도 있을 것이다.

세계적인 생선 탐닉

세계 인구 약 30억 명은 충분한 단백질을 얻기 위해, 생선을 포함한 자연산이나 양식 해산물에 의존한다. 현재는 1인당 1950년보다 4배 많은 해산물을 먹고 있다. 이렇듯 엄청난 수요를 만족시키기 위하여 전 세계 어업은 이미 한계선을 넘어섰다. 수산 자원(개체수)이 꾸준히 줄어드는 상황에서 생선을 남획하면, 생선의 수가 조만간 너무 줄어 어업을 지탱하지 못하게 되거나, 더욱 심하면 아예 멸종할 수도 있기 때문에 이런 추세는 지속 가능할 수가 없다. 국제 연합 식량 농업 기구(The United Nations Food and Ariculture Organization, UNFAO)는 현재 인구를 바탕으로 지금과 같은 소비율을 2030년까지 지속하려면 전 세계적으로 매년 3600만 3000톤의 해산물이 더 필요하게 될 것이라고 지적한다.

참치를 먹어도 괜찮을까?

한때 풍성했던 청새치는 현재 심각한 멸종 위기에 놓여 있으며, 수많은 다른 종의 참치도 멸종되었다. 대형 포식자인 참치는 대형 고양잇과 동물이나 맹금류처럼 자연 발생적으로 개체수가 원래 적으므로, 너무 많이, 혹은 너무 빠르게 먹어 치워서는 곤란하다.

어획량 상승

1950년대 이후, 자연산 생선의 세계적인 어획량(천연 어업)은 양식(인공 사육)과 나란히 빠르게 증가했다. 생선 자원이 줄어들면서 1990년대 들어서는 어업이 정체기를 맞았다. 생선 양식업이 더욱 빠르게 증가해 계속 성장하고 있다.

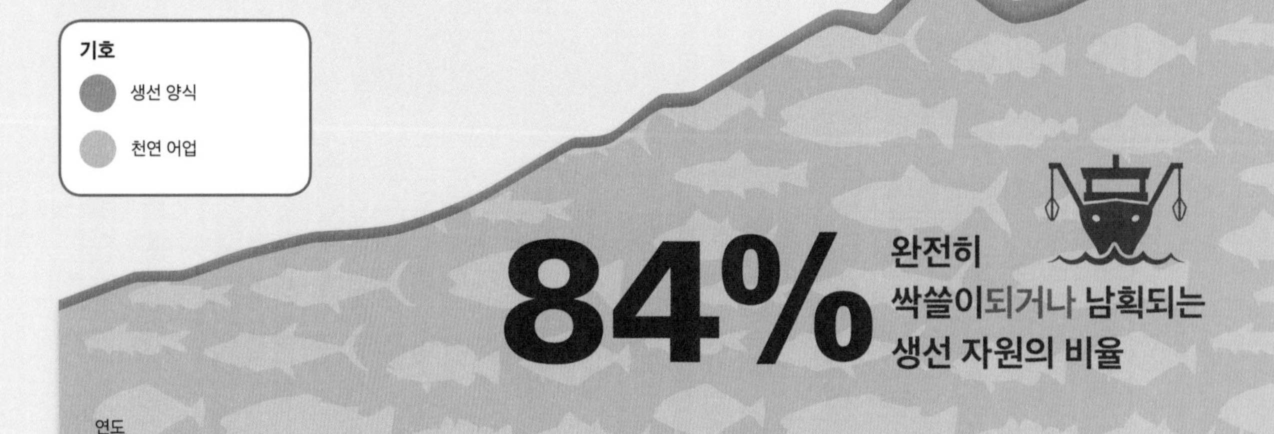

지속 가능한 어업 방법

지속 가능한 어업이란 생선의 개체수를 보존하여 스스로 수를 보충하도록 허락하는 것이다. 어업을 불법으로 정한 금어 지역 설정, 산호초처럼 취약한 생태계 손상을 피하기 위한 저인망 사용 금지, 어부들이 어획량을 속여 신고하는 범죄 예방, 잘못 잡힌 어종이나 치어가 달아날 수 있는 그물을 사용함으로써 혼획 줄이기, 남획되지 않은 다른 생선 종류 구입하기, 물고기 떼 전체를 그물로 잡기보다 개별적인 생선 잡기를 목표로 하는 낚싯줄과 낚싯대를 이용한 어업 등, 실천 방법이 다양하다.

생선 양식이 해결책일까?

생선 양식은 보통 거대한 수조나 그물망 안에 생선과 기타 해양 생물을 가둬 기르는 것을 의미한다. 생선 양식이 지속 가능한지의 여부는 생선의 먹이가 되는 사료가 지속적으로 공급 가능한지에 달려 있다.

대서양 대구 어획량의 급락

어업 몰락의 극단적인 사례 한 가지는 미국 뉴펀들랜드에서 그랜드뱅크스 대구 어업이 사라진 경우이다. 한때 대구는 그 지역 바다에서 바구니로 건져 올릴 수 있을 정도로 풍부했다. 1960년대 가공 설비를 갖춘 대형 선박의 출현은 대대적인 어획량 급증으로 이어졌으나, 어업은 빠르게 쇠퇴해 1990년대에 이르자 완전히 몰락했다. 대구 치어는 포식자들에게 빠르게 먹혀 버리기 때문에 개체수 회복이 느리다. 다 자란 대구는 보통 치어 포식자들을 먹어 치우지만, 끝까지 자라는 경우가 워낙 드물어 그럴 만한 대구가 없다.

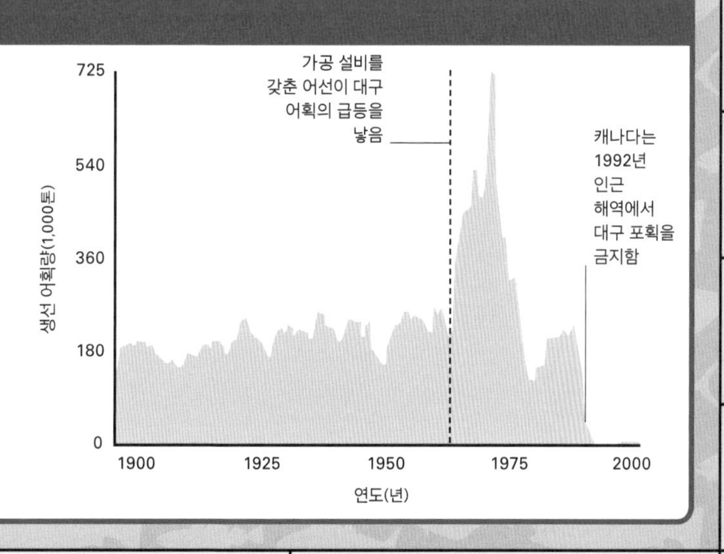

미래의 식량

식품 생산과 농업을 뒷받침하는 기술이 지속적으로 진보해 좀 더 효율적이고 지속 가능한 방식으로 식품을 생산하려는 노력이 크고 작은 규모로 이루어지고 있다.

미래의 농장

미래의 농장은 빠르게 인구가 증가해 더 좋은 음식을 더 많이 요구하는 사람들을 먹여 살려야 할 것이다. 또한 기후 변화와 토양 악화, 물 부족, 외래종 해충, 새로운 질병에도 대처해야 할 것이다. 이러한 난관을 극복하고 요구를 충족하기 위한 혁신적인 해결책은 고대 문명의 농업 지혜를 재조명하거나, 완전히 새롭고 통제된 체계를 창조하는 방식으로 이미 연구 중이다.

바닷물 온실

작물이 자랄 수 없는 덥고 건조한 해변 지역을 위해, 바닷물 온실은 쾌적한 재배 기후와 작물에 급수할 담수를 만들어 낸다.

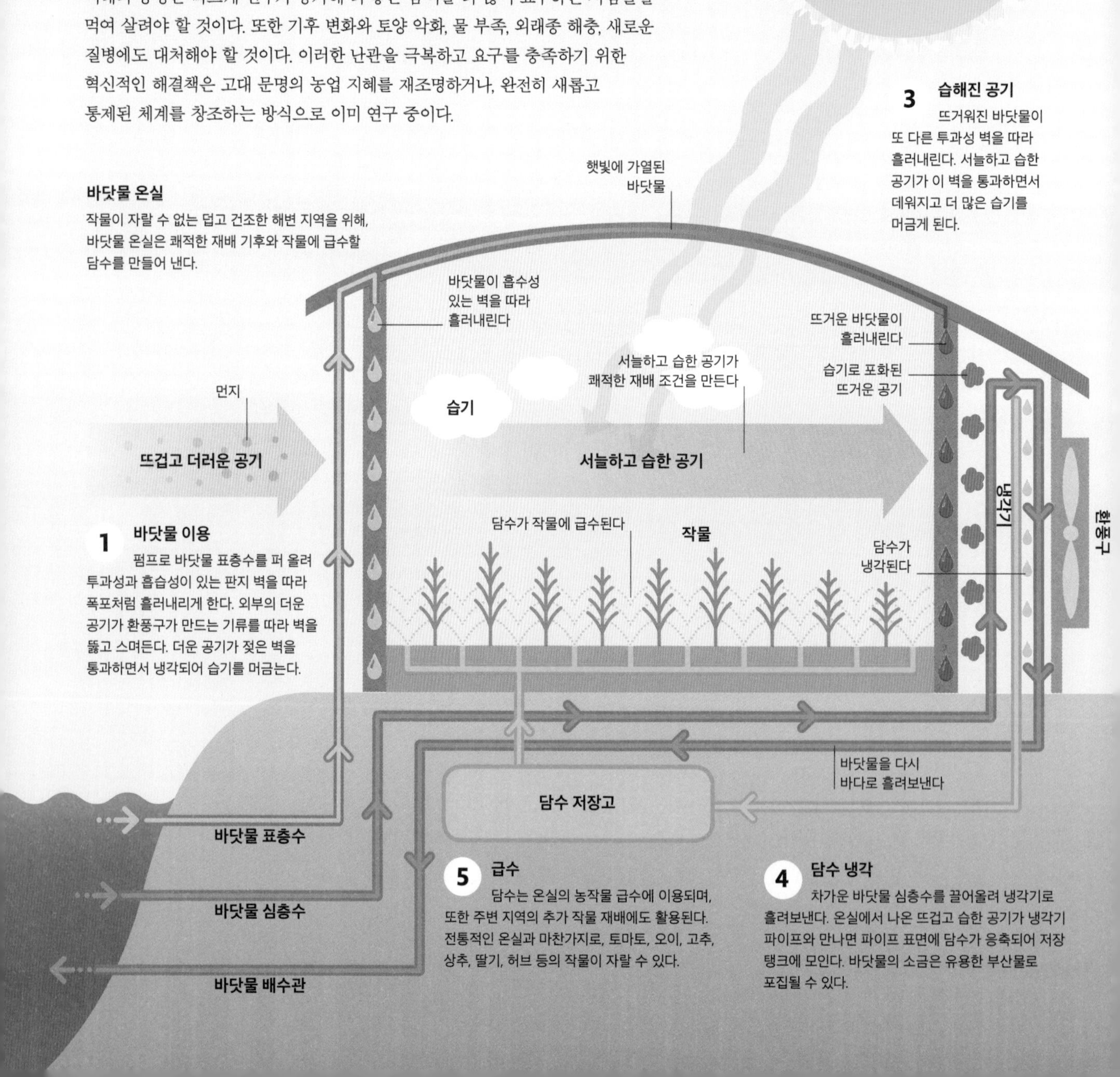

1 바닷물 이용

펌프로 바닷물 표층수를 퍼 올려 투과성과 흡습성이 있는 판지 벽을 따라 폭포처럼 흘러내리게 한다. 외부의 더운 공기가 환풍구가 만드는 기류를 따라 벽을 뚫고 스며든다. 더운 공기가 젖은 벽을 통과하면서 냉각되어 습기를 머금는다.

2 태양 에너지

바닷물 표층수는 온실 지붕의 파이프를 따라 흐르며 햇빛으로 가열된다. 태양광 수집판이 햇빛을 모아 전기를 발생시켜, 환풍구와 바닷물을 공급하는 펌프 전력으로 사용한다.

3 습해진 공기

뜨거워진 바닷물이 또 다른 투과성 벽을 따라 흘러내린다. 서늘하고 습한 공기가 이 벽을 통과하면서 데워지고 더 많은 습기를 머금게 된다.

4 담수 냉각

차가운 바닷물 심층수를 끌어올려 냉각기로 흘려보낸다. 온실에서 나온 뜨겁고 습한 공기가 냉각기 파이프와 만나면 파이프 표면에 담수가 응축되어 저장 탱크에 모인다. 바닷물의 소금은 유용한 부산물로 포집될 수 있다.

5 급수

담수는 온실의 농작물 급수에 이용되며, 또한 주변 지역의 추가 작물 재배에도 활용된다. 전통적인 온실과 마찬가지로, 토마토, 오이, 고추, 상추, 딸기, 허브 등의 작물이 자랄 수 있다.

햇빛에 가열된 바닷물
바닷물이 흡수성 있는 벽을 따라 흘러내린다
뜨거운 바닷물이 흘러내린다
서늘하고 습한 공기가 쾌적한 재배 조건을 만든다
습기로 포화된 뜨거운 공기
먼지
습기
뜨겁고 더러운 공기
서늘하고 습한 공기
냉각기
환풍구
담수가 작물에 급수된다
작물
담수가 냉각된다
바닷물을 다시 바다로 흘려보낸다
담수 저장고
바닷물 표층수
바닷물 심층수
바닷물 배수관

새로운 고기 공급원

전 세계적으로 높아지는 육류 수요와 일부 국가에서 가축을 기르는 비효율성(228~229쪽 참조)은 곧 대체품에 대한 급박한 필요를 의미한다. 곤충은 이미 많은 국가에서 식용되고 있고(148쪽 참조), 좀 더 지속 가능한 육류 공급원이 될 수 있다. 소는 전체의 40퍼센트만 먹을 수 있는 부분인데 반해 귀뚜라미는 80퍼센트를 먹을 수 있을 뿐만 아니라, 실제로 쇠고기보다 귀뚜라미 100그램에 더 많은 단백질이 들어 있다.

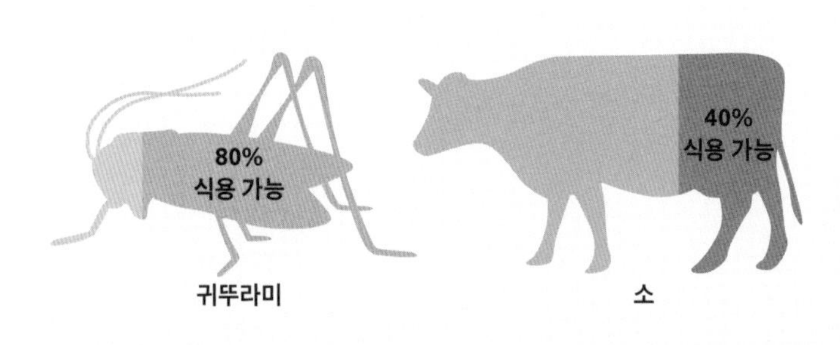

화성의 온실

화성의 토양에는 식물이 자라는 데 필요한 영양분 대부분이 들어 있지만, 화성에는 대기가 거의 없고 혹독하게 추우며 흐르는 물도 없는 데다 방사선이 위험 수준이다. 햇빛을 모으고 기체를 가두면, 식물 재배 조건으로 만드는 온실이 가능할 수도 있다는 의견이 제시되었다.

다시 상상하는 아이디어

중세 아즈텍에서는 농작물을 흙 없이 호수에 띄워 길렀다. 오늘날 아쿠아포닉스(aquaponics) 수경 재배가 그와 유사한데, 물고기 양식과 흙 없이 식물을 키우는 농사를 하나로 결합시킨 농법이다. 각각 독립적인 기능을 발휘하므로, 물고기 양식과 농작물 재배를 위한 좀 더 지속 가능한 방법이 될 수 있다.

식물

천연 비료

미생물과 비료를 만드는 벌레가 물고기 폐기물을 먹이로 삼아, 물에 띄워 재배하는 식물을 위한 천연 비료로 사용된다.

일본 과학자들은 요리 준비 지시가 식품에 곧장 적용되는 주방을 연구 중이다

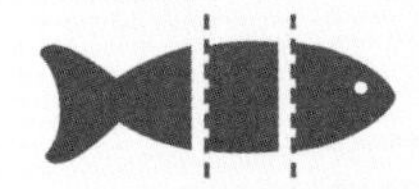

물고기 폐기물

먹이 공급원

물고기에서 나오는 폐기물은 미생물과 비료 만드는 벌레의 먹이 공급원 역할을 한다.

물고기

정화

식물은 물고기와 같은 물에서 자란다. 식물은 물을 여과해 물고기가 계속 건강하게 살도록 돕는다.

찾아보기

굵은 글씨로 적힌 페이지 수는 주요 언급처를 가리킴

가

나

다

라

마

바

사

아

자

차

카

타

파

하

감사의 글

이 책을 만드는 데 도움을 주신 분들께 감사를 표합니다.

편집 감수 머렉 윌리슈비츠, 샘 앳킨슨, 웬디 호로빈, 미잔 반 질
디자인 사이먼 머렐, 대런 블랜드, 폴 리드, 클레어 조이스, 라나타 라티포바
표지 작업 해리시 애거월, 프리양카 샤르마, 디렌드라 싱
색인 작업 헬렌 피터스
교정 루스 오루어크